书艺问道

Tao of Book Design

Lu Jingren

书艺问道

吕敬人书籍设计说

吕敬人 著

上海人民美術出版社

写在前面的话

吕敬人

《书艺问道》自2006年由中国青年出版社出版后，得到同道们的厚爱，经历11次重印，并出版了韩文版和繁体字版，广结知音，深感欣慰。

今天对书的理解分为电子书和传统纸质书这两种，前者是有利于快捷获取信息的阅读，但是纸质书的阅读，不仅仅指的是视觉阅读，即一种过去认识的纯粹文字的阅读，其实纸质书还包括形态阅读、触感阅读、交互阅读、聆听阅读……即使是视觉阅读，也有图品、字形、编排、空间、节奏、层次欣赏，还有信息戏剧化设计语言和语法领悟，甚至还包括联想、启迪、展现以及阅读美感享受。正如博尔赫斯所说："书的魅力很大程度上来自于它的物质性，书沉重、笨拙，也灵动、优雅，这是一种在时代更迭之间显得愈发珍贵的气质。"品味阅读，体现出一种优雅的气质。一本好书不仅是信息的传声筒，更是影响内心和周边心象物境的生命体。书的物质性可以让读者与纸张亲密接触，它的质感，自然的肌理……是一种有温度的阅读享受。

电子载体的蜂拥而上，促使做书人冷静下来思考书籍的生命，也让我们有了对

“装帧”观念的反思，并觉悟到书籍设计并不止步于装帧的专业定位，认知书籍设计者应该担负的责任和态度。好的设计师拥有敏锐的编辑本能，富有大胆而精妙的设计创想，善于发现内容中特定的视觉元素和逻辑参数，还有敢于尝试不同材料和精致印制的企图心，充分挖掘作为物质实体的书籍在印制艺术中广阔的表现空间和巨大的创新潜能。

那么是什么让一本书吸引读者呢？设计概念、编辑思想、字体编排、印刷质量、装订工艺、纸张材料的选择和书籍的整体印象等各种元素的有序平衡，以及对设计和生产过程的精心把握，还要注重具有当代目光的探索性和原创力。

我们已经意识到书籍并不平面。一位英国哲学家曾讲到戏剧的感染力与观众的观察距离有相当密切的关系，翻书的体验与欣赏戏剧相似，它不是一个单个的个体，也不是一个平面，它兼具跨越时空的信息活体群，具有多重性、互动性和时间性，即通过层层页面云集的信息的近距离翻阅形式，找到该书准确的设计语言和语法，让读者在与书的接触中，真正感受书中赋予的真实。

“书艺问道”是我踏入这一领域求学寻知的动力，书籍设计概念正是探讨新阅读时代的设计思维和设计方法论的切入方向，当然也并非局限于书籍出版这一领域，我想这与其他传媒载体有着相通的内在逻辑规则和设计思维格局。本版本在原书基础上重新作了内容的调整和增补，并添加了新的案例和施教想法，便于授教和求学的师生们参考。衷心期待爱书人的关注和设计同道们的批评指教。

以下是概括《书艺问道》核心内容的关键词，作为本文的结束和开启全书的序幕。

概念词

1 书籍设计

2 编辑设计

3 信息视觉化设计

4 艺术×工学＝设计^2

5 传统设计现代语境

6 书之五感

7 设计要物有所值

8 书籍设计须触类旁通

9 纸有生命

10 书筑

1 书籍设计

“装帧”是20世纪初在中国古籍制度范式转换中引进的西方产物，如装帧形式由东方的右翻线装改为西式的左翻锁线装；文本的竖排阅读规制变成横排；封面上出现了丰富图像的装潢美术替代了古籍封面单纯的模式，民国的设计体现了这种转换的特征。50年代后，除了极少数的重点项目，才顾及一点内外整体的设计，装帧即以封面为主，造成一般的出版人认为书的设计仅停留在给书做衣装的层面，并成了中国持续近一个世纪的书籍审美和装帧范畴的一种定式。尤其到了20世纪八九十年代，出版商品化更强化了把书衣打扮当成利益最大化诉求的装帧定位，弱化了文本阅读功能的书籍整体设计力量的投入，形成中国书籍出版跨入新阅读时代的意识阻隔。

书不是一件漂亮的摆设，书籍设计师不仅仅满足于书的外在，还要关照到它的内部。设计者应在文本中寻找书籍语言的最佳传达方式，六面体的书籍是展示信息的空间场所，更重要的是努力编织文本叙事的时间过程，让视觉信息游走迂回于每一页面之中，让书之五感余音缭绕于翻阅之间……感染读者的情绪，影响阅读的心境，传递着善意设计的创造力。一个文本能传递出100个生动的故事，设计师要承担起导演的角色。

书籍设计包含三个层面的工作：要求设计师完成装帧（Book Binding）、编排设计（Typography Design） 和 编 辑 设 计（Editorial Design）。书籍设计“Book Design”要领会对文本进行从整体到细部、从无序到有序、从空间到时间、从概念到物化、从逻辑思考到幻觉遐想、从书籍形态到传达语境的表现能力。这是一个富有诗意的感性创造和具有哲理的秩序控制过程。书籍设计不仅仅完成信息传达的平面阶段，设计师要拥有文本信息阅读设计的构筑意识，学会像导演那样把握在阅读层层叠叠纸页中时间、空间、节奏构成的语言和语法。通过设计，书页中应该承载着知性的力量，而非仅仅具有漂亮的躯壳。以往平面设计的职业功能正在改变，书籍设计师必须跨出装帧的工作层面：文本理解，调查研究，信息收集，数字积累，解构分析，编辑组织到视觉表达。设计不只管顾美感，更要关注设计整体结果给予读者的感受价值。

2 编辑设计

编辑设计（Editorial Design）是书籍整体设计的核心概念，是过去装帧者尚未涉及的工作范畴。编辑工作过去只局限于文字编辑，今天提出的“编辑设计”对作者和责任编辑来说，是对“不可进犯的领地”的一种“干预”。编辑设计鼓励设计者积极对文本的阅读进行视觉化设计观念的导入，即与编著者、出版人、责任编辑、印艺者在策划选题过程中或选题起始之初，开始探讨文本的阅读形态，即以视觉语言的角度提出该书内容架构和视觉辅助阅读系统，并决策提升文本信息传达质量，以便于读者接受并乐于阅读书籍形神兼备的形态功能的方法和措施。这对书籍设计师要提出一个更高的要求，仅懂得绘画和装饰手段，以及软件技术是不够的，还需要明白除书籍视觉语言之外的新载体等跨界知识的弥补，学会像电影导演那样把握剧本的创构维度。设计者在尊重文本准确传达的基础上，投入自己的态度和方法论去精心演绎主题，完成书籍设计的本质——阅读的目的，以达到文本内涵的最佳传达 。

编辑设计并不能替代文字编辑的职能，对于责任编辑来说同样不能满足于文字审读的层次，更要了解当下和未来阅读载体特征和视觉化信息传达的特点，要提升艺术审美水准。一位合格的编辑一定是一位优秀的制片人，书籍设计的共同创作者。

“品”和“度”的把握是判断书籍设计师修炼高低的试金石。

3 信息视觉化设计

新世纪数码技术造成了传播载体的革命性变化，信息时代促使平面设计师的传统思维需要产生全新的跨越。书籍设计领域就面临从为书衣作打扮的装帧趋向到强调编辑设计之信息再造的观念转换。平面设计不只是装饰美术，而是能与时代沟通的新设计语言和语法的运用过程。设计师优化客户诉求，提升文本价值，成为建构新阅读语境的导演和信息建筑师。

20 世纪 30 年代，一位叫 Henry Beck 的英国工程制图员，打破地图制作规范，摆脱实际空间的地理概念，运用了垂直、水平，或呈 45 度角倾斜的彩色线条，构成各个车站之间的距离位置，让乘客能清晰查阅地铁运行的明细信息。这张地铁图已成为伦敦的一张城市名片，并影响世界至今。设计的本质就是解决问题，这地铁图的信息视觉化设计使大众受惠，这对当下的设计师来说都是一种必要的回望和新的设计思维选项。

书籍设计不只停留在视觉美感这一表层，从文本中可发现各种包含时间和空间的矢量化差异关系，并给予视觉化信息传达，差异留住记忆。设计应该是一种反映深刻社会意义的文化行为。书籍作为大众传播的媒体，书中的信息有着多元表达的机会，通过感性思维和逻辑思维相结合的设计方法论，可以使文本信息得以更高效地传递，设计才有其存在的价值，信息理解是一种能量。

视觉化是人类在创造文字之前所有生灵都相通的地球语言。当今的数码时代让人们重新认识视觉化语言传播的重要性，遗憾的是以往的装帧师没有具备信息视觉化的担当意识，限制了书籍整体设计的思维能力，今天我们必须补上这一课。

4 艺术×工学=设计²

艺术 × 工学 = 设计²：即用感性与理性来构筑视觉传达载体的思维方式和实际运作规则。艺术，塑造精神的韵；工学，构筑的是神与物，艺术和工学两者蕴含着潜在的逻辑关系。实现这样理想的设计界面，即形神兼备的设计就可达到原构想定位的平方值、立方值，乃至 n 次方的增值结果。当然这要付出极大的努力，反复实践的过程，物化工艺的把控和态度。

艺术感觉是一种敏感的好奇心，是灵感萌发的温床，是迈上创作活动重要台阶的第一步。设计则相对来说更侧重于理性（逻辑学、编辑学、心理学、文学……）过程去体现有条理的秩序之美，还要相应地运用人体工学（建筑学、结构学、材料学、印艺学……）概念去完善和补充，像一位建筑师那样去调动一切合理数据与建造手段。建筑师是为人创造舒适的居住空间，书籍设计师则要为读者提供诗意阅读的信息传递空间。具有感染力的书籍形态一定涵盖视、触、听、嗅、味之五感的一切有效因素，从而提升原有信息文本的增值效应。国外有这样的说法：不要为当下做设计，而是为未来做设计，这将成为当代书籍设计师应该面对的前瞻性挑战。

工学部分特别要强调的是书籍设计还包括信息视觉化设计（Infographic Design），它是书籍整体深度设计的重要补充。设计者要掌握和分析信息本质，依循内在的秩序性与逻辑关系，构建便于受众理解的视觉化信息系统，演绎出有趣、有益、有效的信息传达语言、语法和语境，让读者一目了然，便于记忆。

5 传统设计 现代语境

传统不只是过去的遗物，它是每个时代里最好的东西，在历史潮流的研磨中释放光芒，传承至今。中国古代书籍制度对当代中国的书籍艺术的进步产生重要影响，首先要了解书卷传统对阅读文化的影响力在哪里，必须以敬畏谦卑之心对待先人留下来的艺术与工学精髓。正如《考工记》记载 :“天时、地气、材美、工巧，合其四者然而可以为良。”古人将艺术与技术，物质与精神的辩证关系阐述得如此精辟，是对形而上和形而下的完美追求与融和。

我有幸参与国家图书馆的善本再造工程，深深为东方古籍艺术的魅力所感染。同时体会古人艺术的审美境界不只体现在造物之外，而是浸润于内。作为中国的书籍设计师我由衷感到荣幸，背靠这座文化大山，有了一点自信和底气。改革开放 30 多年，我们拥有宽阔的胸怀，海纳百川，同时也存在以西方设计方法论和西方审美语境评判中国设计良莠的误区。当今信息泛滥的时代，无法阻拦外来信息的流入，那些似曾相识的设计与手法一眼就能被识破。

具有东方文化气质的设计，绝不能停留在复制拷贝层面，或只是还原古籍的原有形态和装帧方法。传承同样要符合时代的需求，进行推陈出新的工作。不摹古却饱浸东方品位，不拟洋又焕发时代精神，这是我努力的方向，尽管我的设计还没达到这样的境界。

6 书之五感

今天对书的理解分为电子书和传统纸质书这两种，前者是有利于快捷获取信息的阅读，但是纸质书的阅读，不仅仅指的是视觉阅读，即一种过去认识的纯粹文字的阅读，其实纸质书还包括形态阅读、触感阅读、交互阅读、聆听阅读……即使是视觉阅读，也有图品、字形、编排、空间、节奏、层次欣赏，还有信息戏剧化设计语言和语法领悟，甚至还包括联想、启迪、展现以及阅读美感享受。正如博尔赫斯所说 :“书的魅力很大程度上来自于它的物质性……这是一种在时代更迭之间显得愈发珍贵的气质。”品味阅读体现出一种优雅的气质。

一本好书不仅是信息的传声筒，更是影响内心和周边心象物境的生命体。书的物质性可以让读者与纸张亲密接触，它的质感，自然的肌理都会与电子书感觉不同，是一种有温度的阅读享受。

正因为有了对“装帧”观念的反思，才觉悟到书籍设计不止步于装帧的责任和乐趣。我接到文本后，第一步是编辑设计，像导演或编剧一样，理解、分析、解构文本，与作者、编辑、制作人员共同探讨，寻找与文本触类旁通的信息点，构架最佳的叙述方法和设计语言，把书的内在特质表达出来，以此增加阅读的附加值，是信息传达的多维思考；第二步是编排设计，包括字体、字号、图像、空间、灰度节奏、层次阅读性，哪怕是一根线、一个点，在二维的平面上经营图文最佳且有效阅读的空间；装帧则是最后一个步骤。当然三个步骤相互联系，会前后不断照应。预想读者拿到书该有怎样的感觉，有视觉，嗅觉（油墨、纸张、年代的味道），触觉（手感），听觉（翻书声音，内心的朗读声）和味觉（品味书的气质），预想的结果即从这五感中慢慢生发而来。

7 设计要物有所值

数码时代改变了人们的阅读习惯，甚至于影响了生活规律。对于设计手段来说更是让过去匪夷所思的想象得以实现，不断更新的电脑软件使年轻的设计师们如虎添翼。21 世纪的电子革命还在创造着各种奇迹。当然任何事物都有两面性，比如，数码工具为人们的沟通带来方便，同时制造了大批“宅编”，守在电脑旁，组稿、审稿、发稿、找设计等等，全部通过电话、邮箱解决问题。我们那时当编辑骑着自行车到处跑，与著作者、设计者、摄影者、插图者、印制者见面，全过程是一种沟通、交流，传递着书稿的温度。当一个编辑特地跑来真诚希望你做一本书，他会把对书稿珍爱的温度传递给你，让你感动，设计者也愿意为之付出，如此就有可能催生有温度的设计。

设计者也同样承接客户空洞的“大气”“大美”以及快捷的设计要求，设计者没时间投入对文本的研究，担负起诠释文本的编辑角色，像一个制片人，对市场需求、作者气质、设计品位、工艺实施有一个清晰的判断与执行。

当下出版业低价、功利、求量，短平快竞争造成产品山寨跟风，粗制滥造，追求码洋，精品减少。如今一些出版人和作者正在反思，针对不同题材、作者风格、读者对象，制定不同的设计方案和合理的成本核算。谈价值不能只谈“价”不求“值”，应该物有所值。这种只追求数量、低价、低质的运营方式是在断绝中国出版的生路。而另一个现象正在兴起：一些手工书，限定本，个性化的精心打造的出版物正在赢得读者，回归书籍富有自然质感的阅读品位。我认为中国即将会迎来一个新造书运动，很多年轻人会积极参与，我看好这个区别于传统常规的书籍市场。

8 书籍设计须触类旁通

文学、戏剧、音乐、电影是我自小的业余爱好，从小学画，并没有想到会从事做书的行业。一旦做书，就面临知识修养欠缺的苦恼。尤其要当好一名书籍设计师，而非装帧师，这种专业定位迫使我重新认识和定位自己，重新界定设计师做书的本质和责任范围，除了掌握装帧、编排设计、编辑设计三位一体的设计理念之外，设计者背后的知识铺垫也十分重要。除了提高自身的专业素养外，还要努力涉足其他艺术门类的学习，如目能所见的空间表现的造型艺术（建筑、雕塑、绘画），耳能所闻的时间表现的音调艺术（音乐、诗歌），同时感受在空间与时间中表现的拟态艺术（舞蹈、戏剧、电影）。要懂得书籍设计是具有挑战性和研究性的工作，打破书衣装饰的格局，解开传统的线性陈述方式，采用灵动的书籍的层级关系，呈现书籍文本多元叙述的表达程式，书籍设计要担当起导演的角色，并寻找发表自己看法的契机……以上提到的姊妹艺术的熏陶和领悟必不可少。

一位英国哲学家曾讲到戏剧的感染力与观众的观察距离有相当密切的关系，翻书的体验与欣赏戏剧相似，它不是一个单个的个体，也不是一个平面，它兼具跨越时空的信息活体群，具有多重性、互动性和时间性，即通过层层页面云集的信息的近距离翻阅形式，找到该书准确的设计语言和语法，让读者在与书的接触中，真正感受书中赋予的真实。书籍不仅是信息的容器，在书籍翻阅的过程中传达所有做书人的温度与真诚，还有千变万化的手法。从来自世界各国的文学、戏剧、音乐、电影中汲取做书的许多门道，这种体验十分真切，收益多多。

9 纸有生命

人类的五个感官，视、触、听、嗅、味中的四感都集中于头部，唯触觉遍布全身，所以触觉是人感受机会最多，也是最敏感的。这世界只要物质还存在，纸作为物质的一种，就无法被排除出人们的生活。而纸质书一旦承载信息必然以它特有的方式来让阅读使用，并且书具有与其他艺术完全不同的欣赏形式：它具有物质性、时间性、空间性、流动性，我喜欢把书称之为信息诗意栖息的建筑。

盖房子要选择材料，这与功能、环境、气候、地域、文化都有关系。纸张的使用，同样要有理念、有审美、有内涵、有情调……兼顾翻阅时的节奏和层次等等。纸张在使用前是中性的，是设计赋予它意义才使它产生价值。书籍设计师要做的事就是把纸张的性格特征表现出来，通过肌理、翻折法、柔软度、听觉度，还有气息，驾驭好纸张的品相秩序，才能顺理成章地叙述最好的故事。

我会把一本书看成是透明的物体，每一张纸，每一层都要看在眼里，从头看到尾。把整个节奏把握好，曲线、高低、外延、内向、聚合、扩散……都在纸张的舞台上演绎精彩的书戏。读者通过眼视、手翻、心读，全方位展示书籍五感的魅力。

正当人们都在唱衰纸质阅读的时候，我认为物质的书正迎来新的生命周期！

书筑 10

书籍是时间的雕塑，书籍是信息栖息的建筑，书籍是诗意阅读的时空剧场。建筑是一个三维空间＋时间的体验，它并没有局限在一个平面视觉维度上。书籍设计也应具有同样的出发点：让信息（文本）通过文本构架、平面构成、文字设定、叙事方式、色彩配置、图形语言、工艺手段等设计概念构建信息安排妥当。但这并非是设计的终极目标，书籍设计必须让读者在页面空间中“行走”，在翻阅过程的时间流动中享受到诗意阅读的体验，更可流连于阅读过程中展开“居住其中”的联想。

书籍设计是呈现信息并使其得以完美传播的场所，书籍设计者要学会像导演那样把握阅读的时间、空间、节奏语言，让信息游走迂回于页面之中，起承转合，峰回路转，这是一个引导读者进入诗意阅读的信息建筑的构建过程。

面对当今数码技术的快速发展，信息传播和生活习惯越来越虚拟化，在对人类精神和物化生存方式产生怀疑之际，“书筑”概念让书籍师和建筑家进一步探讨物与人的关系，引发诸多的启示与联想。

目录

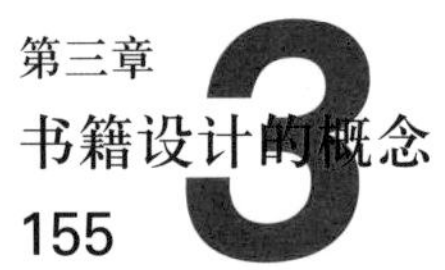

书　艺　问　道

■ 作者夹评

● 出版物案例

▲ 书籍设计作品案例

≡ 重点案例分析

D 设计者

著 著作者

编 编者

美 国籍

◷ 出版、创作时间

第一章 中国书籍设计进程

1

中国古代书籍文化有着悠久的历史，传统的印刷工艺技术和艺术审美为世人瞩目，中华书籍艺术至今仍焕发着无穷的魅力。学习传统，温故知新，传承文明，对于开创21世纪的中国书籍设计艺术有着重要的意义。

本章就中国书籍载体的形成和发展以及书籍形态的演变过程分别进行了相关阐述，对经历了20个世纪改朝换代、制度变迁，社会进步过程中的中国书籍设计所呈现的面貌进行了分析。本章强调传统是创造的奠基石，不是休止符，继承更不是简单地将古人留下的东西进行拷贝与粘贴。传统对我们来说，是赋予造物以新的生命，传承与创新东方书卷所具有的独特语境是中国书籍艺术的发展之路。

一、华彩书香

美哉，中国传统书籍艺术

书艺问道

a 山东大汶口文化遗址出土的陶器上的象形文字

b 象形文字表示“日、月、山”的含义

1

最初的探索

文字是附着于载体的。文字与承载材料结合在一起形成的整体，往往被称之为“书”。回溯汉字发展的脚步，我们可以追寻到遥远的过去，那是书籍形成的痕迹。

在我国，距今有五六千年历史的西安半坡遗址出土的陶器上，就有简单的刻画符号。据学者推断，这可能是中国最原始的文字，也是中国书籍发展史上人类迈出的第一步。

距今约公元前 16 世纪至公元前 11 世纪的商代，统治者以为天是至高无上的主宰，并将文字视为神的文字，在遇到祭祀、征战、田猎、疾病等无法预知的事情时，先人就用笔将文字书写于龟甲或兽骨之上，并用刀锲刻，而后煅烧，通过占卜来寻求上天的启示，这就是甲骨文的由来。人们往往还称其为“骨头书”。

甲骨文字的排列，直行由上到下，横行则从右至左或从左至右，已颇具篇章布局之美。甲骨卜辞的摆放似乎也有一定的顺序。《尚书·多士篇》说：“惟尔知，惟殷先人有册有典，殷革

c 河南安阳出土的商代牛骨刻辞

d 河南安阳出土的商代宰丰骨匕

夏命。”其中甲骨文“册”字的含义似乎就是甲骨刻上文字后，串联在一起的称呼。郑振铎在《中国文学史》(插图本) 中说“许多龟板穿成册子”。这样穿成的册子便称为“龟册”。另外，在安阳出土的甲骨上曾发现龟板尾端右侧刻有“册六”“编六”“丝三”等编号字样。“册”

“册”的象形文字

“典”的象形文字

字，甲骨文写作“ ”“ ”，金文写作“ ”。“典”字，甲骨文写作“ ”，金文写作“ ”，像两只手捧着册子，有非常尊崇的含义。“典”

cd

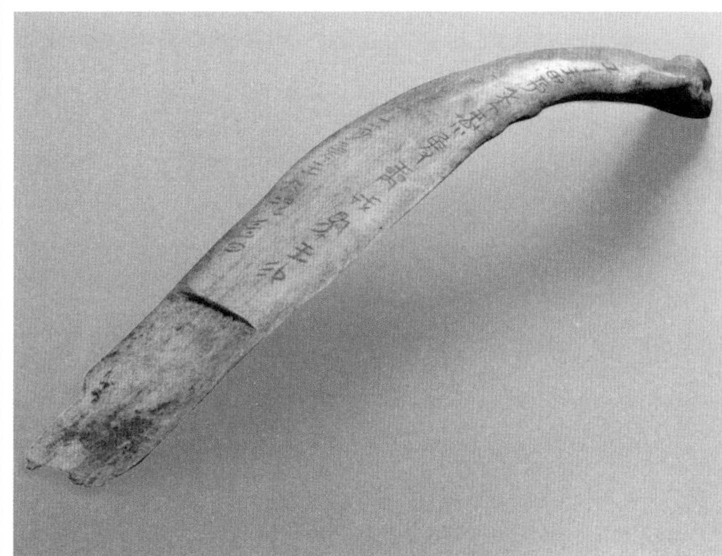

在悠久的数千年书籍文化历史的长河里，古人并不作茧自缚，而是在自我否定中逐渐完善，保持时代精神的美感与功能之间的完美和谐。推陈出新，不断衍生出新的书籍制度，书籍艺术一直以动态的姿态在变化、发展着。

和“册”的象形，生动形象地表明了那时的装帧形态。那么，在甲骨上穿孔，再用绳子或皮带把甲骨一片一片缀编起来，是需要技术并具有一定审美水平的，这应该称得上是中国书籍艺术的源头吧。

青铜器至西周已发展至鼎盛时期。用于记事的铭文常常被铭刻在器物的内壁和器盖的背面。这些关于战争、条例、典礼等政治活动的文字记录之所以刻在金石上，是古人深恐其他材料不能永久保存的缘故。西周初期的铭文篇幅很短，大保方鼎仅有“大保铸”三字，而后期的“毛公鼎”则有铭文 490 多字。

盛行于秦汉的石刻文字，以碣→1、碑→2、摩崖→3 的形式记录着经典著述与帝王的丰功伟绩，已具有供大众阅读的功能。

我们今天所见最早的刻石书作，是秦国的石鼓文，它因将文字刻在十个天然鼓形的石头上而得名。每石刻一篇四言诗，记录着秦国国君选车徒、备器械及狩猎等不同的事件和经历。

书　艺　问　道

a　毛公鼎（铭文）

1 → 在天然形状的石头上刻文字

2 → 在加工成长方形的石料上刻文字，由碑首、碑身、碑座三部分组成，碑首刻题额，碑身刻正文

3 → 在天然的岩壁上刻文字

a

《考工记》（春秋）中曾这样陈述：“天有时，地有气，材有美，工有巧，合此四者然后可以为良。”古人将艺术与技术、物质与精神的辩证关系阐述得如此精辟，不空谈形而上之大美、不小觑形而下之“小技”。对于东方与西方、传统与现代，不可独舍一端，懂得融合的要意，这是书籍美学所要追求的东方文化价值。

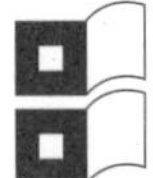

b 石鼓文（战国秦篆）
c 《熹平石经》之《后汉书·灵帝纪》
d 大盂鼎（西周铭文）

东汉熹平年间的《熹平石经》则常被称为中国第一部规模庞大的石头书，它是以蔡邕为首的几个书法家用汉隶书写的儒家经典，作为经书的标准范本，刻于 46 块石碑上，立于洛阳的太学门外，供人们阅读、传抄。据《后汉书·蔡邕传》记载："其观视及摹写者，车乘日千余辆，填街塞陌。"可谓盛况空前。

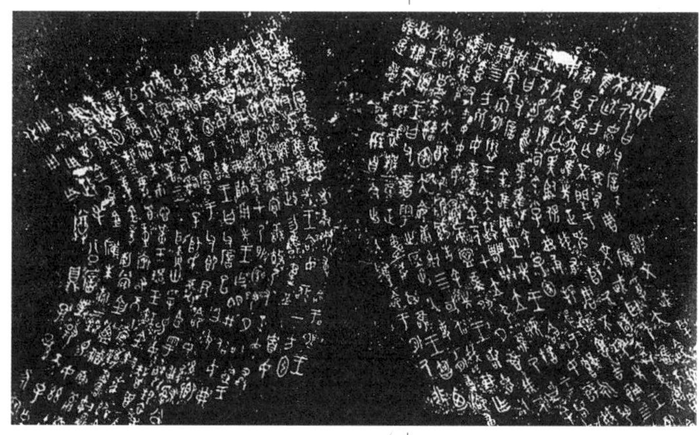

b c

d

2

书籍的形成

中国书籍的形成和发展，可以就书籍制度进行以下划分：

(1) 简册制度，也称简牍制度→1。

(2) 卷轴制度→2。

(3) 册页制度，其中卷轴装演变为册页形式，包括经折装、旋风装、蝴蝶装、包背装、线装→3。

1 → 公元前 11 世纪至公元前 2 世纪，周代至秦汉

2 → 4 世纪至 10 世纪，六朝至隋唐

3 → 10 世纪至 20 世纪，五代至明清，有的形式至今还在沿用

竹简

简册是中国古代早期的装订形式之一，据《尔雅》《礼记》记载，它在西周时期已有，流行于公元前 700 年至 4 世纪之间。我国现存 3 万多卷这种形式的书籍。

许慎在《说文解字·序》中说“著于竹帛谓之书”。

简背面写上篇名及篇次，当简册卷起时，文字正好显露于外，方便了人们检阅和查找，这可以说是现代书籍扉页的渊源。简册的最后一根简叫“尾简”，收卷时以这根尾简为中轴，自左向右卷起。简册收藏的方式是把每册卷成一卷存放，然后用一种柔软如帛之类的丝织品做一个囊袋，把“书”装起来。

从简册开始，古代的书籍具有了一定的形制，这对中国书籍文化产生了极为重要和深远的影响。如后世书籍一直沿袭的自右至左、自上而下的文字书写顺序；现今仍使用的一些书籍单位、称谓、术语等，以及版面上的“行格”形式，都可远溯至此。

a 敦煌悬泉出土的汉简

中国传统书籍装帧形态示意图

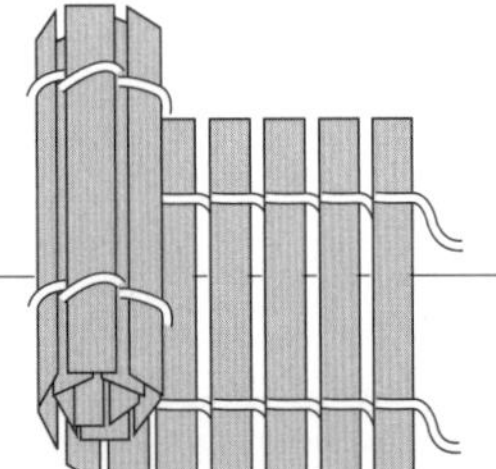

b 木牍
c 传统装帧形态甲骨、木牍、缣帛

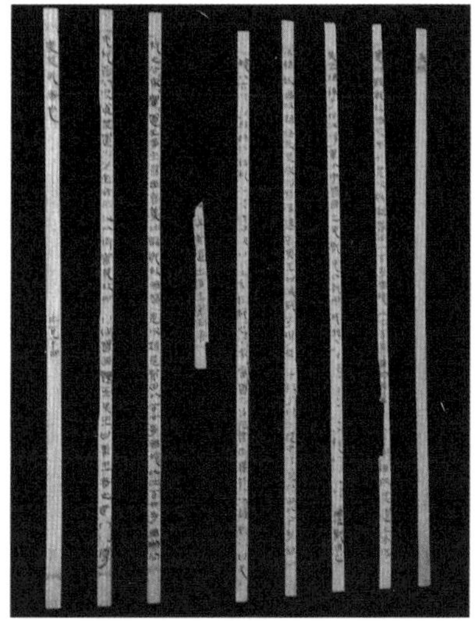

b

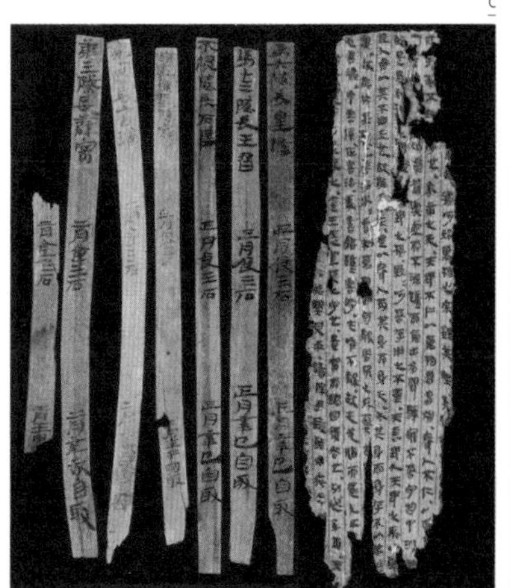

c

木牍

和竹简常相提并论的木牍，其长度因功用不同而有所区别。一般长度有 2 尺、1.5 尺、1 尺，也有长 5 寸的，其宽度一般为长度的 1/3。因此，行文往往采用数行并写的形式。

记载在木牍上的文字，常被称为“方”或“版”。“牍”，《说文解字》释为“犊，书版也”。故后人也称“方版”为“版牍”。由于版牍面积大，地图、书信之类在古代常使用版牍，地图也因之被称为“版图”，书信因定制为 1 尺，则被称为“尺牍”。

缣帛

缣帛的使用跨越了从公元前 6 世纪至 5 世纪的漫长岁月。

缣帛质地轻软，便于携带保存，其品质较竹木优良。缣帛的种类繁多，清汪士锦在《释帛》中说：“凡以丝曰帛，帛之别曰素、曰文、曰采、曰缯、曰锦、曰绣。古重素，后乃尚文。”其中，“素”的朴实无华，“绢”的轻薄如纱，“缯”的经久耐用，大致是以织物表面的粗细、厚薄、洁白程度来划分的。写在这些丝织品上的书，也就分别叫帛书、缣书、素书和缯书等。缣帛有许多简牍无法替代的优点，如书写面积大、易于携带、墨迹清晰等，但因其价格昂贵，往往只用于珍贵经典、神圣文书的书写和图画的绘制。

帛的织造长度为 40 尺，帛卷的长度可视文字的长短而定，如需要更长的材料时，可加以缝接。《汉书·食货志》中记载：“太公为周立九府法，布帛广二尺二寸为幅，长四丈为匹。”据考证，

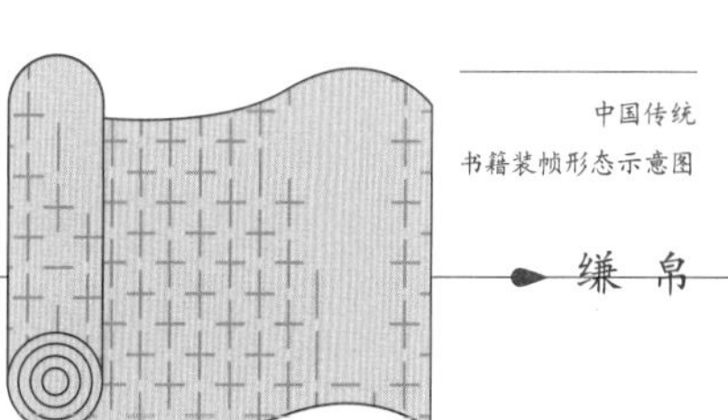

中国传统
书籍装帧形态示意图

缣帛

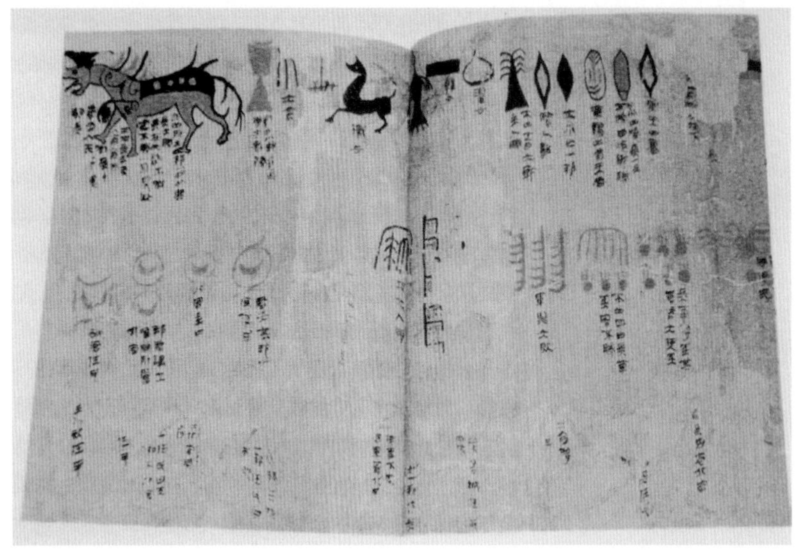

a 西汉马王堆出土的帛书

汉代已有专门生产制作图书用的缣帛，上面织进或画上红色、黑色的界行，叫朱丝栏或乌丝栏。书写完成后，便用一根细木棒做轴，从左向右卷起来，这便成为一卷，由此形成了卷轴装的形式。

由于柔软，缣帛保存时可卷可折，但是以卷轴为主要的形式，“卷”自然也就成了缣帛的计量单位。缣帛的另一种折叠存放形式，见于1934年长沙楚墓中出土的“楚缯书”，是被折为八叠存放于漆盒内的。

卷轴装

“缣贵而简重”，真实地道出了缣帛和竹木作为书籍材料的不足之处。为了取代昂贵的缣帛和笨重的竹木，中国人在西汉就已试用各种

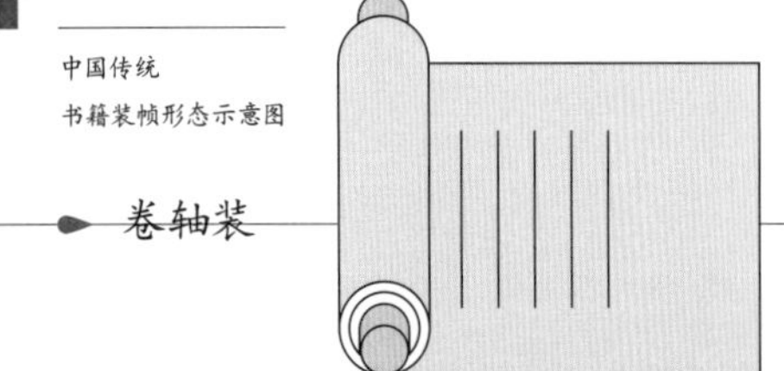

b~d 古籍卷轴装

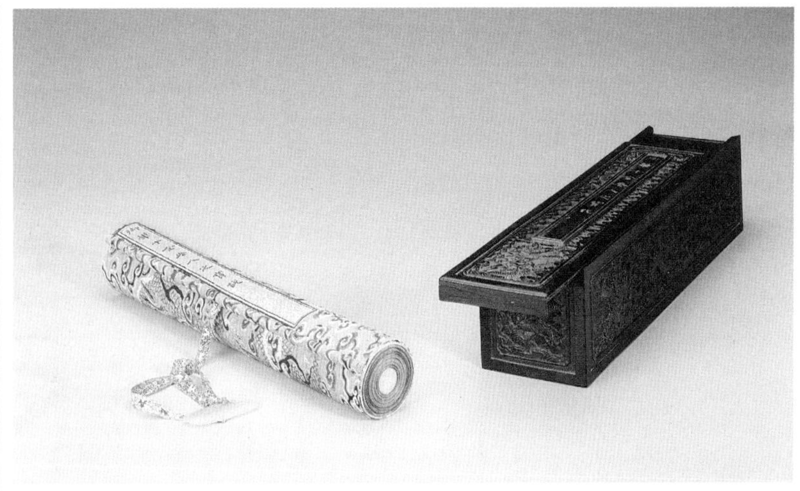

纤维造纸，东汉的蔡伦总结各种造纸经验，于 105 年发明了造纸术。因造纸的原料充裕，成本低廉，使生产纸张成为可能。

时至东晋，纸的使用日益普及，于是桓玄下令:“古无纸，故用简，非主于敬也。今诸用简者，皆以黄纸代之。”于是，竹简遭废弃，书籍开始一律采用黄纸。因纸是简册与缣帛的代替品，应用于书写之后，依然沿袭着卷轴的形式。

古纸的宽度约 24 厘米，相当于古制的 1 尺；长度约 41 至 48.5 厘

b

c d

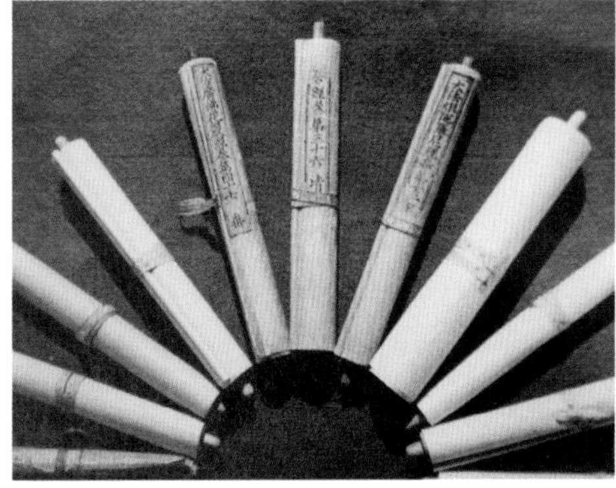

米不等，约等于古制的 2 尺。因此，卷轴形式的书高度普遍为 1 尺，纸张可根据需要逐张粘结，一般在 9 至 12 米之间，最长可达 32 米。为了模仿简册的形制，古纸上都画有行格，恰好能书写一行文字。在纸与纸的接合处，往往有押缝和印章。

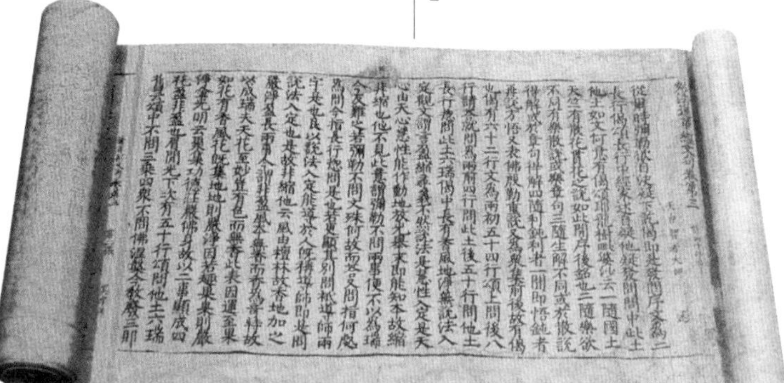

随着纸的广泛使用，图书传抄的做法相当盛行，书籍装帧也开始考究起来。

卷轴装书卷的末端往往粘在轴上。轴多为刷漆的木轴，也有用象牙、珊瑚、玳瑁、紫檀木及黄金等贵重材料制成的。当书卷成一卷后，书的卷首就露在最外边，因此，卷首常以锦缎→4 制成“褾”，也叫“褙”或“装背”，现代人称之为“包首”，来加以保护。“褾”头再系上丝带，作为捆扎之用，叫“带”，带常为丝质，带的颜色亦因书籍内容的不同而异。

4 → 一般用纸为多

a 中国古代造纸流程图

b 卷轴装

5 → 或称帙

卷轴装的书是横着插在书架上，一侧的轴头向外，因此，韩愈才有“邺侯家多书，插架三万轴”的诗句。为了方便检索，古人在外向的轴头上挂上一个小牌，写明书名和卷数，这叫作“签”。

《说文解字》云“袠，书衣也”，袠即帙字。卷轴的书，通常都以不同花色的书衣→5 包裹保护，每个书衣一般包裹五到十个卷子。帙的材质有麻、丝，也有用细竹帘做的，并在里面衬以绢或布。

纸卷的书通常单面写字，此时卷面上已出现了“眉批”和“加注”形式的注释文字，在卷的末端，也多留有题跋的位置。敦煌遗书中，有的还在卷尾加注抄写日期以及抄写、校阅、监督等人的姓名，已初具一些现代书籍的形制。

3

书籍形制的演变

纸的发明，对我国书籍发展的影响是划时代的；而隋唐时期雕版印刷术的发明不仅加速了知识和信息的传播，也在很大程度上影响了书籍的形制，促使书籍不断地变换着自身的模样，或卷，或折，一路发展而来。

叶子

经过长期的使用，卷轴装舒卷不易的缺点渐渐让人感到不方便，尤其在查对某个文字或某个记载时，需要把书卷全部或部分舒展开来，既费时又费力，因此，人们不断探索改良卷轴装的方法。

隋唐时期，佛学极为兴盛。大量佛教经典由印度传到中国，都是狭长的单页梵文贝叶经的形式。贝叶，是印度一种贝多树叶的简称，贝叶经的装法是将若干树叶中间打孔穿绳，上下垫以板片，再以绳子捆扎而成。受这种装帧形式的影响，古人发展了汉文梵夹装，流行于唐、五代。梵夹，是将一张张纸积叠起来，上下夹以木板或厚纸，再以绳子捆扎。它完成了我国古籍从卷轴制度到册页制度的转变。不过，梵文是由左向右横着书写的，这种形式和我国自上而下书写的习

惯很不相适，因此，就将书写格式改为垂直竖写。今天藏文佛经仍在使用这种形式。

一般认为，书籍的发展是由卷轴直接转变为折叠，再转变为册页的形式。实际上，其间还经过了这个叶子的演变过程。

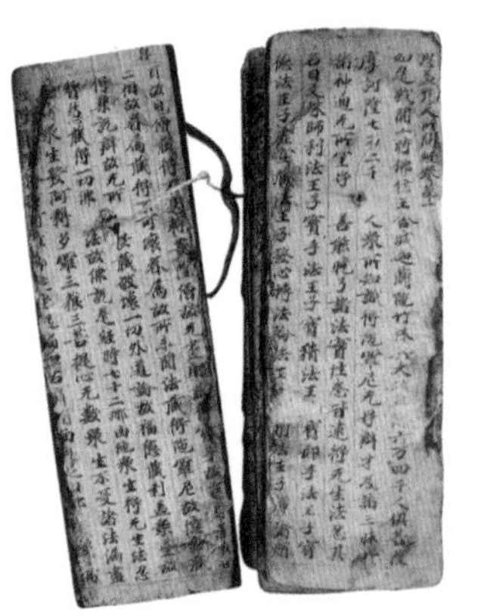

书艺问道

a 梵夹装《大藏经》

b 大藏经夹板缠彩色丝质经索覆带（满文）［清］

c 大藏经书页四周泥金彩绘八吉祥图案（满文）［清］

d 梵夹装

e 贝叶经

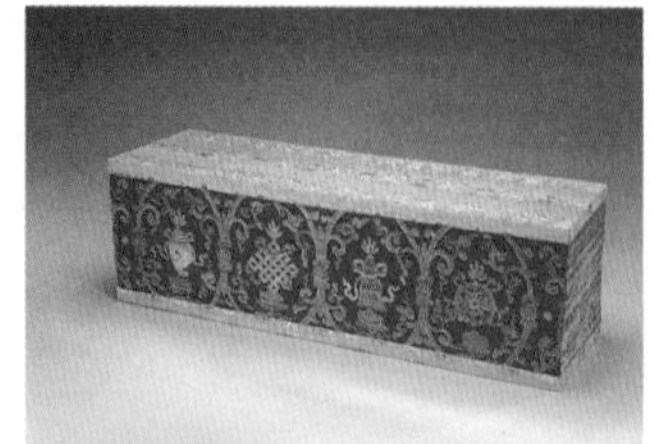

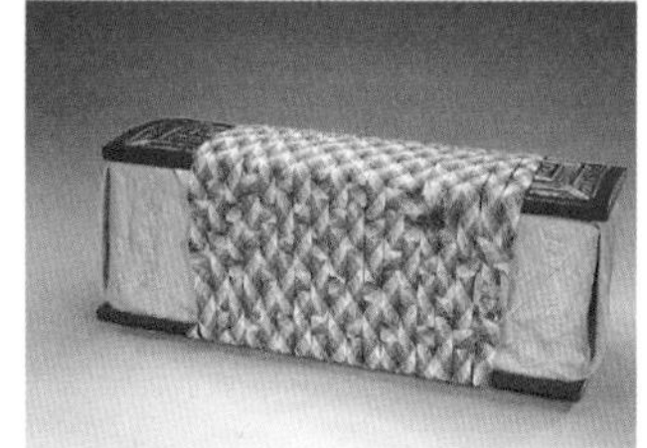

ab
c

de

6→ 也称作“龙鳞装”

7→ 9世纪30年代

e 旋风装 龙鳞装《切韵真本》[唐]

旋风装

旋风装→6出现于唐代中叶，相传唐太和末→7吴彩鸾抄写《唐韵》时首先使用。它是中国古书装订形式由卷轴向册页发展过程的一个阶段，至宋已少用，现存世者极少。

也许是经折装的书很容易散开，或是僧侣们诵经时有不便之处，在经折装的基础上，人们又不断地对它加以改进。古人将一大张纸对折，一半粘在第一页，另一半从书的右侧包到背面，与最后一页相接连，使之成为前后相连的一个整体，如同套筒。阅读时从第一页到最后一页，再到第一页，如此可以循环往复，连续不断地诵唱经文。遇风吹时，书页随风飞翻犹如旋风，因此被形象地称为“旋风装”。

另有一种卷轴装的变形，是把逐张写好的书页，按照内容的顺序，逐次相错，粘在事先备好的卷子上，错落粘连，犹如旋风，也被称为“旋风装”，又称“龙鳞装”。阅读时从右向左逐页翻阅，收卷时从卷首卷向卷尾。从外表看，它与卷轴装没有什么区别，但展开后，页面的翻转阅读是它们的根本区别。这种装帧形式曾在唐代短暂流行。

e

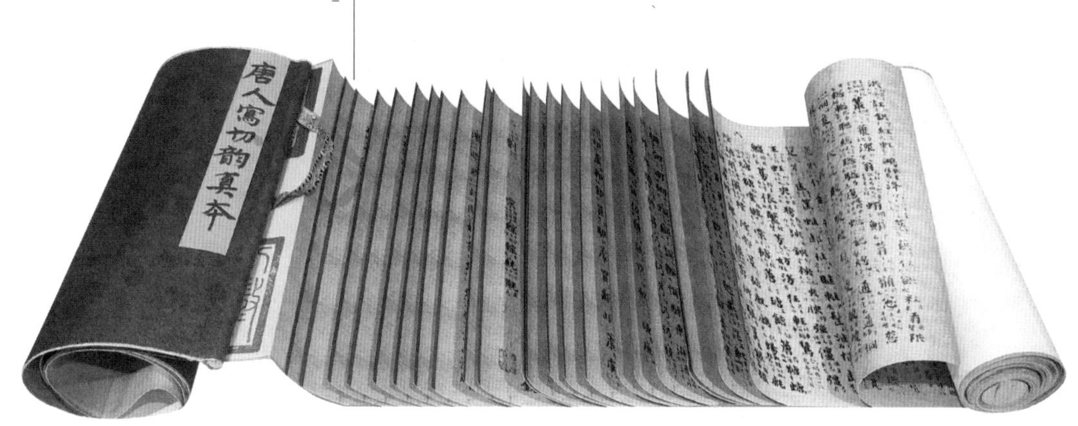

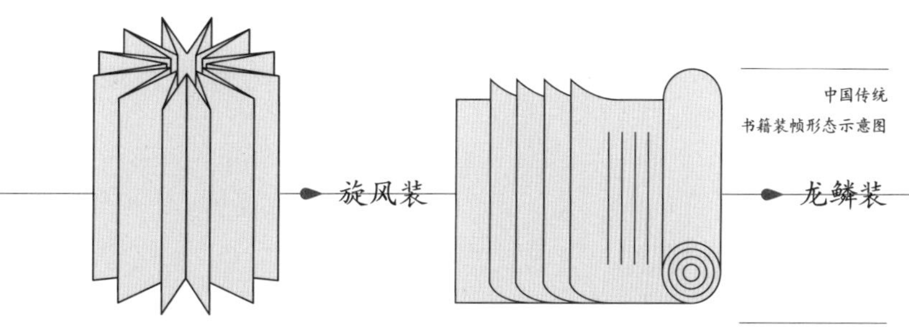

中国传统书籍装帧形态示意图

经折装

经折装出现于唐代。经折装改变了卷轴的阅读形式，采用左右反复折合的办法，即长方形的折子形式。在折子的最前面和最后面，也就是书的封面和封底，再糊以尺寸相等的硬板纸或木板作为书皮，以防止损坏。

佛教经典多采用经折装的形式，所以古人称这种折子为“经折”。经折装比卷轴装翻检方便，要查哪一页，马上便可翻至，所以在唐及其以后相当长的一段时期内，这种折子形式的书应用得很普遍，并流行至今。

a

b

中国传统
书籍装帧形态示意图

经折装

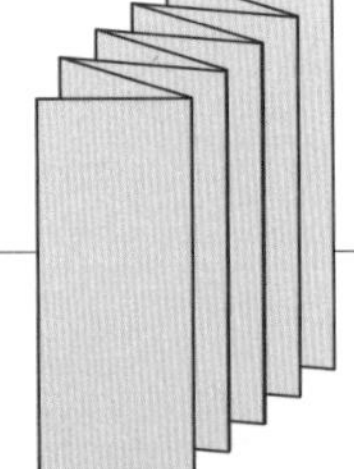

d 蝴蝶装

e 蝴蝶装《皇明祖训》[明]

蝴蝶装

蝴蝶装始于唐末五代，盛行于宋元，它的产生是和雕版印刷的发展密切相关的。宋代，也是雕版印刷术发明后刻书的全盛时期。

鉴于经折装折痕处易于断裂的缺点，于是书籍形态转而朝册页的方向发展，既避免了经折装的缺陷，也省却了将书页粘成长幅的麻烦。把长长的卷轴改为“册页”后，将书页从中缝处字对字向内对折，中缝处上下相对的鱼尾纹，是为方便折叠时找准中心而设的。书页折完后，依顺序积成方形的一叠，再将折缝处粘在包背的纸上，这样一册书就完成了。翻阅时，书页如蝴蝶展翅，故称为“蝴蝶装”。叶德辉《书林清话》中说：“蝴蝶装者，不用线订，但以糊粘书背，以坚硬封面，以版心向内，单口向外，揭之若蝴蝶翼。”

蝴蝶装的封面，多用厚硬的纸，也有裱背上绫锦的。陈列时，往往书背向上，书口朝下依次排列。因书口处易被磨损，所以版面周边空间往往设计得特别宽大。

de

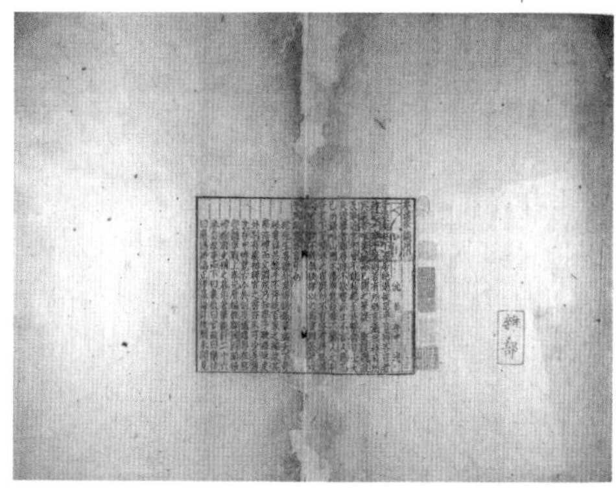

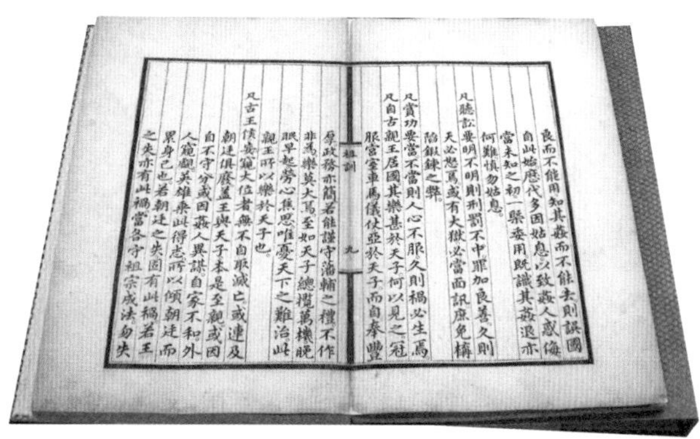

中国传统
书籍装帧形态示意图

蝴蝶装

8 → 1127 年至 1279 年

9 → 1271 年至 1368 年

10 → 907 年至 960 年

11 → 1368 年至 1644 年

包背装

包背装起源于南宋[8]，盛行于元代[9]。与蝴蝶装相反，它是正面向外，背面向内。现存的包背装以元明版居多。

蝴蝶装虽比起卷轴是有很大改进，但它也有明显的不足之处。一是必须连翻两页才能看到文字；二是粘胶的书背，如因胶性不牢，就容易产生书页脱落的现象。因阅读的不便又促使人们对蝴蝶装进行改良，遂产生了包背装的新形制。

元代的包背装，是将书页有文字的一面向外，以折叠的中线作为书口，背面相对折叠。翻阅时，看到的都是有字的一面，可以连续不断地读下去，增强了阅读的功能性。为防止书背胶粘不牢固，采用了纸捻装订的技术，即以长条的韧纸捻成纸捻，在书背近脊处打孔，以捻穿订，这样就省却了逐页粘胶的麻烦。最后，以一整张纸绕书背粘住，作为书籍的封面和封底。

a 包背装《永乐大典》

线装

线装是古籍装帧最主要的一种形式，它源于五代[10]，明代[11]中期开始盛行，直至近代。

由于包背装的纸捻易受到翻书拉力的影响而断开，同样造成书页散落的烦恼。因此，明朝中叶以后，又被线装的形式所取代。它不易散落，形式美观，是古代书籍装帧发

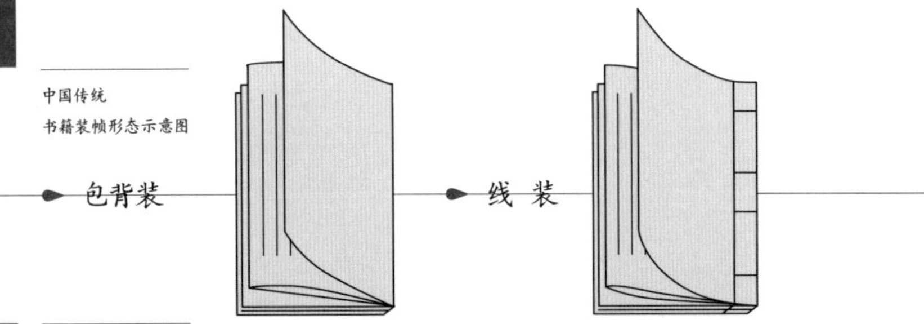

中国传统书籍装帧形态示意图

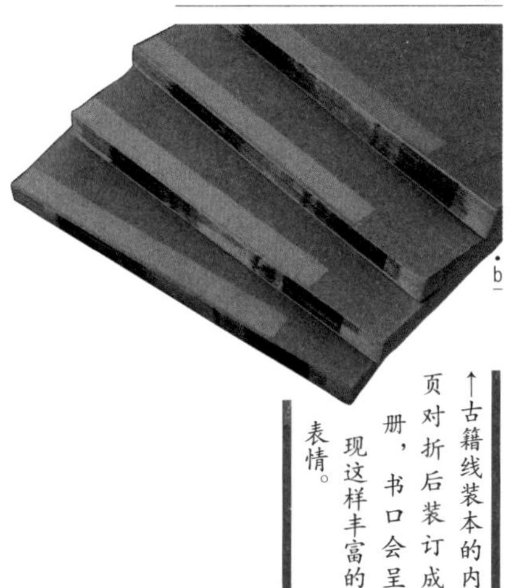

↑古籍线装本的内页对折后装订成册，书口会呈现这样丰富的表情。

b 包背装古籍

c 线装鲁迅手稿全集

d 线装古籍

↓线装用料绵软，一般放置为平躺于书架，故书名字款往往印写在地脚切口面上，便于查找检索。

展成熟的标志。

线装和包背装差别不大。线装的封面、封底不再用一整张纸绕背胶粘，而是上下各置一张散页，然后用刀将上下及书背切齐，并用浮石打磨，再在书脊处打孔用线串牢。线多为丝质或棉质，孔的位置相对书脊比纸捻远，以便装订后纸捻不显露出来。最常见的是四眼订法，偶尔也有六眼订或八眼订的。有时，常将书角用绫锦包起来，这叫作“包角”。

包背装和线装的书籍，书口易磨损破裂，因此，上架收藏采取平放的方式。为了方便起见，还在书根上靠近书背处写上书名和卷次。由于是平着摆放，封面也不需要使用厚硬的材料，多是用比书纸略厚一点的纸张，有时也用布面，故而具有柔软、亲切的感觉。

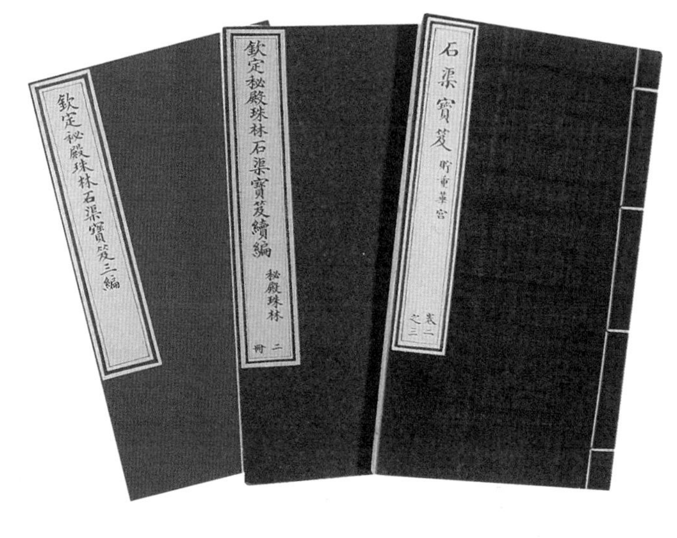

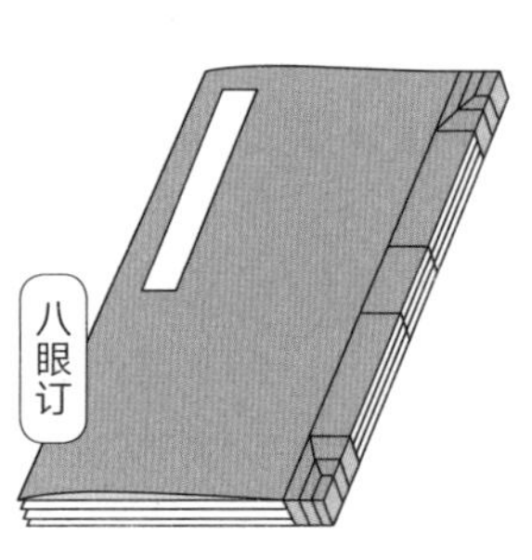

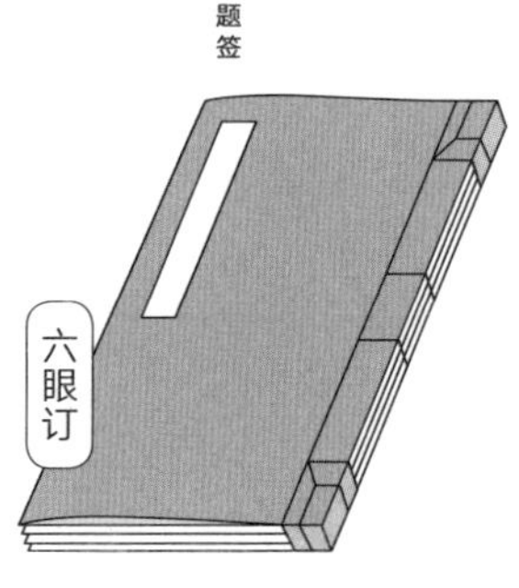

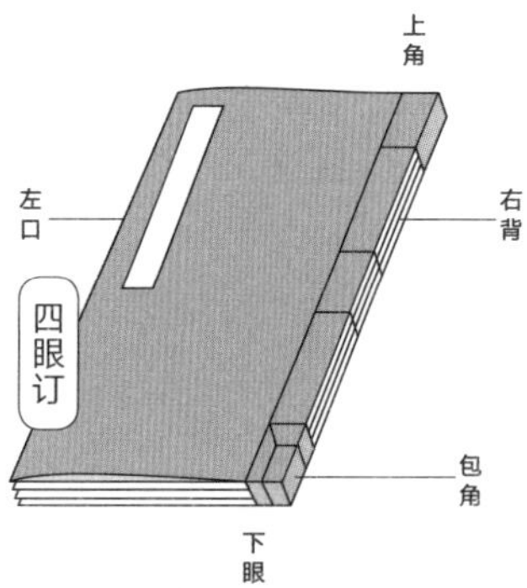

a《大般若波罗蜜多经》卍字六盒套

传统书籍的多种装帧形态

由于书籍柔软，为防其破损，多用木板或纸板制成书函加以保护。书函的尺寸大小依照实际需要而定，且形制多样。多用硬纸板为衬，白纸做里，外用蓝布或云锦做面。书函一般从书的封面、封底、书口和书脊四面折叠包裹成函，两头露出书的上下两边。也有六面全包严的叫“六合套”，在开函的地方常挖作月牙形或云头形，称作“月牙套”或“云头套”。另外，也有用木匣或夹板做成考究的书函，既保护书籍又增添书籍的典雅艺术之美。

为了保护珍贵典籍或明藏孤本，藏书家往往会特制书卷装置

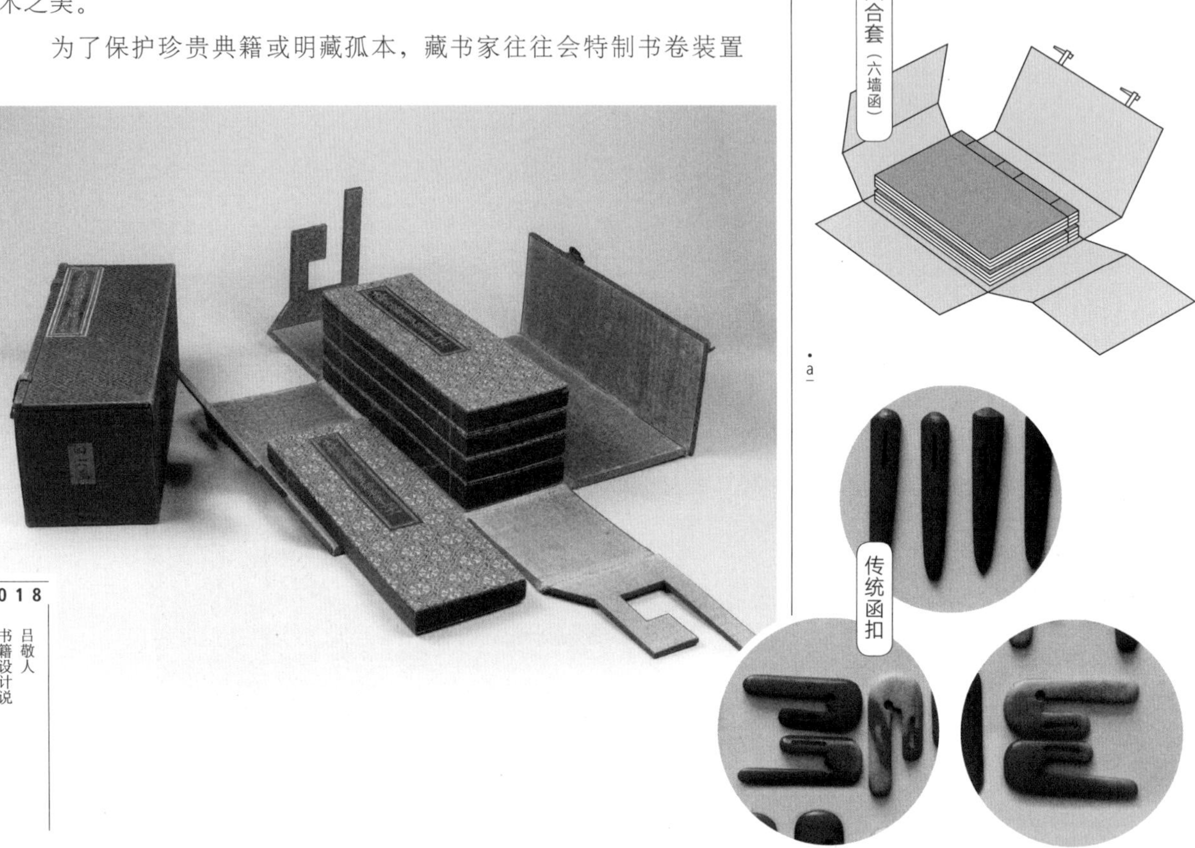

六合套（六墙函）

a

传统函扣

夹板

b 宋本夹板装

c 四墙书套

d 六墙卍字锦套

e 六墙如意云头套

b

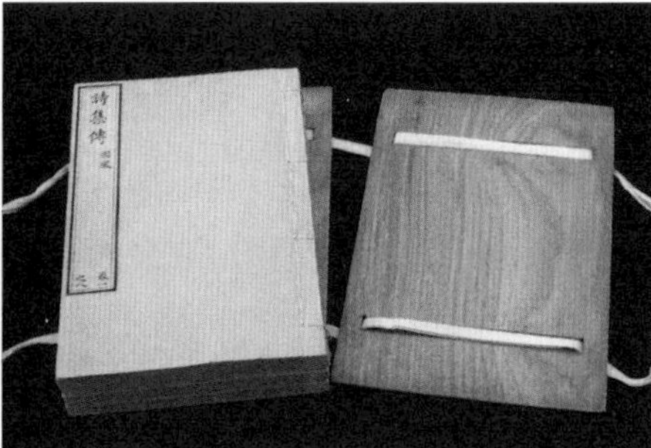

c

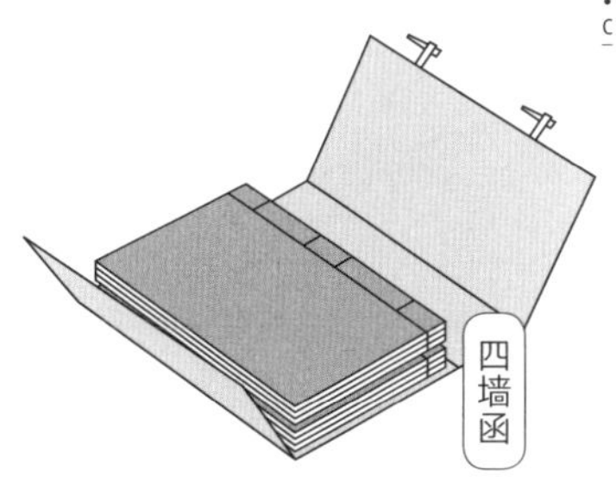

d

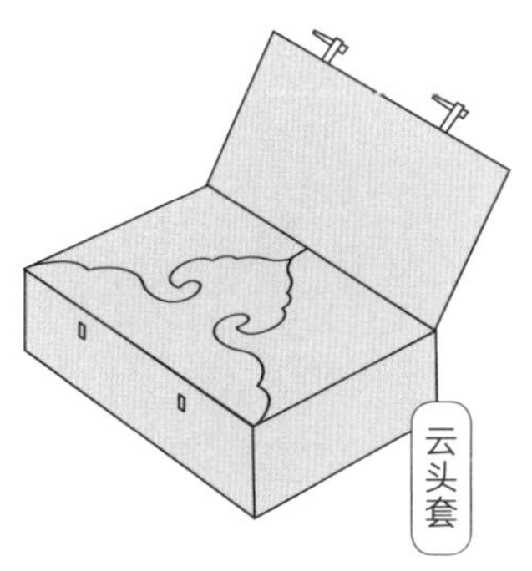

e

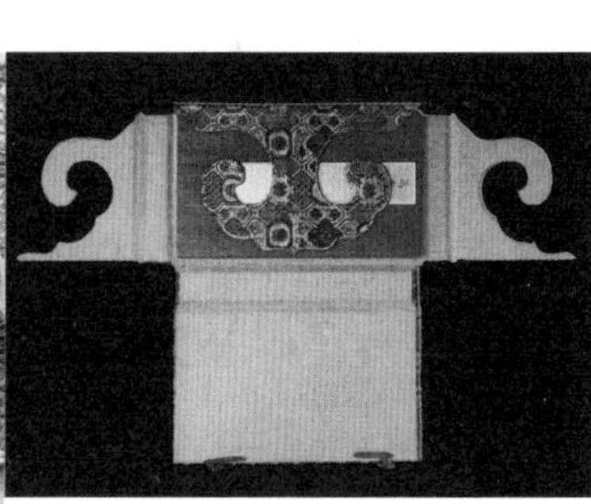

a 《二十四史》藏书柜
b 三希堂帖石拓书屉
c 中国传统书盒
d 《御纂朱子全书》书箱

a b

以保存书籍。由此，书籍艺术的创造者施展智慧与技能，衍生出丰富多彩的书籍装帧形态，成为中国古籍文化艺苑中的奇葩。从《四库全书》书函、《周易本义》书匣、《二十四史》藏书柜、《绮序罗芳》书屉、《御纂朱子全书》书箱的千姿百态中体现出中华书籍文化精华给予世界的贡献，为世人瞩目。

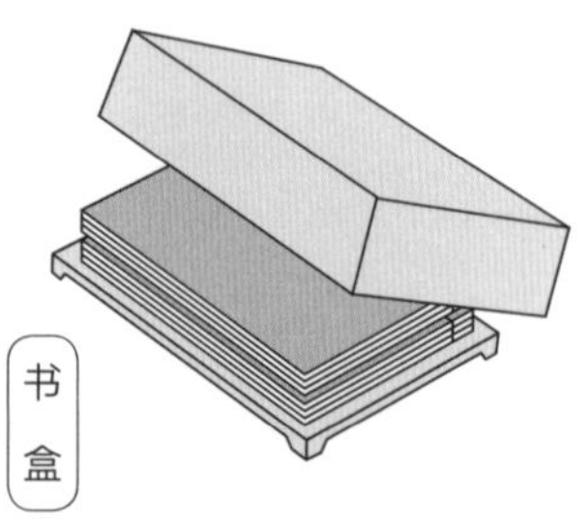
书盒

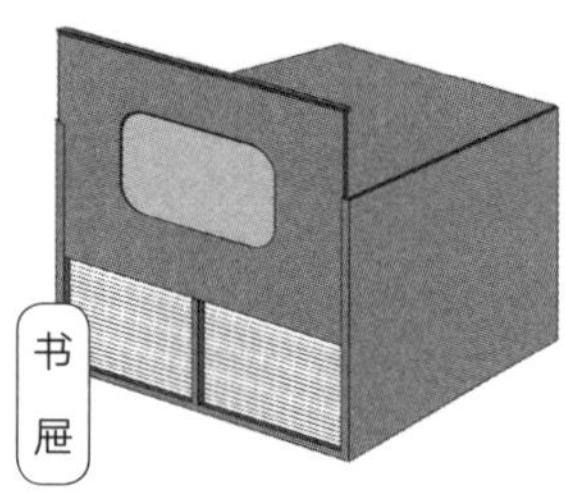
书屉

c d

e 《集胜延禧》书盒

f 《绮序罗芳》书匣

e

f

a 《御制三十二体篆书十二月令》书盒

12 → 明人胡应麟《少室山房笔丛》

b 古代刻坊做书的场景

c 古籍中关于活字印刷的记载

d 《梦溪笔谈》活字版［北宋］

4

印刷术

造纸和印刷术的发明，是中国对人类文明做出的伟大贡献，也是促进书籍发展的重要条件。

中国的印刷术“雕版肇始于隋朝，行于唐世，扩于五代，而精于宋人”→12。印刷术的发明打破了皇宫贵族少数人垄断文化的历史，通过书籍载体使文化传承更为广泛，从先秦的诸子百家到上下五千年的经、史、子、集、戏剧、平话、工技、农艺、医药、占卜、释藏、佛典、道经等各类著作，依靠印刷术才得以代代相传，流芳百世。

b

版印書籍唐人尚未盛爲之自馮瀛王始印五經已後典籍皆爲版本慶曆中有布衣畢昇又爲活版其法用膠泥刻字薄如錢脣每字爲一印火燒令堅先設一鐵版其上以松脂臘和紙灰之類冒之欲印則以一鐵範置鐵板上乃密布字印滿鐵範爲一板持就火煬之藥稍鎔則以一平板按其面則字平如砥若止印三二本未爲簡易若印數十百千本則極爲神速常作二鐵板一板印刷一板已自布字此印者纔畢則第二板已具更互用之瞬息可就每一字皆有數印如之也等字每字有二十餘印以備一板內有重複者不用則以紙貼之每韻爲一貼木格貯之有奇字素無備者旋刻之以草火燒瞬息可成不以木爲之者木理有疏密沾水則高下不平兼與藥相粘不可取不若燔土用訖再火令藥鎔以手拂之其印自落殊不沾汙昇死其印爲余羣從所得至今保藏

淮南人衛朴精於曆術一行之流也春秋日

c

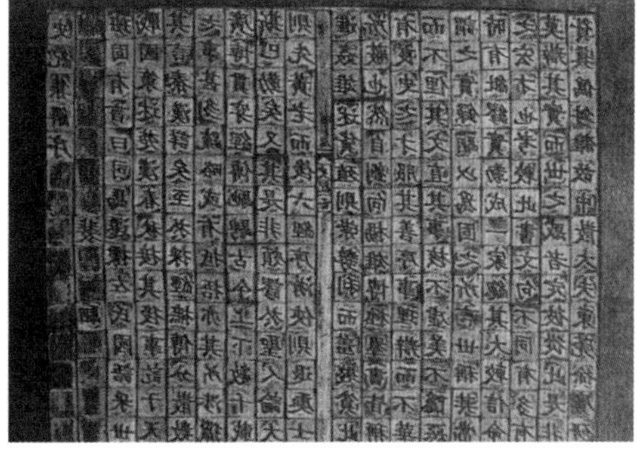

d

以雕版印刷的生产方式印刷的书，品种多，印量大，使用时间更长，在各个时期形成各自的特点风貌、门别流派。以年代计有唐刻本、五代十国刻本、宋刻本、辽刻本、西夏刻本、金刻本、元刻本、明刻本、清刻本；以版本印刻机构划分，还可分为官刻本、坊刻本、家刻本等。

13 → 1041 年至 1048 年

ab 《金刚般若波罗蜜经》唐刻本

c 《农书》中活字版韵轮图［元］

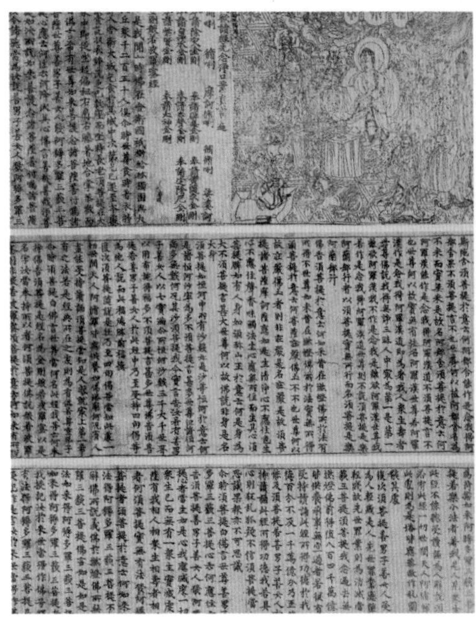

ab

随着社会对书的需求量的增大，雕版印刷技术的费工耗材等缺陷日益凸显，必须寻找一种新的印刷方法来替代雕版。据记载，北宋庆历年间→13 有一位名叫毕昇的刻版工匠，用胶泥制成字坯，刻字后，用火烧制成陶质活字，放入木格之中，再经过其他工序，即可大批量印刷，而且印完后的“活字”可反复使用。活字版的发明可以说是印刷工艺的一场革命。

随着木活字的普遍使用，元代农学家王祯发明了一套木活字转轮排版技术，缩短工时提高效率，使书籍可以快捷方便地

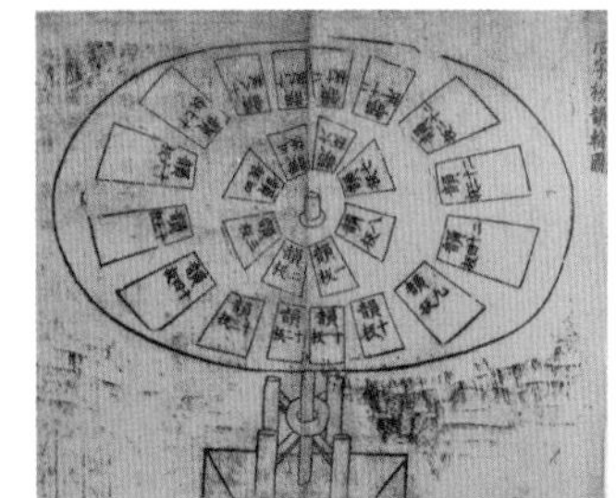

c

d 《陀罗尼经》唐汉文印

e 《春秋公羊经传解诂》宋刻本

f 《梅花喜神谱》宋刻本

d

e f

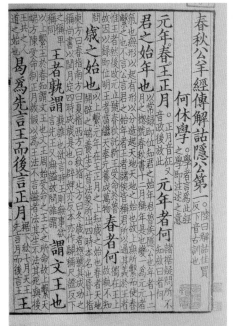

春秋公羊經傳解詁隱公第一 ○陸曰解詁佳買反下音古訓也

何休學 ○學者言爲此經之學即注述之意

元年○春○王正月○正月音征又音政後放此 元年者何 諸据疑問所不知故曰者何

君之始年也 以常錄即位知君之始年君魯侯隱公也年者十二月之總號春秋書十二月稱年是也變一爲元元者氣也無形以起有形以分造起天地天地之始也故上無所繫而使春繫之也不言公言君之始年者王者諸侯皆稱君所以通其義於王者惟王者然後改元立號春秋託新王受命於魯故因以錄即位明王者當繼天奉元養成萬物 春者何 獨在王上故執不知問

歲之始也 以上繫元年在王正月之上知歲之始也春者天地開辟之端養生之首法象所出四時本名也昏斗指東方曰春指南方曰夏指西方曰秋指北方曰冬歲者總號其成功之稱尚書以閏月定四時成歲是也○辟婢亦反本亦作闢稱尺證反下之稱甲同

王者孰謂 孰誰也欲言時王則無事欲言先王又無謚故問誰謂 謂文王也 以上繫王於春知謂文王也文王周始受命之王天之所命故上繫天端方陳受命制正月故假以爲王法不言謚者法其生不法其死與後王共之人道之始也

曷爲先言王而後言正月 据下秋七月天王先言月而後言王 王

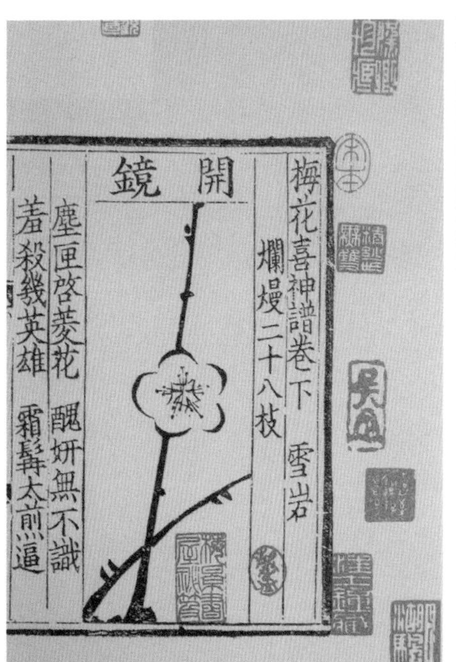
梅花喜神譜卷下 雪岩

爛熳二十八枝

開鏡

麈匣啓菱花 醜妍無不識

羞殺幾英雄 霜髯太前逼

a 《新定三礼图》

b 大圣文殊师利菩萨像［五代］

c 《四美图》［金］

d 《观弥勒菩萨上生兜率天经》西夏文刻本

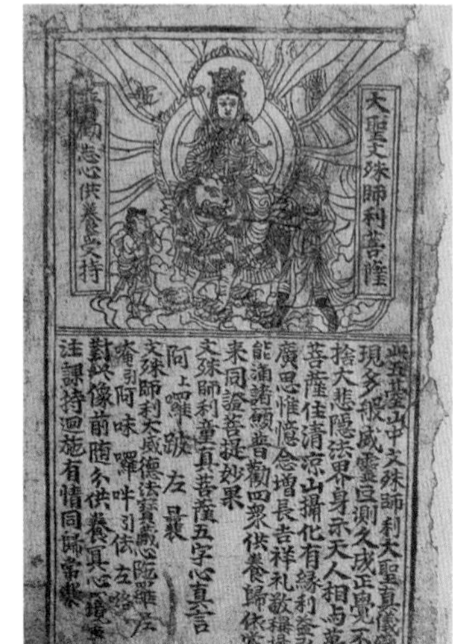

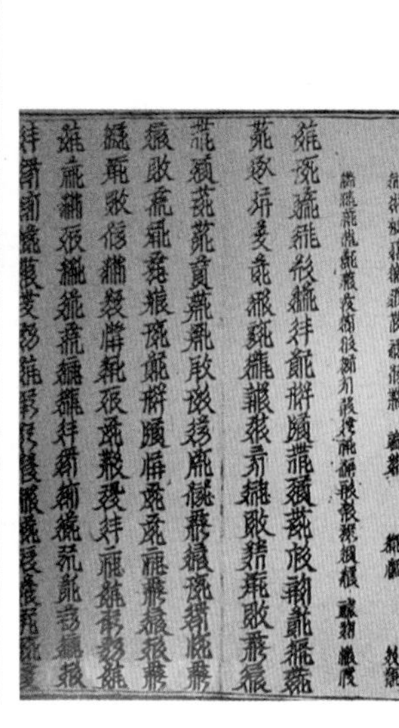

ef 《周礼》宋刻本

g 《周易本义》

ef

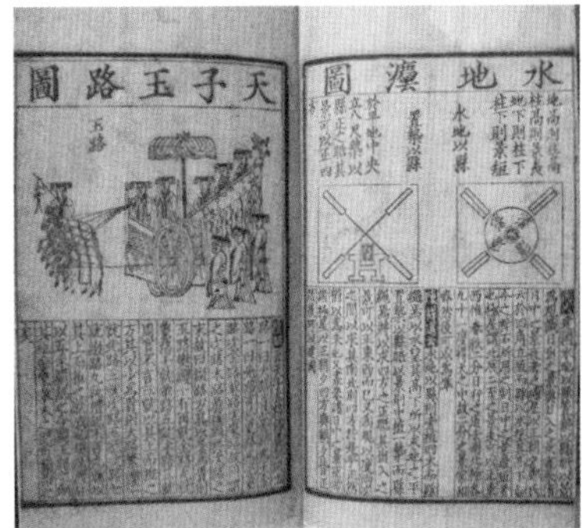

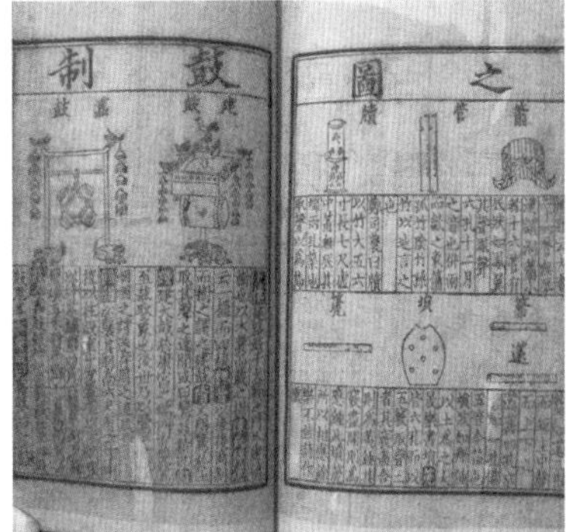

g

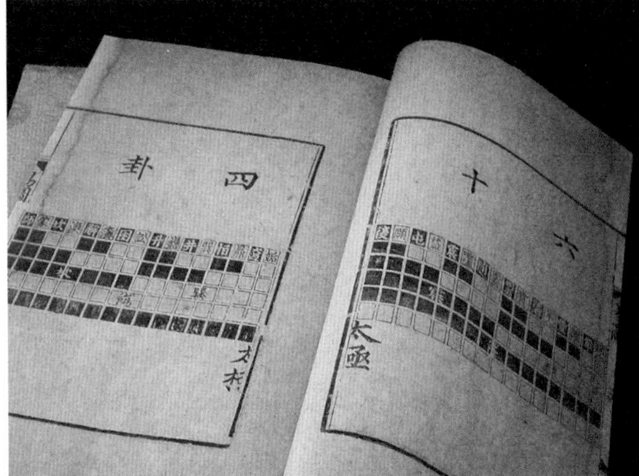

大规模印刷出版，中国的印刷工艺技术和艺术审美得到了进一步升华。

金属版印刷始于宋代，明代已开始铜活字版印书，至清代渐以流行，其中清武英殿木活字“聚珍版”和青铜活字版《古今图书集成》为上上品。

御製題武英殿聚珍版十韻有序
校輯永樂大典內之散簡零編並蒐訪天下遺籍不
下萬餘種彙為四庫全書擇人所罕覯有裨世道人
心及足資考鏡者剞劂流傳嘉惠來學第種類多則
付雕非易董武英殿事金簡以活字法為請既不濫
費棗棃又不久淹歲月用力省而程功速至簡且捷
考昔沈括筆談記宋慶歷中有畢昇為活版以膠泥
燒成而陸深金臺紀聞則云毘陵人初用鉛字視版
印尤巧便斯皆活版之權輿顧埏泥體麤鎔鉛質輭

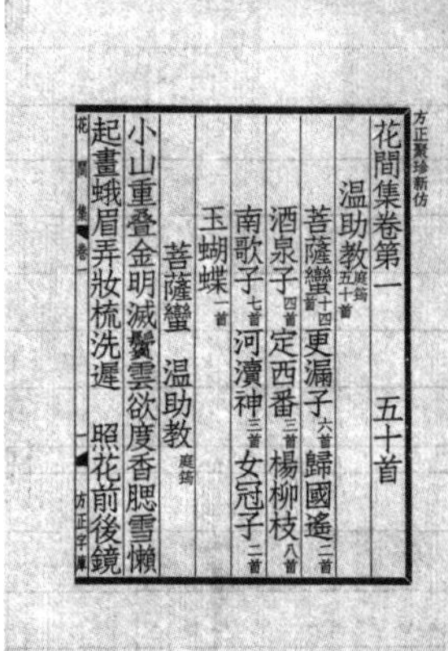
方正聚珍新仿
花間集卷第一　五十首
温助教庭筠五十首
菩薩蠻十四首 更漏子六首 歸國遙二首
酒泉子四首 定西番三首 楊柳枝八首
南歌子七首 河瀆神三首 女冠子二首
玉蝴蝶一首
菩薩蠻 温助教庭筠
小山重疊金明滅鬢雲欲度香腮雪懶
起畫蛾眉弄妝梳洗遲 照花前後鏡

a　《钦定武英殿聚珍版程式》内页

b　《钦定武英殿聚珍版程式》插图刻字图

c　方正字体公司据聚珍版活字于2017年设计的方正聚珍新仿字体

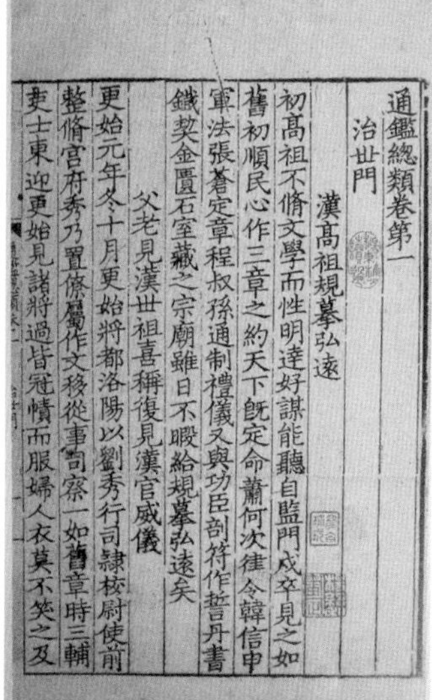
通鑑總類卷第一
治世門
漢高祖規摹弘遠
初高祖不脩文學而性明達好謀能聽自監門戍卒見之如
舊初順民心作三章之約天下既定命蕭何次律令韓信申
軍法張蒼定章程叔孫通制禮儀又與功臣剖符作誓丹書
鐵契金匱石室藏之宗廟雖日不暇給規摹弘遠矣
父老見漢世祖喜稱復見漢官威儀
更始元年冬十月更始將都洛陽以劉秀行司隸校尉使前
整脩宮府秀乃置僚屬作文移從事司察一如舊章時三輔
吏士東迎更始見諸將過皆冠幘而服婦人衣莫不笑之及

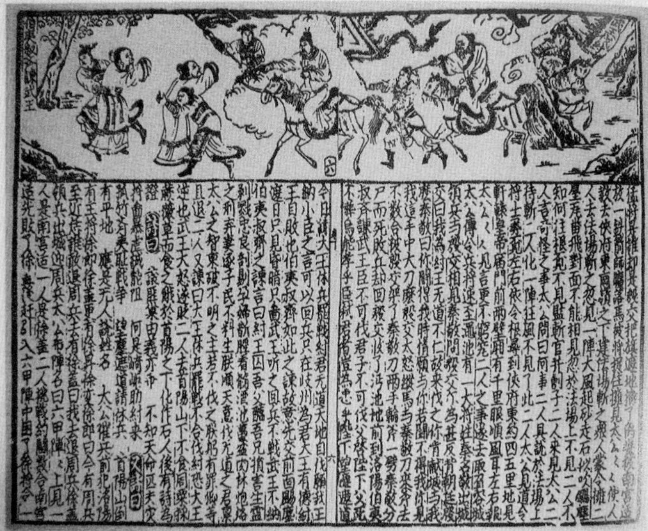

d 《通鉴总类》元刻本
e 《武王伐纣平话》元建安派刻本
f 《琵琶记》明徽派刻本 / 两种宋体
g 《历代地理指掌图》明嘉靖刻本
h 《太平广记》清武英殿刻本

琵琶記卷上
第一齣
水調歌頭 秋燈明翠幕夜案覽芸編今來古往其間故事
幾多般少甚佳人才子也有神仙幽怪瑣碎不堪觀正是
不關風化體縱好也徒然論傳奇樂人易動人難知音
君子這般另作眼兒看休論插科打諢也不尋宮數調只
看子孝共妻賢正是驊騮獨步萬馬敢爭先
沁園春 趙女姿容蔡邕文業兩月夫妻奔朝廷黃榜遍招

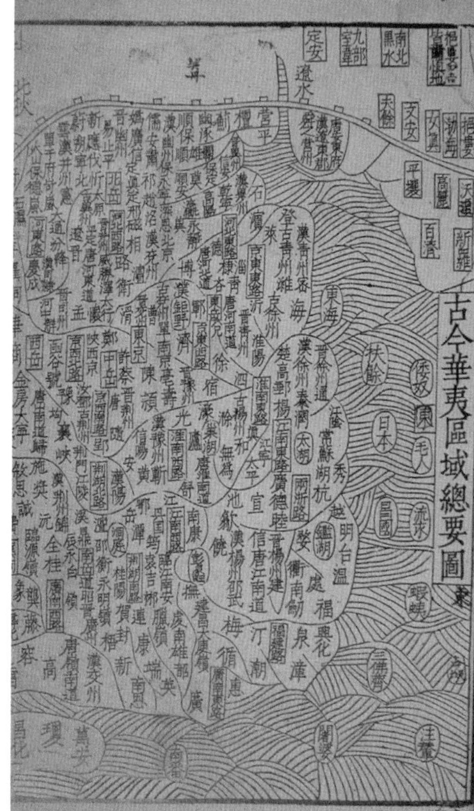

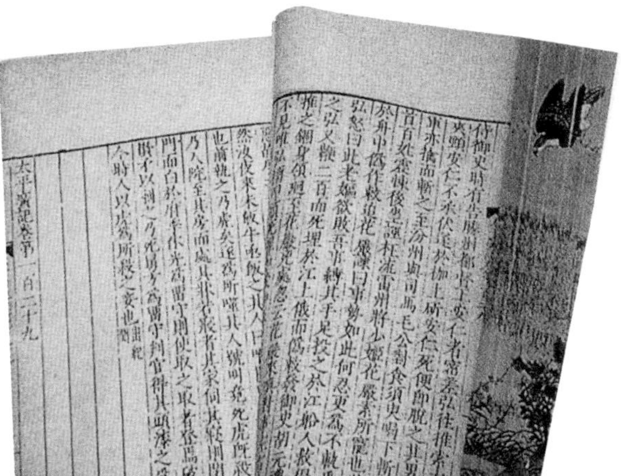

a 《唐诗类苑》明万历钱塘崧齐木活字印本

b 《萝轩变古笺谱》明崇祯水印本

c 《娇红记》[明] 陈洪绶绘 杭州名刻工项南洲刻

d 《天工开物》花机图 明崇祯刻本

e 《三国志通俗演义》清初刻 彩色套印本

a

c

b

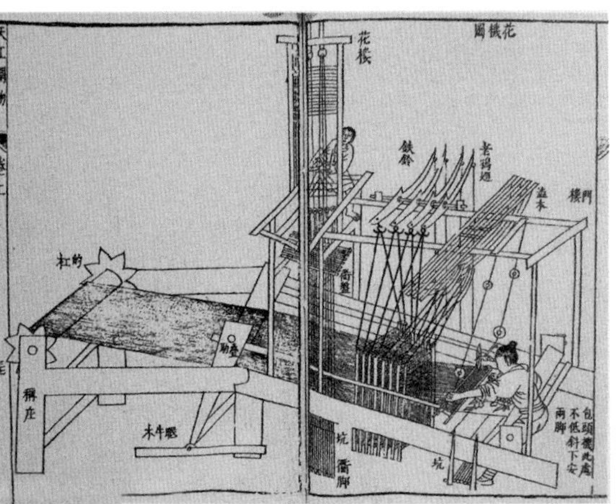

d e

fg 《曲波园传奇》

hi 元定宗四年（1249）平阳张存惠晦明轩刻本

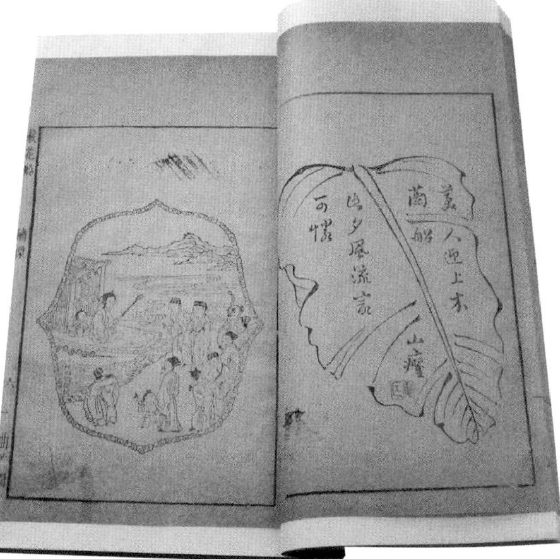

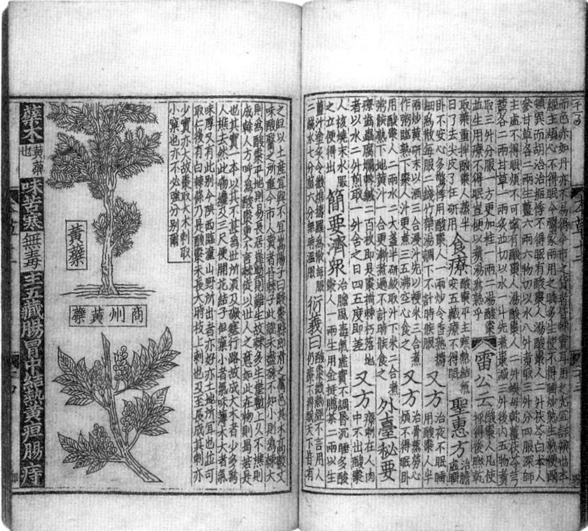

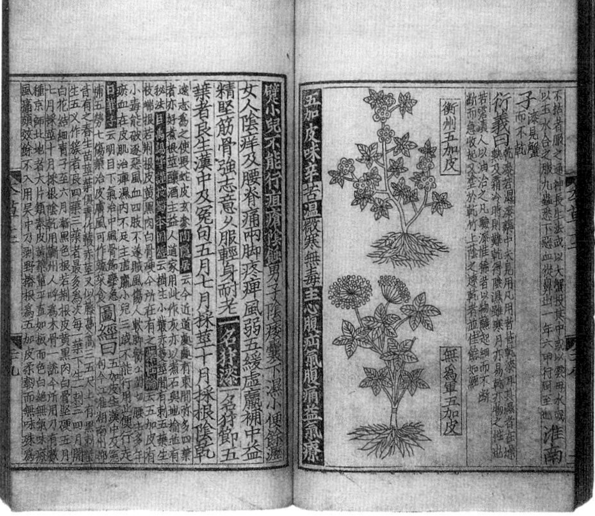

增和

雲白重重羣碧峯
井梧搖落動西風
芰荷綠墜池塘內
黍稌橫鋪畝畝中
散亂珠星螢照水

風聲為天籟平分中秋也秋至中平半均分兎月中之玉兎蟇月中之蟾蜍弦謂每月初八為上弦二十三為下弦靈槎博物志昔有人居海上每年來槎到天河見婦人織機丈夫牽牛此詩前四句專賦中秋月明之美後四句寓有清心克欲之意月明猶心之澄狡兎妖蟇喻外誘也末三句寓有不可安於小成之意

新秋　杜子美

火雲猶未斂奇峯　欹枕初驚一葉風
幾處園林蕭瑟裏　誰家砧杵寂寥中
蟬聲斷續悲殘月　螢焰高低照暮空

高飛一字鴈書空
催人光景如梭急
不覺年來白鬢蓬

增和

賦就金門期再獻　夜深搔首嘆飛蓬

釋義　火雲僧奉忠詩如峯如火復如綿奇峯謂夏雲多奇峯一葉秋古詩云梧桐落金井一葉在銀床砧擣衣之石杵擣衣之棒也金門即金馬門漢武帝鑄銅馬于宮署門外蓬草也飛亂也此詩賦新秋之景首二句言夏意未收而凉風初動見其為新秋意也次二句言蕭瑟之氣入於園林砧杵之聲響於夜靜見人事之稱時動作二聯蟬聲悲月螢光照空見蟲類應候飛鳴皆寓新秋之意末句言欲獻策金馬門以求進恭鬢髮衰老因新秋之至而有觸景生悲之情也

與朱山人　杜子美

a 《明解增和千家诗注》明彩绘抄本

b c 《北西厢秘本》明崇祯刻本

a 《升平署戏曲人物画册》绢底彩绘本

b 《耕织图》清康熙内府铜版印本

c 《点石斋》清末石版印本

a

b c

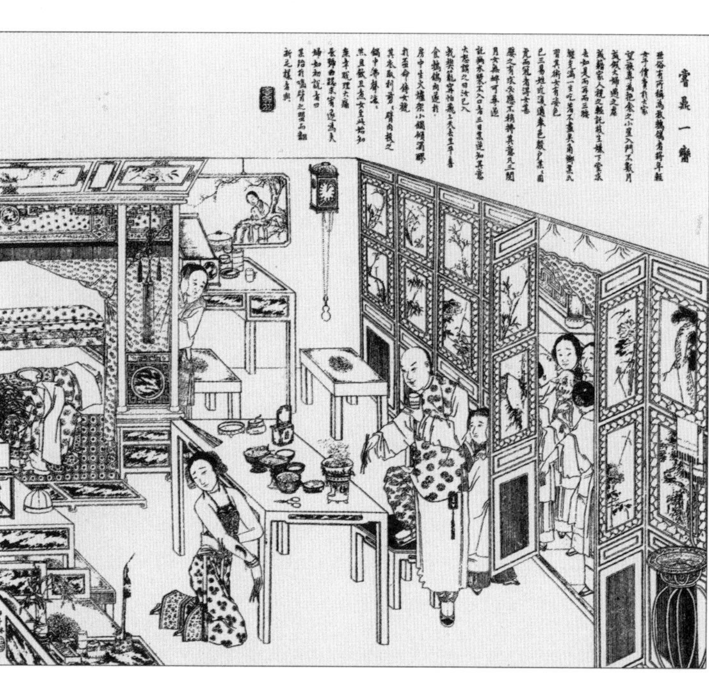

a 《金瓶梅》清绘本

线装书构造

①……书角
②……包角
③……书眼
④……书背
⑤……书根
⑥……书头
⑦……书脚
⑧……题签
⑨……书口
⑩……书衣

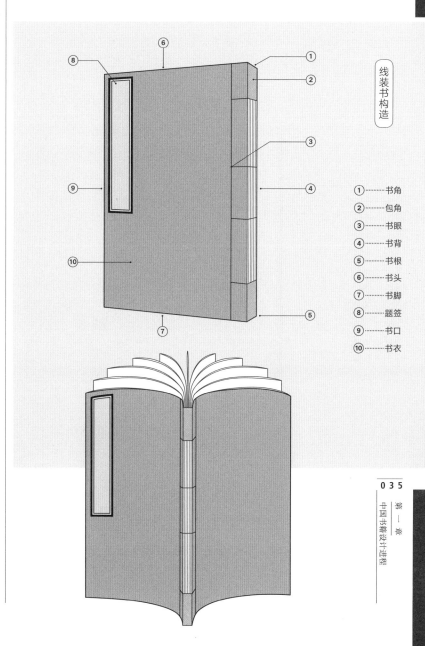

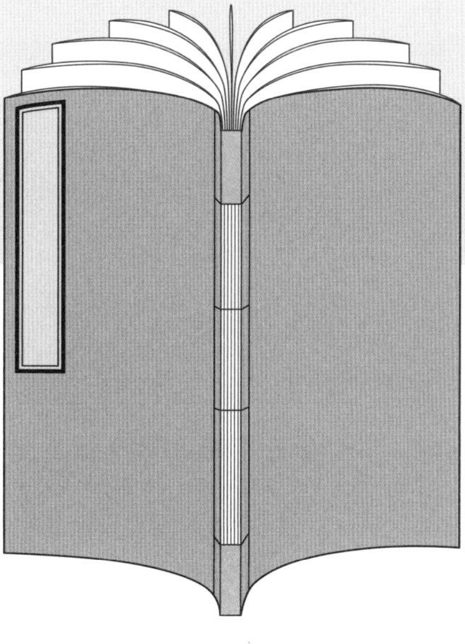

古籍形制的魅力犹在。当书籍作为纯商品充斥在书店里浓妆艳抹招摇过市之时，人们开始留恋那种洋溢着浓郁书卷气息的书香余韵。

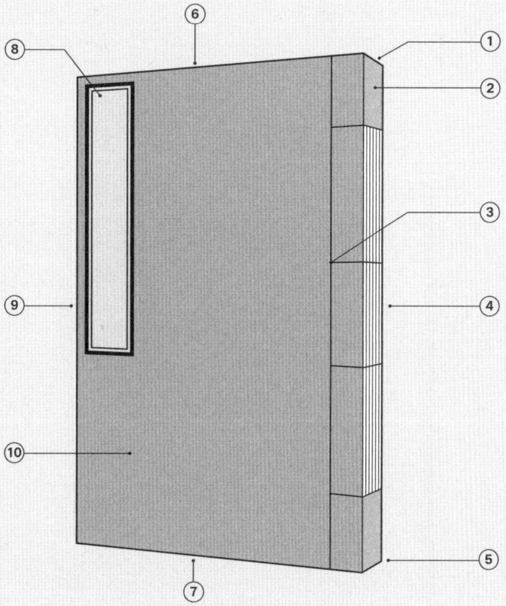

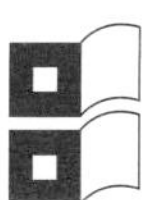

线装书构造

①上边线
②栏线
③中缝
④书口
⑤鱼尾
⑥书耳
⑦左边线
⑧下边线
⑨右边线
⑩天头
⑪地脚

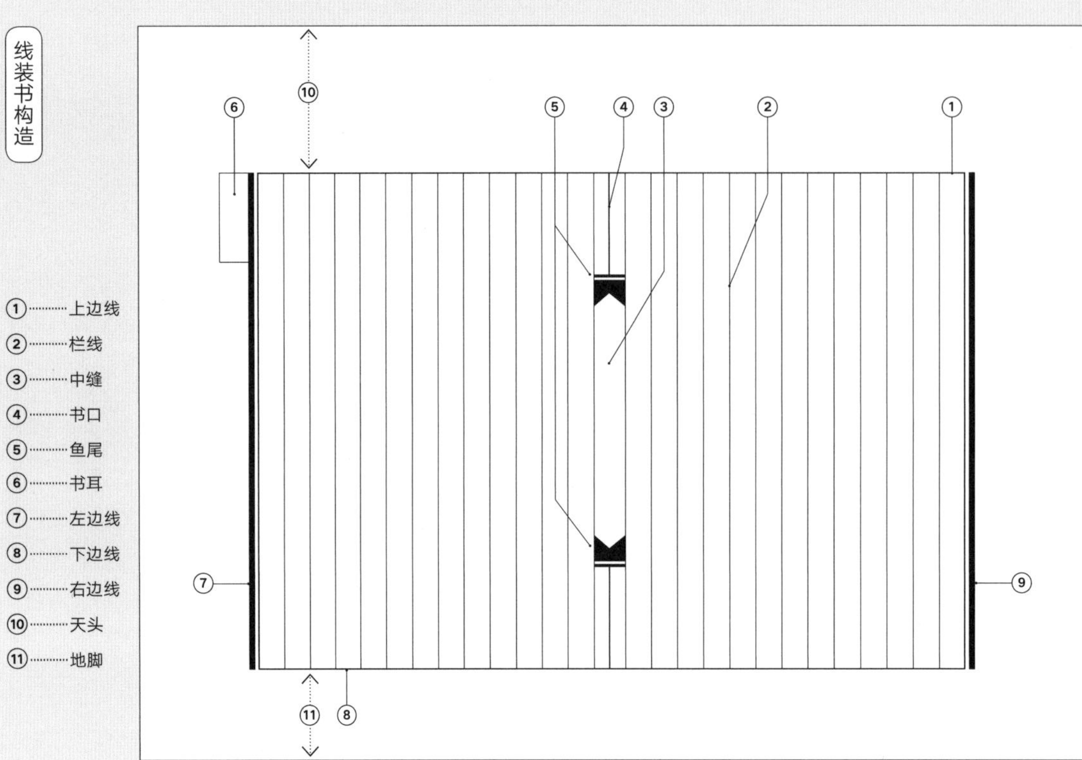

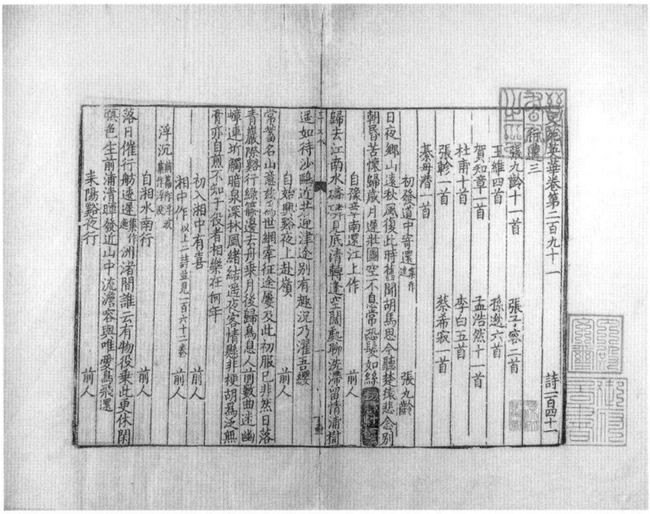

←宋版书页面的基本格式，其中，书耳只有少数书使用，鱼尾有单、双之分，边框有四周双边和上下单边、左右双边等不同形式，各书的行数和每行字数也各不相同。

5

传统书新做

中国古代书籍文化有着几千年的悠久历史，传统的印刷工艺技术和艺术审美为世人瞩目，千姿百态中体现出中华书籍文化精华给予世界的贡献，至今仍焕发着无穷的魅力。回顾灿烂的中华古籍艺术，温故知新，传承文明，对于开创21世纪的中国书籍设计艺术有着重要的意义。

“文革”期间视传统文化如洪水猛兽，一概作为封建糟粕来批判。自20世纪80年代开放后，人们的眼睛集中盯着西方，无暇顾及传统书籍中蕴含的精彩。

90年代末，曾在故宫博物院举办的“清代宫廷包装艺术展”中展示过去精巧的囊、匣、盒等原件珍品，其中包括大量图籍、书画的各类包装，不论是宫廷包装的缜密华贵还是民间器物的粗犷古朴，均展现了中国古人追求美的心理和讲究实用功能的设计智慧。因参与“中国古籍善本再造工程”的设计工作，我有幸进入了藏书量居全国之首的国家图书馆地下书库浏览中外古籍。唐经文、宋刻本、明绘本、饾版印刷本、少数民族的贝叶经、藏宗教梵夹装、《永乐大典》《四库全书》……其书籍形态之多样、图像文字语言之奇妙、印刷工艺之精巧、装帧手段之独特实在是令我大饱眼福。中国艺术审美特征是释、儒、道分别所追求的“空灵之美”“沉郁之美”“飘逸之美”，以虚代实，以柔克刚，三教合一的含蓄优雅之美。中国的书法、水墨绘画都体现出这种东方的韵味，书籍艺术亦是如此。对比当今书籍出版物形式的单一化、程式化，深感中国传统书籍艺术给予我众多启示，也刺激我抱着浓厚的兴趣，投入这富有挑战性的古籍再造的书籍设计活动中去。

继承不是简单地将古人留下的东西进行拷贝或复制。留住传统，更要创造“传统”。前人为我们留下传统，今人是为未来创造“传统”，因为传统是创造的奠基石，不是休止符。传统对我们来说，是赋予造物以新的生命，这是中国艺术发展之路。传统书新做，我在学习东方艺术理念和艺术创作规则的基础上，将现代艺术观念融入到中国含蓄内敛的传统审美理念当中，并传承与创新东方书卷所具有的独特语境。

a 敬人设计工作室部分设计作品

a

在传承方面是照本宣科的如法炮制，还是承其魂拓其体，重新创造一个具有传统文化特质，呈现出具有鲜明时代特征的新的书籍生命。

《子夜》

D 吕敬人
P 中国青年出版社
1996

《尚书》

D 敬人设计工作室
P 国家图书馆出版社
2002

《食物本草》

D 敬人设计工作室
P 北京图书馆出版社
2001

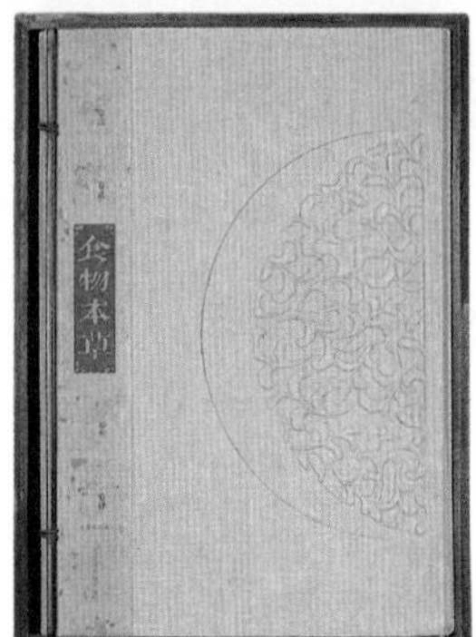

a 藤编书函与金属套扣的设计草图

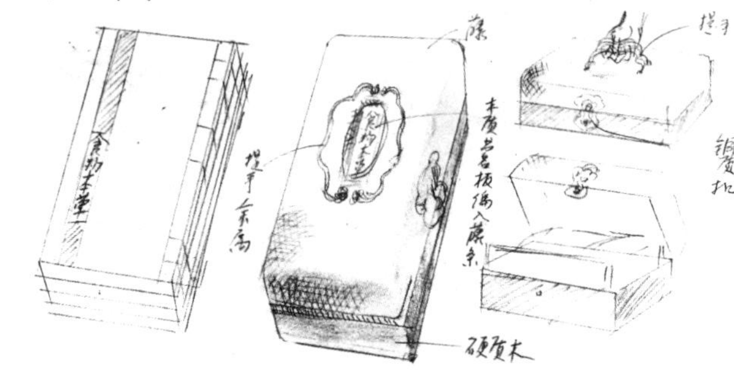

a

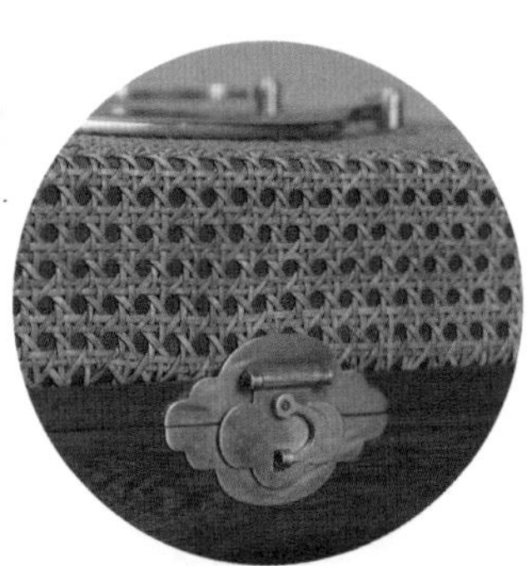

食物本草
北京圖書館出版社

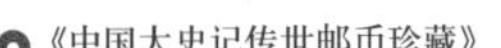

《中国大史记传世邮币珍藏》

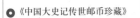

D 敬人设计工作室
P 文物出版社
2006

a 2005年与印刷技术人员探讨《中国大史记传世邮币珍藏》函箱工艺

b 书口设计

c 书背设计

a

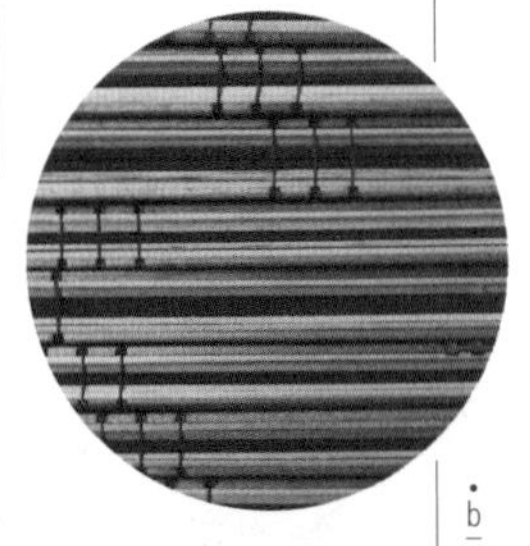

b

c

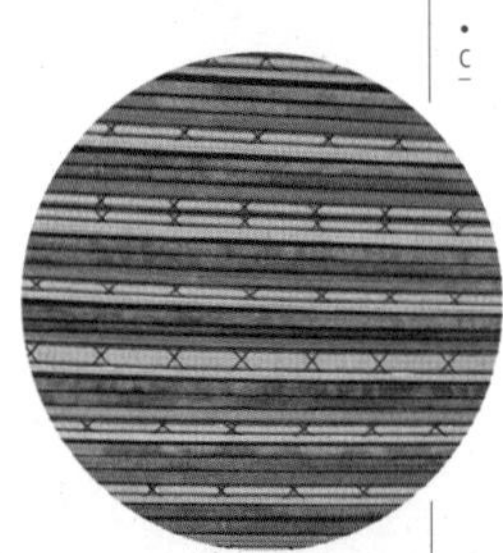

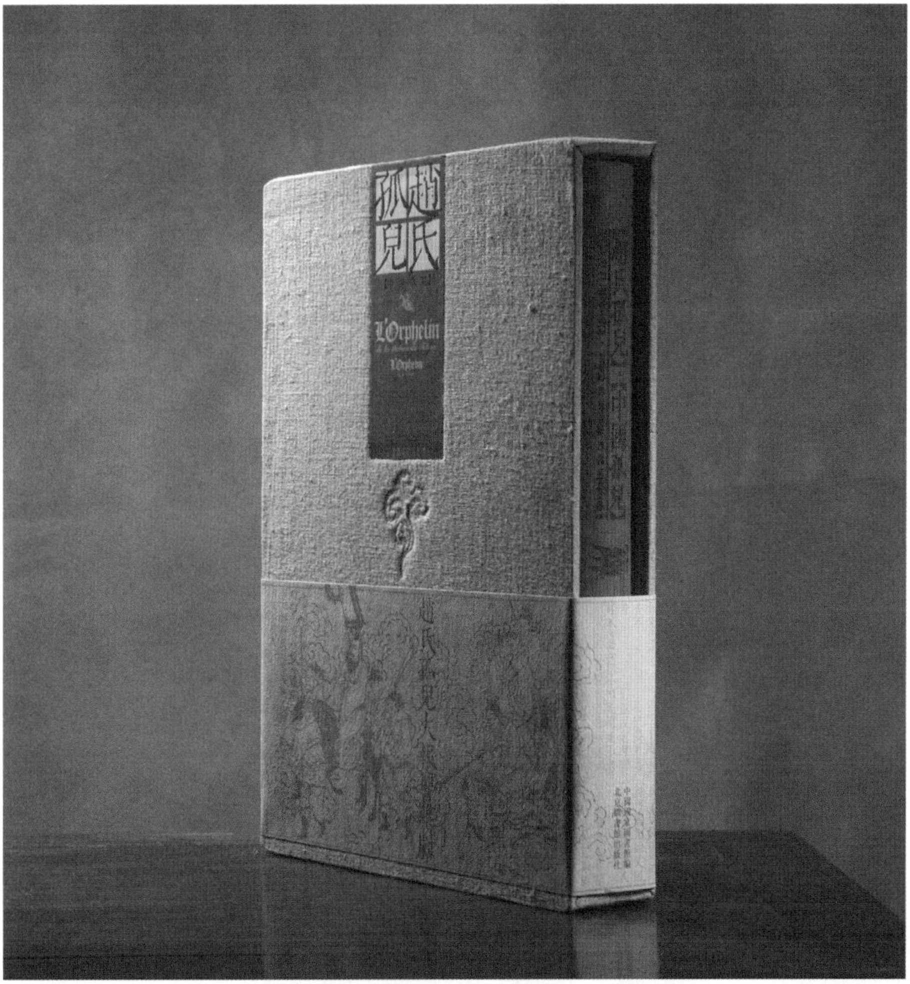

《赵氏孤儿》

D 敬人设计工作室

P 北京图书馆出版社

2001

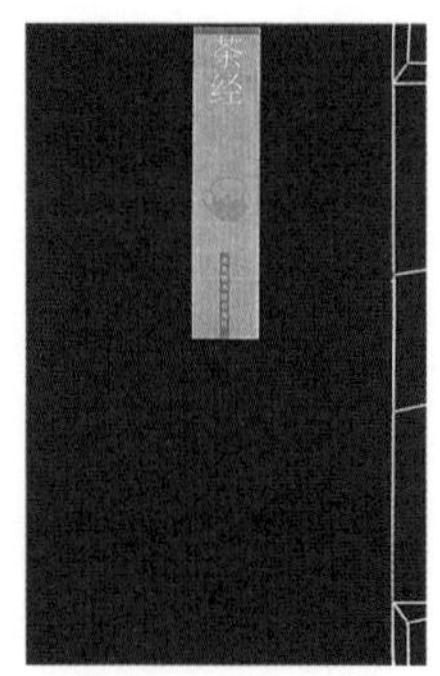

《茶经》《酒经》

D 敬人设计工作室
P 北京图书馆出版社
2001

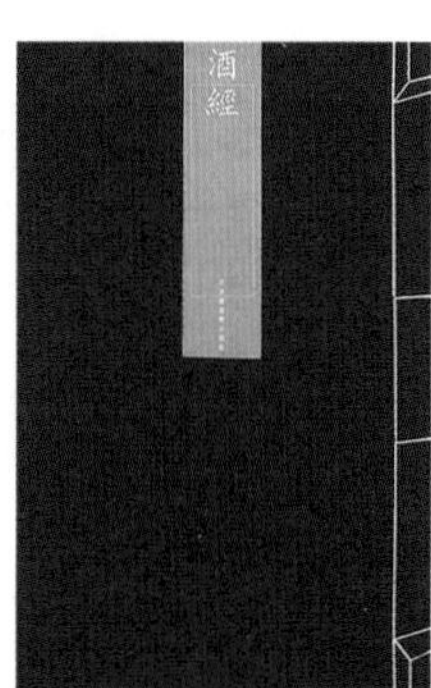

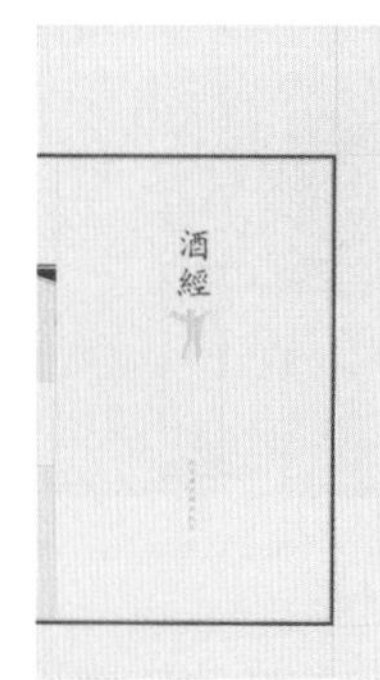

酒經
茶經

a 棋盒式书函结构设计草图

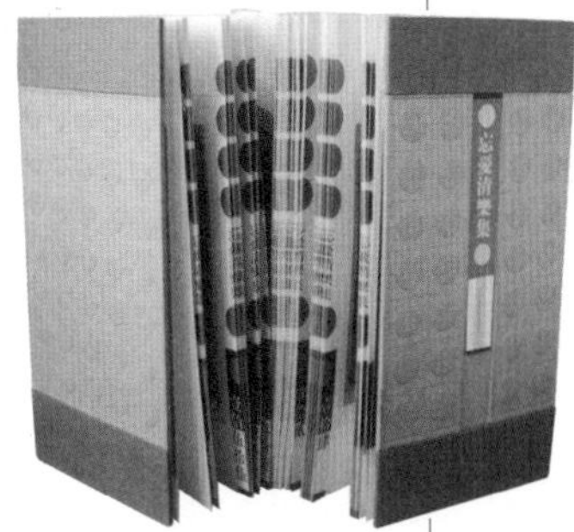

《忘忧清乐集》

D 敬人设计工作室
P 北京图书馆出版社
2003

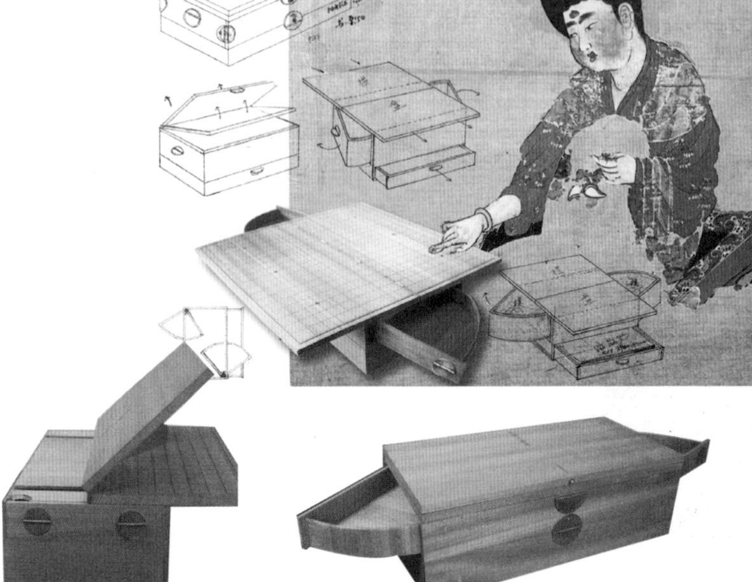

a

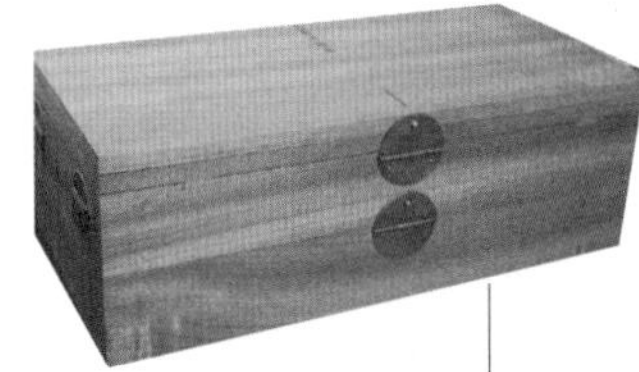

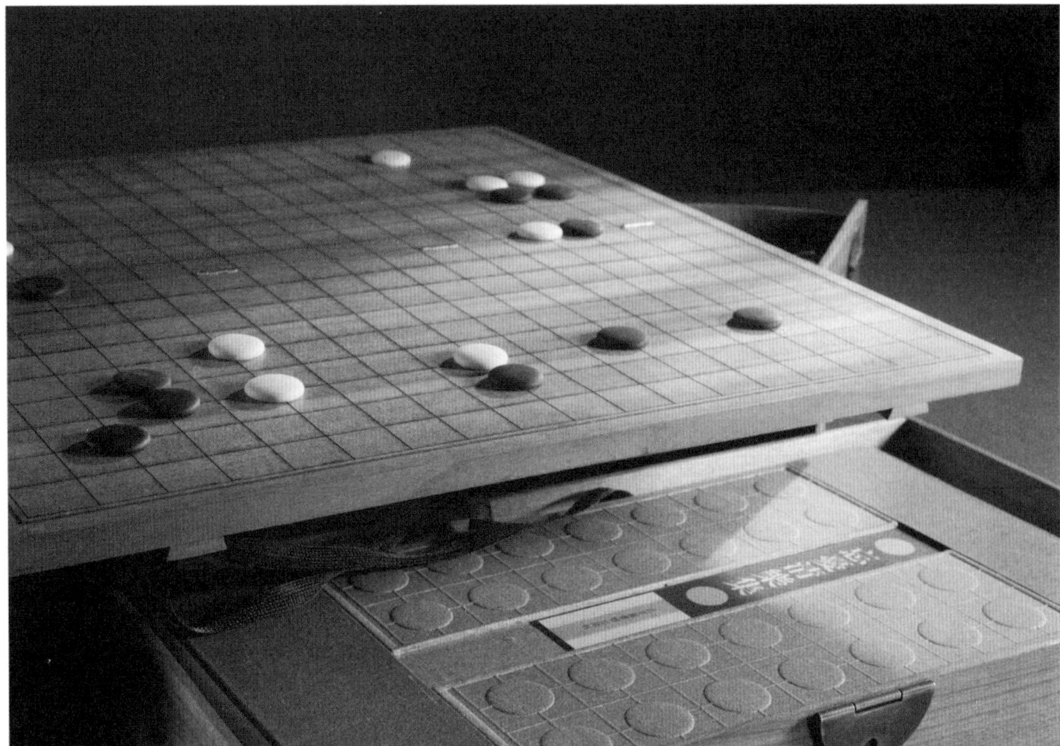

b 在经折装封面上运用了多种工艺的设计草图

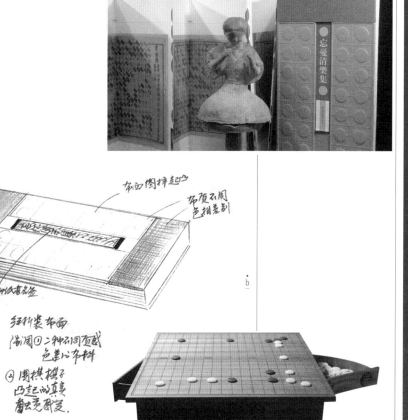

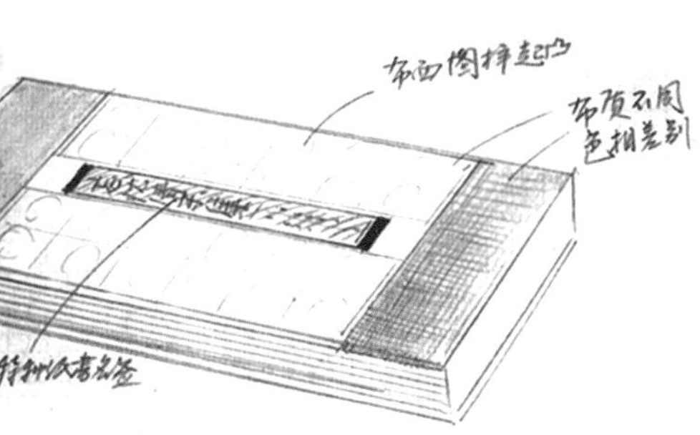

b

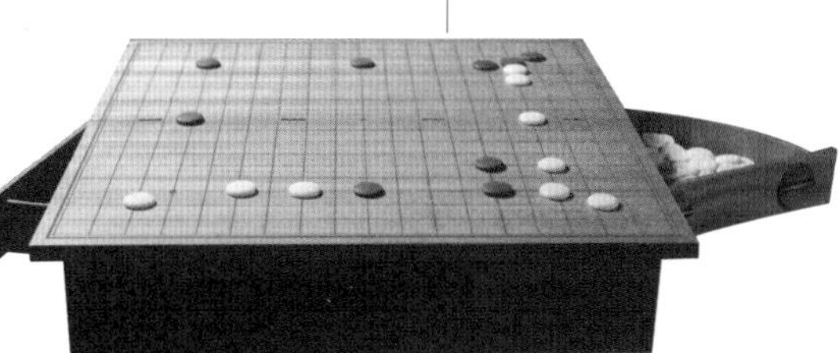

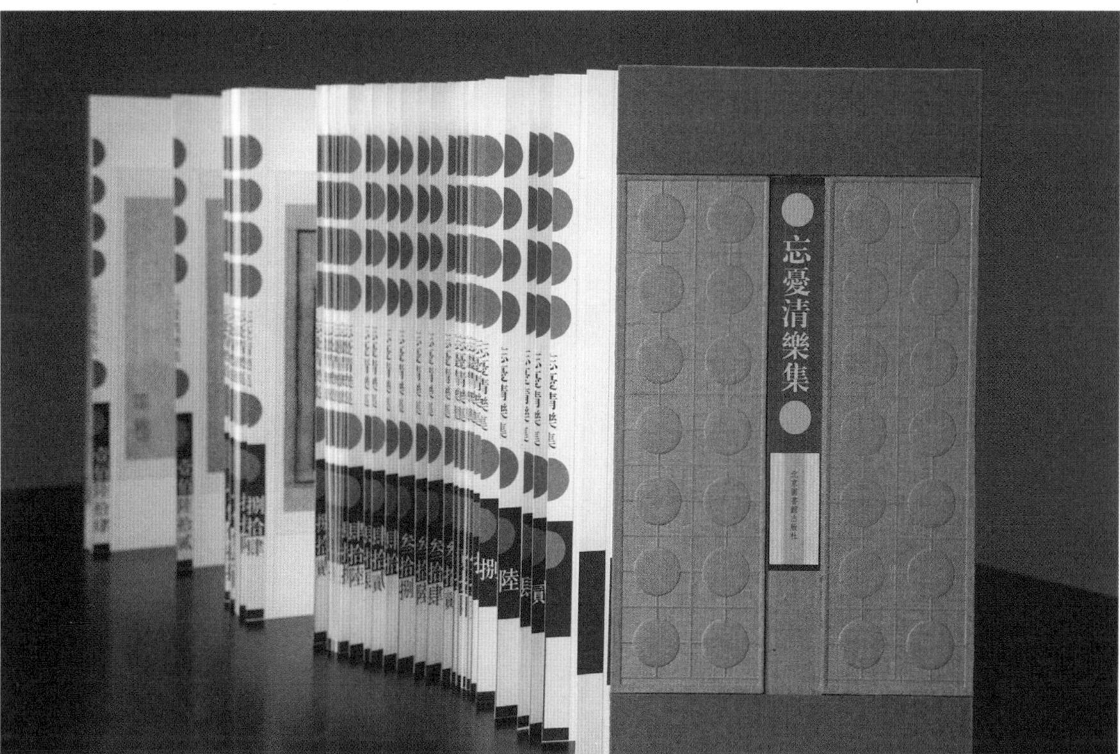

《证严法师佛典系列》

D 敬人设计工作室
P 北京图书馆出版社
2001

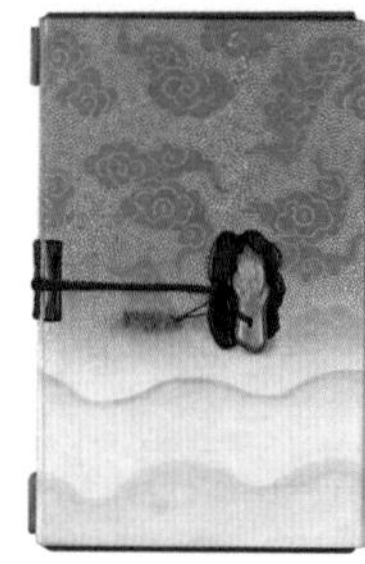

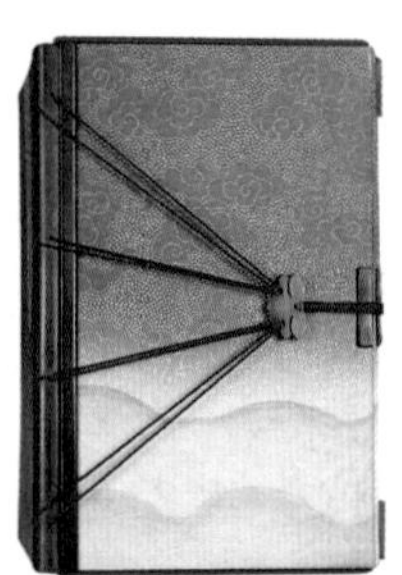

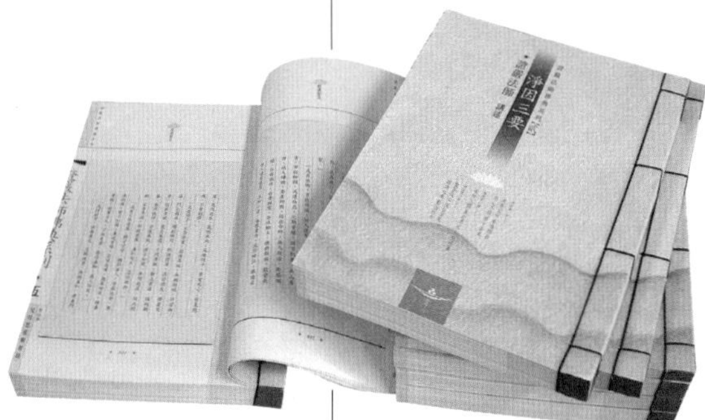

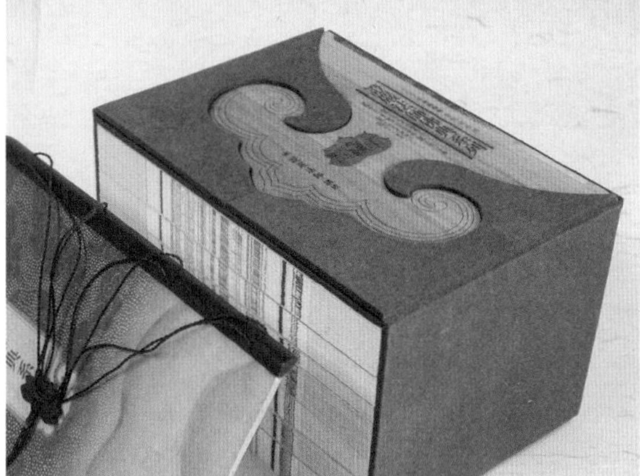

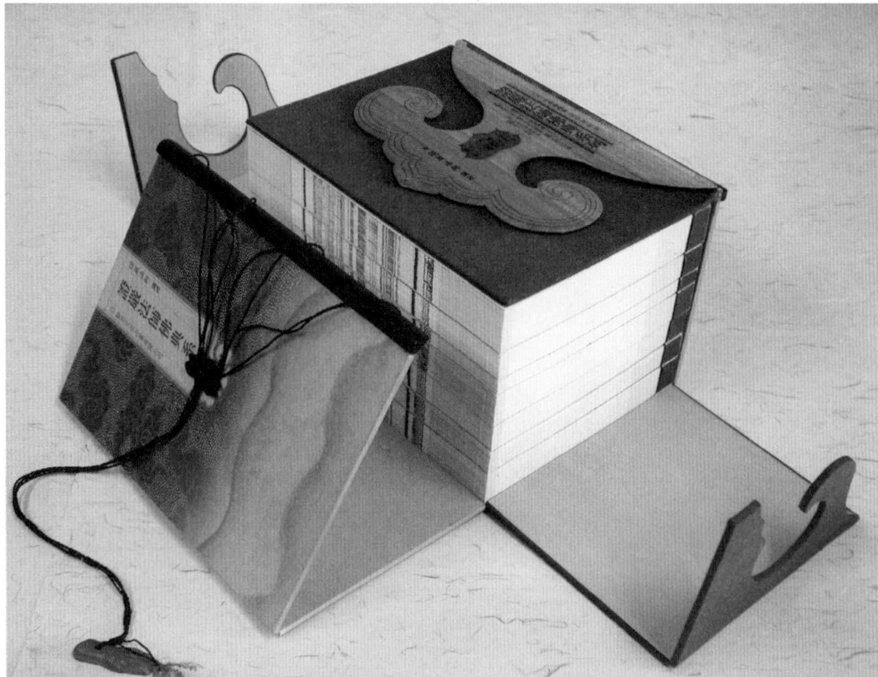

《北京民间生活百图》

D 敬人设计工作室
P 北京图书馆出版社
2001

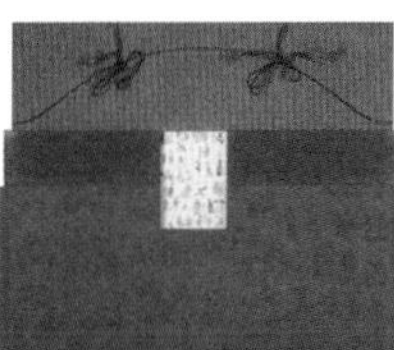

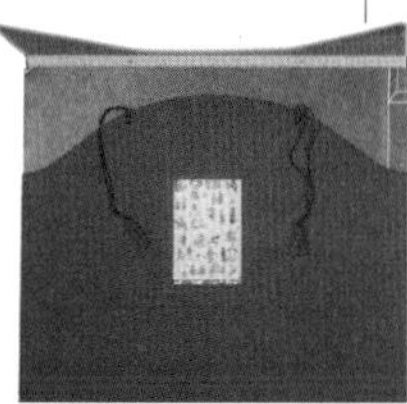

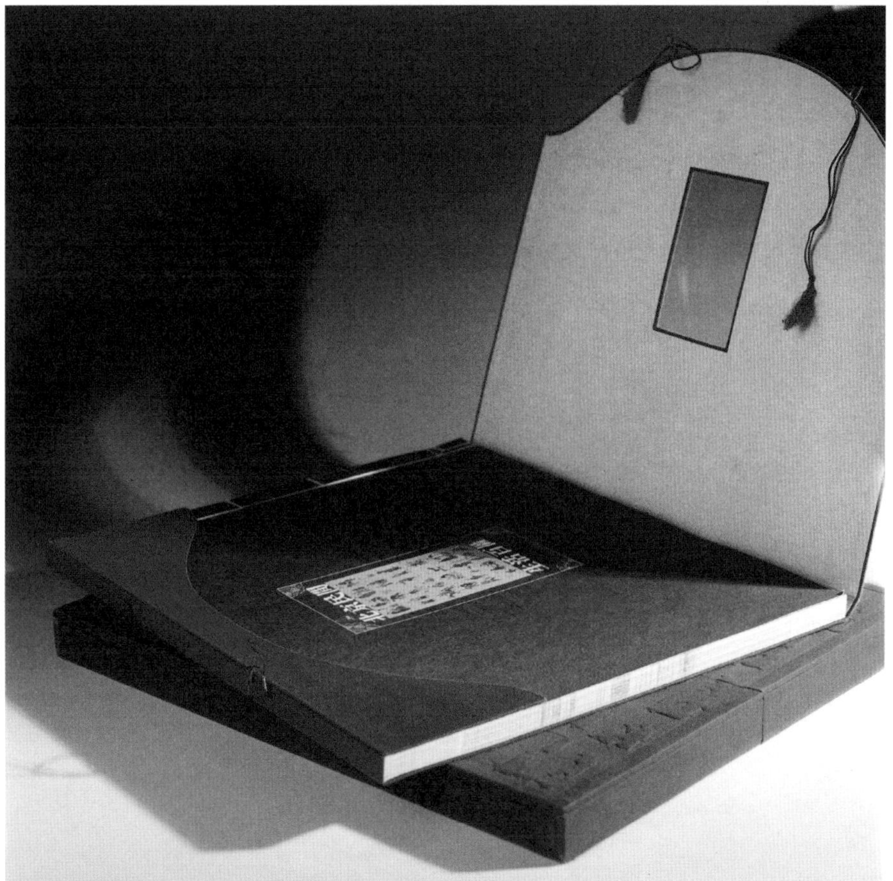

《朱熹榜书千字文》

D 敬人设计工作室
P 北京图书馆出版社
2001

不摹古却饱浸东方品位，
不拟洋又焕发时代精神。

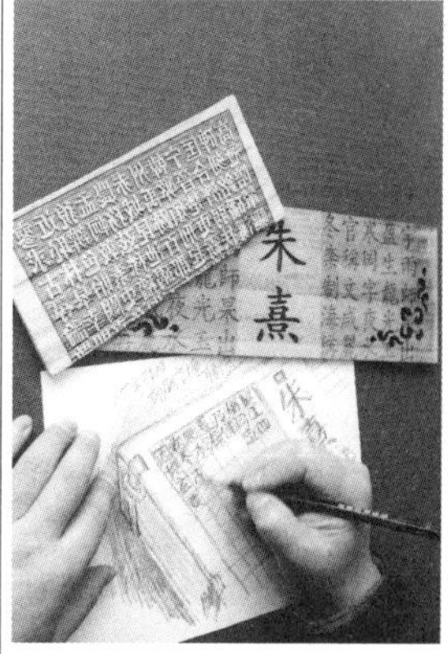

≡《朱熹榜书千字文》，朱熹，理学家、政治家、书法家，他用遒劲、有力度的大楷书写千字文。中国的雕版印刷有悠久的历史，构想还原中国传统印刷物的形态，为这本《千字文》设计了模拟雕刻印刷版的封面、封底，各反向雕刻 500 个字，共 1000 个字。本书借鉴中国古籍夹板装的形态，皮带穿板而过，连接如意扣相合，探求一个既有传统概念又有现代意识的古籍设计思路。汉字是用一笔一画组合来表达的，把点、撇、捺作为视觉符号运用到封面设计中。书名中“千”的上方是一撇，“字”的顶部是一点，“文”的右下方是一捺，把书法的基本笔画作为每一册的个性特征，亦点出书的主题。全书 4 开本，将其原寸原貌还原出来，充分展现朱熹的书法魅力，并给予读者欣赏古籍造型艺术的机会。

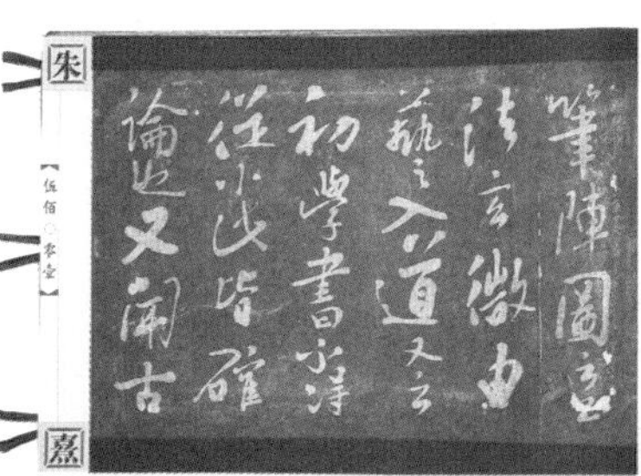

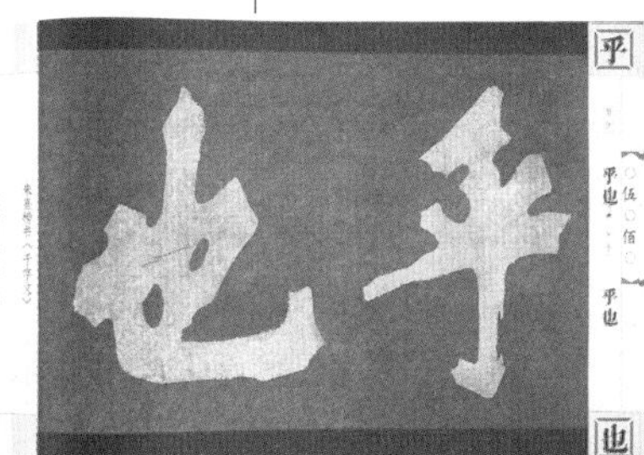

《刘宇廉的艺术世界》

D 敬人设计工作室
P 黑龙江美术出版社
2005

◉《中国水书》

D 敬人设计工作室
P 巴蜀书社、四川民族出版社
🕒 2012

◉《杂碎集——贺友直的另一条艺术轨迹》

D 敬人设计工作室
P 上海人民出版社
🕒 2006

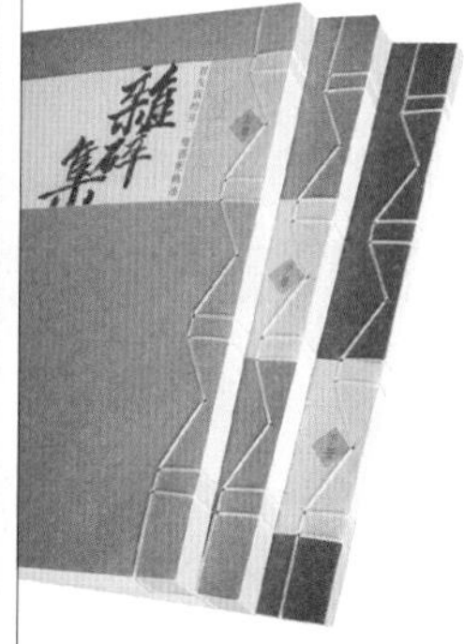

《最后的皇朝——故宫珍藏世纪旧影》

D 敬人设计工作室
P 紫禁城出版公司
2011

≡《最后的皇朝》七册一函，全套书整体采用中式筒子页包背装。双色印刷很好地呈现了黑白老照片的细节层次。本书隔页内侧反印具有特点的本章节照片，翻动时透过轻薄的纸张分割章节的图像隐约可见。借助清代宫廷建筑中复杂多变的几何窗饰结构灵感，设计者为该套书重新设计的七款六边形纹样分别应用在七册书的封面和内页设计中。封面辅之单纯厚重色彩后印刷于丝绢质装帧材料上，精致的纹样与有光泽的材质凸现华丽气质。

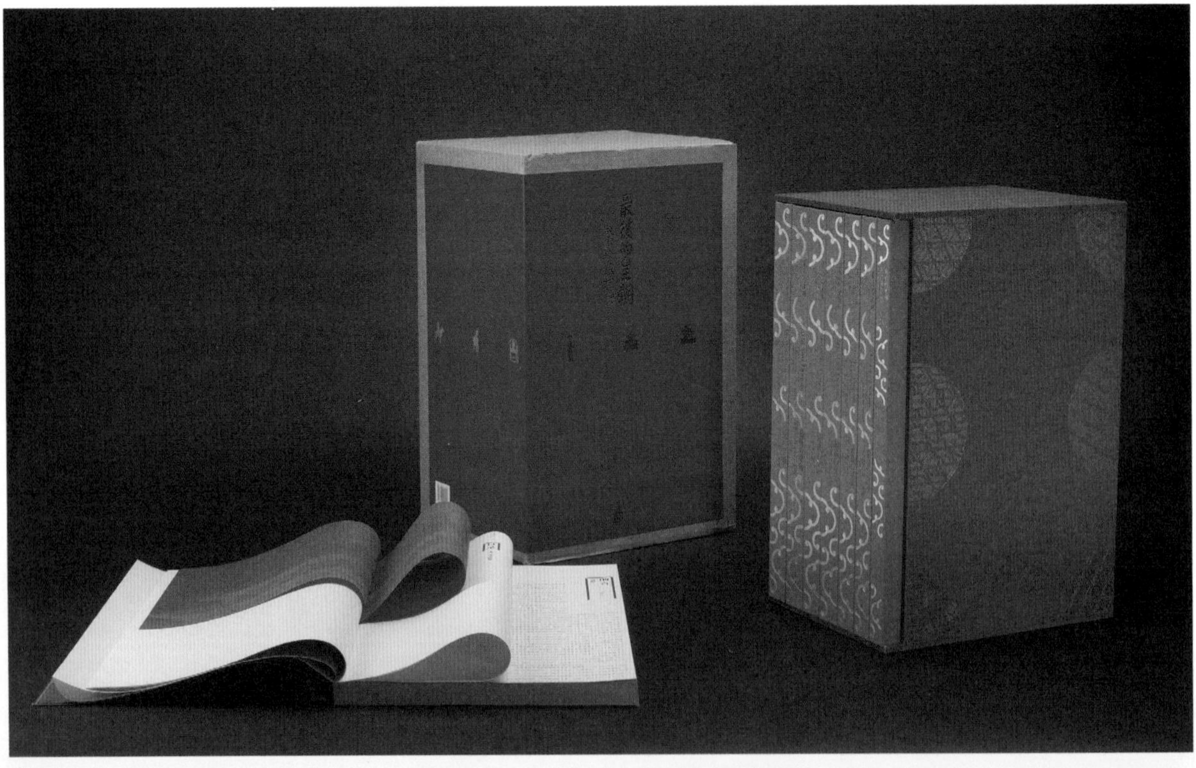

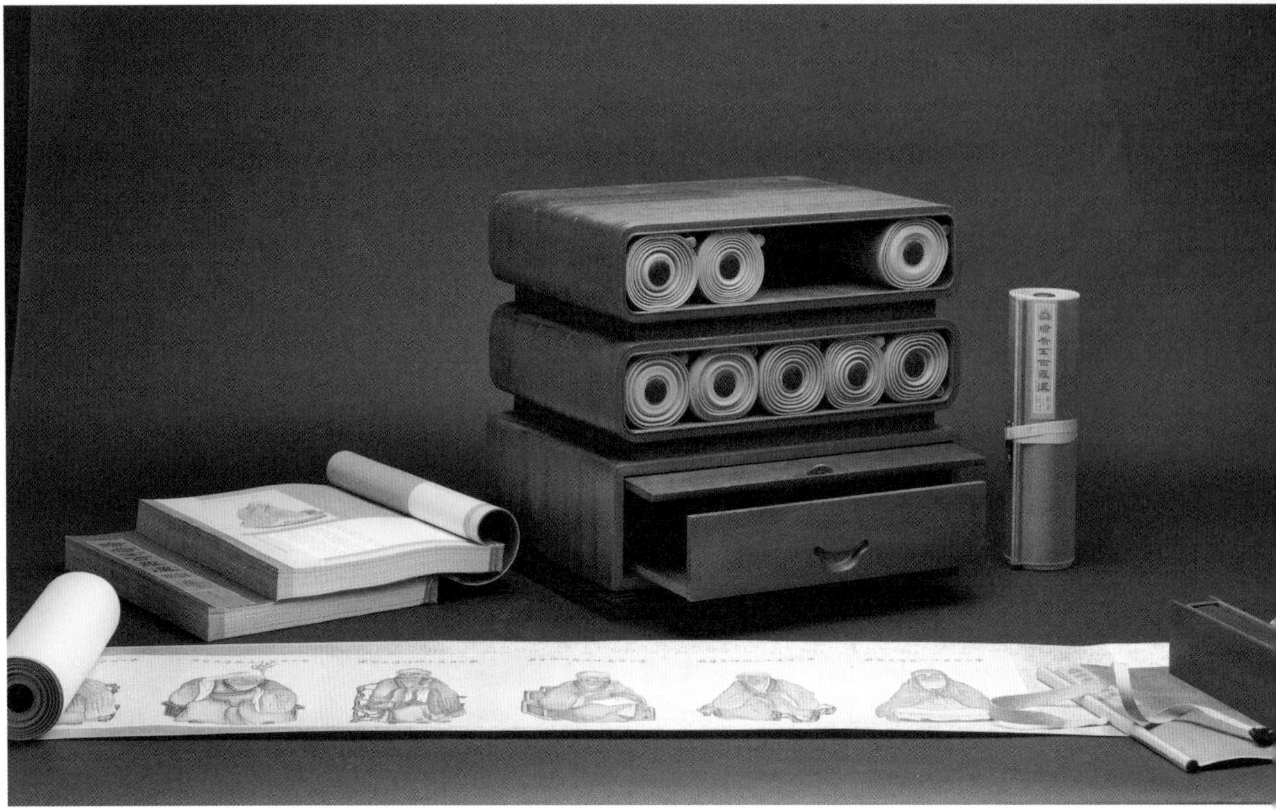

◉《绘图五百罗汉详解》

D 敬人设计工作室
P 国家图书馆出版社
🕒 2010

◉《三十二篆体金刚般若波罗蜜经》龙鳞装

D 张晓栋
P 文物出版社
🕒 2012

《西域考古图记》

D 敬人设计工作室
P 广西师范大学出版社
1998

《红楼梦烟标精华》

D 吴勇
P 北京图书馆出版社
2002

《金中都遗珍》

D 吴勇
P 北京燕山出版社
2003

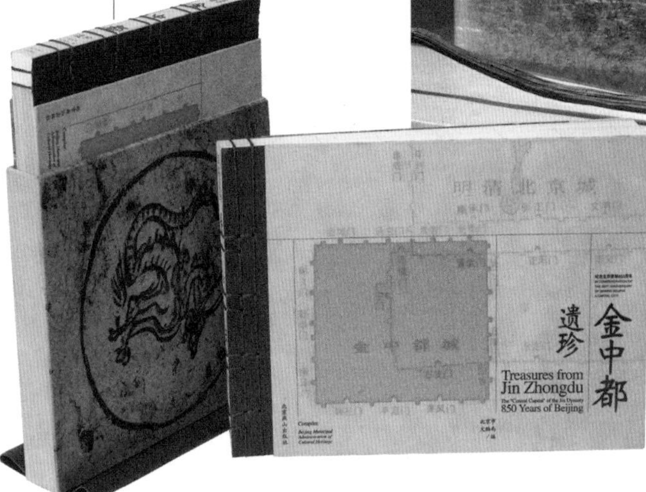

《中国古籍插图精鉴》

D 吴勇
P 中国青年出版社
2006

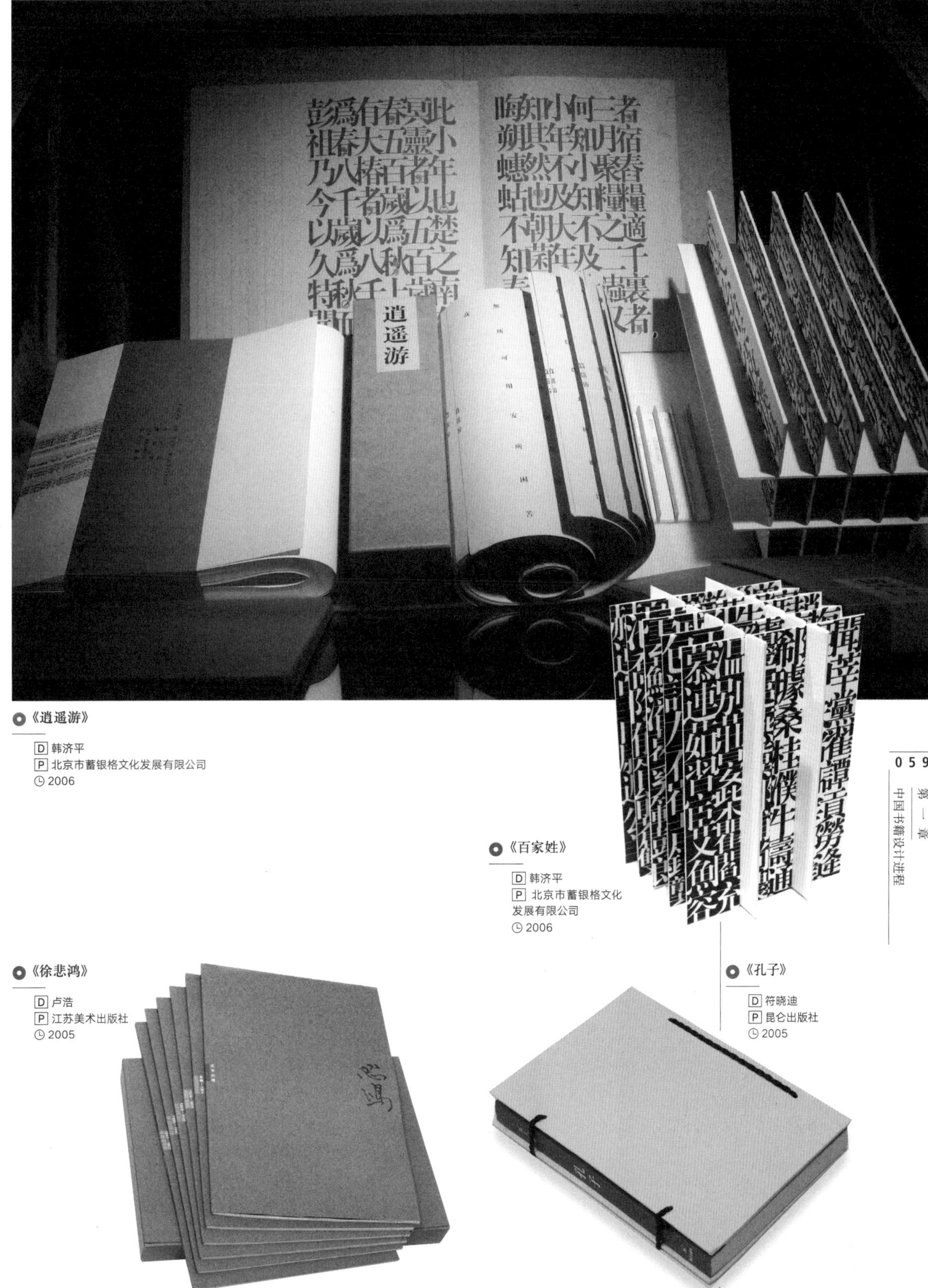

《逍遥游》

D 韩济平
P 北京市蓄银格文化发展有限公司
2006

《百家姓》

D 韩济平
P 北京市蓄银格文化发展有限公司
2006

《徐悲鸿》

D 卢浩
P 江苏美术出版社
2005

《孔子》

D 符晓迪
P 昆仑出版社
2005

《宝相庄严 五百罗汉集释》

D 袁银昌
P 上海文化出版社
2011

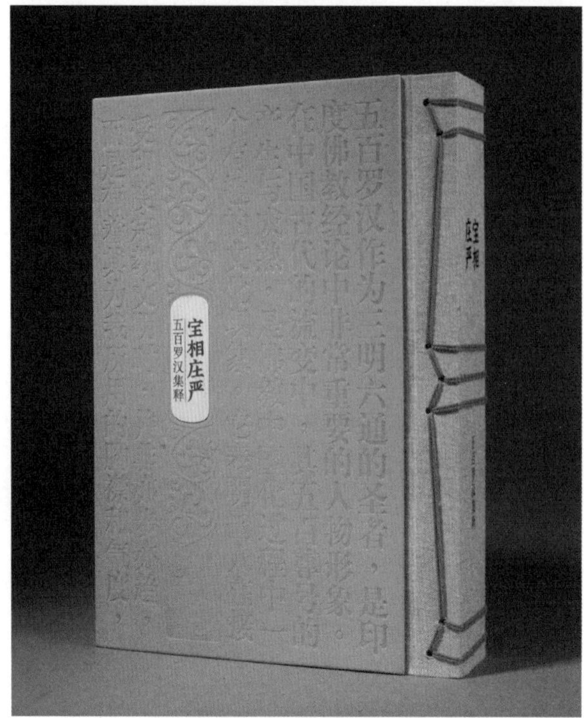

《梅兰芳藏戏曲史料图画集》

封面函套 D 张志伟
版式 D 蠹鱼阁（申少君）、高绍红
P 河北教育出版社
2002

《曹雪芹风筝艺术》

D 赵健
P 北京工艺美术出版社
2004

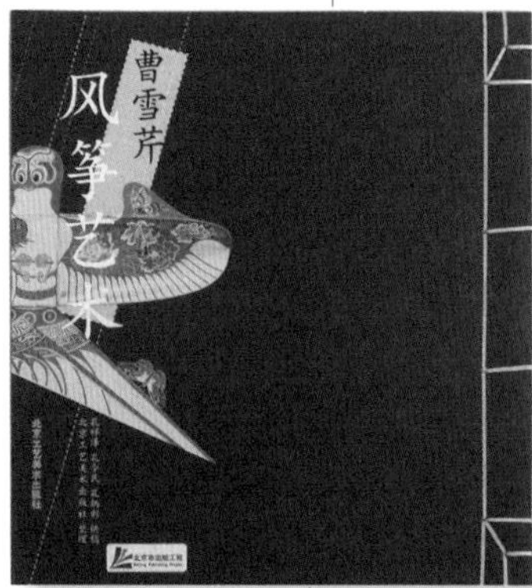

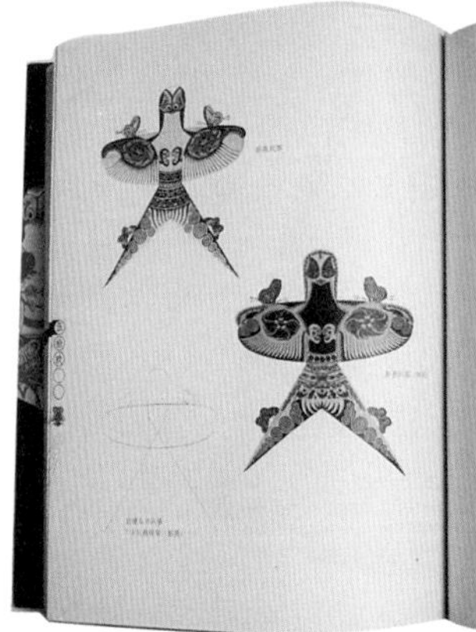

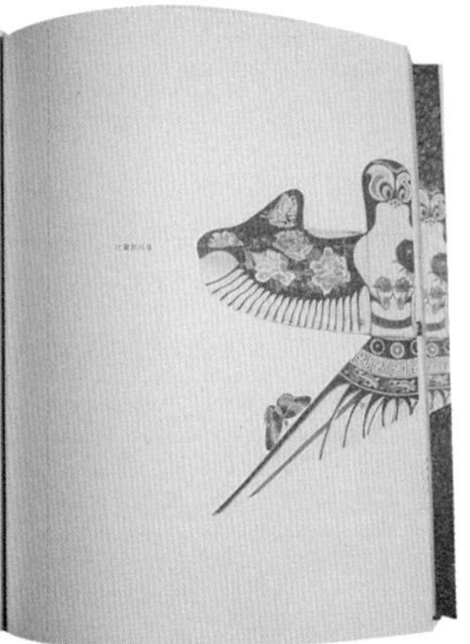

《物以神聚——范扬国画展作品集》

D 张志伟
P 中国国家画院
2014

《蕾衲工巧 中国古卧具》

D 林存真
P 文物出版社
2012

《湘西南木雕》

D 王子源
P 天津人民出版社
2004

二、承其魂　拓其体

a　《海工述林》D 鲁迅

中国当代书籍设计的传承与发展

1

中国书籍设计100年

中国的20世纪经历了改朝换代、政治变革、制度变迁，这样动荡的社会生活直接影响到出版文化的寒暑冷暖，中国书籍设计这100年所呈现的面貌，可以用“春夏秋冬”的四季晴雨表来比喻每一个阶段所独有的书籍设计风景。

夏

19世纪末，西方先进的金属凸版印刷技术和石印技术传入中国，雕版印刷渐渐淡出舞台，除为一些特殊的印本所需仍保留了部分传统的凸版木刻水印和饾版印刷工艺。书籍装帧逐渐脱离传统的线装形式，趋向于现代的铅印平装本。

清末，在沪津等地已盛行铅铜版凸版印刷，当时上海发行的《申报》《点石斋画报》均运用了西方的先进印刷技术，为近

a

b《呐喊》D 鲁迅
c《引玉集》D 鲁迅
d《版画选集》D 鲁迅
e《毁灭》D 鲁迅
f《小约翰》D 鲁迅

代中国印刷的发展作了很好的铺垫。

五四运动前后，新文化运动蓬勃发展，书籍设计艺术也进入一个新局面，它打破旧传统，从技术到艺术形式都为新文化书籍服务。在鲁迅先生的重视与倡导下，聚集了一批喜爱版画和装帧的年轻人。书籍设计艺术领域人才辈出，犹比如火如荼的"盛夏"，呈现着百家争鸣、勃勃日蒸的态势。

鲁迅是我国现代书籍设计艺术的开拓者和倡导者，"天地要阔、插图要精、纸张要好"是他对书籍设计的基本要求。他特别重视对国外和国内传统装帧艺术的研究，还自己动手，设计了数十种书刊封面，如《呐喊》《引玉集》《华盖集》等，其中《呐喊》的设计强调红白、红黑的对比，形式简洁，有力地突出了作品的内在精神气质。他认为封面设计是一门独立的绘画艺术，承认它的装饰作用，但不赞成图解式的创作方法；对于版式，他主张版面要有设计概念，不要排得过满过挤，不留一点空间，强调节奏、层次和书籍版面的整体韵味。

在鲁迅先生的影响下，涌现出如丰子恺、陶元庆、司徒乔、关良、钱君匋、林风眠、陈之佛、蔡若虹、叶灵凤、庞薰琹等一大批学贯中西、极富文化素养的书籍设计艺术家。他们多数曾留学西方或日本，受西方文化的影响，在创作时往往无所羁绊、博采众长，丰富了新文学书籍的设计语言。

b

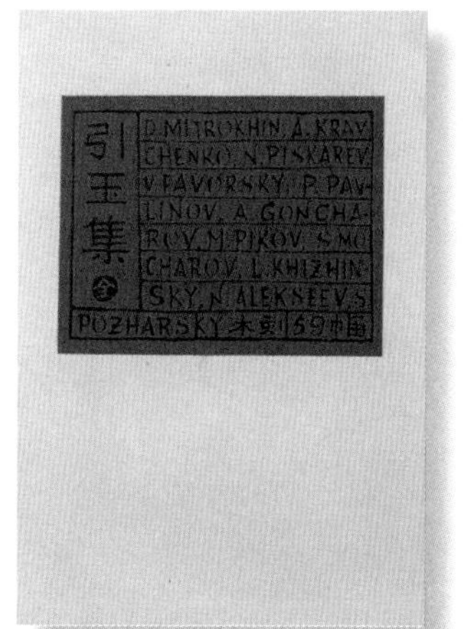

cdef

鲁迅不单讲究封面设计，更考虑印刷纸张、排版样式等书籍的整体。他在《华盖集》（北新书局，1926）中写道："较好的中国书和西洋书前后总有一两张空白页，上下天地也宽，而近来中国新排的书则大抵没副页，天地头都很短，想要写一点意见或别的什么，也无地可容。翻开书来，满本是密密层层的黑字，使人发生一种压迫和窘促感，仿佛人生已经没有'余裕'，'不留余地'了。"

这其中，首推陶元庆，他早年留学日本，精于国画，对西洋画也颇有研究。其封面作品构图新颖，色彩明快，颇具形式美感。《彷徨》是鲁迅的小说集，陶元庆设计时，画了三个寂寞的人在晒太阳，暗含追求光明的寓意，契合了作者想要传达的思想，深得鲁迅赞赏。鲁迅的不少作品如《出了象牙之塔》《坟》《朝花夕拾》等封面，均出自陶元庆之手。许钦文的小说集《故乡》的封面画，被誉为装帧史上的经典之作，色彩醇美，构图奇巧，也是由陶元庆执笔而作的。

另一位高手钱君匋是著名的书法篆刻家、出版家。他的艺术生命经久不衰，从 20 世纪 30 年代起一直到 90 年代，他一直在从事书籍设计工作，对中国的书籍艺术起到了非同一般的推动作用，并影响了几代书籍设计工作者。他的装帧设计作品呈现出清雅的艺术气质并有

书 艺 问 道

a 《彷徨》D 陶元庆

b 《出了象牙之塔》D 陶元庆

c 《故乡》D 陶元庆

d 《朝花夕拾》D 陶元庆

e 《坟》D 陶元庆

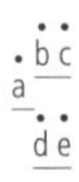

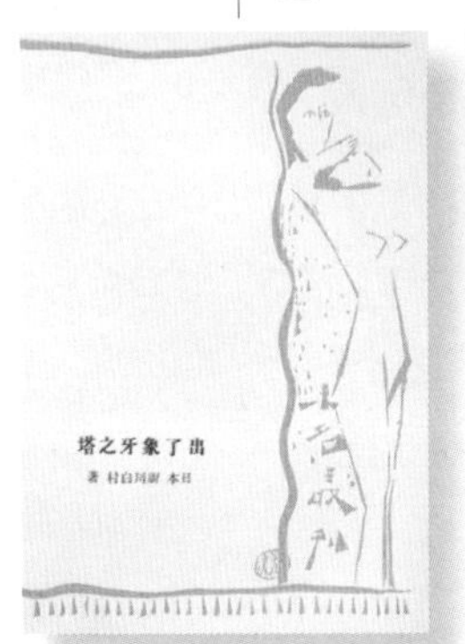

f 《欧洲大战与文学》D 钱君匋
g 《流言》D 张爱玲
h 《鲁迅自选集》D 陈之佛
i 《苏联短篇小说集》D 钱君匋
j 《爱的教育》D 丰子恺

着丰富的装饰语言。他的作品多达4000余件，在文化圈内有“钱封面”的雅称。一批五四新文学作家的作品多由他设计，如茅盾的《子夜》、叶圣陶的《古代英雄的石像》、巴金的《家》等。他为茅盾译作《雪人》设计的封面，选取清新别致的雪花图案，构成了一幅诗意盎然的图画，观之令人爱不释手。他的作品多用抽象的图案装饰，简洁明快，色彩则因内容的不同，或和谐淡泊或对比强烈，均具有浓厚的抒情意味。陈之佛早年留学日本，是颇负盛名的花鸟画家，也是一位成绩斐然的装帧艺术家。在封面设计中，他坚持采用几何图案和传统图案，也借鉴古埃及、古希腊的艺术手法进行创作。其设计的《东方杂志》《小说

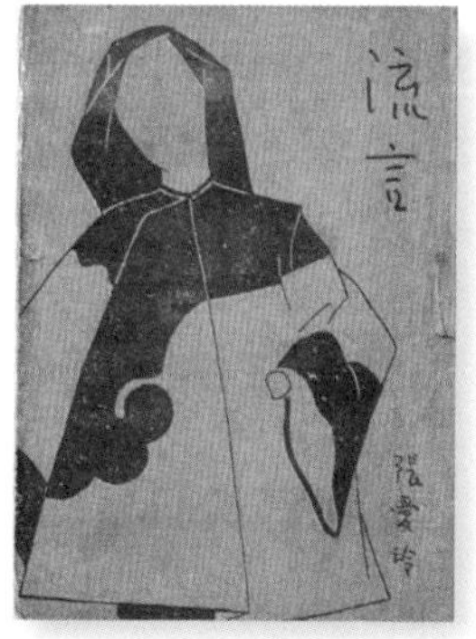

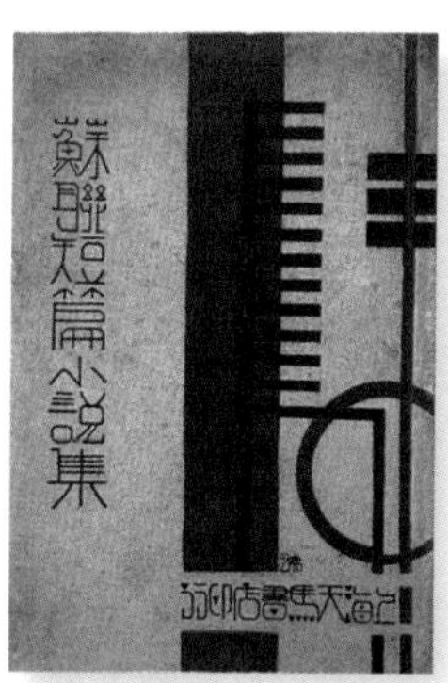

fghi

j

月报》《文学》《发掘》《苏联短篇小说集》等书刊封面，构图严谨、图案精美且富于变化，色彩浑厚朴实，形成了独特的艺术魅力。

以毛笔速写见长的画家司徒乔，装帧设计风格新颖大胆。早年他曾赴法国留学，回国后为不少前苏联的译著设计了封面，如《争自由的波浪》《白茶》《契诃夫短篇小说集》《浮士德》《饥饿》等，他是一位插图创作、封面设计作品都颇丰的艺术家。

丰子恺，是一位漫画家和散文家，他的《子恺画集》《护生画集》《缘缘堂随笔》等，至今仍备受读者青睐。他的封面画也以漫画见长，其作品《人散后，一钩新月天如水》《三等车窗》

等封面图，既富诗意，又透着浓厚的生活情趣，具有很强的艺术感染力。他设计的文艺丛刊《我们的七月》《我们的六月》的封面是一幅幅意境深远的图作，营造出清新脱俗的艺术氛围。集作家、翻译家、画家和收藏家于一身的叶灵凤，喜欢英国比亚兹莱和日本蕗谷虹儿的绘画，并自称是“中国的比亚兹莱”。他在为书籍设计封面和绘制插图时，常常模仿他们的风格，令其作品有浓厚的“唯美”意趣。

庞薰琹，是一位画家、工艺美术设计教育家，在中国传统装饰绘画方面有丰厚的研究专著，对设计教育领域有显著贡献。他的设计作品中有很浓郁的传统装饰之风。

曹辛之是装帧界首位获得“韬奋出版奖”的艺术家，他对于书法、篆刻等都有很深的造诣，同时又是诗人，这使他的作品诗意盎然，富典雅隽秀之气。作为与他同时代的专职书籍设计者，还有生活书店的郑川谷、孙福熙、莫志恒，都有许多的优秀作品传世。这一阶段，书籍装帧艺术继续保持着杰作纷呈、多姿多彩的局面。设计作品民族特色突出，散发着浓郁的书卷气。

20 世纪 30 年代至 40 年代，张光宇、叶浅予、林风眠、黄苗子、丁聪、廖冰兄等艺术家也投身于书籍装帧的艺术创作活动中。

闻一多、邵洵美、沈从文、胡风、巴金、艾青、卞之琳、萧红等人，身为作家，却直接参与书刊的封面设计，是这一时期独特的人文景观。他们都有着深厚的文化素养，无论是否研习过美术，在设计领域同样显露出卓越的才华。闻一多为潘光旦的《冯小青》，梁实秋的《浪漫的与古典的》，徐志摩的《落叶》《巴黎的鳞爪》、译作《玛丽玛丽》《猛虎集》等书所作的设计别具一格。《死水》是他自己的诗集，这本书采用全黑的底色，在封面上只贴着一张简洁的金色书签，上面写着书名和作者。书籍整体传达出一种沉闷忧郁的气息，颇具艺术感染力。他们一方面维系着民族化的发展方向，通过自身的实践，阐释着中国书籍独特的书卷之美，同时，广

a 《冯小青》D 闻一多

b 《猛虎集》D 闻一多
c 《巴黎的鳞爪》D 闻一多
d 《落叶》D 闻一多
e 《君山》D 林风眠

b
c
d e

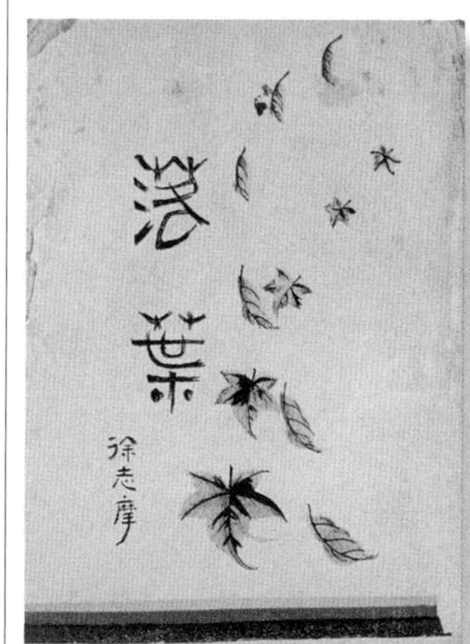

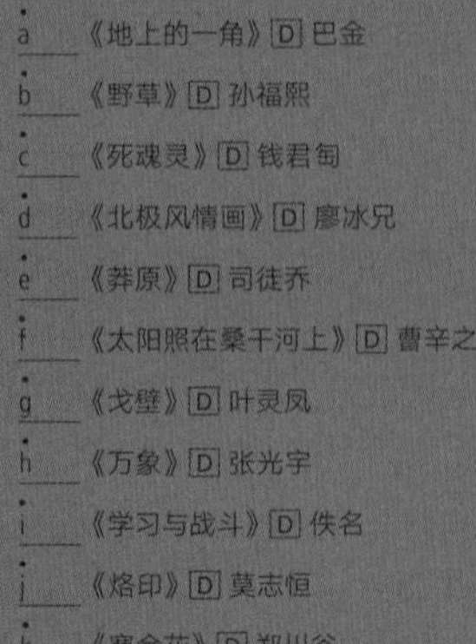

a 《地上的一角》D 巴金

b 《野草》D 孙福熙

c 《死魂灵》D 钱君匋

d 《北极风情画》D 廖冰兄

e 《莽原》D 司徒乔

f 《太阳照在桑干河上》D 曹辛之

g 《戈壁》D 叶灵凤

h 《万象》D 张光宇

i 《学习与战斗》D 佚名

j 《烙印》D 莫志恒

k 《赛金花》D 郑川谷

a

b

c

d

e

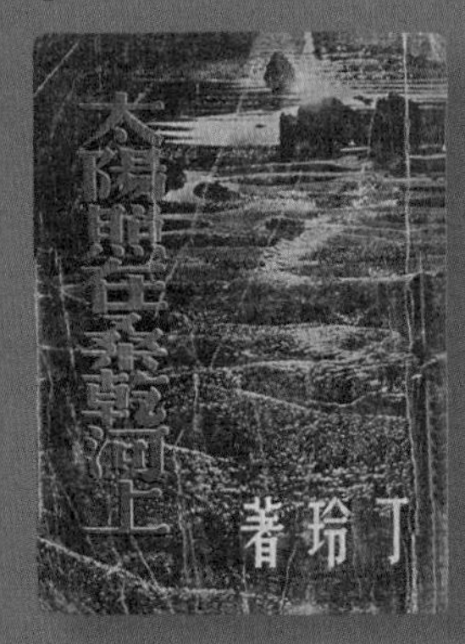

f

g

h

i

j

k

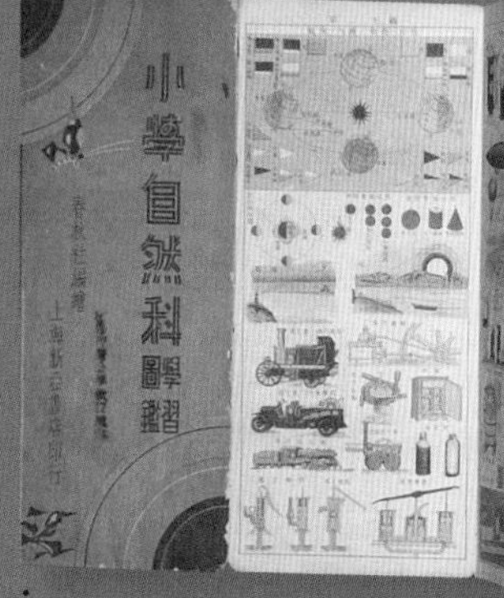
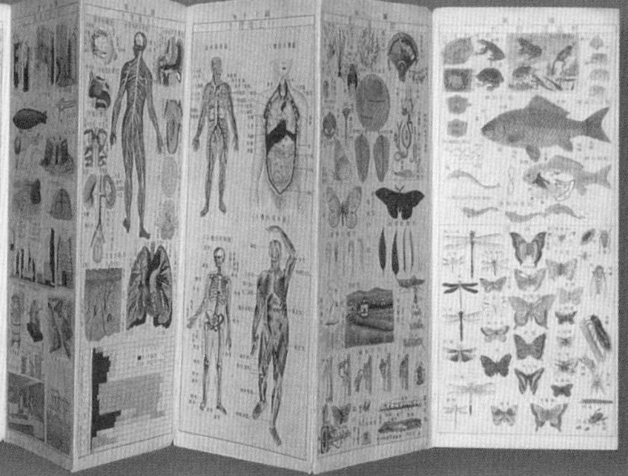

l 《绵被》D 丰子恺
m 《翦画选胜》D 庞薰琹
n 《自剖》D 佚名
o 《诗篇月刊 》D 庞薰琹
p 《小学自然科学习图鉴》D 佚名
q 《王贵与李香香》D 佚名
r 《幸莫集》D 佚名
s 《我是初来的》D 胡风
t 《守望莱茵河》D 丁聪
u 《重庆屋檐下》D 丁聪
v 《十月》D 钱君匋
w 《旧巷斜阳》D 朋弟

纳文风，中西并进，均体现出既保留传统文化意韵又追求与现代同步的特点。

秋

1949年新中国成立后，万象更新。人们怀着极大的热情，投身到新中国的建设之中。出版行业也不例外，出版社纷纷设立美编室，并有了专门从事书籍装帧设计的设计师，原中央工艺美术学院还专门成立了书籍设计专业，由著名书籍设计艺术家、教育家邱陵主持，为书籍设计事业培养了大批优秀的后继力量；许多大家、名家也踊跃投入书籍艺术的创作中去，使书籍设计艺术翻开了全新的一页，那个年代正式进入硕果累累的秋季。

刘海粟、傅抱石、古元、吴作人、李桦、黄胄、黄永玉、彦涵、杨永青等一大批画家，为新中国的书籍创作了大量的优秀插图和封面，如黄永玉的《阿诗玛》、吴作人的《林海雪原》、杨永青的《五彩路》等，书籍插图的整体艺术水准之高，是迄今书籍插图艺术的范本。

另一批中国书籍设计艺术的探索者，邱陵、任意、邹雅、范一辛、张慈中、沈云瑞、袁运甫、王卓倩、钱月华、郭振华、曹洁、陈新、吴寿松、柳成荫、王荣宪、余秉楠、张守义等设计家，既经历了“百花齐放、百家争鸣”文艺创作的兴盛期，也度过了极“左”思想倾向下的迷惘无奈期，但在他们的不懈努力下，新中国的书籍设计艺术绽放出更加绚丽的光彩，为当代中国书籍设计艺术的发展和进步奠定了基础，这些作品仍能够融入当今时代并显现出华艳的生命力。

1959年4月，文化部出版局和中国美术家协会联合举办了第一届全国书籍装帧艺术展览会。同年秋季，在德国莱比锡

20世纪五六十年代广泛使用的凸版印刷技术

铜模铸字

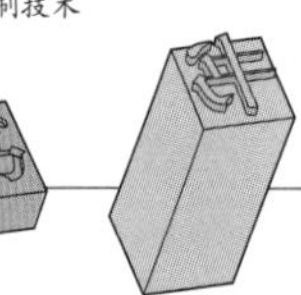

排字组版

a 《林海雪原》D 吴作人

b 《阿诗玛》D 黄永玉

国际书籍艺术展览会上，我国《楚辞集注》《永乐宫壁画》《五体清文鉴》《苏加诺工学士、博士藏画集》等书的装帧设计、插图等获得十枚金质奖章、九枚银质奖章。那一时期，我国书籍设计作品均具有一定的国际水准。

ab

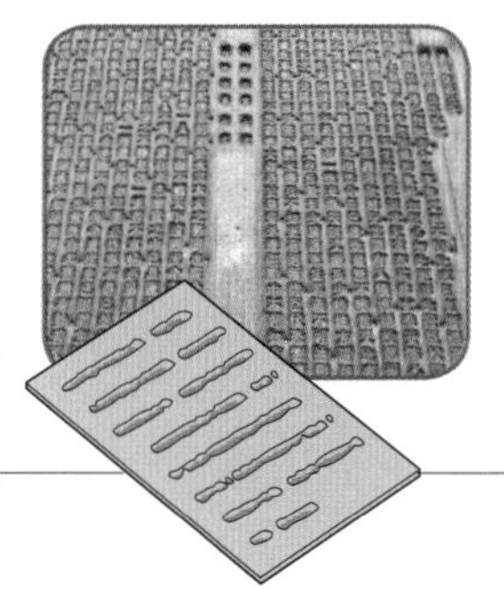

纸型的阴文型版质量轻，便于携带

压纸型

通常一副纸型可以浇铸铅版十余次

铸铅版

铅印

a 《马克思画传》D 张慈中

b 《月亮下去了》D 庞薰琹

c 《竹林七贤画像》D 曹洁

d 《李有才板话》D 袁运甫

e 《青春之歌》D 王荣宪

f 《赶车传》D 古元

g 《毛泽东选集》D 出版总署新华书店

h 《中国民歌》D 钱君匋

i 《狱中十八年》D 曹辛之

a

b

c

d

e

f

g

h

i

j

k

l

m

n

o

j 《屈原》D 张光宇

k 《茅盾选集》D 庞薰琹

l 《辞海》D 范一辛

m 《五月端阳》D 邹雅

n 《新中国的民间艺术》D 余秉楠

o 《四世同堂》D 丁聪

p 《中国历代货币大系》D 任意

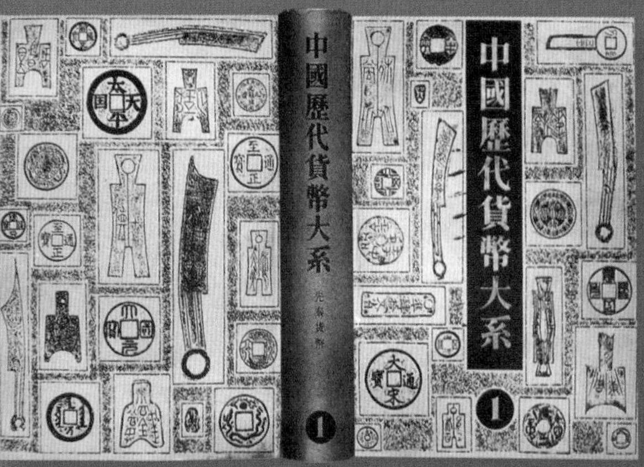

p

a 《红岩》D 宋广训
b 《毛泽东语录》
c 《黑面包干》D 郭振华

冬

20世纪60年代，三年天灾人祸造成国家经济困难，社会政治生活渐渐进入寒冬期，各行各业经历了十年浩劫的“文化大革命”，出版业转入低潮，大批出版社关门停业，专业设计人员被下放农村，或进“五七干校”劳动，进行思想改造。出版物品种单一，设计作品带有明显的“文革”思潮，印制粗糙，设计思路狭窄，口号代替了创作……这些都遏制了艺术家的创造力，使书籍装帧行业一度跌入谷底，犹如进入触目皆冰的冬天，一切了无生气。但在一片“红海洋”的书籍世界里，部分还能从事创作的设计师，摆脱禁锢，遵循艺术的规律。《红岩》《三家巷》《黑面包干》《海誓》的装帧设计和《张光宇插图集》《君匋书籍装帧艺术选》的出版，显得颇为突出和意义非凡。

a

b c

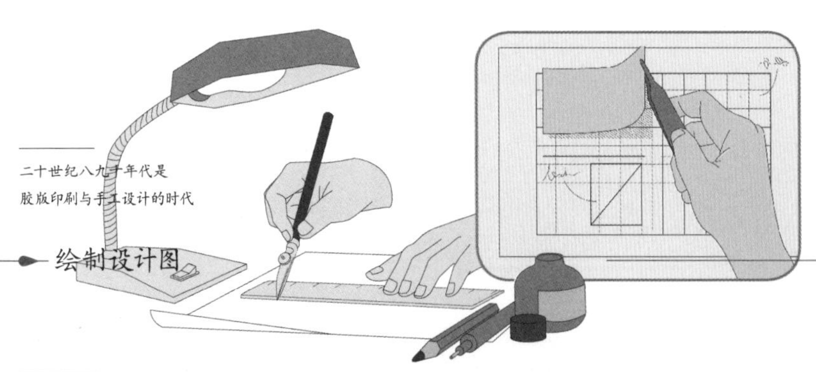

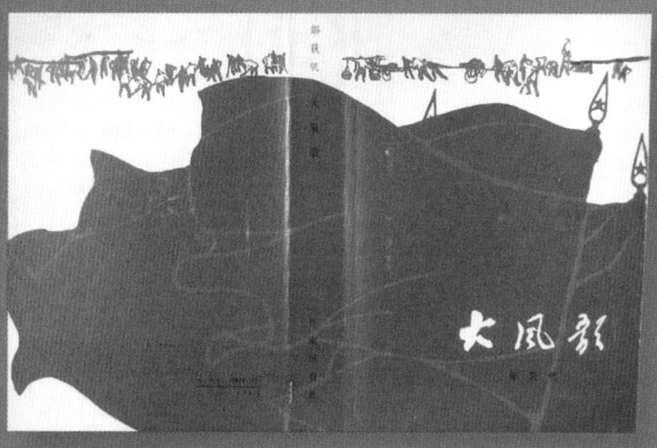

d

e

f

g

h

i

j

k

d 《大风歌》D 柳成荫

e 《智取威虎山》D 张守义

f 《为了六十一个阶级兄弟》D 沈云瑞

g 《德意志民主共和国邮票目录》D 王卓倩

h 《毛泽东著作单行本》D 出版总署新华书店总管理处美术编辑室

i 《一镐渠》D 张守义

j 《安徒生的故乡》D 陈新

k 《艳阳天》D 王荣宪

l 《海誓》D 邱陵

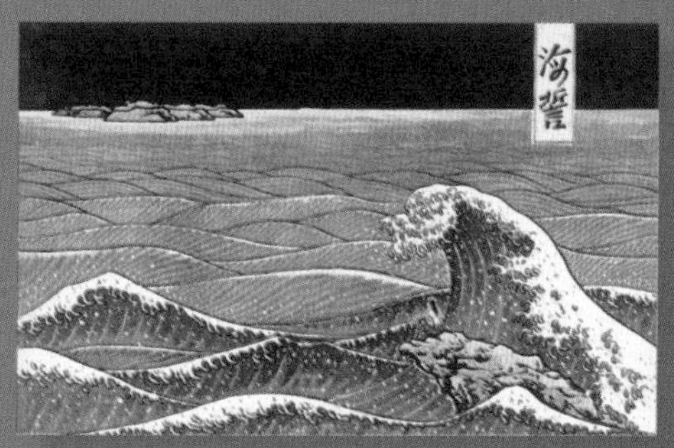

l

1 → 后改为装帧艺术工作委员会

春

1976年，浩劫十年的“文革”结束，冰封解冻。改革开放，出版复苏，艺术创作开始有了较好的政治与文化环境。同时国内外文化艺术交流的机会增多，带动了国内学术思想的更新，创作思想异常活跃，一家家出版社恢复了正常工作，大批设计人员从农村返回工作岗位。设计者终于可以施展专业特长，书籍设计领域可谓枯木逢春，展露出春晓的勃勃生机。

一大批内容扎实的经典作品得到出版，书籍装帧颇具特色。这其中，人民美术出版社的《毛泽东故居藏书画家赠品展》《故宫博物院藏明清扇面书画集》《中国古代木刻画选集》（三册）分获莱比锡国际图书博览会和国际艺术书籍展览会的金、银、铜奖。

为了更好地促进书籍设计艺术的发展，20世纪80年代，先后成立了中国出版工作者协会装帧艺术研究会→[1]及中国美术家协会插图、装帧艺术委员会。《曹辛之装帧艺术》的出版，使我们领略了老一代装帧艺术家的风采，邱陵的《书籍装帧艺术简史》填补了我国书籍设计艺术史论方面的空白。

1979年举办的第二届全国书籍装帧艺术展览会，是自1959年举办的第一届全国书籍装帧艺术展览会时隔20年后的一次书籍艺术的“文艺复兴”。在1986年举办的第三届全国书籍装帧艺术展览会上，一批中青年艺术家脱颖而出，形成了装帧艺术界老、中、青艺术家汇聚一堂的新局面。邱陵、任意、张慈中、吴寿松、张守义、王卓倩、宁成春、章桂征、陶雪华等设计家，用各自独特的艺术语言，设计了大量优秀的书籍设计艺术作品。如张守义的《烟壶》、邱陵的《红旗飘飘》、陶雪华的《神曲》、章桂征的《祭红》等。

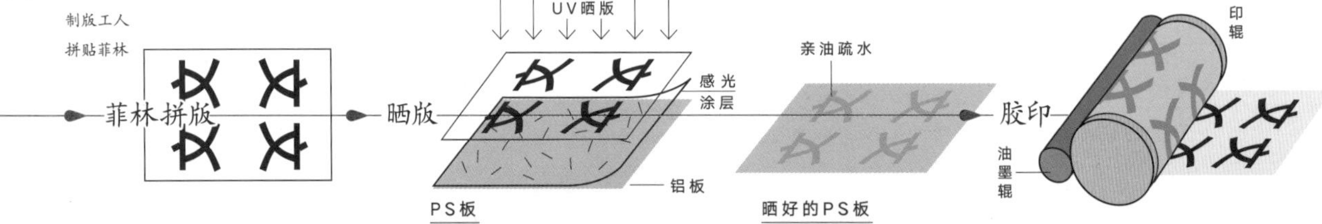

a

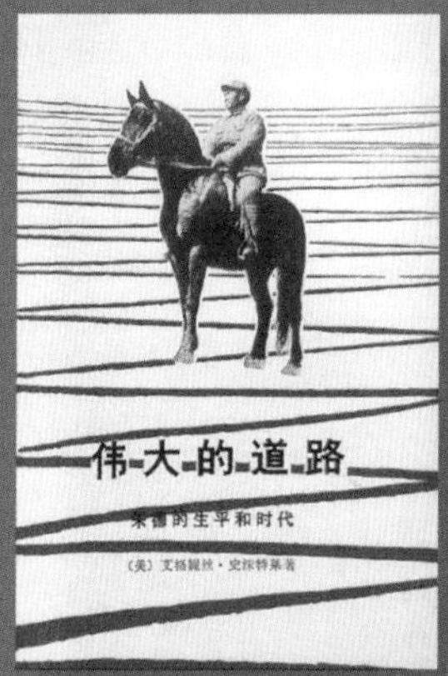

b

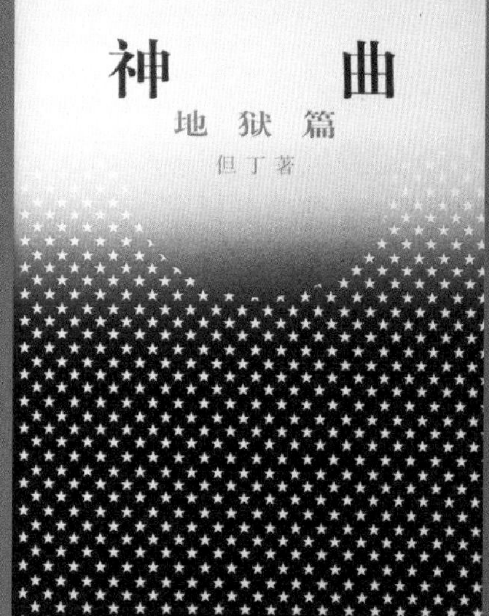

e

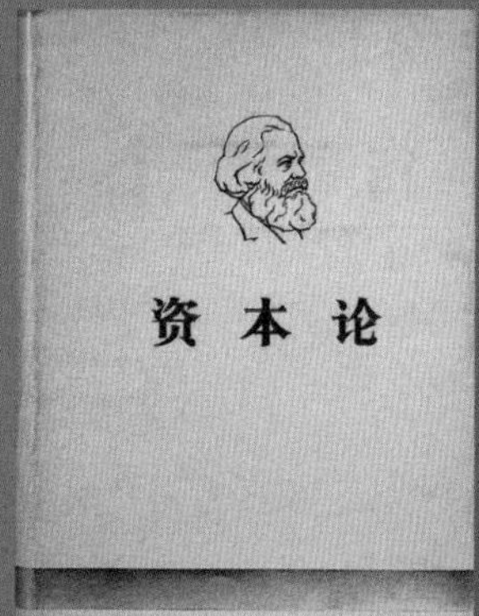

c

d

a 《九叶集》D 曹辛之

b 《伟大的道路》D 钱月华

c 《资本论》D 张慈中

d 《论指挥》D 郑在勇

e 《神曲》D 陶雪华

f 《中国历代服饰》D 任意

g 《红旗飘飘》D 邱陵

f

g

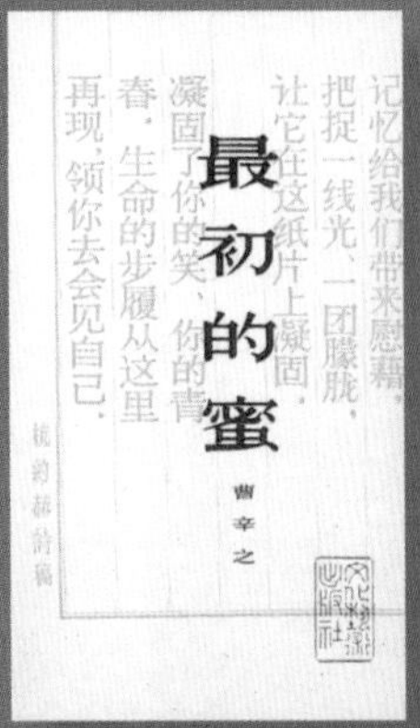

a

b

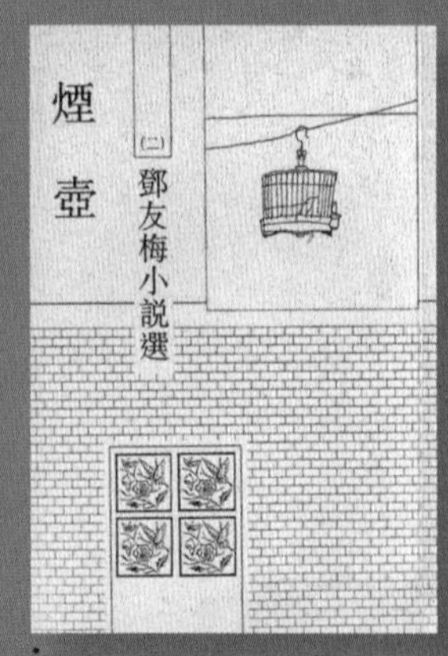

c

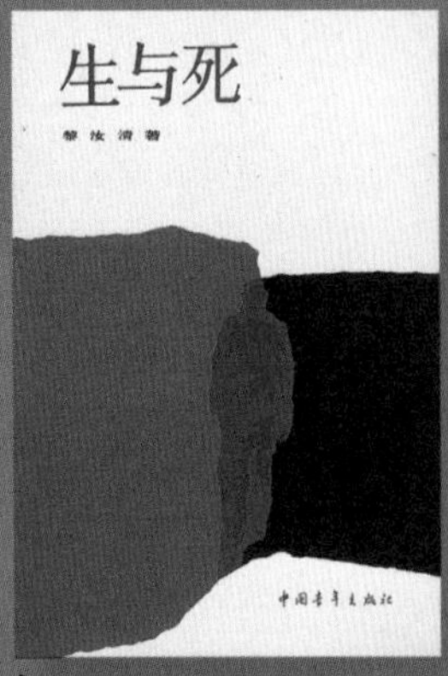

d

e

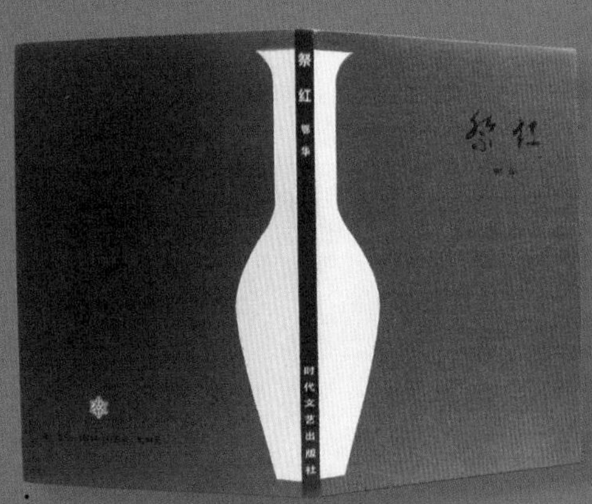

f

g

a 《最初的蜜》D 曹辛之
b 《末代皇帝——溥仪》D 吴寿松
c 《烟壶》D 张守义
d 《生与死》D 吕敬人
e 《动物园的内幕》D 黄华强
f 《祭红》D 章桂征
g 《微波通信》D 王卓倩

h 《菊地信义的装帧艺术》
译 吕敬人 D 敬人设计工作室

i 《日本当代插图集》
编 吕敬人 D 敬人设计工作室

j 《杉浦康平的设计世界——注入生命的设计》编 吕敬人 D 敬人设计工作室

k 《造型的诞生》
著 D 杉浦康平 日

进入20世纪90年代，出版事业蓬勃发展，国际间设计界的交流日渐广泛。1990年秋，在刚刚落成的北京中国工艺美术馆举办了“中日书籍装帧艺术展”，同时举办了邱陵、杉浦康平和菊地信义的学术讲座。1993年的《菊地信义的装帧艺术》与1996年杉浦康平著的《造型的诞生》《杉浦康平的设计世界——注入生命的设计》相继出版。之后，全国各出版社出版了大量介绍国外优秀书籍设计的专业出版物，其中王序编的《世界平面设计家丛书》和朱锷主编的《世界设计家10元系列书》，以及宁成春设计的《日本现代图书设计》都独具特色。这些学术交流和出版活动对中国书籍设计行业观念的推陈出新可谓影响颇深。之后，李德庚编撰的荷兰设计丛书，王子源、杨蕾编译的《今日文字设计》

h

i

j

k

以及引进的《疾风迅雷——杉浦康平杂志设计的半个世纪》《亚洲的书籍、文字与设计》《多主语的亚洲——杉浦康平设计的语言》相继出版，借他山之石，提升中国的设计理论和开拓更广阔的视野。

随着书籍艺术概念的不断进步，优秀作品层出不穷。一大批艺术家逐渐成长为书籍设计业的中坚力量。一些富有责任感和事业心的设计师成立了专业的书籍设计工作室，成为出版设计业的生力军。1995年第四届、1999年第五届、2004年第六届全国书籍装帧艺术展览会的举办，更是直接或间接地促进了设计观念的更新。2009年第七届、2012年第八届全国书籍设计艺术展览会对中国书籍艺术设计的发展有了更进一步的推动。

a 《世界设计家10元系列书》编 D 朱锷

b 《日本现代图书设计》D 宁成春

c 《外国设计家丛书》编 D 王序

a

b

c

d

e

f

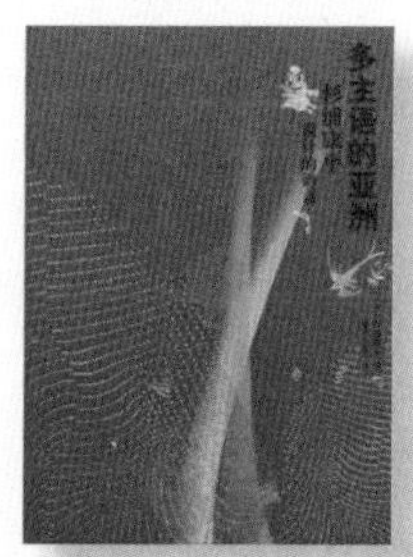

g

h

i

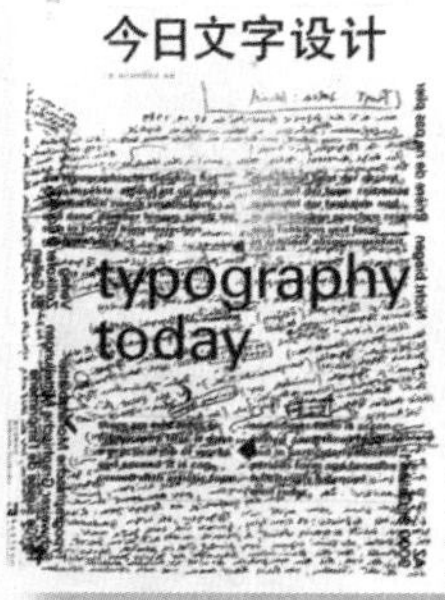

j

k

l

d 《疾风迅雷——杉浦康平杂志设计的半个世纪》著 杉浦康平 日 D 敬人设计工作室

e 《亚洲的书籍、文字与设计》著 杉浦康平 日 D 敬人设计工作室

f 《旋——杉浦康平的设计世界》著 臼田捷治 日 D 敬人设计工作室

g 《多主语的亚洲——杉浦康平设计的语言》著 杉浦康平 日 D 敬人设计工作室

h 《字体传奇》著 拉斯·缪勒 瑞 译 李德庚 D 杨林青

i 《设计生成》著 D 李德庚

j 《今日文字设计》著 施密德 德 译 D 王子源、杨蕾

k 《西文字体》著 小林章 日 D 陈嵘

l 《平面设计中的网格系统》著 约瑟夫·米勒-布罗克曼 瑞士 D 杨林青

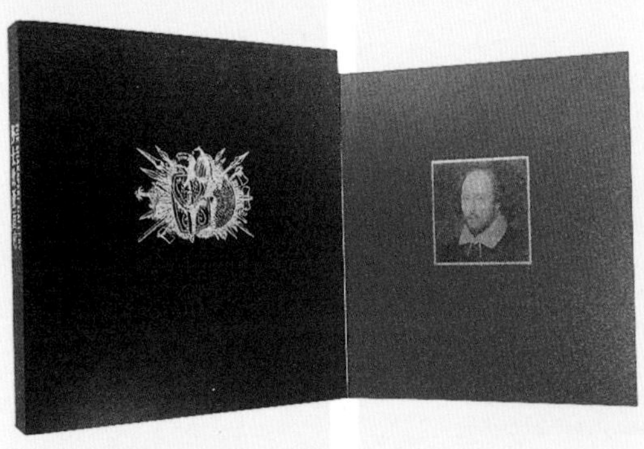

a

b

c

d

e

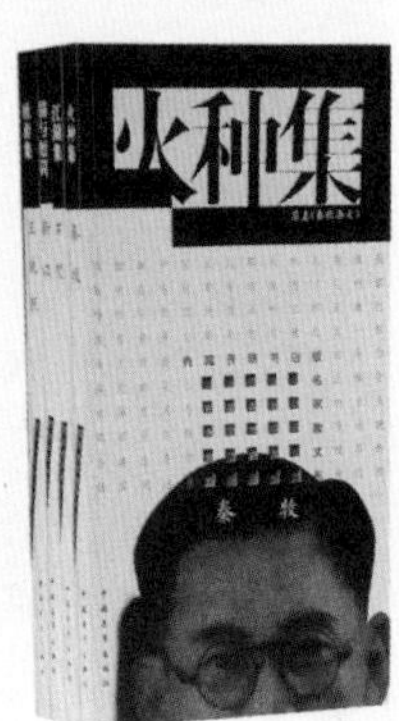

f

g

a 《莎士比亚画廊》D 宁成春

b 《老房子》系列 D 朱成梁

c 《战争风云》D 陶雪华

d 《灰空间》D 速泰熙

e 《金陵古版画》D 卢浩

f 《典藏开明书店版名家散文系列——火种集》D 吴勇

g 《中国民间美术全集》D 敬人设计工作室

h

i

j

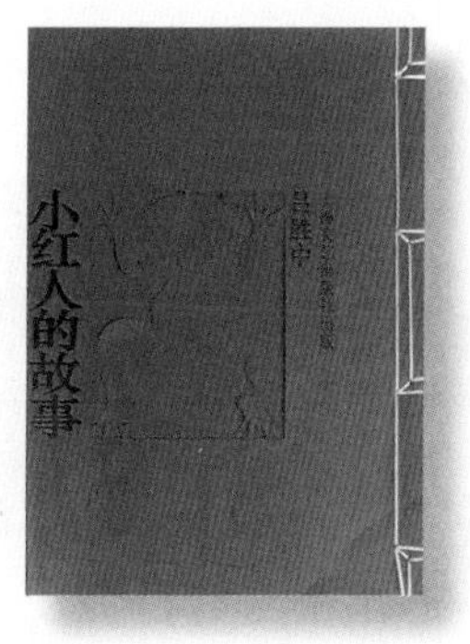

k

l

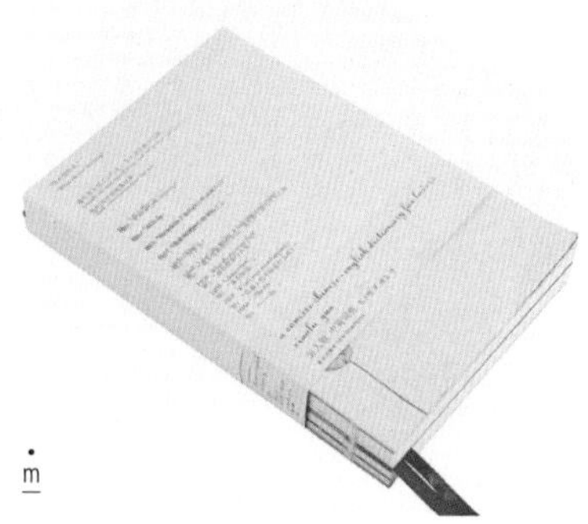

m

n

o

h 《土地》D 王序

i 《中国历代美学文库》D 刘晓翔

j 《中国名花》D 鞠洪深

k 《小红人的故事》D 全子

l 《陈寅恪集》D 陆智昌

m 《恋人版中英词典》
D 赵清+ 周伟伟

n 《话说民国》D 姜嵩+王俊

o 《GDC05平面设计在中国》
D 毕学峰设计顾问机构

a

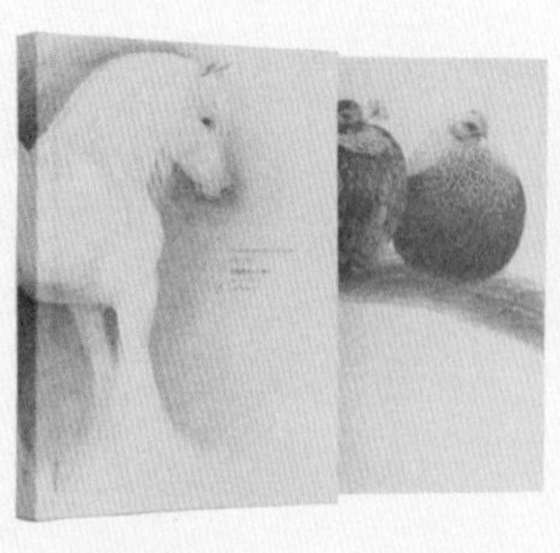

b

c

d

e

f

g

h

a 《万物生光辉》D 友雅

b 《万物皆有灵且美》D 友雅

c 《老人与海》D 张志奇

d 《这个世界会好吗？》D 杨林青

e 《别做梦了》D 杨林青

f 《泰州城脉》D 周晨

g 《兰亭》D 刘晓翔

h 《蜡染》D 黄永松

i

j

k

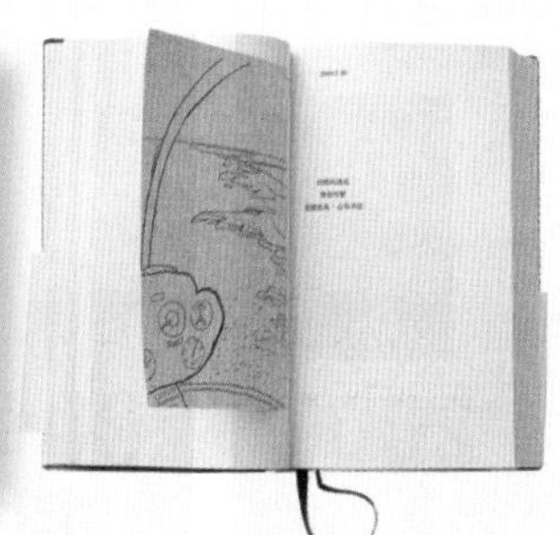

l

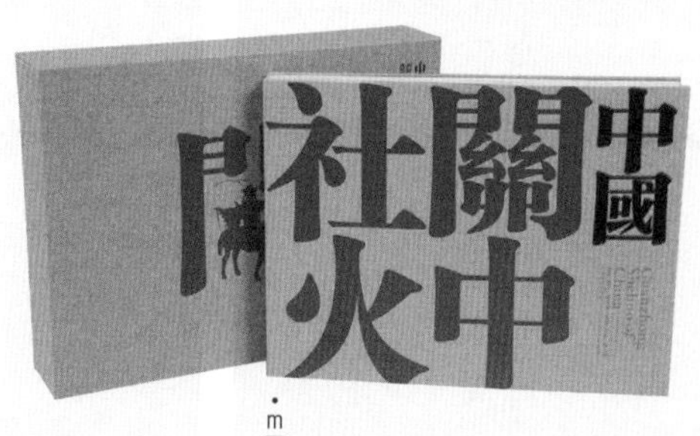

m

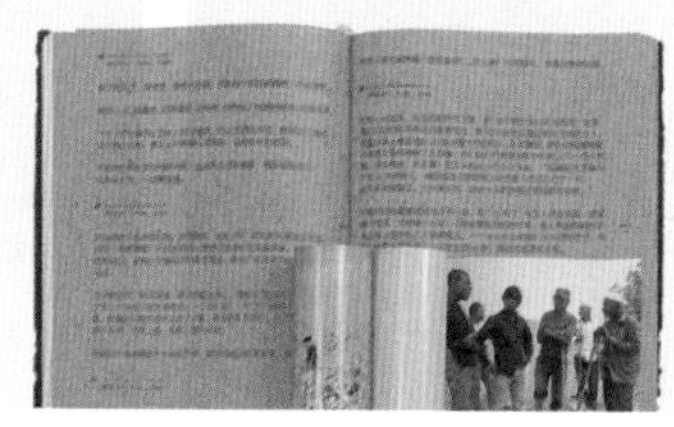

n

o

i 《上海字记——百年汉字设计档案》 D 姜庆共

j 《香港三联出版社青年作家比赛系列》 D 马仕睿

k 《她比烟花更寂寞》 D 马仕睿

l 《辨像——行走于建造与艺术之间》 D 何君

m 《中国关中社火》 D 杨大洲

n 《刘小东在和田&新疆新观察》 D 小马哥+橙子

o 《古韵钟声》 D 刘晓翔

中国书籍设计

20年 1995-2015

第四届全国书籍装帧艺术展

北京 中国美术馆

1500多种图书参展
一等奖28件
二等奖92件
三等奖180件

最美的书国际设计师作品集
249 p
RMB 260.00元
ISBN: 9787535726254

始于1959年的全国书籍设计艺术展览暨评奖从1959年一路走来，至2013年已连续举办了八届。回溯这八届展览，我们即可以大致看到中国书籍设计50多年来所走过的历程，又可以感受到一代又一代书籍设计师（美术编辑）在书籍形态、阅读功能、设计语汇上所进行的不懈探索，还可以从中管窥中国书籍设计的发展路径与未来方向。

全国书籍设计艺术展是出版界最具权威性和业内影响最大的全国书籍艺术展事和赛事，并开展了具有国际性的学术交流活动。

历届全国书籍设计艺术展的成功举办，为出版社及美术编辑、书籍设计工作室和设计师、纸业公司、印刷企业、设计专业师生和广大书籍艺术爱好者提供了分享信息、充分交流提升学术水平的平台，每一届展览既是对以往的总结又是对未来的前瞻。

第五届全国书籍装帧艺术展

北京 中国美术馆

1200多种图书参展
一等奖16件
二等奖42件
三等奖71件

第五届全国书籍装帧艺术展览优秀作品选
RMB 260.00元
ISBN: 9787810641074

香港回归

澳门回归

1995 1996 1997 1999

吕敬人 宁成春 吴勇 朱虹
书籍设计四人展览

《书籍设计四人说》出版
首次在国内提出书籍设计概念

第六届全国书籍装帧艺术展

北京 中国美术馆

2500多种图书参展
金奖13件
银奖65件
铜奖170件

第六届全国书籍装帧艺术展优秀作品集
294 p
RMB 280.00元
ISBN: 9787109095076

1
书籍之美
首届书籍设计家国际论坛

[中国政府出版]奖设立

首届中国政府出版奖

上海新闻出版局
组成国际评审委员会
首次举办［中国最美的书］赛事

参评[世界最美的书]赛事

2003年 [中国最美的书]奖 开启

湖南美术出版社
487p
RMB 128.00元
ISBN: 9787535620163

1 2003 2 2004 3 2005 4 2006

2004 金页奖 张志伟+蠹鱼阁 梅兰芳藏戏曲史料图画集

河北教育出版社
459p
RMB 600.00元
ISBN: 9787543444362

2005 荣誉奖 王序 土地 Asian Field

2005 荣誉奖 何君 朱叶青杂说系列

中国友谊出版公司
910p
RMB 88.00元
ISBN: 9787505719989
ISBN: 9787505719910
ISBN: 9787505719477
ISBN: 9787505719873
ISBN: 9787505719927

2006 荣誉奖 赵健 曹雪芹风筝艺术

北京工艺美术出版社
312p
RMB 98.00元
ISBN: 9787805264882

2002-2003
德国最美的书展
北京涵芬楼书店

疾风迅雷
杉浦康平杂志设计
半个世纪 中国展
1 北京 2 深圳

《疾风迅雷-杉浦康平杂志设计半个世
《亚洲的文字、图像、书籍-杉浦康平

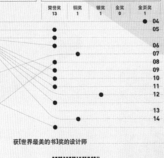

翻开
两岸四地书籍设计展
香港沙田艺术馆

华彩书香
中国书籍设计艺术展
日本东京

书戏
当代中国书籍设计家40人展
1 北京 2 深圳

中国当代书籍设计展
韩国坡州Book City

268 | 13

已有来自22个省的268部作品获得中国最美的书奖

世界最美的书奖

荣誉奖	铜奖	银奖	金奖	金页奖
13	1	1	0	1

河北6 湖南8 北京103 江苏41 上海62 天津3 河南9 广西9 江西3 安徽2 重庆4 四川2 陕西2 浙江4 山东3 广东1 福建1 贵州1 海南1 吉林1 云南1 湖北1

04 05 06 07 08 09 10 11 12 13 14

获[世界最美的书]奖的设计师

2003年 / 2015年
268部
中国最美的书获奖地区分布

10 | 3
社会设计师与出版社美编获奖比例
10:3

Liu Xiaoxiang
《诗经》
《文爱艺诗集》
《2010-2012 中国最美的书》

Xiao Mage + Chengzi
《漫游》
《刘晓东在和田&新疆新观察》

Lu Jingren
《中国记忆》

Shen Shaojun
《梅兰芳藏戏曲史料图画集》

Wang Xu
《土地 Asian Field》

Wang Chengfu
《After-之后》

Zhu Yingchun
《不裁》

Zhang Zhiwei
《梅兰芳藏戏曲史料图画集》

Zhao Jian
《曹雪芹风筝艺术》

He Jun
《朱叶青杂说系列》

Lu Min
《剪纸的故事》

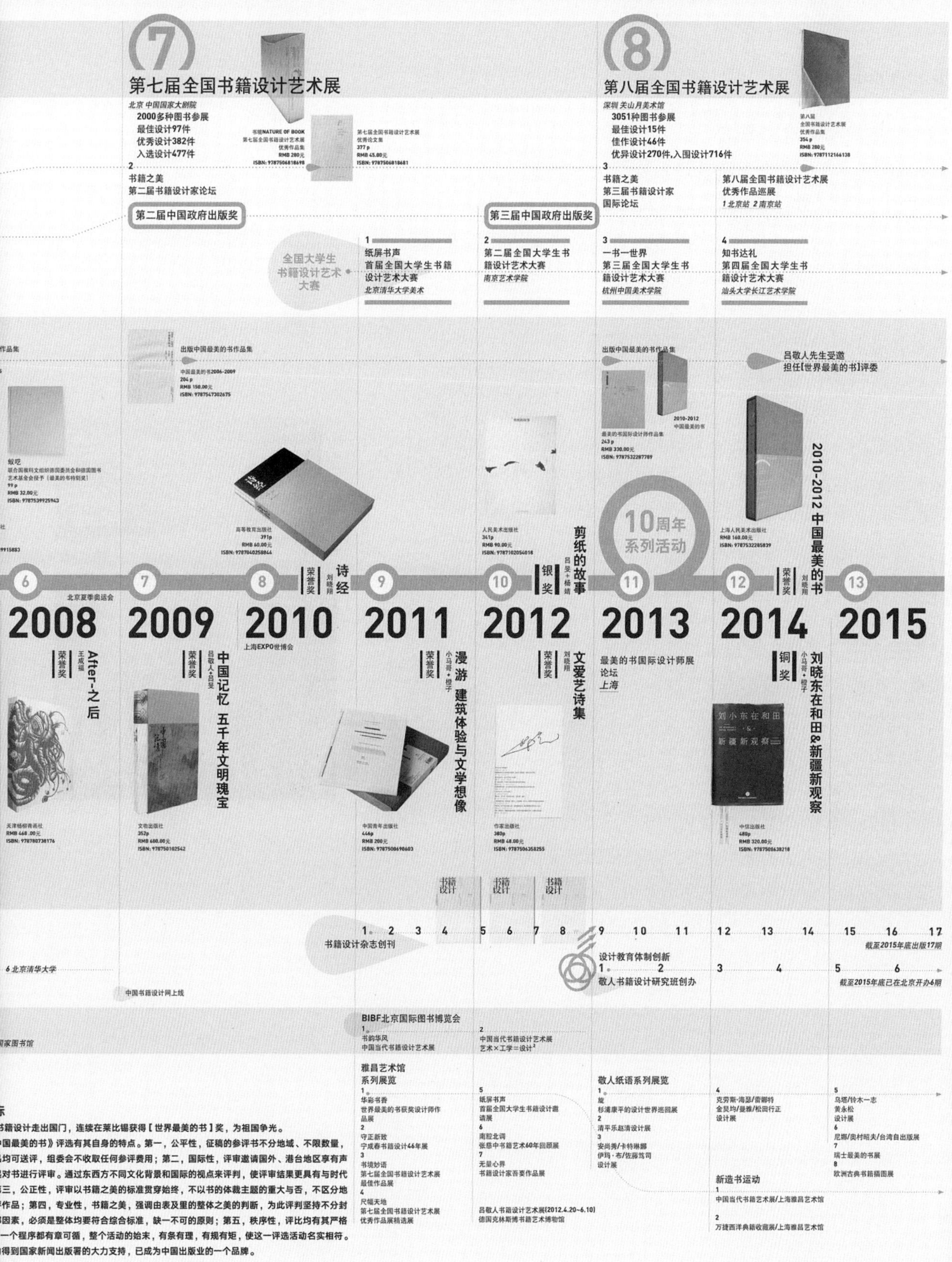

7
第七届全国书籍设计艺术展
北京 中国国家大剧院
2000多种图书参展
最佳设计97件
优秀设计382件
入选设计477件
2
书籍之美
第二届书籍设计家论坛
第二届中国政府出版奖
8
第八届全国书籍设计艺术展
深圳 关山月美术馆
3051种图书参展
最佳设计15件
佳作设计46件
优异设计270件,入围设计716件
3
书籍之美
第三届书籍设计家
国际论坛
第八届全国书籍设计艺术展
优秀作品巡展
1 北京站 2 南京站
第三届中国政府出版奖
全国大学生
书籍设计艺术
大赛
1
纸屏书声
首届全国大学生书籍
设计艺术大赛
北京清华大学美术
2
第二届全国大学生书
籍设计艺术大赛
南京艺术学院
3
一书一世界
第三届全国大学生书
籍设计艺术大赛
杭州中国美术学院
4
知书达礼
第四届全国大学生书
籍设计艺术大赛
汕头大学长江艺术学院
出版中国最美的书作品集
出版中国最美的书作品集
吕敬人先生受邀
担任[世界最美的书]评委
10周年
系列活动
2010-2012 中国最美的书
诗经
荣誉奖
刘晓翔
剪纸的故事
银奖
吕旻+杨婧
荣誉奖
刘晓翔
6
7
8
9
10
11
12
13
北京夏季奥运会
2008
2009
2010
2011
2012
2013
2014
2015
上海EXPO世博会
After-之后
荣誉奖
王成福
中国记忆 五千年文明瑰宝
荣誉奖
吕敬人+吕旻
漫游 建筑体验与文学想像
荣誉奖
小马哥+橙子
文爱艺诗集
荣誉奖
刘晓翔
最美的书国际设计师展
论坛
上海
刘晓东在和田&新疆新观察
铜奖
小马哥+橙子
书籍设计
1 2 3 4 5 6 7 8 9 10 11 12 13 14 15 16 17
书籍设计杂志创刊
截至2015年底出版17期
设计教育体制创新
1 2 3 4 5 6
敬人书籍设计研究班创办
截至2015年底已在北京开办6期
6 北京清华大学
中国书籍设计网上线
国家图书馆
BIBF北京国际图书博览会
1
书韵华风
中国当代书籍设计艺术展
2
中国当代书籍设计艺术展
艺术×工学=设计
雅昌艺术馆
系列展览
1
华彩书香
世界最美的书获奖设计师作品展
2
守正新致
宁成春书籍设计46年展
3
书境妙语
第七届全国书籍设计艺术展最佳作品展
4
尺幅天地
第七届全国书籍设计艺术展优秀作品展精选展
5
纸屏书声
首届全国大学生书籍设计邀请展
6
南腔北调
张慈中书籍艺术60年回顾展
7
无量心界
书籍设计家吾要作品展
吕敬人书籍设计艺术展(2012.4.20—6.10)
德国克林斯博书籍艺术博物馆
敬人纸语系列展览
1
杉浦康平的设计世界巡回展
2
清平乐赵清设计展
3
安尚秀/卡特琳娜
伊玛·布/佐藤笃司
设计展
4
克劳斯·海瑟/雷娜特
金昊均/曼雅/松田行正
设计展
5
乌塔/铃木一志
黄永松
设计展
6
尼娜/奥村昭夫/台湾自出版展
7
瑞士最美的书展
8
欧洲古典书籍插图展
新造书运动
1
中国当代书籍艺术展/上海雅昌艺术馆
2
万捷西洋典籍收藏展/上海雅昌艺术馆
示
书籍设计走出国门，连续在莱比锡获得【世界最美的书】奖，为祖国争光。
中国最美的书》评选有其自身的特点。第一，公平性，征稿的参评书不分地域、不限数量，
均可送评，组委会不收取任何参评费用；第二，国际性，评审邀请国外、港台地区享有声
对书进行评审。通过东西方不同文化背景和国际的视点来评判，使评审结果更具有与时代
三，公正性，评审以书籍之美的标准贯穿始终，不以书的体裁主题的重大与否，不区分地
作品；第四，专业性，书籍之美，强调由表及里的整体之美的判断，为此评判坚持不分封
因素，必须是整体均要符合综合标准，缺一不可的原则；第五，秩序性，评比均有其严格
一个程序都有章可循，整个活动的始末，有条有理，有规有矩，使这一评选活动名实相符。
得到国家新闻出版署的大力支持，已成为中国出版业的一个品牌。

2

东方的书籍精神

韩国坡州 Paju Bookcity 是一座新兴的城市，这里聚集了数百家韩国的出版社、印刷企业、书刊流通企业、量贩书刊发行会社和各类个性书店，更有国际化的会议中心、旅馆、规模宏大的展览场所、设计名家的工作室等，这里经常举办各类学术交流、文化艺术演出和展示活动，以及群众性的读书、造纸、做书活动。从出版策划、编辑设计到印刷发行“一条龙”完成。出版人交流切磋和相互竞争，合成一股出版“韩流”。这个被世界瞩目的书城的繁盛局面，也促使韩国的出版行业调整出版整体结构，理顺行业规则，加大本民族书籍艺术设计力度，各级政府还组织密集的国际国内书籍设计学术交流活动，以亚洲文化特色面向国际化的市场，并在亚洲形成凝结东方出版相互交流融合的纽带，拓展21世纪的东方文化精神。

走进坡州书城，一栋栋现代化建筑争奇斗艳。社长们会如数家珍地给你介绍从外在造型到内部结构、从工作环境到融入自然的活动空间，还有科学合理的出版生态管理和陶冶工作人员的艺术沙龙。从整体到细节，环环相扣、一丝不苟。这已不是单纯的建房道理，其中恰恰渗透了无处不在的策划构想和管理技

a 坡州Paju Bookcity

b 2005首届东亚书籍艺术论坛（从左至右）

杉浦康平 日

郑丙圭 韩

吕敬人 中

黄永松 中·台

c 书城内的韩屋

d 悦话堂书籍博物馆

e 城区内安重根纪念碑。安重根1909年10月26日在中国哈尔滨刺杀时任日本首相的伊藤博文，是韩国抗日义士。照片上的碑文是安重根在旅顺狱中的手书：“一日不读书口中生荆棘。”

f 鸟瞰坡州

巧，以及人文关怀的一种文化态度和审美意识。这时我才领悟到李起雄先生等一批韩国出版人筹建书城所提及的“好的文化环境才能做出好书”的初衷。文化企业成功的终极目标是铸造美，出版人追求美应该是融入血液之中的生活态度。

一个国家的强大，文化的力量不可忽视，即软实力的体现。韩国政府这几十年来，认同设计即生产力，亦是文化核心价值体现的观点，国家为此专门设立了设计振兴指导委员会的政府部门，推动韩国包括书籍设计在内的各种设计产业。坡州书城的建立正是政府以文化大视野的高瞻远瞩，是为振兴国力、振奋民族精神的重要举措。显然这一政策取得了可观的成果，韩国书籍设计艺术的进步让世界刮目相看。

什么是东方文化精神？在中国文化中，儒家的温、良、恭、俭、让；

c

def

公共图书馆：智慧森林

纸之乡：书籍艺术展厅

城市内书店林立

设计教育机构：PaTI 学院

风格迥异的出版社建筑物

现代艺术馆

沿汉江而建的坡州书城

城区内围绕出版产业链配置有印刷、装订、物流等一系列公司服务书籍的印制与发行

经常举办的书城书市

亚洲出版物信息中心

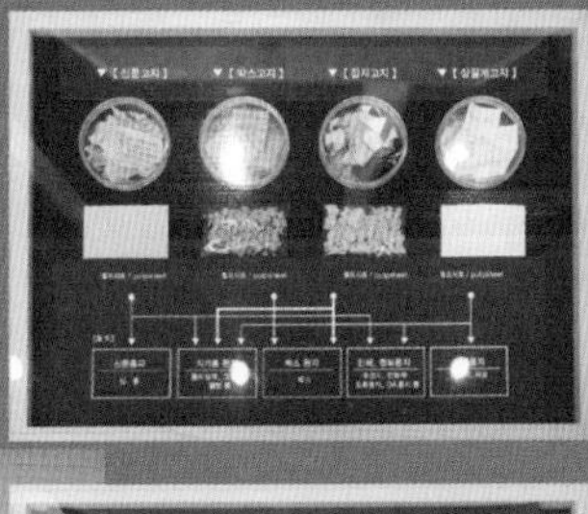

纸张研发与销售机构

纸业公司提供给编辑、设计师选择书籍出版用纸的场所

活版印刷工坊

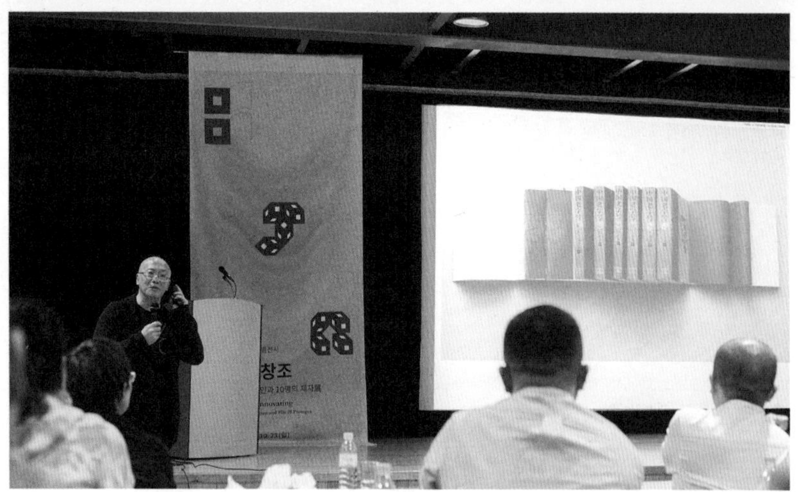

a 坡洲书城经常举办设计学术活动

道家的圆转自如，刚柔并济；佛家的不躁不淫，张弛有序，综此三家可归纳为“化阳刚为阴柔，内敛遒劲，纵横如一”的文化理念，数千年来，东方诸国和地区无不受此文化精神的影响。20 世纪西方科学技术的进步对亚洲各国不无推动，但其文化强势也不断浸染东方思想。中国改革开放 30 年，西方缜密严谨的逻辑思维和科学观给予我们许多启示，使我们在经济、科技等领域受益良多。西方的设计创想理念同样激励年轻一代的奇思异想，但面对商品文化与市场功利，人们开始对中国文化的核心价值产生动摇，好大喜功，急功近利，一味追求短平快回报的出版现状，确实应该冷静下来深入思考。

同样，书籍设计者更应回顾总结上一个世纪书籍艺术所走过的路，从五四、新文化运动之远学欧美、近学日本到 20 世纪五六十年代普仿东欧苏联，再到改革开放后的全方位引进，这使中国呈现百花齐放的文化景象，应该说这是一种阶段性的进步，也是一种日趋成熟的过程。然而，作为以东方文化背景为主体的中国设计师，一方面要有一个开阔的胸怀，对世界的优秀文化博采众长；另一方面在汲取西方现代设计意识和手法的同时，不忘

我们一方面善于吸纳他国先进的艺术观念，同时以东方哲学的思维脚踏实地去深耕本土文化，这会激发中国新时代的设计师传承创新的活力。

b~d 2016年，“法古创新 敬人人敬”吕敬人书籍设计和十个弟子展览在坡州书城展出

中国悠长的历史和丰厚的文化遗产，学习运用东方式的设计理念、造型体系和工艺语言。只有植根于本土的文化土壤，利用本土文化资源，才能准确把握设计主语，构建出中国现代书籍形态的语境，从而设计出能够体现东方文化精神的书籍来。

b

c d

a 《韩国弘益大学设计学院研究生作品集》D 安尚秀 韩

b 《金重业的建筑艺术》D 郑丙圭 韩

c 《字体设计》D 安尚秀 韩

d 《艺术学院报告书》D 安尚秀 韩

e 《Book+Arts》D 金娜莱 韩

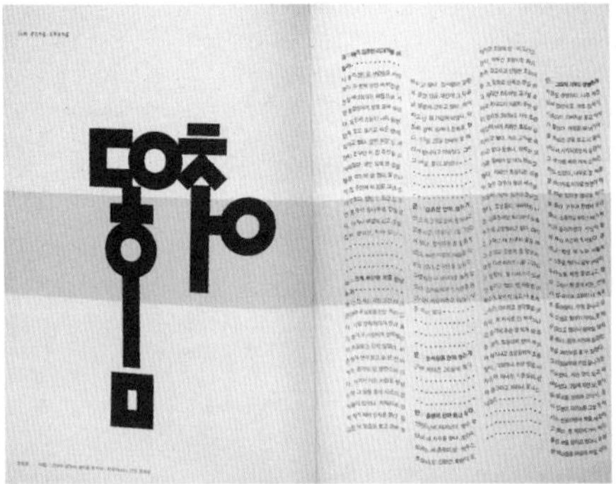

ab

cde

f 《十人十色》D 金炅钧 韩

g 《特别时间的终止》D 安智美 韩

h 《STICKER PROJECT》D 安智美 韩

i 《GRAPHIC》杂志 D 崔圣旻 韩

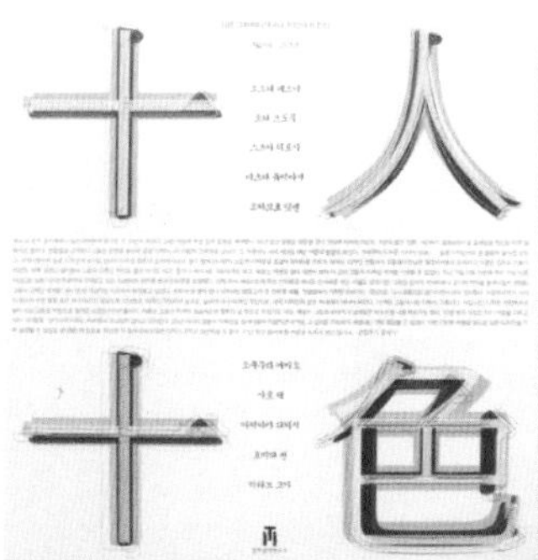

fg

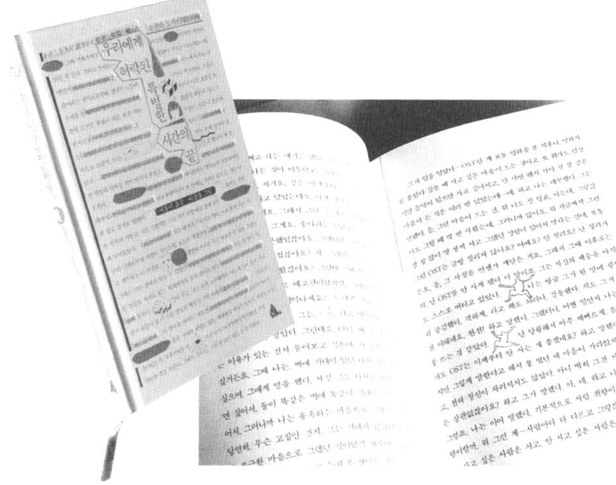

h

i

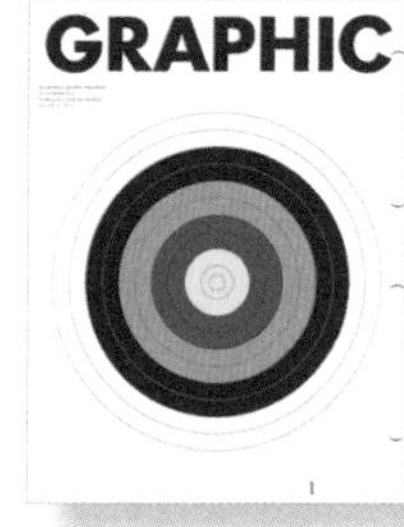

a 《文字的宇宙》D 杉浦康平 日

b 《曼陀罗发光——杉浦康平的书籍设计宇宙》D 杉浦康平 日

c 《日本书籍设计1946-95》D 胜井三雄 日

d 《原弘》D 田中一光 日

e 《井上有一炽梦录》D 杉浦康平 日

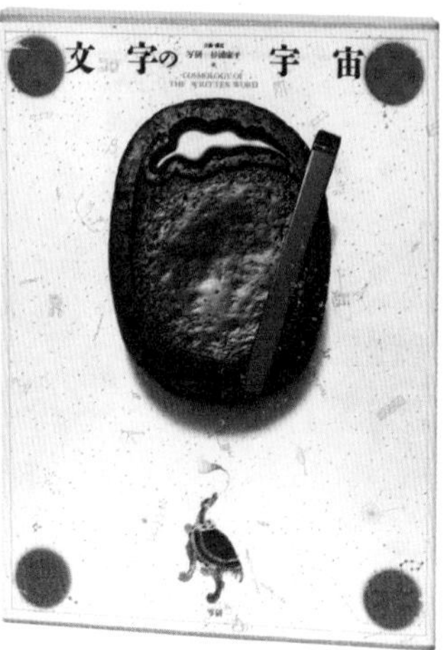

a b

c d e

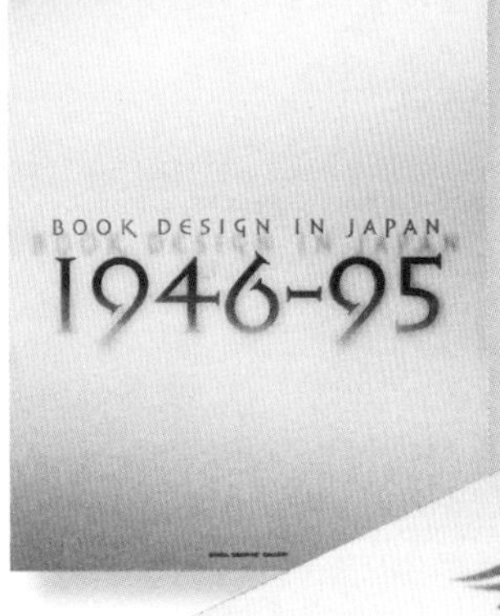

f 《俄罗斯先锋派建筑》 D 铃木一志 日

g 《花乳房》 D 铃木一志 日

h 《想象力博物馆》 D 铃木一志 日

i 《生体废墟论》 D 铃木一志 日

j 《d / sign》 D 铃木一志 日

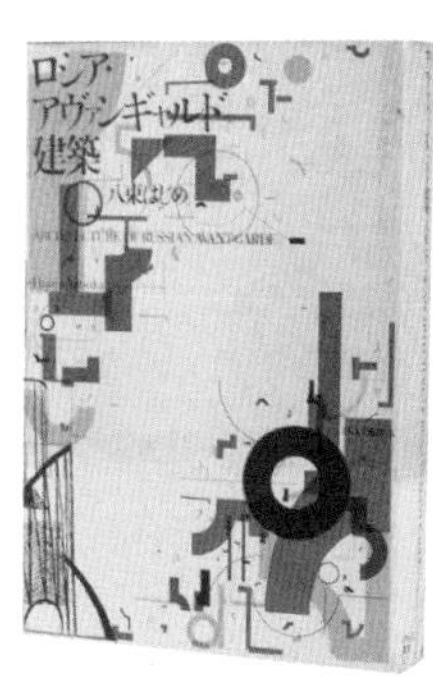

f g

h i j

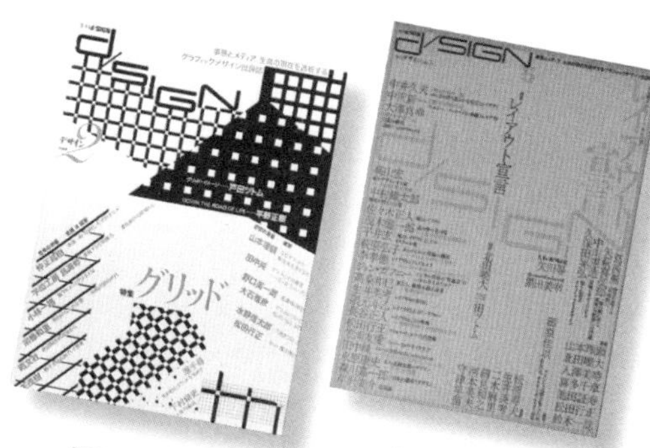

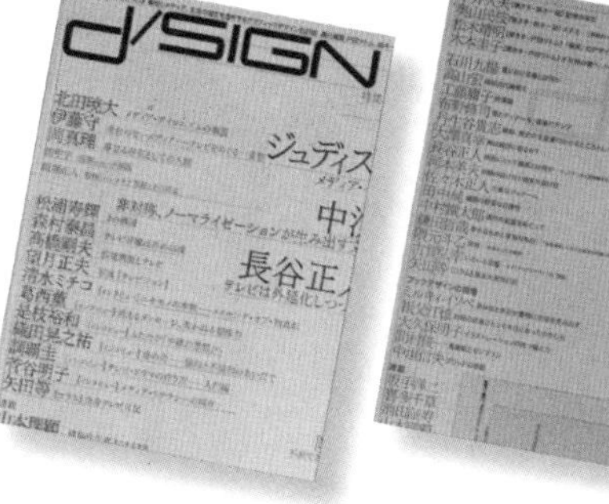

a 《2003世界平面设计大会导读册》D 三木健 日

b 《再设计》D 原研哉 日

c 《中岛作品集》D 中岛英树 日

d 《折》D 驹形克己 日

e 《祖父江慎作品集》D 祖父江慎 日

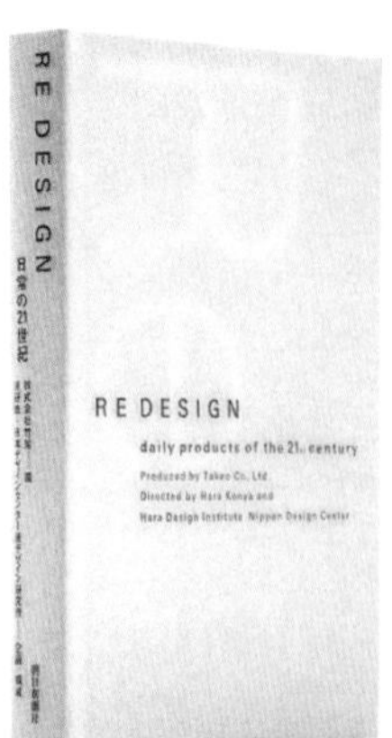

a b

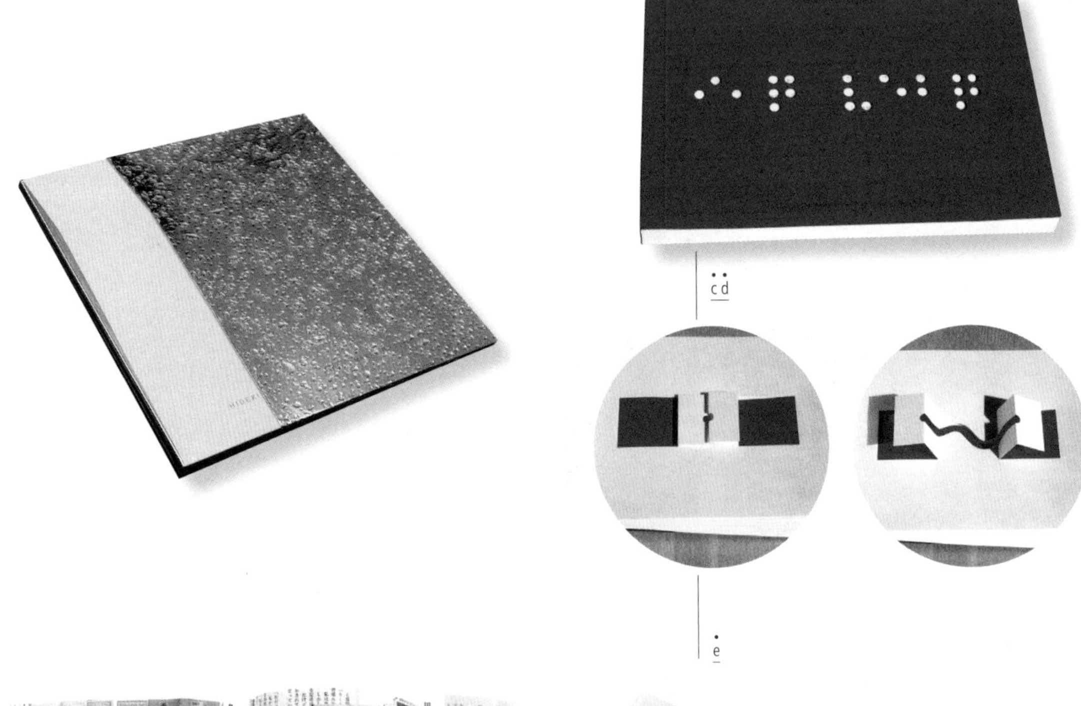

c d

e

f 牛若丸自出版图书 D 松田行正 日

g 《线的冒险》D 松田行正 日

h 《眼的冒险》D 松田行正 日

i 《时间的冒险》D 松田行正 日

j 《F通过去》D 佐藤雅彦 日

k 《任意的点P》D 佐藤雅彦 日

f

ghi

jk

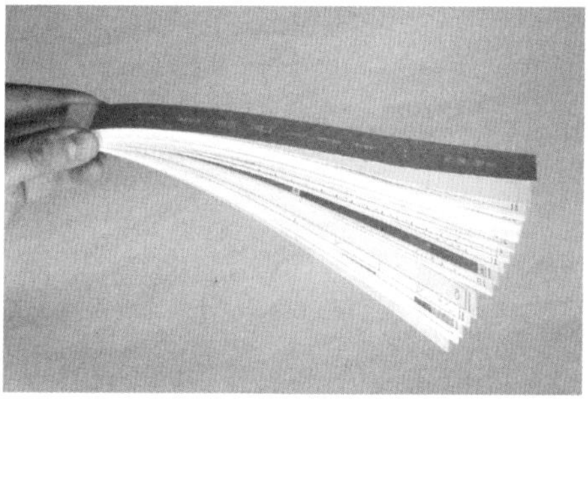

书 艺 问 道

a 《雕塑的诗性》D 速泰熙

b 《中国木版年画代表作（南北两卷）》D 张亚静

c 《无色界》D 吾要

d 《或》D 何明

e 《1/2 Book》D 宋协伟

a b

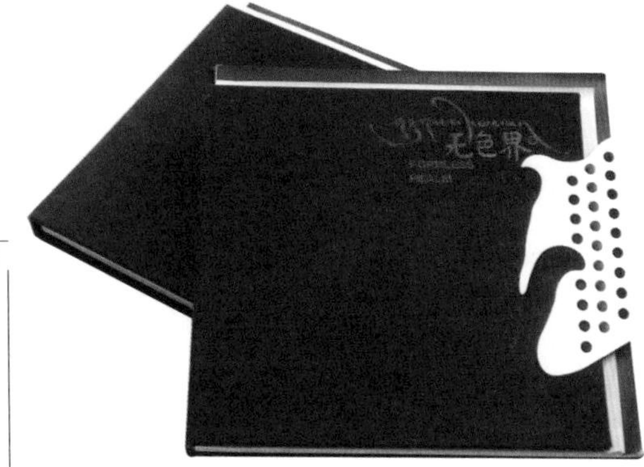

c d

e

f 《意匠文字》D 王序

g 《青年必读书》D 张胜

h 《湘夫人的情诗》D 张志伟

i 《妙法自然》D 何见平

j 《画魂》D 吴勇

k 《娟子ABCDEFGHIJK...》D 吴勇

f

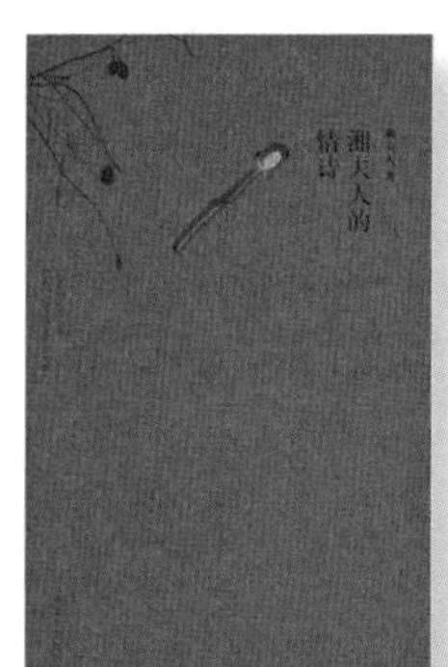

g h i

j k

a 《冷冰川墨刻》 D 周晨

b 《一桌二椅——夜奔·朱鹮记》 D KJ. Design Studio

c 《漫游——建筑体验与文学想象》 D 小马哥+橙子

d 《痛》 D 小马哥+橙子

e 《我的藏书票之旅》 D 宁成春

f 《爱不释手》 D 洪卫

g 《匠人》 D 朱赢椿

a

b

c

d

e

f

g

h 《生态智慧丛书》D 张志奇

i 《路上书》、《忘言书》、《欲爱书》 D 陆智昌 沖·港

j 《文爱艺诗集》D 刘晓翔

k 《薄薄的故乡》D 孙晓曦

l 《第九夜》D 陶雷

h

i

j

k

l

a 《中国人传承的岁时》、《中国人的生命礼俗》 D 王行恭 中·台

b 《藏书票》 D 王行恭 中·台

c 汉声出版图书

a b

c

d 《女性·设计·社会》D 施令红 中·台

e 《本事青春——台湾旧书风景展刊》D 一心设计 中·台

f 《墨韵百年 台湾抒写——名人信札手稿》D 旧香居 中·台

g 《鲸鱼在喷水》D 王志弘 中·台

h 《写真的话》D 王志弘 中·台

i 《艺设术计》D 刘小康 中·港

j 《无处不在红白蓝》D 黄炳培 中·港

de

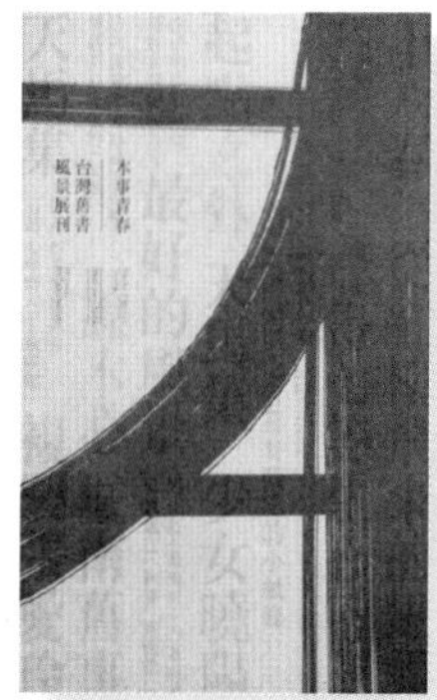

fgh

ij

书　艺　问　道

a 《纸白》D 廖洁连 中·港

b 《一字一生》D 廖洁连 中·港

c 《The Box Rouge》D 李永铨 中·港

d 《FW：永真急制》D 聂永真 中·台

e 《看世界》D 聂永真 中·台

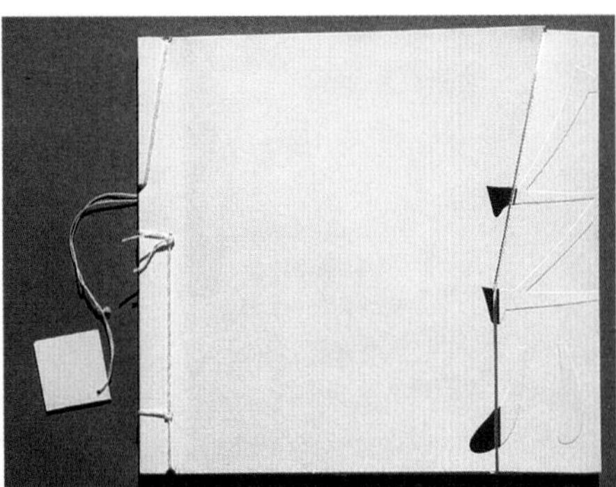

ab

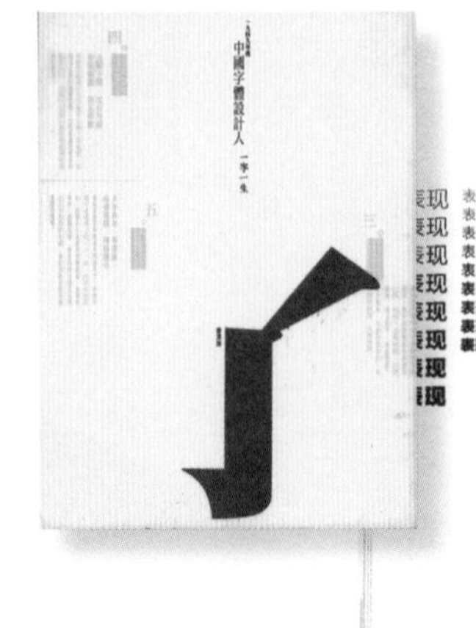

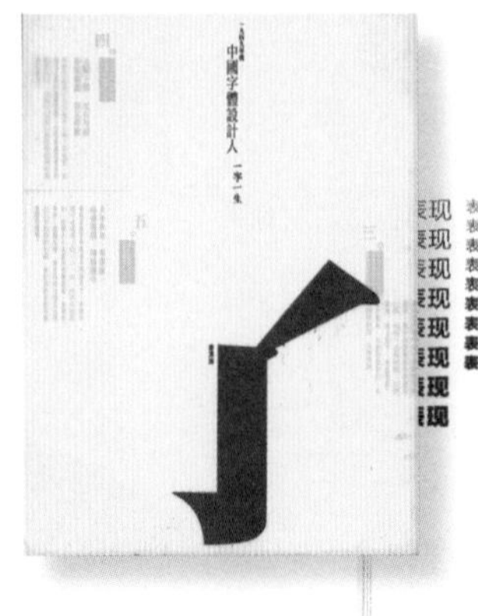

c

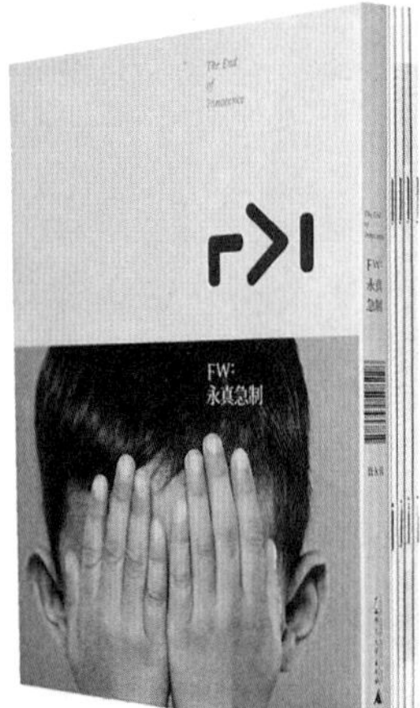

de

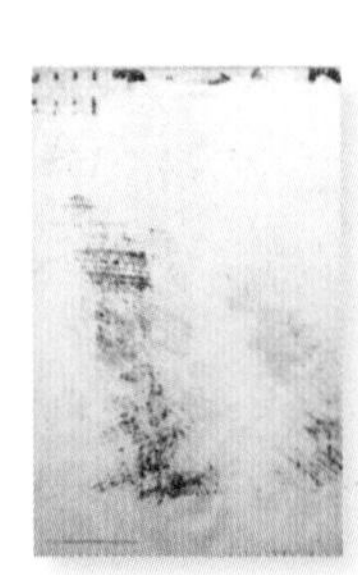

f 《澳门的回忆空间》D 吴卫鸣 中·澳

g 《2008-2009澳门音乐祭》D 张国伟 中·澳

h 《Lesian》D 马伟达 中·澳

i 《Lolita》D 马伟达 中·澳

j 《创意亚洲现场》D 王廉英 中·台

k 《私囊》D 王怡颖 中·澳

fg

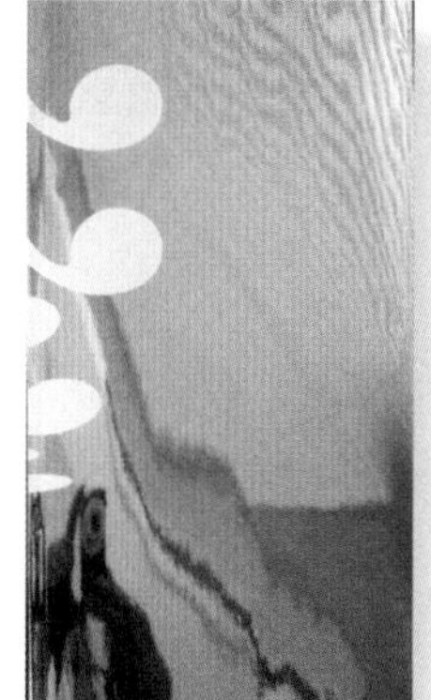

hij

k

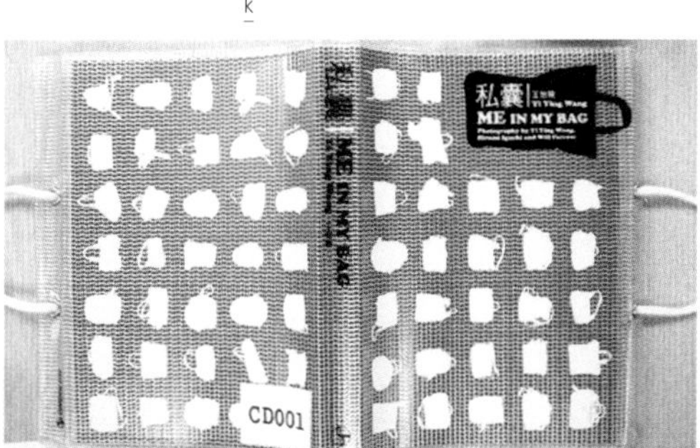

思考题

Q1 中国传统书籍发展过程中有哪些形制？请说出它们各自的特点。

Q2 为什么说鲁迅是中国近代书籍设计艺术的开拓者？

Q3 新中国建立后，书籍设计艺术经历了哪几个阶段？

Q4 怎样理解《考工记》中“天时、地气”的概念？

第二章 西方书籍设计进程

2

自美索不达米亚的苏美尔人和闪米特人创造了楔形文字，经历了“册籍”的诞生，13世纪左右，中国造纸术传入欧洲，完全改变了西方书籍设计的进程。一位名叫约翰·古腾堡的人发明了图书制造的革命性的金属活字版印刷术，改变了人类思想传播的历史。16世纪以来，书成为一种不可或缺的大众交流媒介。作为独立的书籍设计艺术观念，创造“书籍之美”意识的代表英国的威廉·莫里斯，领导了英国“工艺美术”运动，开创并推动了革新书籍设计艺术的理念，被誉为现代书籍艺术的开拓者。20世纪，世界工业革命和科学技术的迅猛发展更为现代西方书籍艺术影响到世界各国起到推波助澜的作用。

本章对西方书籍设计进程的阶段性分析和诸多流派作了较为系统的陈述，有利于对现代西方书籍设计意识的来源有一个较为全面的认识，有助于设计者拓展视野，开阔思路。通过东西方书籍文化的对照，吸收融汇东西方的书籍设计理念，把握好设计展现中华文化中现代语境的尺度。

一、异域书韵

西方书籍设计艺术的由来

书艺问道

1 →源于底格里斯河和幼发拉底河流域的古老文字，大多用有角的木棒刻在泥板上，形状呈楔形。这种文字是由公元前 3200 年左右苏美尔人所发明，是世界上最早的文字之一。

a 埃及纸莎草纸

1

古代的书籍

人类最早的文字是由美索不达米亚的苏美尔人和闪米特人创造的楔形文字→1。苏美尔人用一种三角形的小凿子在黏土板上凿上文字，笔画开头粗大、尾部细小，很像蝌蚪的形状。待泥板干燥窑烧后，形成坚硬的字板，装入皮袋或箱中组合，这就成为厚厚的能一页一页重合起来的书。

公元前 3000 年，埃及人发明了象形文字，是用修剪过的芦苇笔写在尼罗河流域湿地生产的纸莎草纸上，呈卷轴形态。纸卷在木头或象牙棒上，平均 6 至 7 米长，最长有 45 米左右，这也是目前可认知的书的一种形态。纸莎草纸未经化学处理，因此有怕潮虫咬，不

↓出土于埃及噜可索尔西岸亚尼墓的『亚尼的死者之书』，材质即是纸莎草纸，是新王国时代第 19 王朝时期品质相当优良的随葬品。

a

宜保存的弊端。当时，信纸在古地中海沿岸、古希腊、古罗马等地广泛被使用，至公元前3世纪，将近用了4000年，而真正意义上纸的使用也只有其一半的时间。

埃及文字

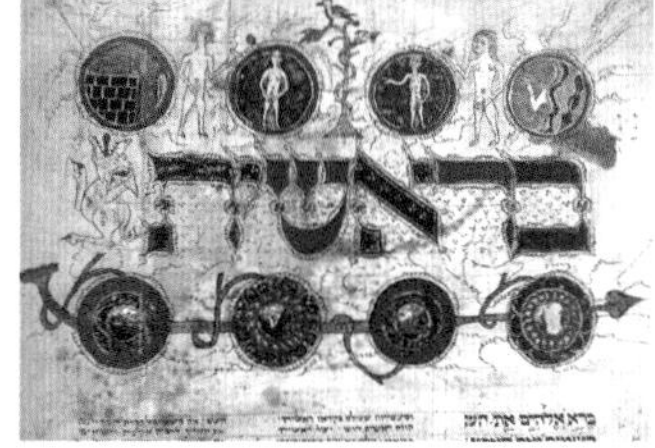

希伯来文字

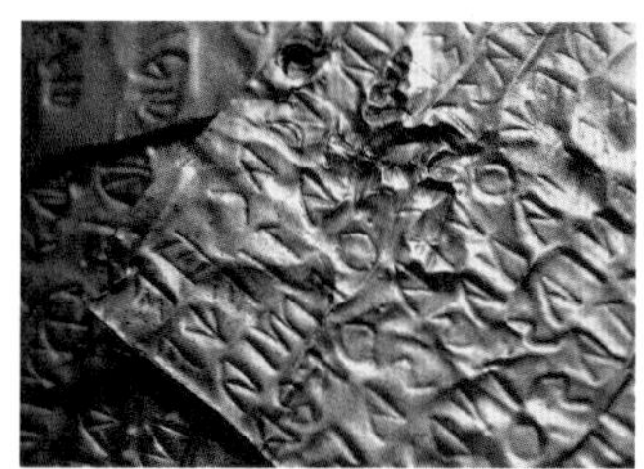

拉丁文字

希腊文字

伊斯兰文字

印度文字

蜡板书是罗马人发明的，是在书本大小的木板中间，开出一块长方形的宽槽，在槽内填上黄黑色的蜡而做成的。书写时，用一种奇特的尖笔，字迹往往不易写得规矩。在木板的一侧，上下各有一个小孔，通过小孔，穿线将多块小木板系牢，这就形成了书的形式。为了怕磨损字迹，蜡板书的最前和最后一块木板不填充蜡，功能近似今天的封面和封底。在几个世纪里，学生们往往都在腰间系着一块蜡板，这是很独特的书籍形态。

2

“册籍”的诞生

在阅读一个卷轴时，必须左右手同时进行，在左手展开卷轴一边的同时，右手则卷起另一边，当然更不可能同时使用几个卷轴，这给人们的阅读造成了困难。此种情况促使以“页”为单位的“羊皮纸”的诞生。

↓羊皮卷轴长3米，描绘的是8世纪初圣徒古特拉克的生活情景，此书写成于1200年左右。

a

说到羊皮纸的产生，还有一段有趣的故事。公元前2世纪，小亚细亚的帕加马国王想建一个图书馆，而埃及托勒密国王担心这座图书馆会超越自己的，于是禁止纸莎草纸的出口，结果反倒激发帕加马成功研发出可以两面书写的新材料——羊皮纸。

羊皮纸比纸莎草纸要薄而且结实得多，能够折叠，并可两面记载，采取一种册籍的形式，与今天的书很相似。但古罗马人、

2 →在 6 世纪开始普及

b 福音书

古希腊人把写在羊皮纸上的实用类读物称为册子（code），而将文学类读物仍记载在纸莎草纸上，显然是对新生的羊皮纸载体抱有轻蔑的心态。

3 世纪至 4 世纪，册籍形式的书得到普及。册籍翻阅起来比卷轴容易，可以很好地进行查阅，收藏和携带也更为方便。册籍出现后，卷轴的形式并没有完全消失，而是两种书籍形态共同“相处”了两三个世纪。

3

书的开始

纪元初年的欧洲是一个由口头文化支配的世界，修道院成为书面文化和拉丁文化的聚集地。从纪元之初至 11 世纪，文字记录仅限于教士阶层，书籍的制作也几乎都是在修道院等宗教机构完成。僧侣们传抄的作品多为宗教文学，如《圣经》、祈祷书、福音书等礼拜经文，还有法学著作、古代拉丁语经典作品和各类档案等。8 世纪时，才出现了关于世俗作品的书籍。

此时，鹅毛笔→2 代替先前的芦苇笔成为新的书写工具。手抄本中有大量丰富的插图，可以略分为三种类别：

b

↓林迪斯法伦修道院的福音书，成书于 7 世纪晚期，采用复杂的极富装饰意味的希腊字母 x、p，描述耶稣的诞生。

一是花饰首写字母，二是围绕文本的框饰，三是单幅的插图，它们装饰着书籍，也起到划分版面结构和传达信息的作用。绘画风格受拜占庭帝国一种细密工笔画的影响，精细而华丽。为了表达对宗教的虔敬，金色在插图中被经常使用。这些个性鲜明的书籍语言使中世纪手抄本散发出独特的艺术魅力。

对一张羊皮的折法决定了书籍的开本，对开是一折两页，4 开是两折四页，8 开是三折八页等等。像《圣经》一类的宗教书籍因需要当众朗读，开本通常做得很大；经典名著则略小，多为 4 开本。当时人们阅读习惯于发出声音，为了适应这一习惯，早期的手抄本书写不将单词断开，也没有标点和段落的划分，12 世纪以后，才渐渐出现简单的标点符号、页码等现代书籍元素。由于文字编排日趋科学化、精细化和条理化，加上 12 世纪以后小开本书籍的增多，一些更关注文字、侧重自己读书感受的读者，渐渐发展成无声阅读的方式。

与此同时，书籍装帧艺术也得到了发展。书籍封面起着保护、装饰的作用，材料多用皮革，有时配以金属的角铁、搭扣使之更加坚固。黄金、象牙、宝石等贵重材料也常用来美化封面，并昭示着书籍所有者尊崇的社会地位。这使得西方很早就确立了坚实、华丽的“精装”书籍传统。

a 早期书籍均由宗教机构完成

b 卷轴羊皮书

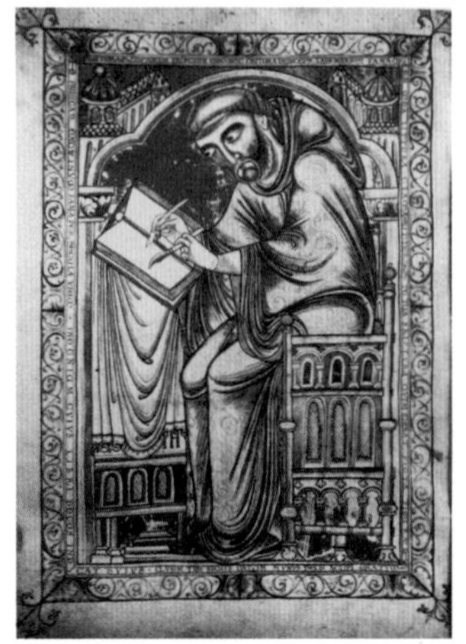

a

b

c 拜占庭时期的《圣经》

d 应用多种材料装饰的古籍封面

e 古腾堡肖像

c d

e

4

古腾堡时期的书籍

12 世纪，随着城市的复兴、随之而来的大学的建立、王公贵族对藏书兴趣的增加，以及小开本宗教图书的广泛传播，使人们对手抄本的需求猛增，书籍开始走出宗教领域，向“专业化”“大众化”的方向发展。13 世纪左右，中国造纸术传入欧洲，这些客观的需求与条件促使用新的印刷技术的诞生。

在德国的美因茨地区，一位名叫古腾堡的人发明了图书制造的革命性技术——金属活字版印刷术，它深刻地改变了人类思想传播的历史。

1454 年，由古腾堡印制的四十二行本《圣经》是第一本因其每页的行数而得名的印刷书籍，堪称是活字印刷的里程碑。四十二行本《圣经》中的字体都具有相同的大小和形状，模仿手抄本中使用的哥特体。

在手抄本向印刷本过渡的时期，书籍无论在内容还是形式方面都有其延续性。《圣经》依然是被普遍印刷的内容。印刷书籍外观上努力模仿手抄本的式样，如采用相同的字体、相同的版面安排、相同的装订方式等，以至于根据手抄本的标准安排铅空、印出手抄本中辅助抄写的参考线也常被看作是印刷者社会声誉的展现。

a 有关古腾堡活字版印刷术的版画

b 古腾堡活字印刷所场景还原图

c 古腾堡印刷的四十二行本《圣经》

此时，从印刷所出来的书并没有最后完成，还要靠手工绘制上装饰首写字母、框饰、插图，并加注上标点符号。这时期，作者名、书名、印刷商、印刷时间和地点等信息，一般被标注在书的最后，还常配有印刷作坊的标志。书通常以单页的形式出售，任何人都可以根据自己的喜好把它们装订起来。

将刻有插图的木板插入到活字印版中一起印刷，就得到了

d 古腾堡印刷的书籍

e 精致的古体字本

f 精致的插图本

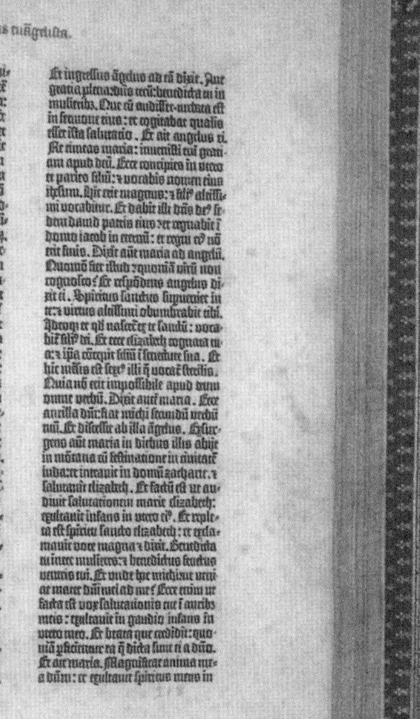

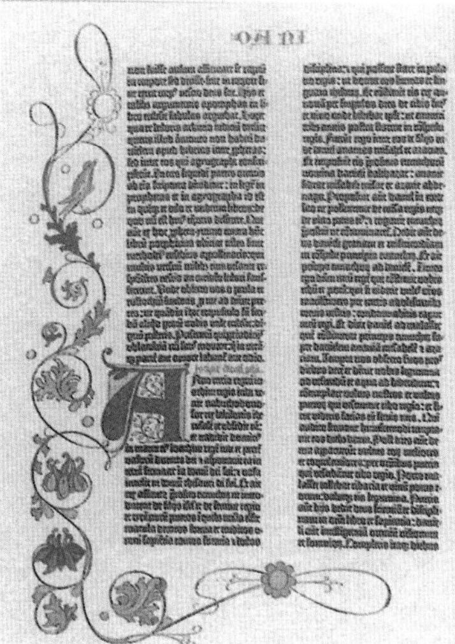

d

e f

印刷出的插图。此方法始于1461年，到了1480年后，带有插图的印刷书籍才渐渐多了起来。

5

文艺复兴时期的书籍

16世纪，文艺复兴运动风行全欧洲。

人文主义者与印刷商、出版商密切合作，开始积极对新图书进行探索。他们在对古代文化巨著的研究中，发现了加洛林王朝的手抄本，他们借鉴此手抄本中的字体并融合古代简洁铭文的特征，创造了完美的罗马体铅字。印刷商阿尔多·马努佐模仿人文主义者手稿中的草书，创造了优雅的斜体字……这些成就的取得使书籍不再只是古代作品的重版复制。

这一时期的书页开始有了内部空间，不同的字体常常综合交错在一起，形成了文本的多层次传达表现；印有出版商标志与地址的版权页已成形，并与卷首页开始成为书籍固定的元素；标点法的不断丰富、阿拉伯数字页码的使用等，很大程度上方便了读者的阅读与查找。

随着袖珍图书的增多、书价的降低，书籍日趋平民化。版面中一些引导阅读的美术字体、标点、页码、插图等，如同在文章周围形成了一个明确的框架，使文本的条理更加清晰，也促使无声的阅读方式慢慢普及。

由于西方对新大陆的探险，人们的视野不断开阔，世界的范围也超乎想象地扩大了。由此，新的图书品种不断出现，通过阅读可以学习知识，不必仅以宗教为出发点。

1486年，在美因茨印制的《圣地朝拜》是印刷史上第一本关于游记的书籍。作品中最早使用了插在书中的折叠版面，用

3 → 1542 年

4 → 1543 年

5 → 1551 年

a 铜版雕刻的技法说明

b 描绘印刷过程的版画

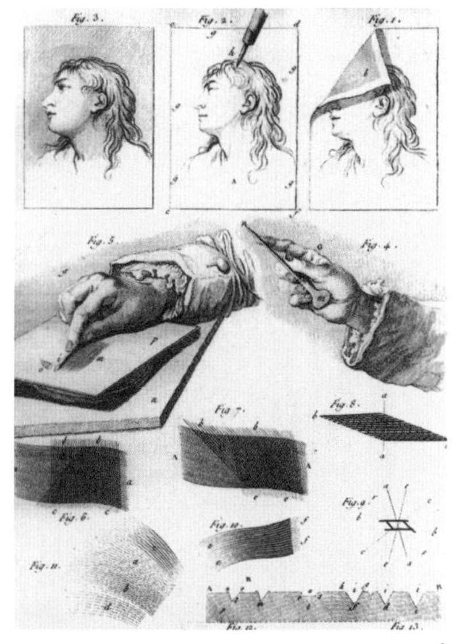

a

b

于印制地图或大城市的景色，这是在功能需要的前提下对书籍形态进行的探索。1499 年，阿尔多·马努佐出版了图书史上极为著名的作品《博利费勒的梦》，此书的影响相当大，被看作是 16 世纪威尼斯人文主义的象征。它以一种精到的语言、漂亮的古体字、172 幅铜版画和 38 个首写字母，叙述了博利费勒的梦以及他对波丽娅的爱情。出版商克里斯朵夫·普朗坦最著名的多语对照本《圣经》分八卷，共五种语言，创新的文本编排满足了人文主义者对文本对照的迫切需求。

随着凸版印刷和木制雕版技术的进步，书中出现了大量插图。以此为基础，自然科学类书籍也相应获得很大的发展，如 L. 富士的《植物采集》→3、A. 维萨尔的《解剖学》→4、盖斯内的《动物史》→5。同时，插图的民族性传统也开始显现，意大利、德国南部，丢勒等艺术家拓展着德国的传统，其版画作品散发着耀眼的光芒；法兰西岛则形成了另一种受哥特式艺术影响的风格。

6

16世纪至18世纪欧洲书籍艺术的发展

16 世纪至 17 世纪，是欧洲多事纷乱的年代，德国的宗教改革、英国的内战……但这个时期却是书籍不断发展与革新的时代，书籍的现代特征更加明显起来。

大开本的书籍已不再流行，小说、诗集等大多采用 4 开或更小的开本印刷；小开本大小从 8 开、12 开到 16 开，甚至有 24 开本的书籍出现。伴随着小开本的普及和新的图书种类的不断出现，18 世纪出现了一股阅读的狂潮，书籍成为人们日常生活中不可或缺的物品。

书籍中，标题页变得越来越重要，文字根据级别不同被排列

a 洛可可风格的彩色插图本

b 路易十五徽章马赛克式

c 充满古典主义装饰风格的书籍封面

d 《法兰西编年史》

↓《法兰西编年史》的印刷版本，是由豪华图书出版商安托万·维拉尔在巴黎印刷的。

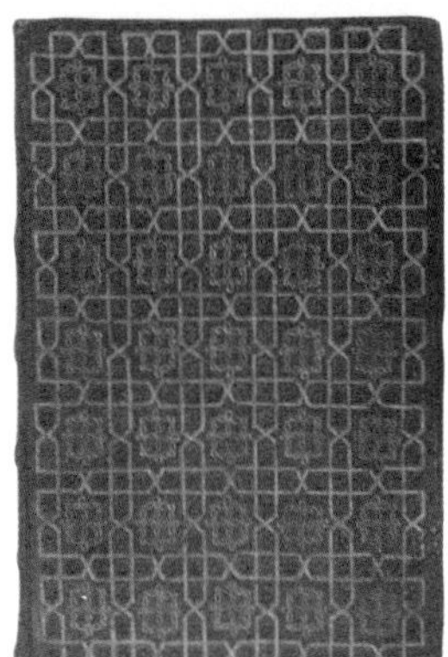

a

bcd

e 《天文学讲话》

f 洛可可风格的书籍设计

→1557年巴桑庭的《天文学讲话》，交织在一起的是亨利二世和科特琳娜·德·美第奇的姓名手写字母。

e

f

得错落有致。一种新的书籍要素——扉页此时开始出现，上面往往没有文字，只用插图描绘出文章的内涵或作者画像。内文版面的创新编排方式是在不同章节之间用空白分开，由一个美术字母或一个小结加以引导，在每个小结及空白之前再标注数字章节序号，旁注则被固定安排在每页页面的底脚位置。由于版面的合理安排，书籍变得越发清晰可读。

随着插图数量增多，绘画风格开始朝着个性化的方向发展。16世纪，铜版插图逐渐比木版插图显出优势，但木版插图仍占有相当大的比重，大多是文章开头的首写字母或章节开头的标题。插图的上色最初都是通过手工完成的，此时期，人们进行了双色或多色版画的印刷试验。18世纪末，以德国人雅各布·克利斯多夫·勒博隆首创的三原色法为原理，书籍中开始出现印制的彩色插图。

书籍装帧艺术的风格也在不断变化。从16世纪至18世纪，巴洛克艺术的神秘气息，古典主义的崇尚理性和自然之风，启蒙运动的象征意味和装饰性，洛可可艺术的纤巧、华丽、繁密，无一不在书籍设计中有所体现。从15世纪开始，封面主要是关于图书内容的简要介绍和书商、印刷者的标记。到了16世纪，开始添加框饰和插图。法国和意大利流行木板装饰画和短标题的组合搭配。法国的封面更是开始署上了作者名字、短标题、印刷地址及其年代。至18世纪，书籍设计艺术呈现了千姿百态的风貌，装帧形式出现了许多华贵的类型，如使用颜色各异封皮的马赛克形式等，还流行在封皮上印上拥有者的纹章。在书店里，人们可以买到按普通方式装订的书，也可另请装帧师按照自己的意愿进行个性化的装饰。

另一方面，针对经济收入较低的读者，一种被称为“蓝色丛书”的小开本大众读物得到了极大发展。它得名于封面的颜色，其内文的排版相对紧密，并使用旧的字模，一般附有木刻插图。其内容涵盖了丰富的图书种类。

地图册的出版也独具特色。荷兰北部的安特卫普和阿姆斯特丹逐渐发展成地理书和地图册的出版中心。阿姆斯特丹的地理学家兼出版商布拉厄出版的大幅地图是其中成功的一例。另外，1662 年，琼·布拉尔完成的内含 600 多幅地图和 3000 多页文字、长达 11 卷的《主要地图集》，堪称是一部辉煌的巨著。

18 世纪可以说是词典和百科全书的世纪，其创新的文本结构为人们提供了便于阅读和理解人类知识全貌的机会，在思想史上具有重大的意义。正如 D. 莫尔奈评价的那样，是“已有的进步之总结、未来的进步之保证”。

7

“书籍之美”的理念

自 16 世纪以来的 300 年间，图书的社会地位变了，成为了一种不可或缺的大众交流媒介，至此，我们面对的就是一本具有现代特质的书了。为了便于阅读，书籍制作者开始更加注重设计的成分。

然而，作为独立的书籍设计艺术观念，发掘“书籍之美”的意识当始于 20 世纪初。

而为其做后盾的是印制技术的革命。机械造纸机、轮转印刷机的发明加快了印刷进度；石印、摄影等技术的发展，使书中图像的还原性不断完善，但那时只有依赖版画印刷技术，还

a 威廉·莫里斯 英

b 凯姆斯科特印刷所 英

c 莫里斯设计制作完成的书

达不到分色制版的水平。随着锌版制造术、网版技术和胶版印刷技术的使用与普及，书籍设计拥有了广阔的创作空间。这些优势使书的制作趋于简易化，也使个人做书更为方便，促使以“创造美的书”为使命的艺术家们组成艺术团体，相互切磋设计艺术；也促成个性化的小印刷所、出版社蓬勃发展，使艺术家们创造美的书籍成为现实。

1928 年，伦敦出版了专业的书籍设计杂志，公开倡导书籍艺术之美的理念，向世界展示书籍设计艺术的进展状况。艺术家分别发表他们的艺术主张和流派宣言，组成各种俱乐部。成员不仅仅局限于美术家领域，还延伸到其他领域的诗人、作家、音乐家，并与之交流，使书籍设计艺术越发活跃繁荣起来。

其代表人物是英国的威廉·莫里斯。他领导了英国“工艺美术”运动，开创了“书籍之美”的理念，推动了革新书籍设计艺术的风潮，因此被誉为现代书籍艺术的开拓者。

他在 1891 年成立了凯姆斯科特出版印制社，一生共制作了 52 种 66 卷精美的书籍。他主张艺术创作从自然中汲取营养，崇尚纯朴、浪漫的哥特艺术风格，受日本装饰风格的影响。他倡导艺术与手工艺相结合，强调艺术与生活相融合的设计概念，主张书籍的整体设计。

a

b c

他指出："书不只是阅读的工具，也是艺术的一种门类。"其代表作品是《乔叟著作集》，于 1892 年开始制作，耗时四年。他专门邀请乔治和爱德华两位版画家，为此书创作了 87 幅木版画作品。莫里斯在书中采用了全新的字体，并设计了大量纹饰，他引用中世纪手抄本的设计理念，将文字、插图、活字印刷、版面构成综合运用为一个整体。这本书是他所倡导的"书籍之美"理念的最好体现，被认为是书籍装帧史上杰出的作品。

a 《乔叟著作集》封面 D 威廉·莫里斯 英

b 《乔叟著作集》部分版式中莫里斯邀请画家完成的插图

《乔叟著作集》部分版式与莫里斯邀请画家完成的插图

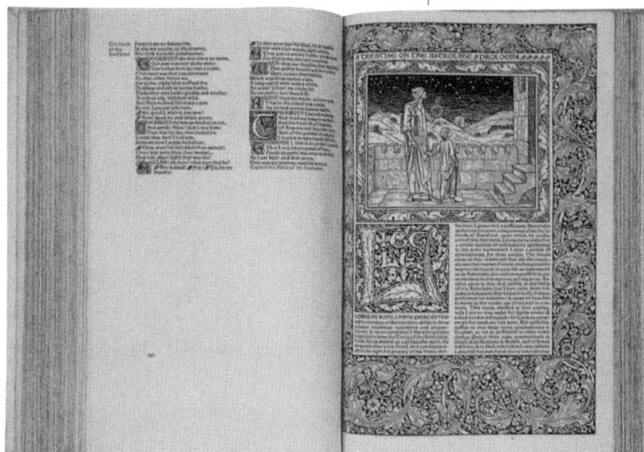

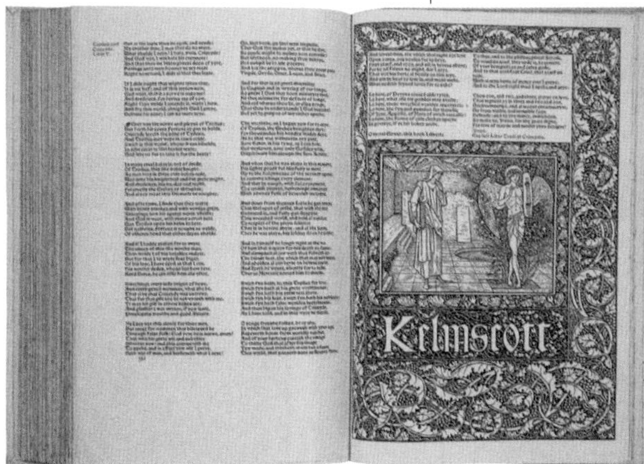

a

a 莫里斯书中采用全新的字体和装饰纹样

b 莫里斯创造的装饰字体

c 《莎乐美》插图 绘 比亚兹莱 英

莫里斯的理念影响深远，法国、荷兰、美国均兴起书籍艺术运动，使欧洲的书籍艺术迈出了新的一步，迎来了20世纪书籍设计艺术高潮。可以说，那时“书”是艺术家们表达自己艺术观念最方便的传媒。他们打破所谓高雅艺术和低俗时尚之间的界线，越过阻碍发展的羁绊，抱着社会责任感和热情，超越纯美术的领域，在书籍这一文字媒体上进行实验性的创作活动。开始时，以版面设计为主，注重文字与插图的紧密结合，而后舍弃皮革厚纸的装帧形式，引入简约、质朴的书籍形态，为人们创造了清新优雅、阅读愉悦的图书。

ENDYMION: BOOK I.

A THING OF BEAUTY IS A JOY FOR EVER: ITS LOVELINESS INCREASES; IT WILL NEVER PASS INTO NOTHINGNESS; BUT STILL WILL KEEP A BOWER QUIET FOR US, AND A SLEEP FULL OF SWEET DREAMS, & HEALTH, & QUIET BREATHING. THEREFORE, ON EVERY MORROW, ARE WE WREATHING A FLOWERY BAND TO BIND US TO THE EARTH, SPITE OF DESPONDENCE, OF THE INHUMAN DEARTH OF NOBLE NATURES, OF THE GLOOMY DAYS, OF ALL THE UNHEALTHY AND O'ER-DARKENED WAYS MADE FOR OUR SEARCHING: YES, IN SPITE OF ALL, SOME SHAPE OF BEAUTY MOVES AWAY THE PALL FROM OUR DARK SPIRITS. SUCH THE SUN, THE MOON, TREES OLD & YOUNG, SPROUTING A SHADY BOON FOR SIMPLE SHEEP; & SUCH ARE DAFFODILS

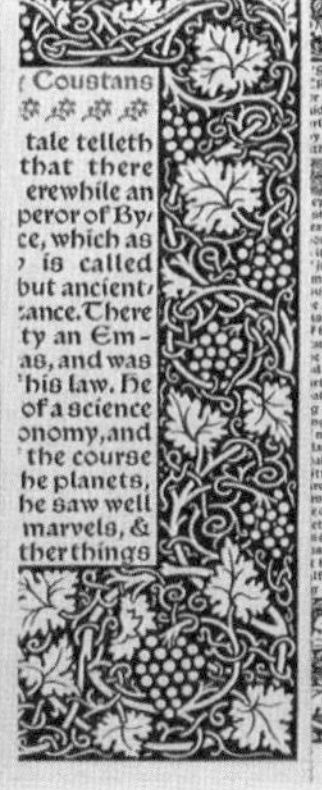

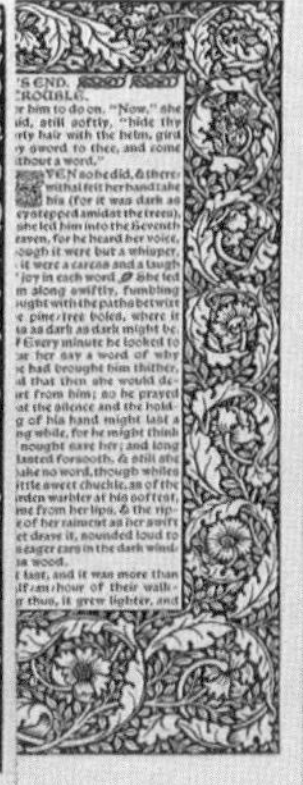

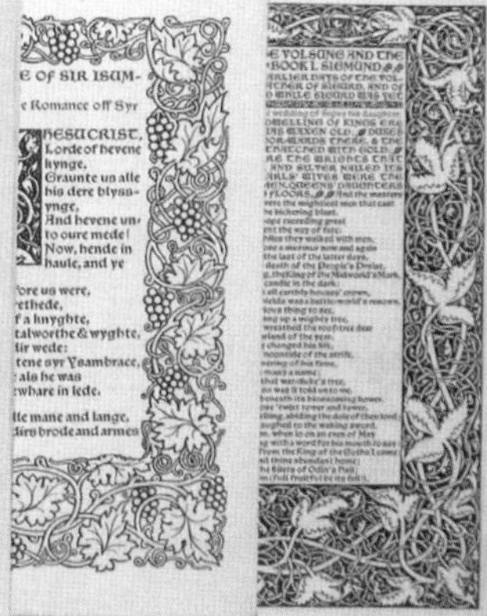

b

c

在插图与书籍装帧方面颇具影响力的还有奥布里·比亚兹莱。他创作的华丽、怪诞、对比强烈的黑白艺术插图，奠定了其在书籍插图艺术方面重要的地位，并影响了后继很多画家的艺术创作，其代表作品有《亚瑟王之死》《莎乐美》和《萨沃伊》。

二、20世纪现代书籍设计流派

现代工业化的大批量生产，带来了日益增加的社会需求，也使设计为公众服务的功能不断加强。20世纪，书籍已成为社会信息传达最重要的媒介。面对新的阅读环境，现代书籍设计师们从没有停止探索的脚步，力求以独特的书籍语言创造出一本本个性鲜明的作品。

其中引人注目的是德国的表现主义，以凯尔希纳为代表的“桥社”俱乐部和以康定斯基为首的“青骑士”俱乐部，从1907年开始至1927年创作了大量的绘图本书籍，代表作品有《梦见少年》。他们在设计中着重表现内在的情感和心理反应，反对机械地模仿客观现实，强调艺术语言的表现力和形式的重要性。画面的线和形都呈现出扭曲、颠倾、摇摆的状态，将文学性、戏剧性的自我表现融入到书籍设计之中……意大利的未来派，在版面设计方面进行了实验性的创作探索。“未来主义”的称谓是因1909年意大利未来派诗人马里内蒂的“自由语言”宣言而得名，是在近代工业技术革新运动中诞生的，其崇拜机械动力主义和具有速度感，涉及绘画、诗歌、音乐、戏剧、服装设计、工业设计等各个领域。未来派的平面设计通过新闻报刊、书籍这一类信息流通媒介广泛扩展

a 《梦见少年》D 奥斯卡·可可西卡 澳

b 《生之影》D 凯罗基奈 德

了这一概念。未来派书籍设计最大的特征是对视觉语言具有力度地运用，提倡“自由文字”的原则，书籍语言具有速度感、运动感和冲击力，在版面中否定传统的文法和惯常的编排方法，呈现无政府主义式的、不定格式的布局。文字自由尽兴地缩放、配置、变幻，具有动感地流动、扩散、延伸到每一面书页中，为诗一般的文字组合创造了设计机会。这是对传统线性阅读发起的挑战。

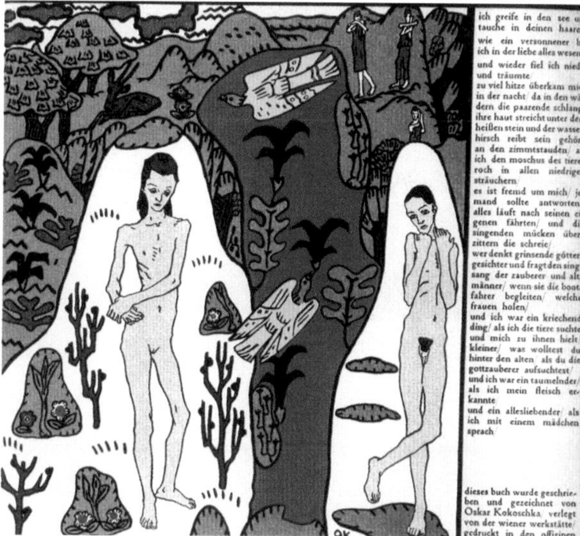

ich greife in den see und
tauche in deinen haaren/
wie ein versonnener bin
ich in der liebe alles wesens/
und wieder fiel ich nieder
und träumte/
zu viel hitze überkam mich
in der nacht/ da in den wäl-
dern die paarende schlange
ihre haut streicht unter dem
heißen stein und der wasser-
hirsch reibt sein gehörn
an den zimmtstauden/ als
ich den moschus des tieres
roch in allen niedrigen
sträuchern/
es ist fremd um mich/ je-
mand sollte antworten/
alles läuft nach seinen ei-
genen fährten/ und die
singenden mücken über-
zittern die schreie/
wer denkt grinsende götter-
gesichter und fragt den sing-
sang der zauberer und alt-
männer/ wenn sie die boot-
fahrer begleiten/ welche
frauen holen/
und ich war ein kriechend
ding/ als ich die tiere suchte
und mich zu ihnen hielt/
kleiner/ was wolltest du
hinter den alten/ als du die
gottzauberer aufsuchtest/
und ich war ein taumelnder/
als ich mein fleisch er-
kannte/
und ein allesliebender/ als
ich mit einem mädchen
sprach/

dieses buch wurde geschrie-
ben und gezeichnet von
Oskar Kokoschka/ verlegt
von der wiener werkstätte/
gedruckt in den offizinen

a

b

进一步推动未来派实验性设计的应推俄罗斯构成主义。最初，是俄罗斯的未来派诗人 A. 弋罗乔夫在 1913 年至 1914 年与俄国画家一起创作了许多书籍作品，《鸣不平》为代表作品之一。随之而来的俄国革命运动、社会的变革和为革命进行的宣传活动，提供给了诗人与画家们新的合作机会，并创造了丰富的书籍艺术作品。十月革命后，俄罗斯构成主义设计主张艺术为政

WARUM?

„Keiner ist da herausgekommen."
„Keiner?
„Keiner.
„Einer?
„Nein.
„Ja! Aber als ich vorbeikam, stand doch einer da.
„Vor der Tür?
„Vor der Tür. Er breitete die Arme aus.
„Ja! Weil er niemanden hineinlassen will.
„Keiner ist da hineingekommen?
„Keiner.
„Der, der die Arme ausbreitet, war der da?
„Drin?
„Ja. Drin.
„Ich weiß nicht. Er breitet nur die Arme aus, damit keiner hinein kann.
„Wurde er hingeschickt, damit Keiner hineinkann? Der die Arme ausbreitet?
„Nein. Er kam und stellte sich selbst hin und breitete die Arme aus.
„Und Keiner, Keiner, Keiner ist herausgekommen?
„Keiner, Keiner."

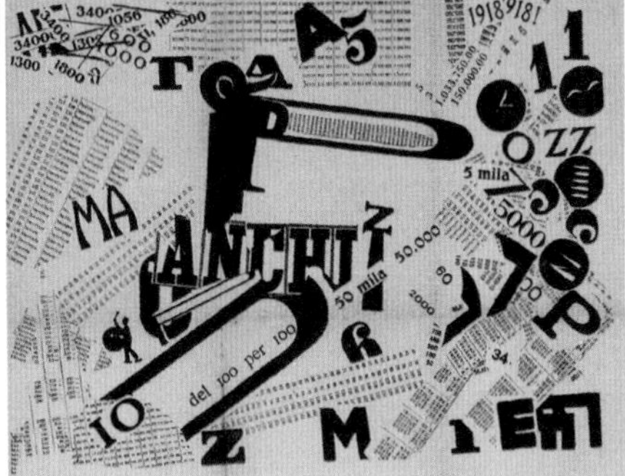

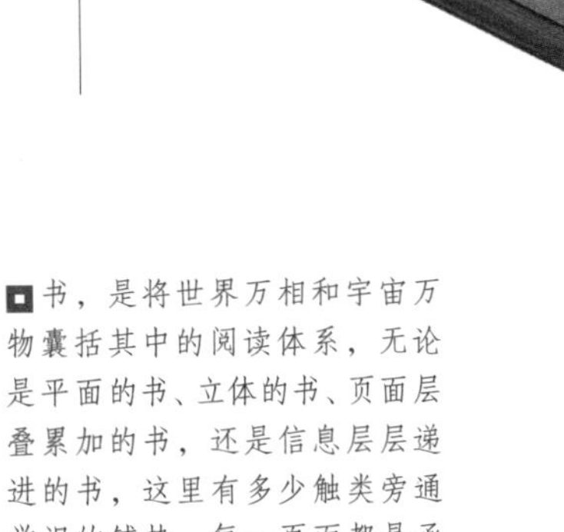

书，是将世界万相和宇宙万物囊括其中的阅读体系，无论是平面的书、立体的书、页面层叠累加的书，还是信息层层递进的书，这里有多少触类旁通学识的铺垫，每一页面都是承载着庞大知识体系的生命体。

ab
cd

a 《响声》D 康定斯基 俄

b 《干涉证明》拼贴画 D 卡洛·卡拉 俄

c 《未来派DEPERO》D 德帕罗 俄

d 《未来派自由态语言》D 马里内蒂·可可西卡 俄

e 《关于两个正方形》D 利希斯基 俄
f 《两个正方形》D 利希斯基 俄
g 《艺术左翼战线》杂志
h 《黄·红·蓝》D 康定斯基 俄
i 《L'Art Decoratif URSS Rodchenko》(1925) 俄
j 《第一连续讲义》D 马列维奇 俄

治服务，《艺术左翼战线》杂志是这一时期最具代表性的作品。版面编排以简单的几何图形和纵横结构为装饰基础，色彩单纯，文字全部采用无装饰线体，具有简单、明确的特征。1920 年，利希斯基在儿童故事书《关于两个正方形》中对第四维“时间”、书本的三个维度以及书页的两个维度之间的关系进行了探讨。

俄罗斯构成主义设计的书在编排设计和印刷平面设计两个领域里具有革新的重要意义，可以说这是现代艺术书籍的起点。

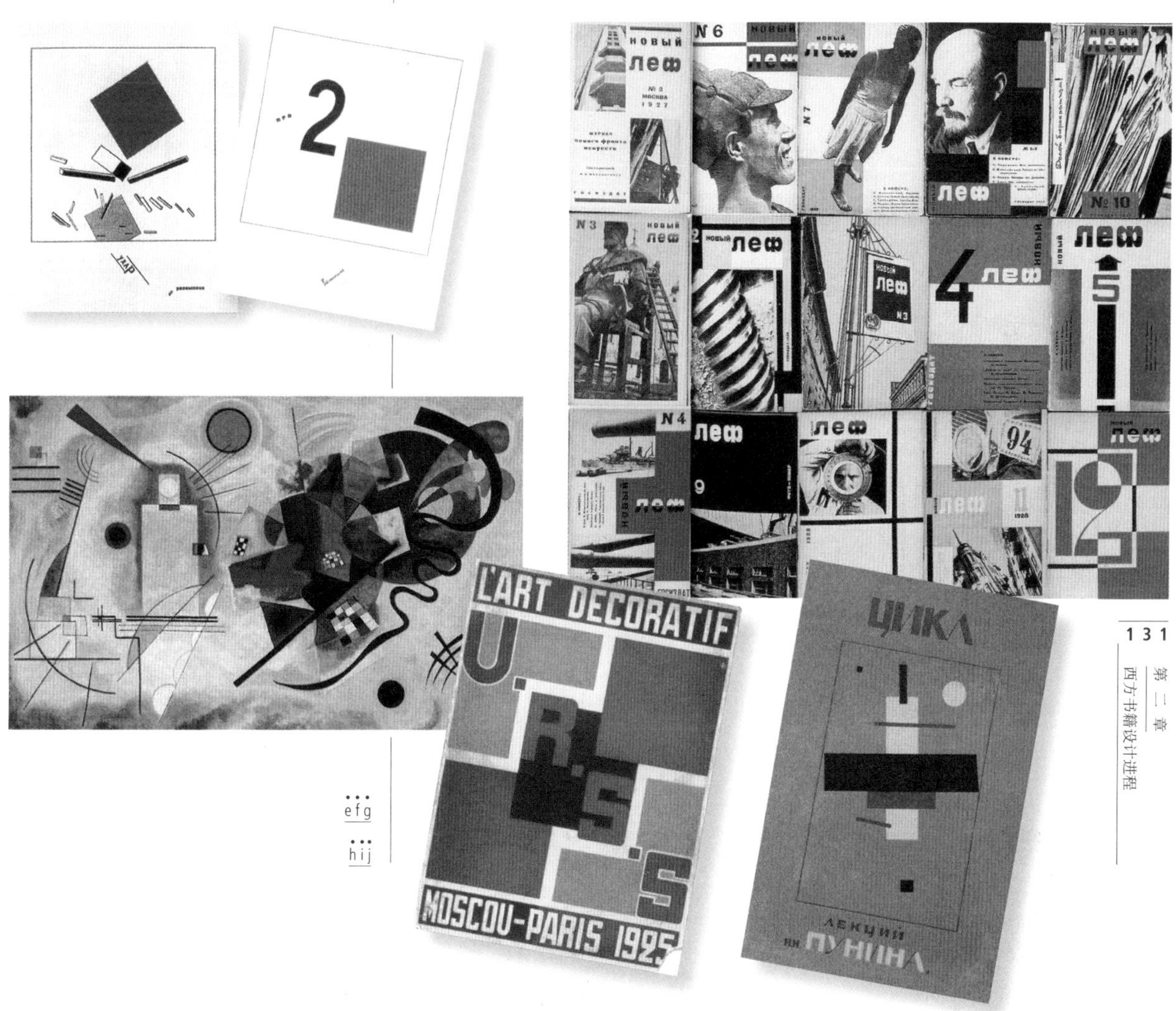

efg
hij

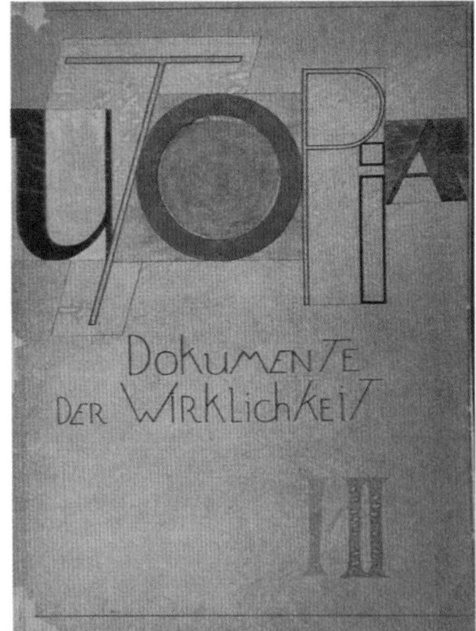

书 艺 问 道

a 《小达达之夜》D 西奥·范·德斯伯格 瑞士、科特·舒维特斯 瑞士

b 《乌托邦》D 约翰尼斯·伊丹 瑞士

c 《属于克尔桑诺夫的文字》D 所罗门·特林加特 俄

d 《博物志》D 马科斯·恩斯特 德

e 《荷兰电缆厂目录内页》D 皮埃特·斯华特 荷

f 《超现实主义展图录》D 马尔塞·杜尚 法

g 《亚麻布》D 巴特尔·昂·但儿莱克 荷

h 《OFFSET BUCH UND WERBEKUNST》出版专业杂志第7期 D 赫伯特·拜尔 德

a b c
d e

f h
g

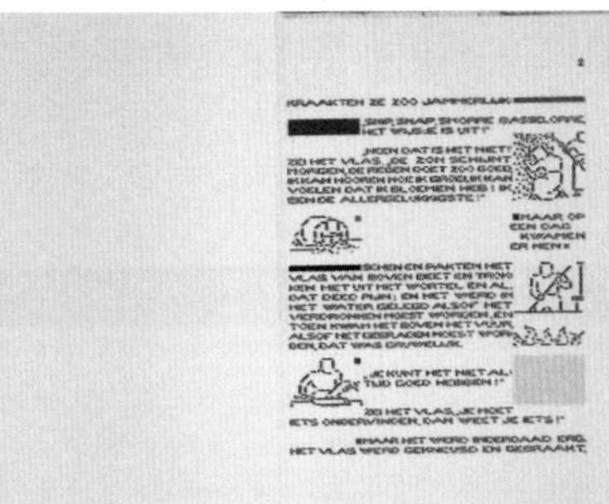

《包豪斯丛书》（全14卷）

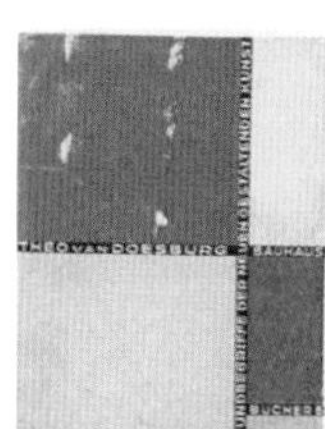

1916年至1922年，最先出现在瑞士的达达主义设计，是知识分子在特殊情况下企图通过艺术和设计表达个人情绪的宣泄。达达主义的书籍设计表现为荒诞、毫无章法的混乱特质。在版面设计中，达达主义设计较多采用拼贴、照片蒙太奇等方法创作，把文字、插图当作游戏的元素，突破传统的版面设计原则，强调偶然性和机会性，作品呈现无规律、自由的状态。

荷兰风格派的书籍设计具有高度的视觉传达特点。创办于1916年的《风格》杂志，主张艺术需要“抽象和简化”。设计追求纯洁性、必然性、规律性和非对称性，反复运用纵横几何结构，通过直线、矩形和方块，并把色彩简化成红、黄、蓝以及中性的黑、白、灰来传达主题。设计作品呈现出几何结构、非对称性和基本原色的中性色的特征。

20世纪20年代至30年代，衍生于达达主义的超现实主义知识分子，产生了虚无主义的思想，认为社会表象是虚伪的，想在创作中找寻真实的东西，而采取了从潜意识中关注周围世界的方法。这些描绘梦呓及超越世界的超现实主义画家们，将内文与绘画两者高度融合，以互补的形式设计书籍。他们制作的书籍是诗人、画家与各种门类艺术家之间相互交流产生的结果。

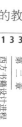

包豪斯艺术学院推行的新设计教育运动，吸收荷兰风格派和俄罗斯构成主义的探索成果，不断加以发展和完善。学院贯彻一种将美术、建筑、工艺相互联系综合的教学理念。学校拥有各种类型的作坊式的教学和试验场所，那里拥有像莫霍里·纳吉、康定斯基等一流的艺术大家，同时他们又是教师。可以说包豪斯学院具备了诞生具有艺术价值书籍的最好环境，也显现出包豪斯理念的超前性。在书籍设计领域，学校有专门的出版部进行字体、编排和印刷广告等方面的设计创作。由教师们执笔编辑设计的《包豪斯丛书》14 卷已成为设计教育的范本。《魏玛国立包豪斯》可谓是集大成之作，其艺术性在于，设计中强调编辑、版面、逻辑、理性的重要性，强调简洁明快的艺术取向，具有主题鲜明和富有时代感的特点，为世界书籍设计领域留下了影响深远的艺术财富。

a

a　《魏玛国立包豪斯》D 贝尔培特·拜尔 澳 、马尔塞·波洛亚 匈

20 世纪 20 年代的法国，艺术家做书兴盛，被称之为“书坊潮”。书作为画家展现自我的独特艺术“花朵”，往往为爱书者、藏书家所认同。一些优秀的出版家、画家、文学家、诗人一起共同作业，抱着“书可以做成各种各样”的信念，围绕自己的主题进行创想。艺术家们不仅自己绘制、书写、雕版，还亲自印刷、装订，制作出一本本富有独创性的、形态多样的图书。毕加索、米罗、马蒂斯、夏加尔、莱热等艺术家均加入到此行列。一时间，艺术圈内流行一句佳话“不做书，不可称之为大师”。

20 世纪是版画艺术繁盛期，这与书籍作为其载体是分不开的。这些书不是在书店里出售，而是在画廊，放在版画作品中作为一幅版画作品销售。所以，有人称其不是书，而是版画集或艺术品。1920 年至 1950 年期间，是法国书籍史上书籍艺术最美妙辉煌的年代，是 20 世纪新书籍的一道风景。

b 《被告之杰作》D 毕加索 西

c 《忍耐一切训练》D 米罗 西

d 《圣玛利亚》D 毕加索 西

b

c d

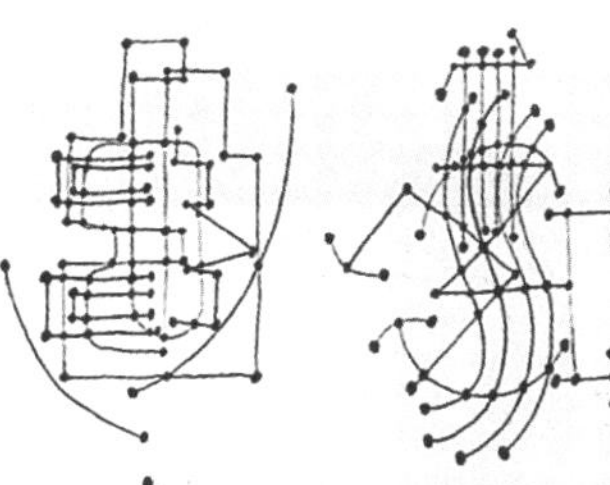

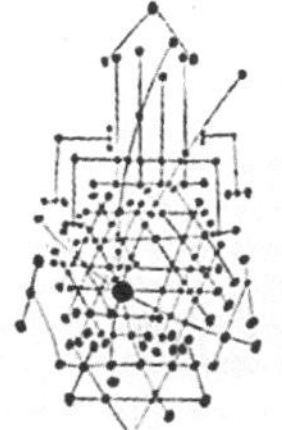

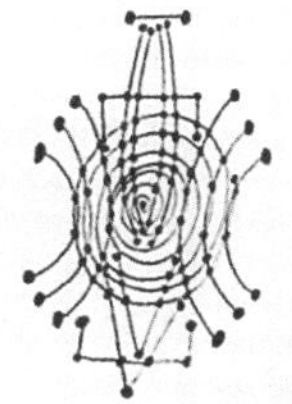

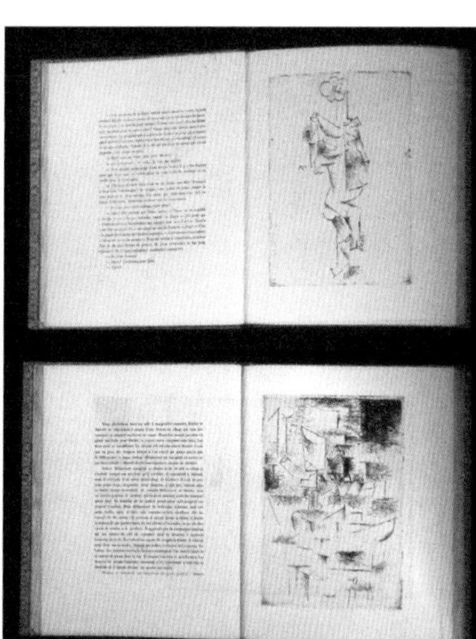

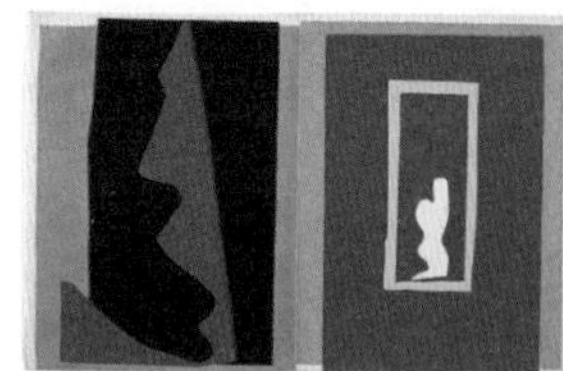

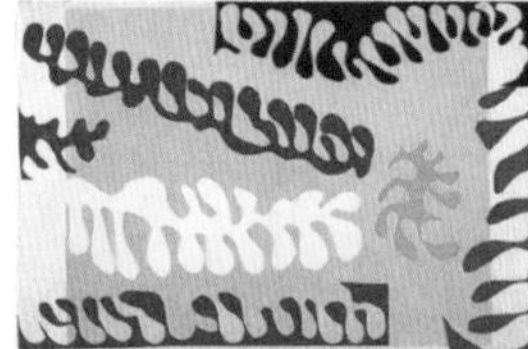

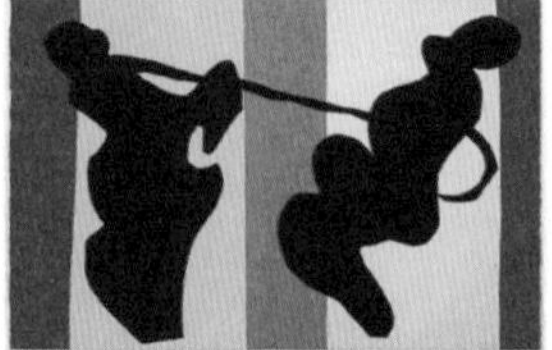

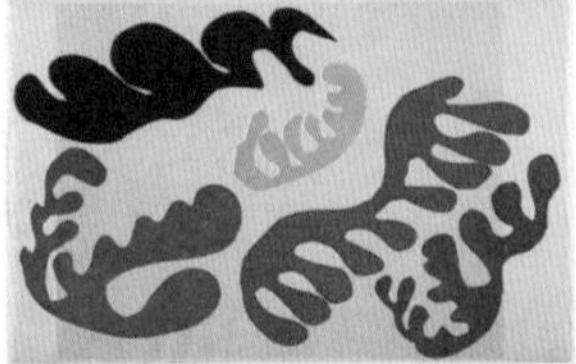

a

a 《爵士》D 马蒂斯 法

b 《狂欢》D 莱热 法

c 《夜》D 夏加尔 俄

d 《双心集》D 皮埃尔·鲍纳尔 法

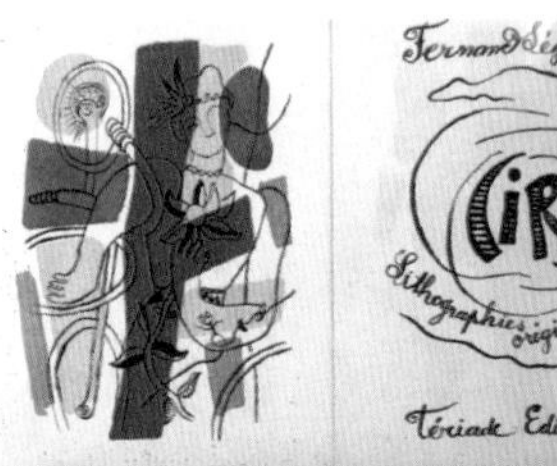

b c d

e 《25个四方格上的五个立方体》 D 梭尔·罗维特 美

f 《色的格子》D 梭尔·罗维特 美

20 世纪 50 年代，一种简单明确、传达功能准确的设计风格开始在联邦德国和瑞士出现，并很快在全世界流行，这即是瑞士平面设计风格。在版面设计上，它以网格作为设计基础，字体、插图、照片等采用非对称的方式安排在标准化的网格框架之中，强调设计的统一性、功能性特征，版面上呈现简单的纵横结构，字体也多为简单明确的无饰线体，具有简洁而准确的视觉特征。其设计规则一直延续到今天。

20 世纪，是世界工业革命和科学技术迅猛发展的时期，也是政治、经济、社会生活极为动荡的时期。第一次世界大战、第二次世界大战、朝鲜战争、越南战争…………

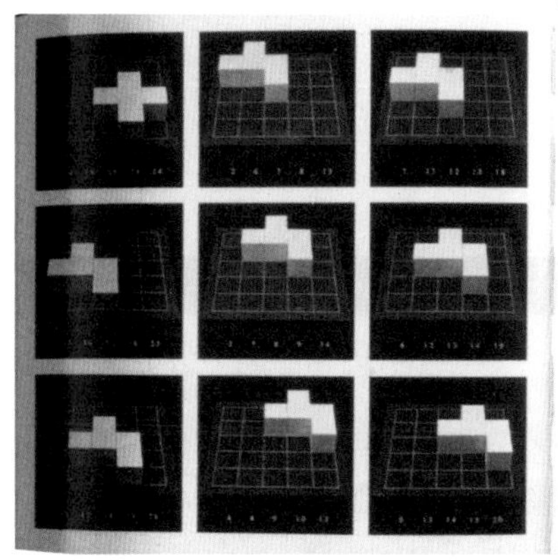

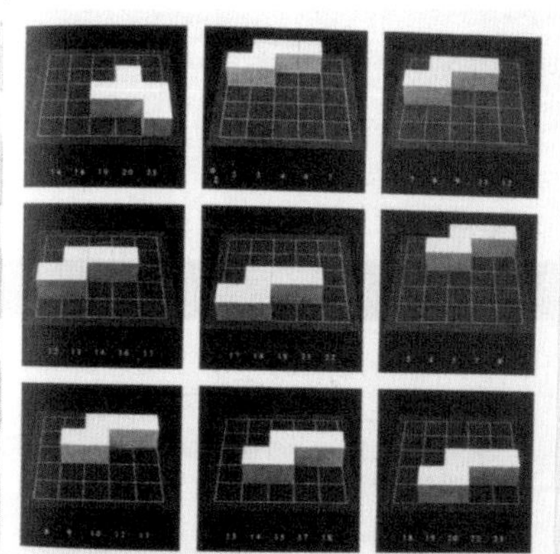

在相当长的一段时期里，人们几乎经历着一场对传统意识形态的革命，其涵盖了哲学、美学、心理学、文学、艺术等一切领域，现代主义设计也随纷繁的时代意识潮流产生，现代主义的书籍设计充满着个性、主观性、民主性和革命性。

e

f

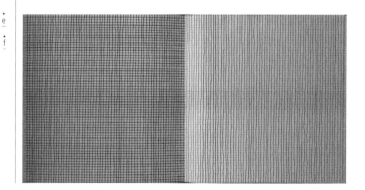

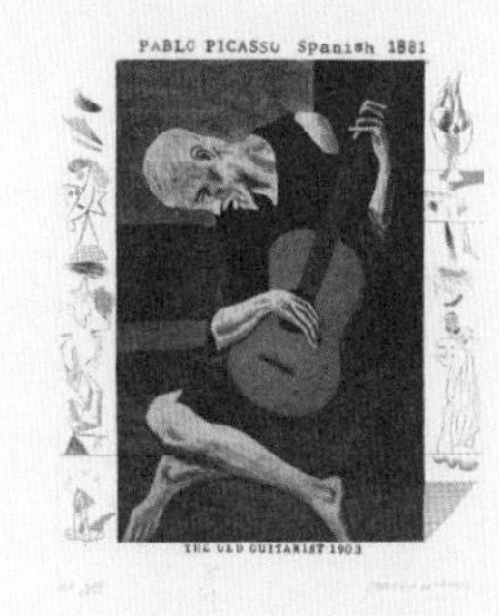

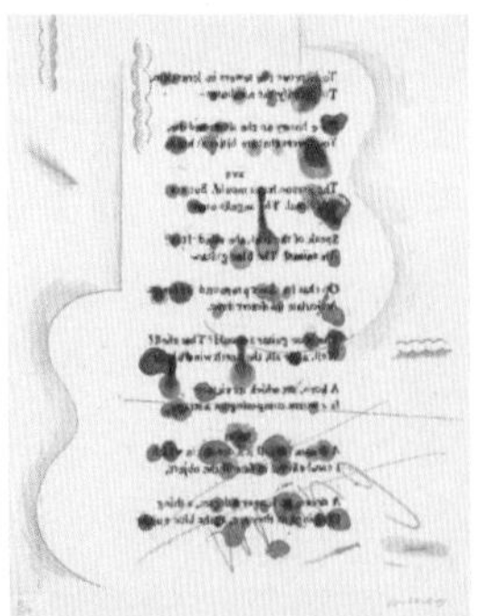

a

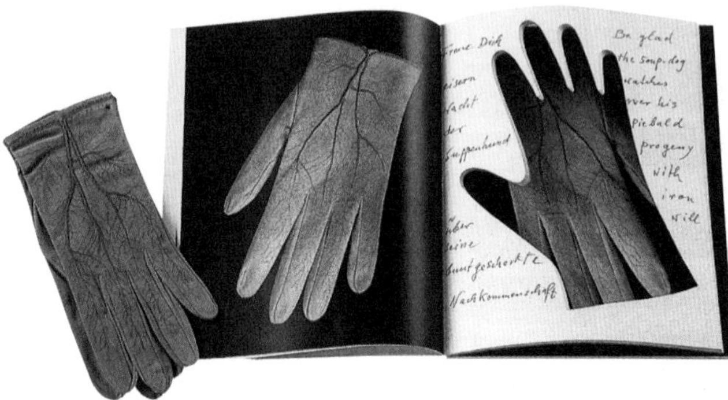

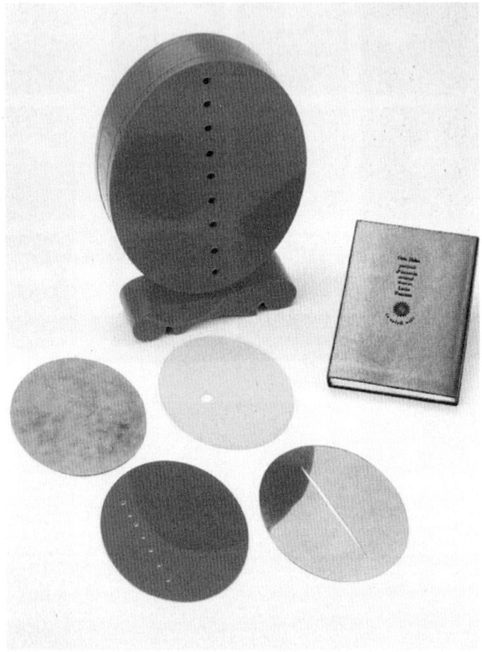

b c

d

a 《蓝吉他》D 大卫·霍克尼 英

b 《手套》D 梅莱特·奥潘赫姆 瑞士

c 《纪实》D 达尼·斯潘利 瑞士

d 《安脱娜·阿尔特的肖像》
D 罗乔·方特那 意

f 《黑影》D 库里斯加 法

g 《在地球内侧的日月夜》D 罗奈·玛格利特 比

h 《60个自然绿》D 维廉阿姆斯 意

i 《我想，所以》D 克瑞斯坦

j 《当代艺术》D 科斯里特 保

f

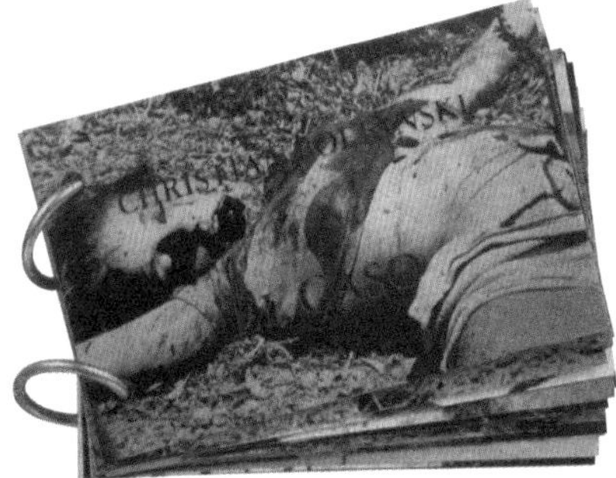

g h

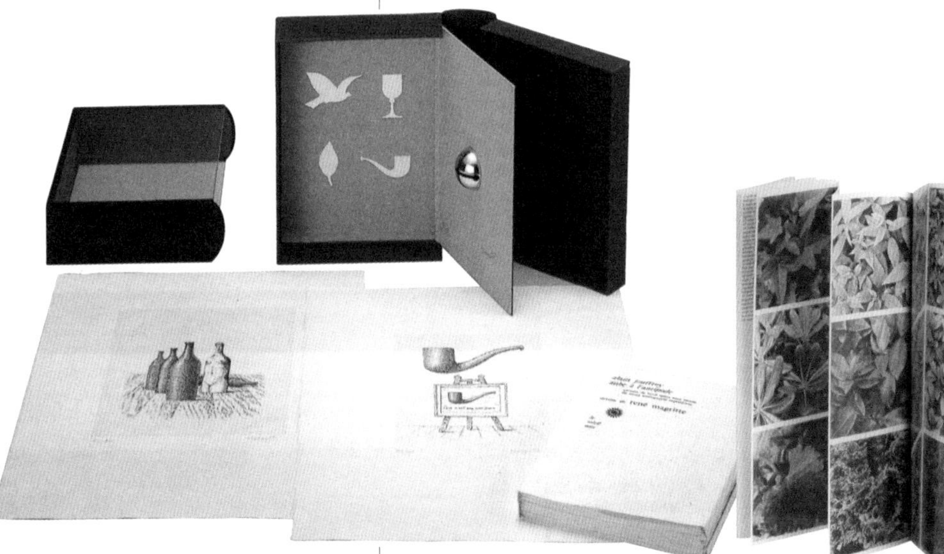

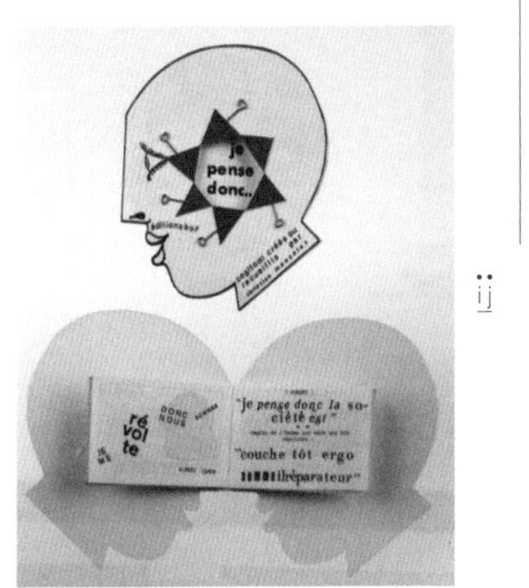

i j

a　《与书相会》D 布鲁诺·莫那利 意

b　《瓦赫的标记》D 安迪·沃霍尔 美

c　《情人们》D 维廉阿姆斯 美

a

b c

d 《戴特·劳托作品集》D 戴特·劳托 瑞士

e 《Infra Noir 红外线》D 埃罗 冰

20世纪，是书籍设计艺术进行不断探索和试验的世纪，也是书籍艺术争奇斗艳的“角力场”，设计家们在自我表现中显得游刃有余。他们打破传统的枷锁，把书视作可塑的柔软体，认为书可以自由造型、解体变化。他们将书籍的物质性要素视作书籍艺术创作的重要组成部分，以物化构造形式与技术进行淋漓尽致的发挥。他们引用20世纪60年代流行的“大众化的波普艺术”风格，积极将书籍内容注入大众传媒式的流动性影像手段，表达出形式多样化和更具表现力的图文语言。动荡的20世纪60年代，世界发生了诸多大事件，他们极力摆脱虚幻的“噩梦”，要回到现实世界。书籍艺术家认为创作不只是一种宣传，他们试着表现其创作行为的过程；书也不仅是为了阅读，它具有独立的艺术价值，可供受众品味欣赏。他们运用具有表现力的各种手段，注入全新概念的设计，既不损害作品主题本身，又能创造有预见性和极限抽象意境的概念美术设计。更多设计师在编排设计中运用文字组合，在一面面独特的“时空”中畅游，数码时代使设计师可以结合现代视听技术创造前所未有的视觉以外的阅读表现力。

20世纪末的世界，诞生了“数码读物”这个新生儿，一个更为丰富多彩的21世纪的书籍世界已经到来。

a 《深蓝色的阿门》
A Deep Blue Amen
造纸+D 阿曼达·德加纳 美

a

三、当代西方书籍设计

a　2016莱比锡“世界最美的书”展现场

b　莱比锡书展手工书制作

1

突破书籍惯性阅读模式

欧洲书籍艺术有着悠久的传统，而15世纪古腾堡印刷术的发明改变了人类思想的表现方式，也成就了今天欧洲优秀的书籍设计艺术。2015年，由上海市新闻出版局与德国图书艺术基金会联合举办的中欧书籍设计家论坛的交流，有感西方设计同行的设计概念虽产生于一般规律，却以崭新的思维和表达体现形态对象的本质，并以多元维度的思考方式驾驭文本的戏剧化呈现。他们的书仍保持着西方的文化传统，严谨守护着文字阅读规则，一些书看似常理之中，结果往往出人意料，呈现出一本本独具个性特征的新阅读形态的纸质载体，可以看出设计给予文本视觉化语言表达和信息建构语法的组织能力，他们突破书籍惯性阅读模式的强烈欲望，对书籍的理解是开放的。另外值得敬佩的是一些书籍艺术家仍然专注传统的手工装帧工艺，并带动年轻一代倾心活字印刷、手工造纸与装订术，在书

中欧书籍设计家论坛的演讲现场

c 吕敬人、卡塔琳娜·黑塞

d 托马斯·莫拉斯卡斯

e 速泰熙

f 刘晓翔

g 张志伟

h 罗兰特·斯蒂格尔

i 达米安·伯恩

c d e f g

h i

籍设计领域中别开生面，让读者为之感动。由此要借鉴西方优秀的书籍文化理念和设计方法论，开拓视野，吸取“他山之石”经验，同时也审视西方审美标准与东方审美精神不同之处，寻找东方与西方的异同点，获取东西融合的评判价值标准，促使我们在以西方为主导的审美体系和规制下多一份见解与思考，创造不同于西方，且具东方文化气质的中国书籍艺术作品。

2

莱比锡与世界最美的书

德国莱比锡书展（Leipziger Buchmesse）具有悠久的历史。近代的国际书展，都起源于19世纪初叶举办的德国莱比锡书展。展会由德国莱比锡展览公司（Leipziger Messe GmbH）于每年的

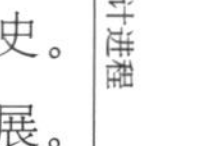

书籍设计应该对物化的书开启一个新的着眼点，书的形态、书的五感、书页面信息传播的想象力，针对文本题材、门类、体裁采用不同的设计手法，以及叙事的语言和语法，既顾及书籍的外在美和商业索求，更要全力投入内在文本饱满、丰富、生动、诗意传达的阅读关照。

3月至4月在德国莱比锡展览中心举办，是德语书业界在欧洲地区重要的展会活动。其中，每年一届的“世界最美的书”在展会集中展示和交流，

今天的莱比锡“世界最美的书”赛事是经历了1990年东西德合并,原东德主办的莱比锡国际书籍艺术奖与原西德主持的法兰克福“世界最美的书”奖合二为一之后正式成立的。莱比锡是座有着悠久书卷历史的文化都市。莱比锡国家图书馆是德国人引以为豪的人文遗产。图书馆新开设的书籍印刷艺术历史博物馆，崭新的陈列方式和数字化的先进表达，清晰生动地展示了大量国宝级的史料文献。莱比锡平面设计及书籍艺术学院古老经典的建筑风格，他们坚持欧洲传统书籍艺术教学的主旨，以及传统与现代手段相结合的教学方法，在世界设计教育领域享有盛誉。这也是为什么“世界最美的书”赛事放在莱比锡举办的缘由之一。

每届赛事评委都由德国法兰克福图书艺术基金会邀请全世界有影响力的书籍设计家、字体设计家和出版人担任。作品来自于各国该年度评选出来的最美的书，从中遴选出金页奖一本，金奖一本，银奖两本，铜奖五本，荣誉奖五本，共14本世界最美的书。以2014年为例，参评书567本，获奖率为2.46%。自2004年上海市新闻出版局组织“中国最美的书”参加这一国际赛事以来，至2017年已有17本中国大陆的书籍设计作品获得包括金页、金、银、铜、荣誉奖在内的“世界最美的书”称号，中国设计在这一领域赢得世界的关注，也为中国设计师增添了一份本土汉字文化的坚守和祈愿。

a “世界最美的书”奖牌

b 2016莱比锡“世界最美的书”展现场

c 《订单——方圆的故事》D 李瑾

d 《学而不厌》D 曲闵民

a

b c d

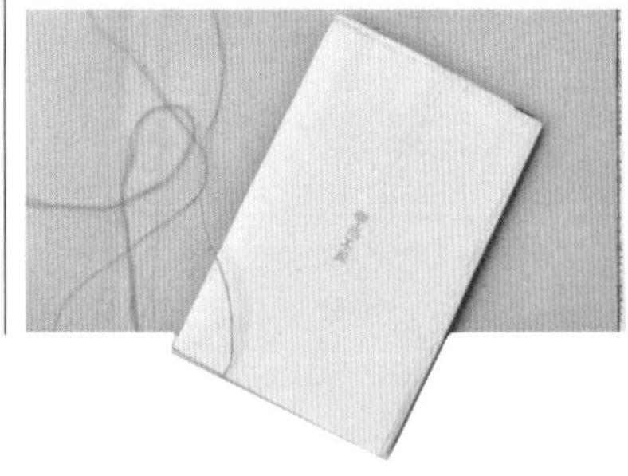

金页奖

2016年度世界最美的书
《其他的证据：遮眼布》
D Titus Knegtel 荷

案例分析 **其他的证据：遮眼布**

Other Evidence: Blindfold

设计、作者与编辑为同一人，记录了1995年发生在斯雷布雷尼察地区的种族大屠杀这场悲剧。

全书双向翻阅，左边是关于大屠杀的文字与图片，右边是法庭记录大屠杀的验尸报告，扣钉固定左右书页。设计元素来源于国际刑事法庭的审判记录，其中编号为"Lazete 2"（LZ2）的屠杀坑中发现的104位遇难者，被蒙住双眼的布条，成为本书设计的一个重点。封面上的布条与左翻页内文中出现的布条，在右翻页内文验尸报告中都有对应出处。作者并没有直接暴露惨绝人寰的屠杀现场，而是引用在埋葬尸体后松散土壤上疯长的植物（艾蒿草）形象，因现实中美丽的草坡下掩埋的罪恶最终被卫星图像发现。他试图用冰凉的恐怖色调、节制的哀伤气氛唤起读者情绪的反应，进一步发现这场被刻意抹掉记忆的人间悲剧。设计师用克制、冷静的设计语言拷问良知，当"惨剧已经发生"不要遗忘历史。

14本2016年度世界最美的书

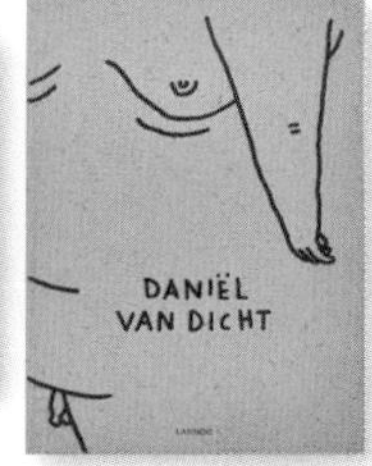

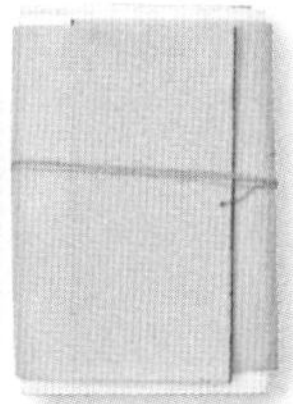

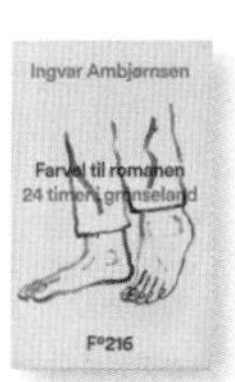

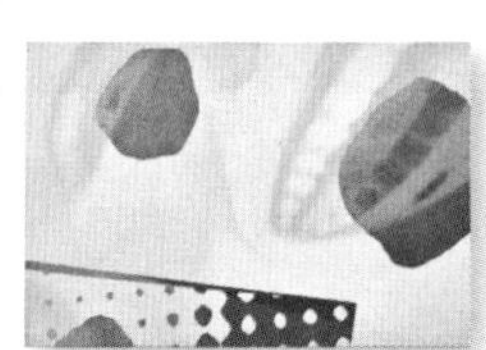

efgh
ijklm
nopq

e 《订单——方圆故事》D 李瑾

f 《2×100 mil. m²》D Mikuláš Macháček Linda Dostálková

g 《Brick An Exacting Material》D Studio Joost Grootens

h 《Daniël van Dicht》D Dear Reader、Matthias Phlips

i 《Het Meest Geloofde Sprookje》D De Vormforensen

j 《Nowhere Men. Illegale Migranten im Strom der Globalisierung》D Christoph Miler

k 《学而不厌》D 曲闵民

l 《Farvel til romanen. 24 timer i grenseland》D Aslak Gurholt Rønsen

m 《Living the Nordic Light》D Snøhetta

n 《Career Choice Without Prejudice》D Jan Šiller

o 《Del Reverso de Las Imágenes》D Álvaro Sotillo、Juan F. Mercerón

p 《Jours Blancs》D Nanni Goebel

q 《Taking off. Henry My Neighbor》D Mariken Wessels、Jurgen Maelfeyt a 《Buchner Bründler——Bautenn》D Ludovic Balland und Gregor Schreiter、Ludovic Balland Typography Cabinet

b 《Katalog der Unordnung》D Christoph Schörkhuber、Linz

c 《Schwarze Hunde & Bunte Schafe》D Lisa Maria Matzi、Wien

d 《JAK》D Demian Bern、Stuttgart

e 《Keiko》D Marek Mielnicki、Veryniceworks、Warschau

f 《Lange Liste 79-97》D Christian Lange、München

g 《Typografia Niepokorna》D Monika Hanulak

h 《Hello Stone (Sange Salam)》D Majid Zare

i 《Ik Ben Een Gemankeerde Saxofonist.》D Piet Gerards Ontwerpers

j 《Som Fra Manğe Ulike Verdener》D Andreas Topfer

k 《Tottorich》D Masahiko Nagasawa

14本2014年度世界最美的书

金页奖

2014年度世界最美的书
《美莱特·欧普海姆：
恶毒字母包装之下难出美言》
D Bonbon、Valeria Bonin、Diego Bontognali 瑞士
P Scheidegger & Spiess

abc
defg
hijk

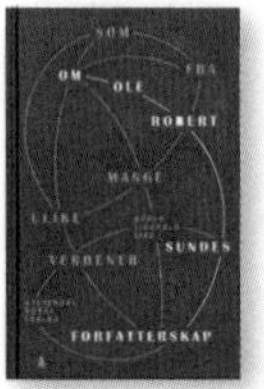

a
b

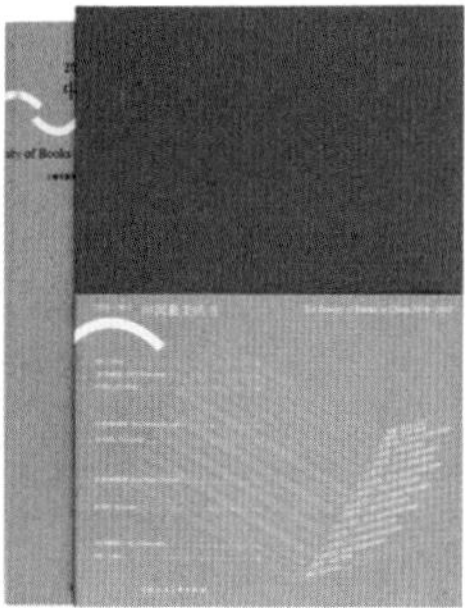

14本2015年度世界最美的书

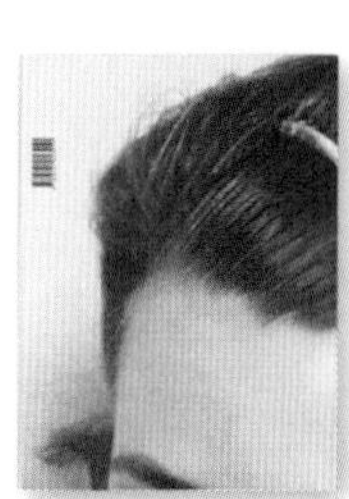

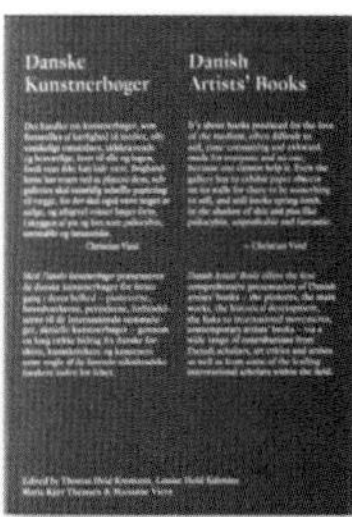

cdef
ghijk
lmnop

a 《刘小东在和田&新疆新观察》D 小马哥+橙子

b 《2010-2012中国最美的书》D 刘晓翔

c 《Untitled (September Magazine) Paul Elliman, 2013》D Paul Elliman、Julie Peeters

d 《Fundamentalists and Other Arab Modernisms. Architecture from the Arab World 1914-2014》D Jonathan Hares、Lausanne

e 《Danish Artists' Books/ Danske Kunstnerbøger》D Louise Hold Sidenius

f 《Awoiska van der Molen. Sequester》D Hans Gremmen

g 《Motion Silhouette》D Megumi Kajiwara、Tatsuhiko Niijima

h 《Miklós Klaus Rózsa》D Christof Nüssli、Christoph Oeschger

i 《Paul Chan. New New Testament》D Kloepfer-Ramsey Studio、Brooklyn

j 《Éléments Structure 01》D Alexis Jacob、Valérian Goalec

k 《New Horizons》D Rob van Hoesel

l 《Cartea de Vizită》D 72+87

m 《More Than Two (Let It Make Itself)》D Jeff Khonsary (The Future)

n 《Series: Fink Twice 501, 502, 503》D Jeff Khonsary (The Future)

o 《Aliens and Herons》D Tereza Hejmová

p 《Series the Seto Library. Seto Kirävara》D Agnes Ratas

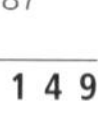

a

b

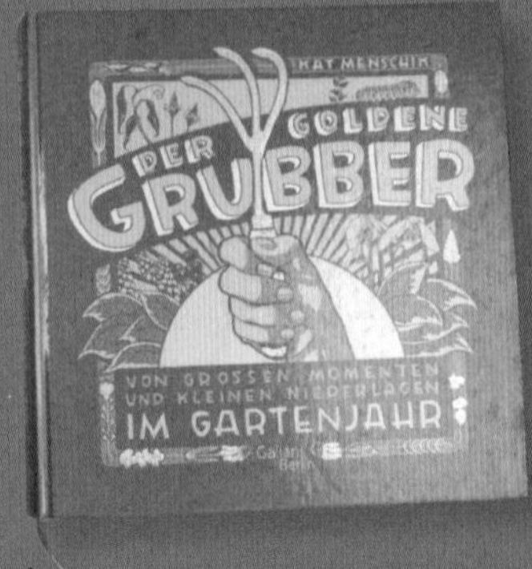

c

d

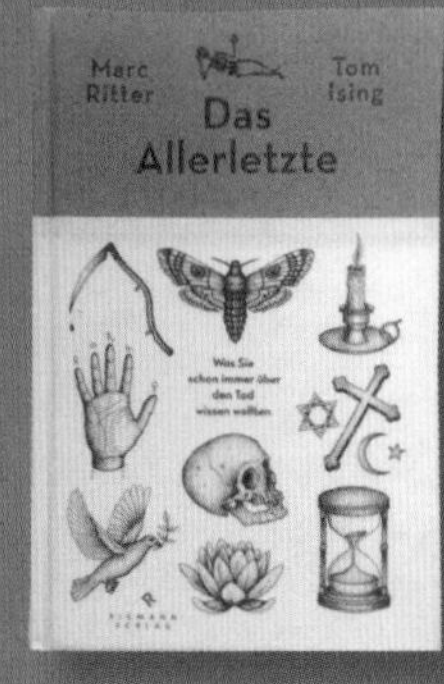

e

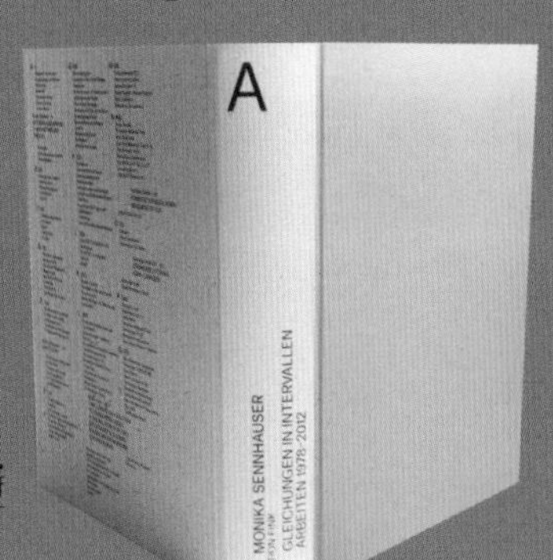

f

g

h

a 《Miklós Klaus Rózsa》 [D] Christof Nüssli+Christoph Oeschger

b 《On Air》 [D] Andreas Hidber、Accent Graphe

c 《Der Goldene Grubber》 [D] Kat Menschik

d 《狱中杂记》 [D] 蕾娜特·斯蒂凡 [德]

e 《Das Allerletzte》 [D] Stephanie Ising、Tom Ising

f 《Monika Sennhauser: Gleichungen in Intervallen》 [D] Sonja Zagermann、Georg Rutishauser

g 《Sheila Hicks》 [D] 伊玛·布 [荷]

h 《SHV Think Book 1896-1996》 [D] 伊玛·布 [荷]

i

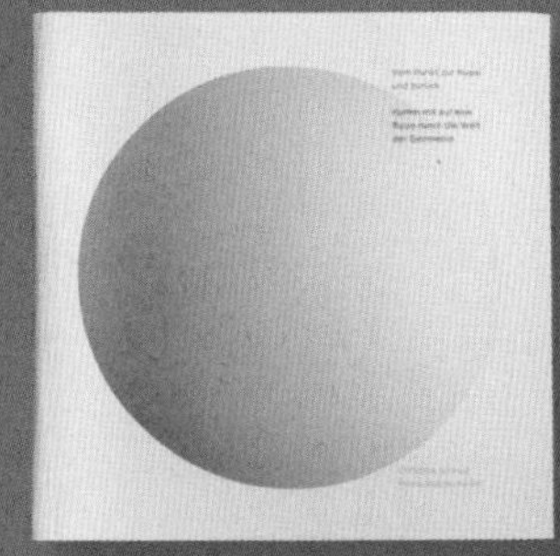

j

k

l

m

n

o

p

q

i 《黑影》D 库里斯加 法

j 《Vom Punkt Zur Kugel und Zurück》D Christina Schmid

k 《Stand Up》D Studio Grau

l 《Herr Grinberg & Co. Eine Geschichte vom Glück》D 蕾娜特・斯蒂凡 德

m 《Peter Esterhazy——Harmonia Caelestis》D 蕾娜特・斯蒂凡 德

n 《O.T.》D 蕾娜特・斯蒂凡 德

o 《Die Paradoxe des Mr. Pond und Andere Überspanntheiten》D 蕾娜特・斯蒂凡 德

p 《Winter Journal》D Joachim

q 《春夏秋冬》D 罗兰特・斯泰格尔 瑞士

3

传统手工书教育

哈勒艺术与设计学院是一所拥有百年历史，至今仍在专门教授传统装帧工艺的德国唯一一所书籍设计专业大学。学生们在学习艺术史、美学、哲学等基本课程的基础上，进行字体设计、平面设计、版画印刷和电子媒体等与书籍设计可以自由转换的多项领域课程的学习，同时还须经历最古老的工坊——魏玛 Otto Dorfner 工作坊书籍装帧工艺的训练实践，以沿袭莱比锡书籍艺术历史脉络，魏玛包豪斯教学理念，以及哈勒大学所秉承的传统与现代、艺术与工学相互融合的作坊式的教学模式，因而培养了大批来自世界各国的优秀设计人才。

作为对 19 世纪工业革命的大批量机械化产品的反思，英国书籍设计家威廉·莫里斯提出回味历史，继承中世纪书籍手工制作的传统，展示生活与艺术相融合的"书籍之美"的理念。这也许是哈勒艺术与设计学院仍然坚守传统书籍设计教学理念的缘由吧。

a 哈勒艺术与设计学院（Halle College of Art and Design）

b e 哈勒艺术与设计学院手工装帧专业2010届毕业生作品

a

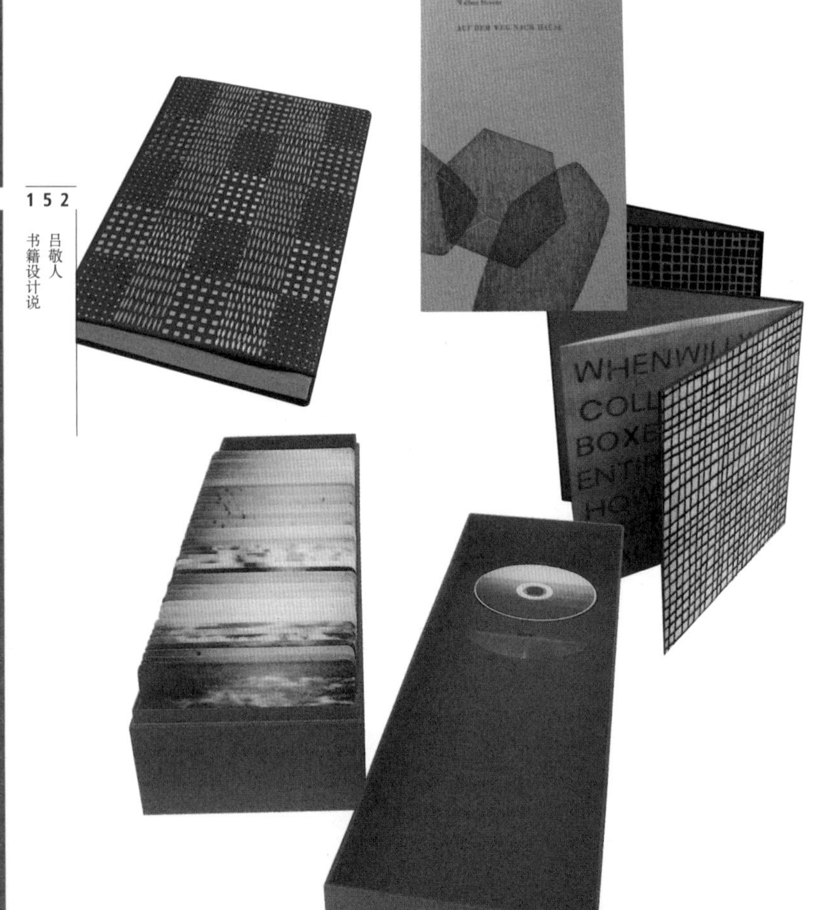

b

c 清华美院师生在哈勒艺术与设计学院与萨宾娜教授交流

d 哈勒艺术与设计学院教室

德国著名艺术书籍设计家，哈勒艺术与设计学院教授萨宾娜·高尔德（Sabine Golde）和她的学生传授给清华美院同学们在欧洲已传承数百年的书籍装帧技术：严谨的工艺程序、精巧的钉缀手法、合理的功能运算、物化的审美情趣。在德国师生手把手的指点下，同学们一针一线地在层层叠叠的纸面中纵横交错地巧妙穿梭，习惯于敲击电脑键盘的手重新回归本能，既生疏又兴奋，经整整一天的反反复复，一本本别致精美的富有阅读审美价值的书籍呈现在大家面前。观看德国哈勒艺术与设计学院的师生作品，能够感受他们到对书籍艺术自然之美的追求和独具匠心的实践成果。

凭借着无所不能的现代化技术便利造成设计大量同质化的今天，寻回自然与艺术结合的创造乐趣和不依赖于电子机械的成就感，应引发中国设计教学在新媒体应用的同时，如何继承和拓展本国优秀文化艺术遗产的教学思考。

c

d

e

思考题

Q1 为什么说德国古腾堡印刷技术对世界印刷技术发展具有重大贡献？

Q2 莫里斯的书籍设计理念与当今电子时代的阅读载体有什么区别？有何参考价值？

Q3 20世纪西方书籍设计进程中出现哪些流派和艺术思潮？

Q4 东方和西方的书籍艺术有哪些异同点？

第三章 书籍设计的概念

3

本章对装帧向书籍设计概念转换的时代背景和必要性进行了全面的阐述，分析了长期以来装帧的滞后观念致使书籍设计的认知范围相对狭窄，阻碍设计者就文本进行有创造性设计的努力，不利于中国书籍设计发展的原因。最终提出书籍设计（Book Design）的概念，即装帧（Book Binding）、编排设计（Typography）和编辑设计（Editorial Design）三个层面的工作，也是信息再造的视觉化系统工程。

本章还通过“书之二重构造”和“艺术×工学=设计^2”的话题以及诸多实例分析，探讨书籍形态的形成过程。不仅要关注书的外在，还应注入内在的理性构造，学会用感性和理性来构筑视觉传达媒体的思维方式和实际运作规则，以达到书籍整体之美的语境，完成设计结果的增值工程。

一、装帧与书籍设计是时代阅读的一面镜子

1 由“装帧”向“书籍设计”观念的转换

■书籍设计者的工作就是将信息进行美的编织和使书籍具有最丰富的内容（信息量）、最易阅读（可读性）、最有趣（趣味性）、最便捷（可视性）的表现方式传递给受众，并打动读者。

装帧是在中国出版流程中经常使用的词，但概念始终不是很清晰，因为中国古代用语中没有“装帧”这个词。据当今已有的资料记载，有传此词在20世纪初由日本引入中国，至今还不到100年。查阅以往的辞源、辞海，均找不到“装帧”的词条。这反倒说明中国古代书籍设计艺术与技术在“装帧”这个词舶来之前就早已存在，并有其数千年悠久的书卷文化传统与历史，而非装帧使然。

《辞源》（商务印书馆，1997年修订本）中注有“装褫、装潢、装池”的解释：“其法先用纸托衬于书画等背后，再用绫绢或纸镶边，然后装轴杆或版面。制成品有挂轴、书卷、册页等形式。”宋米芾画史：“余家顾（恺之）净名天女，长二尺五，应《名画记》所述之数。唐镂牙轴，紫锦装褫。”

《辞海》（上海辞书出版社，1979年版）中只有“装订”的解释：“装订，印刷品从印张加工成册的工艺总称，我国古代把简牍用丝革编联成册（策），已具有书籍装订的形式。历代以来，随着生产的发展，书籍装帧形式也出现了很多变化。在周代已有卷轴形式的帛书，造纸及印刷术发明后，先后出现过经折装、旋风装、蝴蝶装、包背装、线装等形式。现代通用的装订方法，有穿线订、平订、铁丝订、骑马订、无线装订等。”

《辞海》（上海辞书出版社，2008年第三版）中注有“帧”的解释：“①画幅。如：装帧。②画幅的量名。汤垕《古今画鉴·唐画》：‘《唐化龙图》在东浙钱氏家，绢十二幅作二帧。’”

《新华字典》（人民教育出版社，1953年版）中只作了“装”的解释：“对书画、字画加以修整或修整成的式样。如：装订、穿线装、蝴蝶装（一种古代的装订式样）、精装。”

日本语大辞典

そう-てい【装丁・装▾幀・装▾釘】(名・サ変他) ①書物を綴とじて表紙をつけること。binding; getup ②本の体裁を整えるために行われるすべての装飾的な仕上げの工程。装本。binding; getup

日本现代设计事典

ブック・デザイン [book design] —— 日本語でブック・デザインに近い言葉に「装本」がある。また「造本」という用語は、意匠と製本とを併せた意味をもつ。「装幀」はふつう書物の外側の顔や衣装にあたる部分のデザインをいう。材料や構造の選択も含まれるという意味でプロダクト・デザインに近く、書店での陳列効果の高い魅力的な商品をつくりだすということでパッケージ・デザインとも通じる。明治期から第二次世界大戦まで、装幀には絵を用いることが多く、この仕事が画家の副収入源でもあった。しかし最近は、専門の装幀家あるいはグラフィック・デザイナーが担当するケースが増えている。専門のデザイナーがかかわる場合、外側だけでなく、構造、材料、活字、レイアウトのフォーマットを含めて、図版やタイポグラフィーの全体を設計することで本自体のイメージにそった表現方法によって、一冊の書物をつくろうとする考え方がある。最近は「ブック・デザイン」をより発展させたトータルで積極的な概念を表す言葉として「図書設計」という新語が提示されている。しかし現状ではまだ、本づくりの基礎を知らないデザイナーや編集者が多い。

辞海

6装〔裝〕(zhuāng) ❶服装。如：上装；下装；便装；军装。❷装扮；做作。如：乔装；伪装；装模作样；装腔作势。傅毅《舞赋》："顾形影，自整装。"❸装饰；修饰。如：装点；装裱。❹安装；安放。如：装机器；装电线；装货；装箱。❺包装；装订。如：精装；简装；平装；线装。❻特指行装。如：束装；治装；整装待发；轻装前进。张衡《思玄赋》："简元辰而俶装。"

装订 印刷品从印张加工成册的工艺总称。我国古代把简牍用丝革编联成策(册)，已具有书籍装订的形式。历代以来，随着生产的发展，书籍装帧形式也出现了很多变化。在周代已有卷轴形式的帛书，造纸及印刷术发明后，先后出现过经折装、旋风装、蝴蝶装、包背装、线装等形式。现代通用的装订方法，有穿线订、平订、铁丝订、骑马订、无线装订等。

《新华字典》(商务印书馆，1992 年重排本) 里提到了“装”和“帧”二字：“装，对书籍、字画加以修整或修整成的式样。如：装订、精装、线装书。”“帧，图画的一幅。如：一帧彩画。装帧，书画等物的装潢设计。”

《现代汉语词典》(商务印书馆，2005 年版) 终于有了“装帧”的词条：“装帧，指书画、书刊的装潢设计（书刊的装潢包括封面、版面、插图、装订形式等设计）。”

《新日汉辞典》(大连外国语学院编，1986 年版)：“装帧，装订书籍的技术、工艺。装订、装帧的装饰审美。”

《日本语大辞典》(日本讲谈社，1990 年版) 中对“装丁、装订、装帧”的解释：“书物的缀连，并附着封面。依据书的体裁进行整体的装饰工程。”

其实输出“装帧”这一词汇的日本在 20 年前已经开始反思，在《日本现代设计事典》1989 年增补改订版中对“装帧”“图书设计”“Book Design”分别表述。

Book Design 日语片假名为 **ブックデザイン**。“Book Design”亦曾有称作“装本”或“造本”的词汇，其具有整体创意设计和印制工

1 → BDAJ，Book Designer's Association of Japan

艺合二为一的意思。“装帧”是为一般书籍外貌或称之为“书衣”部分的设计，也包含其材料及构成设计，一般称之为“产品设计”。另外还包括在书店的陈设效果、体现商品魅力的“包装设计”。从明治时期到第二次世界大战结束，装帧领域往往以绘画作品的使用居多，也成为画家的一部分额外收入。但近期（20世纪80年代），专业的装帧家增添了平面设计（Graphic Design）的工作内容。专业的设计师已不仅只完成书籍外在的装帧，还包括文本信息构成、文字、图版等形式格局的设计和材料选择及印刷工艺而呈现一册具有意境的全方位思考的书籍整体设计。最近也由“Book Design”这一外来语发展成新的专用词汇“书籍设计”，但到目前为止，真正懂得书籍设计理念的设计师和编辑为数不多。

对以上各方面相互关联的要素进行综合系统化思考的同时，对书的整体进行由内到外的全面统筹控制设计。鉴于观念的更新，1985年11月在东京成立了日本图书设计家协会→1，这个协会是推进研究开发书籍设计的专业团体。

由此看出，20多年前在从装帧到图书设计，再发展到Book Design（书籍设计）的进程中，日本的设计师们也在不断发现问题，总结经验，更新观念，与时俱进。当时新的书籍设计概念并不被出版界，甚至同行所认同。

海内外有很多印刷艺术大赛，包括近几年国内举办的国际性、权威性的“金光印艺大赛”，其中有一个赛项是印后装订工艺的评比，称之为“装帧奖”。可见装帧概念的专业定位需要澄清，才能更有利于中国书籍艺术向纵深发展。

装帧与书籍设计概念的区别是什么？长期以来，装帧只是封面设计的代名词，或仍然停留在书籍装潢、装饰的层面，即为书籍作打扮的层面。这并不排除部分装帧者对书进行整体运筹的特例，但多数的装帧则以二次元的思维和绘画式的表现方式完成书的封

a 1996年吕敬人、宁成春、吴勇、朱虹举办书籍设计四人展，提出“书籍设计”的概念

b 同年出版的四人展作品集《书籍设计四人说》

面和版式。其原因有三：一是设计者受装帧观念制约，把自己的工作范围限定在给书做外包装，很少注意内文的视觉传达规律研究和书籍整体阅读架构的设计思考；二是出版也是一种产业，出版人为了控制成本，认为从封面到内文的整体设计会增加成本，影响经济效益，故并不积极主张设计师对书进行整体设计的投入；三是大部分文字编辑的专业观念还停留在过去习惯的工作层面，虽有把握文字质量的能力，却缺少对书籍信息传达特征和艺术表现力的索求和愿望。这就造成目前从出版人到编辑，从设计师到出版发行人员仍然模糊地习惯于“美化书衣，营销市场”的“装帧”概念。

当然中国有许多优秀的设计家并不满足只为书籍作打扮的工作层面，他们排除各种困难，创作出大批经典的传世之作。但无奈那时的社会环境、经济条件、出版体制、观念意识等诸多因素，并不能使设计师充分发挥他们的才智和创造力，更由于装帧原意中装潢加工的解读，无法注入全方位的整体设计理念，而仅仅停留在增加吸引力和艺术化表现层面，致使他们的创意认同和劳动价值至今得不到完善如实的兑现。更有甚者，很多设计师往往被要求“批量生产”，只得低质高产，或者干脆改行当文编，承担利润指标。中国改革开放以来，新的信息载体传播态势已要求改变这一局面，首先要改变观念，认识到装帧概念的时代局限性，作为书籍设计者，与文本著作者一样，是书卷文化和阅读价值的共同创造者，他们一定能以新的理念，付出心力和智慧，展现出中国书籍艺术的魅力。

a

b

书籍设计（Book Design）**包含三个层面：**

装帧（Book Binding）、编排设计（Typography Design）、编辑设计（Editorial Design）。显然，书籍设计的真正含义应该是三位一体的整体设计概念。装帧只是完成书籍设计整个程序中的一个部分或一个阶段。

■ 书籍设计＝装帧＋编排设计＋编辑设计，是三位一体的整体设计的概念。

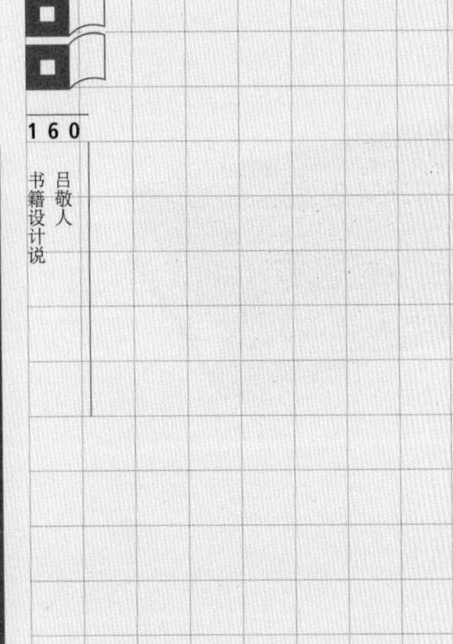

书籍设计过程应包括以下七个方面：

① 设计者首先要与作者和编辑共同探讨本书的主题内容，沟通设计意向；

② 根据文本内容、读者对象、成本规划和设计要求，制定相应的设计形态和风格的定位；

③ 整理出书籍内容传达的视觉化编辑创意思路，提出对图文原稿质与量的具体要求；

④ 进行最为重要的视觉编辑设计和与之相对应的内文编排设计，并着手对封面、环衬、扉页等进行全方位的视觉设计；

⑤ 制定实现整体设计创意的具体物化方案，正确选择装帧材料和印制手段与程式规则；

⑥ 审核本书最终设计表现、印制质量和成本定价，并对可读性、可视性、愉悦性功能进行整体检验；

⑦ 完成该书在销售流通中的宣传页或海报视觉形象设计，跟踪读者反馈，以利于再版。

一个合格的书籍设计师应该明白需承担的责任和职限范围，以及应具备的整体专业素质。由此看来，“装帧”与“书籍设计”在概念性质、设计内涵、工作范畴、运行程序、信息传达、形态架构等方面两者均有着质与量的不同。

书籍设计应该是一种立体的思维，是注入时间概念的塑造三维空间的书籍“建筑”。其不仅要创造一本书籍的形态，还要通过设计让读者在参与阅读的过程中与书产生互动，从中得到整体的感受和启迪。那种以绘画式的封面装饰和固化不变的正文版式为基点的装帧，只是一个外包装。

书籍设计应是在信息编辑思路贯穿下对封面、环衬、扉页、序言、目次、正文体例、传达风格、节奏层次，以及文字图像、空白、饰纹、线条、标记、页码等内在组织体，从“皮肤”到“血肉”的四次元的有条理的视觉再现。书籍设计者要从整体到细部、从无序到有序、从空间到时间、从概念到物化、从逻辑思考到幻觉遐想、从书籍形态到传达语境的各个细节来领会文本。这是一个富有诗意的感性创造和具有哲理的秩序控制过程。

一本书的设计虽受制于内容主题，但绝非是狭隘的文字解说或简单的外包装。设计者应从书中挖掘深层含义，觅寻主体旋律，铺垫节奏起伏，在空间艺术中体现时间感受；运用理性化、有序的规则，捕捉住表达全书内涵的各类要素——到位的书籍形态、严谨的文字排列、准确的图像选择、有时间体现的余白、有规矩的构成格式、有动感的视觉旋律、准确的色彩配置、个性化的纸材运用、毫厘不差的印刷工艺；寻找与内文相关的文化元素，升华内涵的视觉感受；提供使用书籍过程中启示读者联想的最为重要的“时间”要素和对书籍设计语言的多元运用；最后达到书籍美学与信息阅读功能完美融合的书籍语言表达。这近乎是演绎一出有声有色的充满生命的戏剧，是在为书构筑感动读者的书戏舞台。

书籍设计应该具有与文本内容相对应的价值，书应成为读者与之共鸣的精神栖息地，这就是做书的目的。一本设计理想的书应体现和谐对比之美。和谐，为读者创造精神需求的空间；对比，则是营造视觉、触觉、听觉、嗅觉、味觉五感之阅读愉悦的舞台。好书，令人爱不释手，读来有趣，受之有益。好书是内容与形式、艺术与功能相融合的读物，最终达到体味书中文化意韵的最高境界，并为你插上想象力的翅膀。

书籍设计师与装帧者的不同之处，在于书籍设计要了解自己承担的新角色，更增添了一份视觉化信息传达的责任，多了一道综合素质修炼的门槛。书籍设计除了提高自身的文化修养外，还要努力涉足其他艺术门类的学习，如目能所见的空间表现的造型艺术（建筑、雕塑、绘画），耳能所闻的时间表现的音调艺术（音乐、诗歌），同时感受在空间与时间中表现的拟态艺术（舞蹈、戏剧、电影）。书籍设计是包含着这三个艺术门类特征的创作活动。

从装帧到书籍设计，这并不是对两个名词的识辨，而在于思维方式的更新、文化层次的提升、设计概念的转换、书籍设计师对自身职责的认知。从习惯的设计模式跨进新的设计思路，这是今天书籍设计概念需要过渡的转型期。时代需要以书籍设计理念替代装帧概念的设计师，从知识结构、美学思考、视点纬度、信息再现、阅读规律到最易被轻视的物化规程，突破出版业中一成不变的固定模式。

不空谈形而上之大美，不小觑形而下之“小技”，东方与西方、过去与未来、传统与现代、艺术与技术均不可独舍一端，要明白融合的要义，这样才能产生出更具内涵的艺术张力，从而达到对中国传统书卷文化的继承拓展和对书籍艺术美学当代书韵的崇高追求。

《怀袖雅物》

D 敬人设计工作室
P 上海书画出版社
2010

案例分析《怀袖雅物》之书籍设计

折扇被视为中国文人雅士的象征物，士林中的时尚。折扇是书法家、篆刻家、画家和士大夫书画、题写的创作天地，也是汇集诸多制扇艺人在扇面、扇骨、扇刻、扇头、扇坠、扇套、扇盒等工艺技术方面的精湛展示，是聚合多种审美的艺术品。自古以来，无论是宫廷，还是民间，扇子已超出其实用功能，是收藏者的珍爱，更是中华非物质文化遗产中一块瑰宝。设计这套书是对中华文化的传承和积累，故来不得半点浮躁与虚夸，是抱着虔诚和严谨的敬畏之心去创作的。

这是一部历经五年，贯穿整体书籍设计概念的作品。自2005年与编著者商讨该书的策划主题开始，虚心向他们学习专业知识，应用编辑设计的新思路不断和编著者研究商榷，提出全书信息视觉传达构架体系的书籍设计思想，在体现中国扇子历史传承、艺术审美、工艺过程等方面达成共识，并且一步一步切实贯彻编辑设计、编排设计、装帧设计三位一体的设计过程。

装帧——短道赛跑
书籍设计——马拉松赛跑

自20世纪70年代以来，信息设计概念被引申到平面设计应有效展示信息而非仅仅停留在增加吸引力和艺术化表现层面（装潢）。设计者针对文本进行主题的逻辑化、要点的强调、层次的清晰处理、阅读线索的导引……而创建信息结构的组织协调控制体系。书籍设计者的角色则扩展到需要承担起文本内容和语言表达的责任，这种视觉化的表现可使其内容更清晰地传达给受众。这就是书籍设计与装帧概念的不同之处，即直接介入到文本创编的全过程。

本书的第一步就是编辑设计。

编辑设计要建立整套书五册信息传递的框架。首先要明确该书的核心内容、传达的目的和阅读对象，由此制定专业性、学术性、知识性、欣赏性、收藏性的设计定位。将扇子的历史演进的叙述方式，扇子的结构进行分门别类的视觉化语言，每一分册富有个性的信息演绎语法，扇子物化始末的过程陈述，翻阅的时间与空间的节奏形态，还原图像的完美传达要求以及全书体现中华文化精神和文人风韵的表达等设计理念与编著者进行交流，最终在专家们的指导下确立了全书的设计方案。

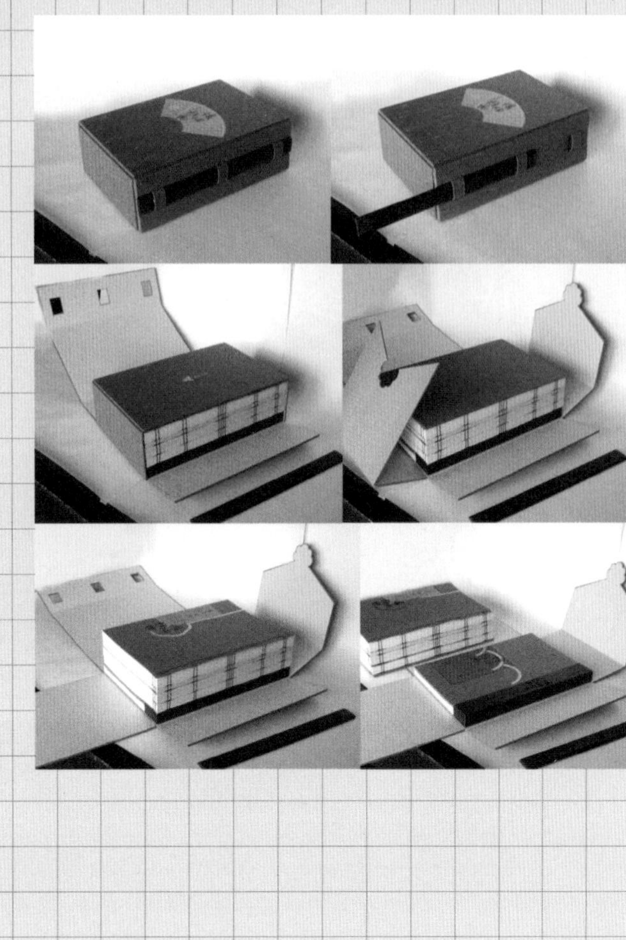

主要介入内容结构的设计体现以下几个编辑设计要点：

1. 强化扇子制作过程的视觉化阅读
2. 理解扇子解构与重构的图形化解读
3. 提供全书有时间与空间层次感的翻读
4. 享受戏剧化演绎图形镜头感的赏读
5. 领会文字承担的角色语言的认读
6. 贯入视觉化内容编织的书戏语法的品读
7. 融入中国扇子传统精神与现代审美的书籍语境

编创人员围绕以上思路取得共识：全书一定要排除当下非功能性的过度包装的恶劣风气，装帧要量体裁衣、物尽其用，更要防止急功近利的浮躁心态，不能只图外在的表面装饰打扮，忽略内文信息的翔实、精准，展现图像品相的完美和还原度；避免快餐式的出版思路，宁愿多次编辑返工，改变书籍内部结构，不断修正设计方案，也不放弃打造中国传统和现代审美相融合的书卷精品的出书宗旨，设计出与电子载体全然不同，且独具魅力的传统纸面载体。编辑设计的思路在编著者、设计者、出版者、编辑者、纸品制造者、印制装帧者们五年的共同讨论、磨合、交流，每一位在辛勤耕耘的酸甜苦辣经历中，体味出做一部好书的不易。全体参与者都是书籍整体设计系统工程中缺一不可的一份子。

编辑设计方案的确立，全书信息阅读结构的认定，是书籍设计最为关键的第一步，使接下来的编排设计、装帧设计得以前后贯穿、互不割裂，艺术与工学同步，体现书卷气与物化技术同行，全书品位质量的控制有了保障。

本书编辑设计特别强调主述的时间概念，主张从采竹、选竹、制骨、刻骨、做

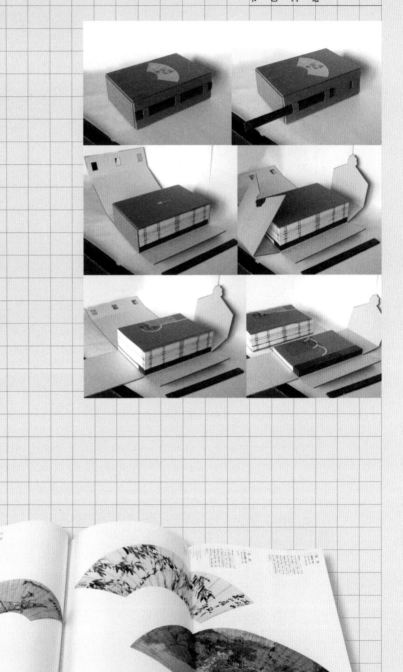

面的折扇工艺全过程的视觉解读作为全书的重头戏，虽只占一小部分，但使读者深入了解了造就中国扇子之美的“天时、地气、材美、工巧”的人智物化的道理，并由表及里解读扇子制作的时间流程和工艺追求的心路历程。设想取得主编的共识，编著者下大力气采编，集积大量素材，为设计这一部分“戏”的演绎作了充分的铺垫。

继承传统并不等于对过去的复制。本书是文化遗产的传播，一方面要准确再现古扇精华，同时对传统定式要有创造性的延展和突破。编辑设计的重点是把握好主体语境的传达。全书现代化的视觉语言，从色彩、符号到布局始终在封面、扉页、章隔页、书页的整体中贯穿运用，概括抽象的扇子、扇骨、扇刻、扇面符号和响亮的色块既现代，但又透着浓郁的中国的传统文化特征。

书与电子载体的不同之处是翻阅的形态。本书的阅读方式，是从折扇的多层重叠特性中，找到不断翻折的灵感。在筒子页的基体中，注入“M”折页、双折页、单拉页、长短页、半透页、宣纸页的信息，分别以不同的主题内容在多主语的陈述过程中承担各自的角色，信息在互动翻阅的过程中得以多姿态的呈现。

编排设计虽在二次元的平面上进行文字、插图、照片、色彩、空间、灰度、节奏等设计的运筹，但其每一面都不是孤立的，文本诸元素的延续性、渗透性、时空性是版面信息编织必须具有的设计意识，绝不是版心模板的简单充填。《怀袖雅物》的体例繁杂，建立网格系统是非常重要的。设计中以文字属性分割成不同的板块，分门别类为若干等级的题首、正文、说明文、注释文、图解文……建立字体、字号系统，《通释》《竹人录》和三册画册构成既有不同，又要统一的原则；图解文的阅读鉴别符号贯穿各集，突出识别性；插图文本的半透明重叠体现了物件的整体性；图像的分布、调度、切割和视觉镜头感均进行了仔细地斟酌；全书的灰度与空白的经营使版面信息的阅读性和视线流得以最好的体现等等。

最后一步的装帧设计十分重要。依据文化属性、体裁内涵、阅读对象决定书籍装帧形态的定位，封面意境的完美体现，纸张材质的准确应用，这是一项繁琐且严谨的设计工程。装帧工艺的设计和把关是

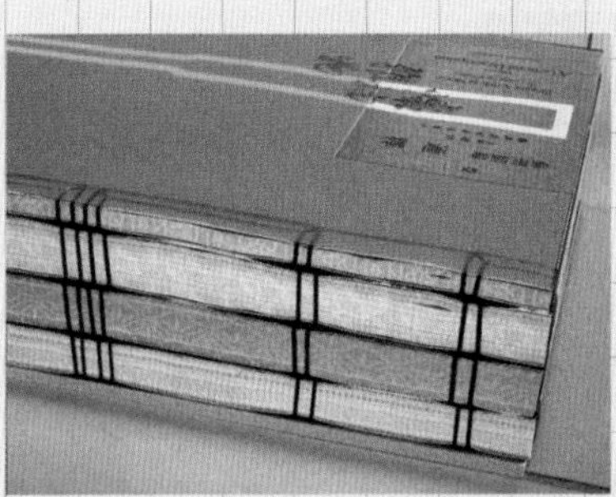

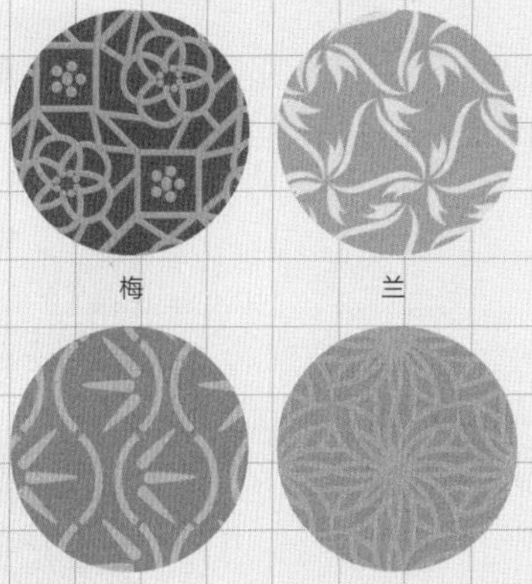

梅　兰

竹　菊

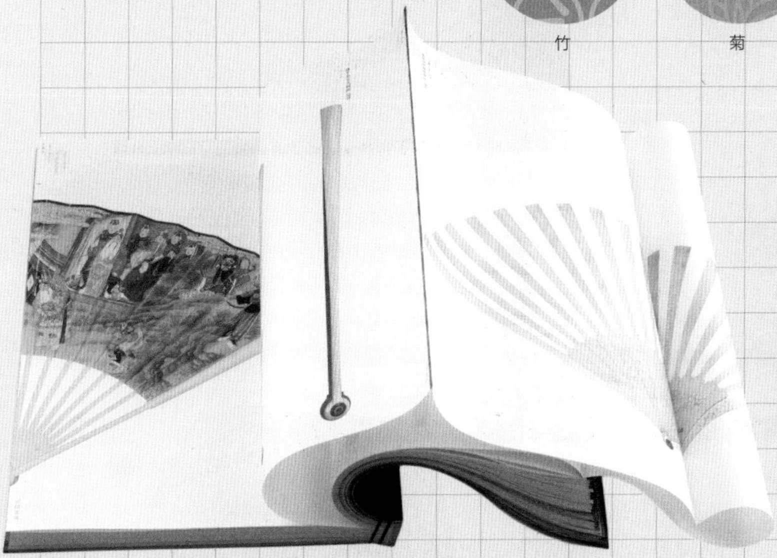

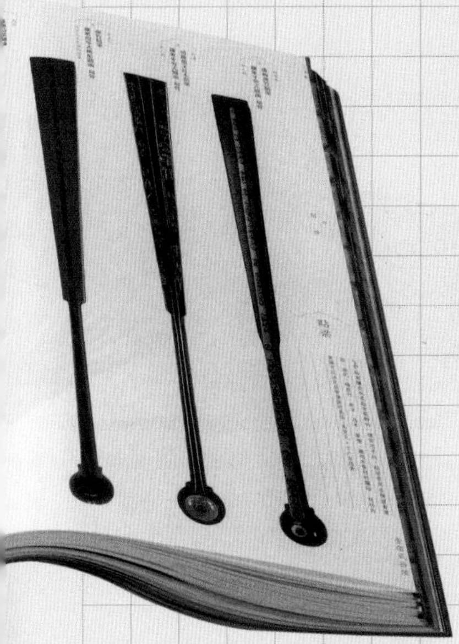

书籍物化良莠高低的关键，是以往装帧者业务方面不太关注的重中之重。

《怀袖雅物》是一套介绍中华传统艺术，传承世界非物质文化遗产的书籍载体。全书必然透着中国的书卷气息，古线装、经折装、筒子页、六合套等传统书籍形态成为本书装帧设计的基础，但不拘泥于原有模式。比如书页中的夹页、长短插页、拉页合页、M 折页均是古籍中没有的，为了更好地有层次地传达文本信息而采取的配页法；线装的缀钉形式，由习惯的六眼订改为十二眼订，书脊订口特意为四册线装本分别设计梅、兰、竹、菊四君子的图案；函盒根据阅读本与珍藏本的不同用途，分别进行结构上的设计。

因为线装书的形制，为保护书籍需要函套。简装本以三墙套夹和瓦楞纸板盒组合；珍藏本内收纳仿明代乌骨泥金折扇和经折《竹人录》，配以四墙扇头梅花套函，创造性地引用扇骨概念作为函盒锁扣，既体现主体又具功能性。函盒不奢华，但庄重；典雅，但不失书卷气韵。 这里需要有一个度的把握。

本书以图像为阅读主体，图像的品相至关重要，前期摄影的要求和功力，后期印前的色相控制，印刷中还原度的把握，所有的过程相关人员都是一丝不苟，全身心投入，设计师在不断的沟通中，把握好每一个细节是十分重要的。

纸张是承载内容的舞台，要做到纸张语言和表情的准确把握。《怀袖雅物》用了近十种纸，分别担当书中不同的角色。为凸显东方书物的翻阅质感，经多次商讨，造纸厂专门为此套书制造正文的专用纸。

全书的印刷装订的难度大，印质还原的高要求，薄纸的印刷及多种配页的复杂度，手工传统装订稳定度，南北方不同的湿度……需要有艺术审美的高标准，以及精益求精、认真负责、知难而进的企业精神，才能完美完成本书的全部印刷装订工作。所以书籍设计是一个系统工程，没有后期的印制装帧工艺的兑现，设计只是纸上谈兵。

案例分析 **一出演绎生命的书戏**

《我，诞生了！》

日本有一条为人熟知的书店街，20 多年前我在那里学习时，一到假日就会去逛这条街。

东京千代田区的神保町至神田数十公里的大街两旁，分布着密密匝匝的旧书店。一家挨着一家，一户贴着一户，门前还摊着一长溜的书档，已分不清这些书究竟属于哪家哪户。这些旧书店很有个性，社会学、自然科学、文学、艺术等门类各有专营。古旧书店最有特色，一股股“书香”扑鼻而来；杂家书店应有尽有，一眼望去像杂炒什锦；漫画专营店像是繁花似锦的世界，五彩缤纷……

一日，去逛神田旧书街，一本薄薄的小册子吸引了我的视线，这是一本 24 开本、只有二十几面的小书。

《我，诞生了！》

D 駒形克己 日

P ONE STROKE

1995

≡封面是单色印刷的橙色，上有“胚胎”剪影图案，书名是色底反白字：“我，诞生了！”全书简洁、温馨，视觉感染力很强。

≡我饶有兴趣地翻开封面，跃入眼帘的是印着满版橙色的环衬，像一道洒满灯光的舞台幕布；翻过此幕布，是一道半透明、犹如薄纱般的序幕——扉页。看着内含纤维的半透明薄纸，会产生这也许是母亲体内盛满羊水的母胎（子宫）的联想吧。书的文体是以第一人称叙述的。

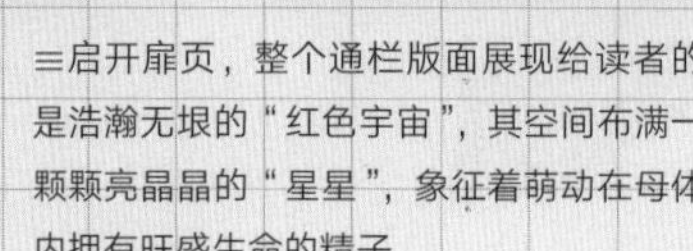

≡启开扉页，整个通栏版面展现给读者的是浩瀚无垠的“红色宇宙”，其空间布满一颗颗亮晶晶的“星星”，象征着萌动在母体内拥有旺盛生命的精子。

≡随着书页翻过，“星星”不停地游动着，由远及近、由小趋大。

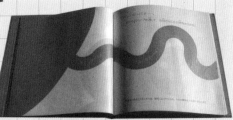

≡此时，星群中出现了一个可爱的橙色小精灵，她是来自母体的一个卵子，其中一个最活跃的精子和卵子合为一体，开始了生命孕育的过程。书页继续翻启，那个有生命的细胞在分裂。

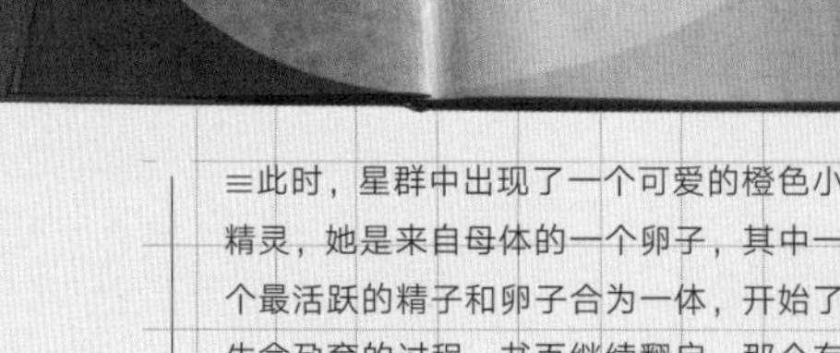

≡富有动感的色彩曲线中一个生命体的雏形在形成，页面中的他（她）抬起头，睁眼新奇地看，侧耳静静地听，一副机灵的模样，似乎能够听到妈妈温柔亲切的歌声。这声音通过一根曲曲弯弯的管道与小生命连接在一起。

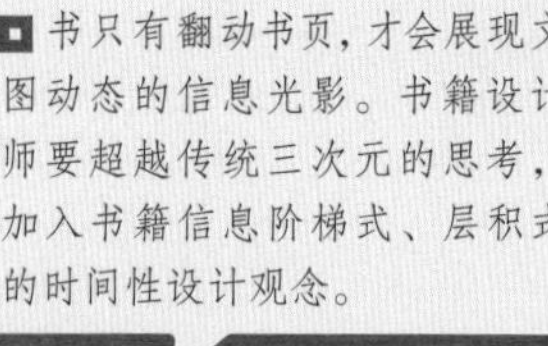

■书只有翻动书页，才会展现文图动态的信息光影。书籍设计师要超越传统三次元的思考，加入书籍信息阶梯式、层积式的时间性设计观念。

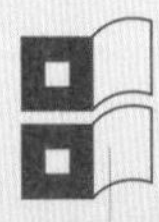

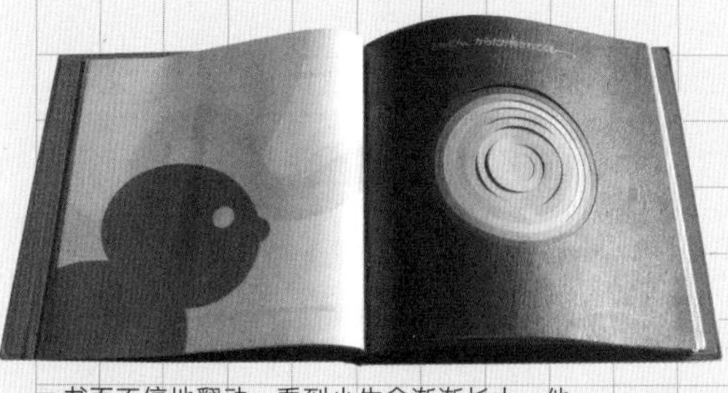

≡书页不停地翻动，看到小生命渐渐长大，他（她）向外部世界的方向游去，推开深红色的门，迎面是道橙红色的门，再往前游，又推开一道橘黄色的门，亮光越来越强。

≡继续往前，推开一道又一道门，迎来一片金黄色的亮光。

≡再翻过一页，终于推开母亲子宫的最后一道门，急不可耐的小生命从门里跳到了门外，维系母子生命链的脐带还相互连接着。

≡“哇——哇——”，坠地的响亮哭声宣告一个新生命来到了这个世界。

≡他（她）向全世界宣告：“嗨，我诞生了。”最后的画面上有一颗小红心，一句动人的话语：谢谢您！妈妈，我诞生了。

≡翻过橙色的后环页，掩合上最后的封底，幕缓缓落下，一出演绎生命诞生感人肺腑的戏剧结束了。

《我，诞生了！》这本只有寥寥二十几面书页、仅数百字的小书，运用书籍形态全方位的表述语言，将文字、图像、纸张、工艺等要素，通过整体运作和编辑设计，赋予一个繁复难懂、专业性强、非常理性的生命孕育过程，以如此动人、富有情感的叙述。

以文字为基本传达信息和固定的书籍阅读模式，正在被形态多样化的书籍传达语言所改变。书籍设计者以外在造型和内在传达功能的珠联璧合为出发点，注入全新的书籍设计概念，不依赖于表面花哨的装扮，而着力于文本信息生动地演绎出富于时间、空间体现的戏剧化视觉语言，为读者提供互动阅读、有声有色、引人深思，又启发想象力的新形态书籍。这是一个看似简单却又不简单的书籍设计过程。

这不能不引起书籍设计者、编辑和出版人的思考。面对当今各种信息传达手段多元化发展的时代，书籍如何面临新的挑战？与其使重复、单调、滥竽充数的大量印刷品出版，消耗宝贵的纸张资源，倒不如静下心来，好好斟酌，少计较些字数码洋，多思索些怎样在形神兼备、有价值、有生命力的书籍上下功夫，这就是这本小书给予我的启示。

案例分析《无边无际——船之书》

Boundless

初读此书之前不得不先了解一下"Boundless"这个书名，"Bound"有界限捆绑的含义，而书籍装帧的"Bind"一词在英文的过去时态中恰恰也写作"Bound"。于是"Boundless"被设计者巧妙地赋予了"无边无际"和"无装订"的双重含义。而这个双关词直指"住宅中的艺术家"活动给设计者的命题"货船与书"。

打开银灰色函带，里面有未经装订过的七款折页。它们分别代表从美国纽约乘船横跨大西洋抵达德国汉堡港所需要的七天。将其打开，可见船只照片的局部画面。若按照星期日到星期一的顺序拼接起来刚好形成一张完整的乘风破浪的航船画面。设计者在这一面上还相应标注了根据 GPS 测定的某日、某时、某个行驶点的经纬度数据。据乌塔女士讲述，折叠形态象征了船员翻开航图的过程。

在这七个折页中，作者如同书写航海日志一般将七种关于货船与书的思考娓娓道来。以下为七款折页的内容。

装订船（Book Binding Ship）/ 星期日

设计者根据 20 世纪 70 年代至 80 年代欧洲印刷业者中流传的一则趣闻而进行了采访，这一页内容是采访过程中留下的电子邮件笔录。当时欧洲的印刷成本增加，不少出版社都选择在印刷价格相对低廉的亚洲印制书籍。由于大批成品书从香港通过海路返回欧洲的耗时过长，不少出版商突发奇想，即将装订机搬进船舱，把货船变成了一艘名副其实的装订船。但是这一行为的可行性至今备受当年参与其中的印刷业者的质疑。

书与船（Books and Boats）/ 星期一

书与船都是容器，一个承载故事、知识与思想，一个承载人与货物。

"船"的发音与四向阅读 / 星期二

设计者将两组文字纵横交错排列。横向排列的是关于书承载的与关乎书本身的文字，正看如"爱、希望……"，倒看如"教科书、出版商……"。纵向排列的词语包含航海所需用到的词语以及欧洲各国货船名字的拼写，同样以正反向分开阅读。

海图 / 星期三

全球海图每年根据航路变化而不断更

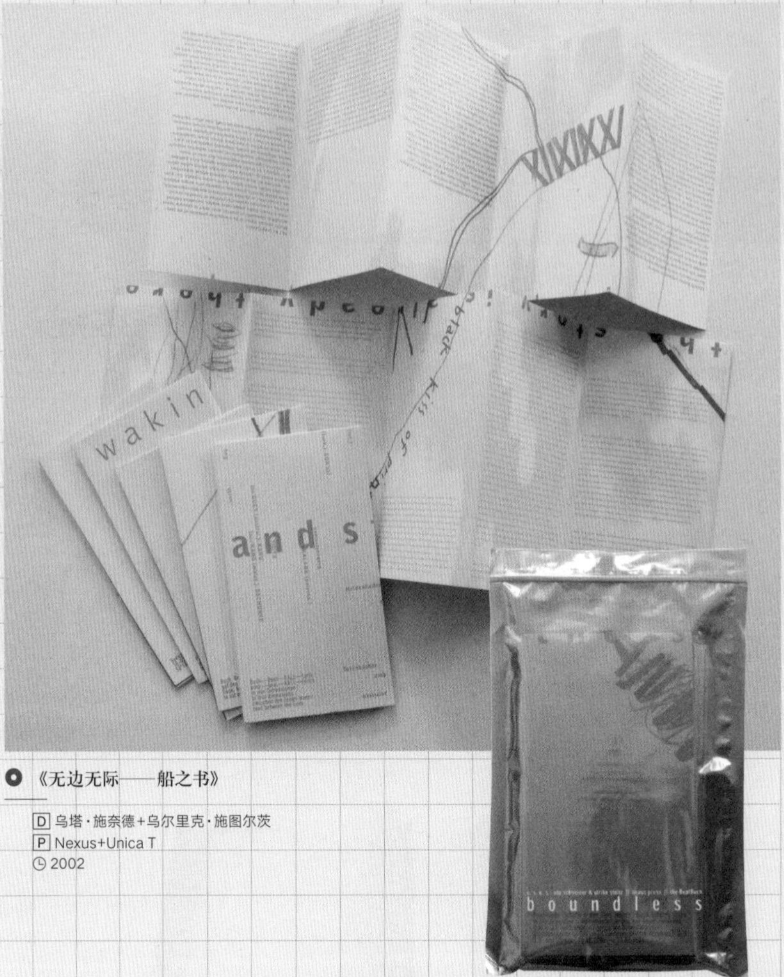

《无边无际——船之书》

D 乌塔·施奈德+乌尔里克·施图尔茨
P Nexus+Unica T
2002

新。然而，为什么要运输？因为有需要物品的地方存在，因为有人们需要告知或与他人分享的思想存在。我给予你思想，我给予你物品。同样我销售给你思想，我销售给你物品。

导航图 ——不迟疑地航行下去 / 星期四

运输，从一个港口到另一个港口。此岸是创作者和思想的家。思想登上纸面，从一页航行到另一页。从原稿到成书，纸如海洋。读者在彼岸,思想真正着陆的地方。

古拉丁文文献中的航海注意事项节选 / 星期五

种种思想转化为书籍。在这一信息被不断运输的过程中，新世纪的电子书通过电子纸张也加入其中，这使作者联想到这样一幅画面:船成为中转站，货物不断重组，甚至文字如微尘般通过书籍重组后还诞生了新的文字。

让书与图书馆来导航 / 星期六

亚历山大大帝建立的亚历山大图书馆旨在收集全球的书籍，从异域文化认知出发进而控制其领地，足见知识的力量。在这一利益的驱动下，帝国的船只疯狂地建造，以求运回更多的书籍。当书籍在运抵或装箱的过程中，又不断地被复制着。原版书虽然返回了图书馆，而它流传开来的拷贝本似乎更具价值。

字母表是一个容器，它包含一切潜在的抽象事物。而物质的容器只可以容纳物体，如果不是我们幻想，它无法容纳抽象的物体。书是一个容器，它可以以一个真实的形态容纳一切。

将这一面内容摊开连接起来，可以看到这样一组诗句：

The story is already there
every text has to be spooned out
and stars number the pages
listen, far out the horizon
waking up in different stories
and perhaps yesterday will arrive soon
a black kiss of printing ink

故事本就在那里
文字一个个被舀出
星星数着页数
听，海平面那端
不同的故事在苏醒
或许昨日就要重现
一滴油墨的吻

2

书之二重构造——形神兼备的书籍设计

形态，顾名思义：形，即是神态，是指书籍的外形美和内在美的珠联璧合，才能产生形神兼备的艺术魅力。书籍形态的塑造，并非书籍设计家的专利，它是著作者、出版者、编辑者、设计者、印刷装订者共同完成的系统工程，也是书籍艺术所面临的诸如更新观念，探索从传统到现代以至未来书籍构成的外在与内在、宏观与微观、文字传达与图像传播等一系列的新课题。

书的形态，固有观念不难想到是书的外观：六面体的盛纳知识的容器，造书者们从其功能到美感，构成至今为人们所熟识的书的形态。

中国在漫长的历史进程中，书籍的形态有着很奇妙的演进。自甲骨文字作为传递信息的记号工具始至商代中叶，出现了刻写在竹木简上并用带子串联起来的“简册”，以及由丝织品、帛箔做材料并围着中心捧卷而成的“卷轴”，到纸张发明后，遂改成以一张张长方形纸为单位的“折叠本”。后又受印度梵文贝叶经的启示，将书面按序粘接起来，加以折叠，因大多撰以经文，故称之为“经折装”。五代初期，书的装订逐渐转向“册页”，至明中叶后，被称为“线装”书的形态所替代，直至晚清。

中国自古就有“图书”一词，叶德群《书林清话》中说：“古人以‘图书’并称，凡有书必有图。”自宋元始雕刻印刷有了很大的发展，书籍中附有各类形式的插图，不仅在小说类读物，经、史、集、礼、乐、自然科学等类书籍中均有相辅相成的文字和绘图，这种以版式多样化为特点的书籍形态的创造，给内容以充分表现，给读者以视觉和阅读的引导，也增添了书籍形态的表达语言。古人对书进行整体的精心运筹，使书籍既是信息传递的重要载体，也成为一件完美的艺术品，展示在读者面前，供其阅读和收藏。

现代书籍已汲取西方的做书模式，印刷装订技术已实现现代化。无论是古人还是今人，在书籍的创造过程中研究传统，适应现代化观念并追求美感和功能两者之间的完美和谐，这是书籍发展至今仍具生命力的最好证明。但当我们至今还满足于近百年来一成不变的书籍形态时，是否应该意识到当今信息万变的多媒体传播时代的到来，以及我们的读者所生活着的经济、文化环境的突变。“铅字文化”作为以往传播手段独霸一方的状态逐渐为视像等多元传媒形式所冲击，这些当今书籍形态所存在的问题是值得出版家、作家、设计家、印刷专家们来共同探讨的。

传统的造书者们对书籍进行精心的整体运筹，构成至今为人们所熟识的书的形态，使书籍成为一件件完美的艺术品展现在我们面前。只是由于某些历史原因，或是被一种自我封闭的意识所困，人们渐渐习惯于千篇一律、千人一面的书籍形态。现代新书籍美学的价值标准，是致力于传统书卷美与现代书籍形态相融合的探索过程，创造具有主观能动性的设计产物，启发读者在阅读中寻找并得到自由感受，萌发丰富的想象力。

读者买书的目的是为了愉悦地获取资讯。拿到一本书时，对读者来说最重要的问题是“这本书到底在讲什么？”设计师将书中繁杂或冗长的信息，进行逻辑化、秩序化、趣味化的重新整合与创造，使读者能有效、快捷地把握书中的主旨，使信息能够明晰并准确地传递；同时赋予文字、图像等视觉元素富有情感和精神内涵的视觉表现形式，在形状、大小、比例、色彩等方面展现它们独具个性的视觉化形式，并进行戏剧化的演绎，体现出书籍内容时空传达的层次化，以富有表现力的形象赢取读者、感动读者。

书籍形态的形成过程，不仅要注重其物理性——书的外在构造，从书籍形态的整体来看，它还应注入内在的理性构造，即书籍形态的二重构造的基本概念，创造书籍形神兼备的整体之美。

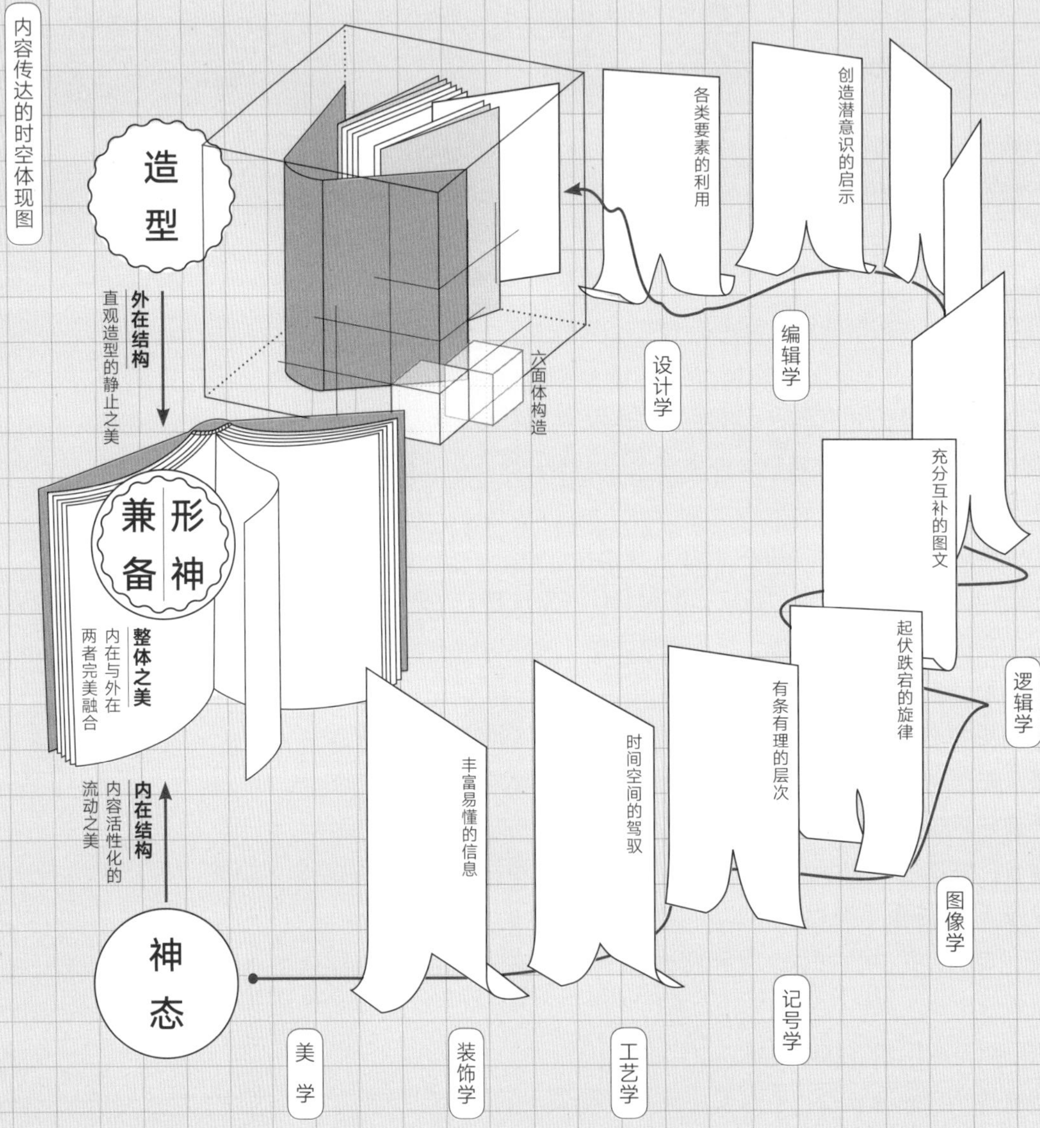

内容传达的时空体现图

造型

外在结构
直观造型的静止之美

六面体构造

形神兼备

整体之美
内在与外在两者完美融合

内在结构
内容活性化的流动之美

神态

各类要素的利用
创造潜意识的启示
充分互补的图文
起伏跌宕的旋律
有条有理的层次
时间空间的驾驭
丰富易懂的信息

设计学
编辑学
逻辑学
图像学
记号学
工艺学
装饰学
美学

2 → 各国四组，共 12 个组合

a 法国作家维克多·雨果

b 《圣经》

c 西方建筑上的雕塑

3

书筑——书籍是信息栖息的建筑

2012 年 11 月和 2016 年 10 月分别在东京代官山和首尔设计广场 DDP 隆重举行“书 · 筑”展。活动由日本建筑界的泰斗稹文彦和韩国著名出版人、坡州书城（Paju Bookcity）创始人李起雄发起，由中日韩三国书籍设计家和建筑家一对一组合→2，完成 12 本全新概念的“书筑”载体，这是书籍与建筑这两个领域共同协作的跨界研究项目。建筑设计与书籍设计作为行业，以往属旁门别道，“老死不相往来”，但作为一种文化现象和人文精神的共同追求，虽两个跨界的行业涉及的领域和客户不尽相同，但“书是语言的建筑，建筑是空间的语言”有着相似的认知和共通的解读。

法国文豪雨果说：“人类就有两种书籍，两种记事本，即泥水工程和印刷术，一种是石头的《圣经》，一种是纸的《圣经》。”15 世纪前的欧洲，书只被贵族和宗教人士所掌控，普通受众则是通过建筑上的雕塑了解《圣经》或文学故事，所以书籍与建筑数千年前就有着渊源。古腾堡活字印刷术的出现，改变了书籍是时间的雕塑，书籍是信息栖息的建筑，书籍是诗意阅读的时空剧场，我想做书也有着同样的道理。如果说书是一座建筑的话，它为书的信息提供了一个居住的空间。过去装帧设计，无非解决平面的审美处理，只关注文本在页面上呈现的构成、对比、均衡、空白等关系，但这只是从二维的角度来看问题。建筑是一个三维空间 + 时间的体验，它并没有局限在一个平面视觉维度上，而是须实实在在让人去亲身经历的时空过程。书籍设计也应具同样的出发点：让信息（文本）通过平面构成、文字设定、叙述方式、色彩配置、图形语言等设计手段得到合理安居的场所。但这并非是设计的终极目标，书籍设计必须让读者在页面空间中“行走”，在翻阅过程的时间流动中享受到诗意阅读的体验，更可流连于阅读空隙中“间”的联想。

a

书的形态是一个立体的空间，人与文本的关系是在动态阅读的过程中建立的。如同建筑，只有人在其中起居活动，这一空间才有意义。

b

c

a 中日韩“书·筑”展2012、2016年分别在东京与首尔展出

a

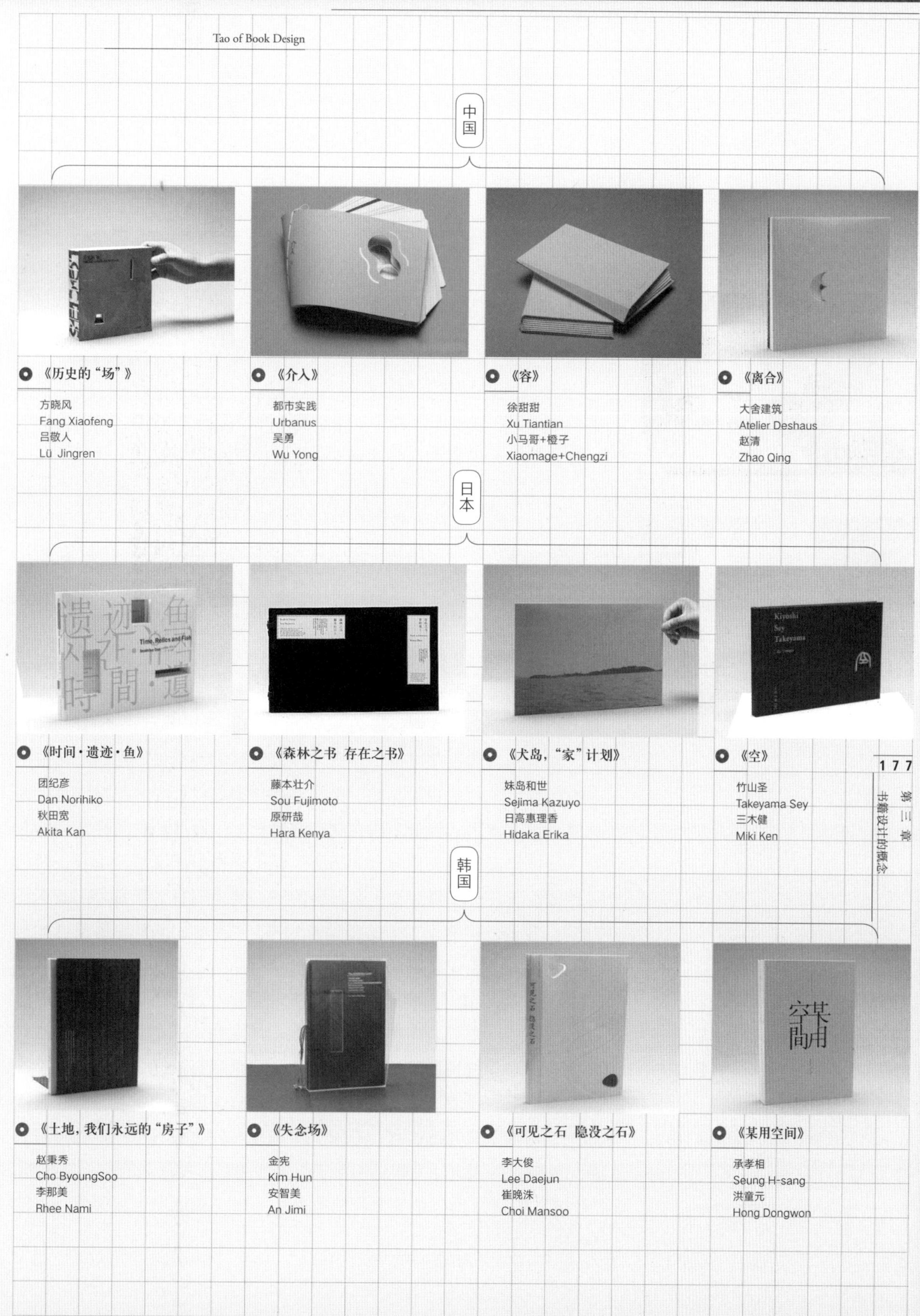

中国

《历史的“场”》
方晓风
Fang Xiaofeng
吕敬人
Lü Jingren

《介入》
都市实践
Urbanus
吴勇
Wu Yong

《容》
徐甜甜
Xu Tiantian
小马哥+橙子
Xiaomage+Chengzi

《离合》
大舍建筑
Atelier Deshaus
赵清
Zhao Qing

日本

《时间·遗迹·鱼》
团纪彦
Dan Norihiko
秋田宽
Akita Kan

《森林之书 存在之书》
藤本壮介
Sou Fujimoto
原研哉
Hara Kenya

《犬岛，“家”计划》
妹岛和世
Sejima Kazuyo
日高惠理香
Hidaka Erika

《空》
竹山圣
Takeyama Sey
三木健
Miki Ken

韩国

《土地，我们永远的“房子”》
赵秉秀
Cho ByoungSoo
李那美
Rhee Nami

《失念场》
金宪
Kim Hun
安智美
An Jimi

《可见之石 隐没之石》
李大俊
Lee Daejun
崔晚洙
Choi Mansoo

《某用空间》
承孝相
Seung H-sang
洪童元
Hong Dongwon

在杉浦康平工作室学习

2017年“书·筑”展在北京敬人纸语展出

20多年前我有幸在杉浦康平老师的设计事务所学习，他改变了我对书的设计只解读为外在装饰和内文排版审美的观念。他一再强调一本书不是停滞在某一凝固时间的静止生命，而是构造和指引周边环境有生气的元素，设计是要造就信息完美传达的气场，这是一个引导读者进入诗意阅读的信息建筑的构建过程。他认为书籍设计不仅仅是完成信息传达的平面阶段，而且要学会像导演那样把握阅读的时间、空间、节奏……，掌控游走于层层叠叠纸页中的构成语言，学会引导读者进入书之阅读途径的语法。他使我顿悟，优秀的书籍设计师应在文本的篇章节句中寻找书籍语言表演的空间场所和叙述故事的时间过程，让视觉信息游走迂回于页面之中，让书之五感余音缭绕于翻阅之间……感染读者的情绪，影响阅读的心境，传递着善意设计的创造力。

作为一个建筑师来说，接受客户做建筑设计项目，目的和结果无非有两种：一种是表面工程，有些客户只要你设计一个规模建筑，大体量，炫目即可，当下中国各城市举目皆是；而另一种是真正设计人舒适居住和文化审美相融合的场所。怪不得由杉浦老师来主导，经历了整体编辑设计和贯穿物化全过程的书，其版权页上署名为“造本”。“造”，营造，构建；“本”，日语意为书。“造本”准确传递出当代书籍设计家把书当作建筑来做的新概念。

“书·筑”展对书籍的未来有潜在的启示意义，不仅是三国的建筑家和书籍设计家们共同协力面对挑战，创造性地开拓未来书籍与建筑概念互通和持续性发展的可能性，并具多重意义展现“场”的划时代的思考。另一层意义还在于面对当今数码技术的快速发展，信息传播和生活习惯越来越虚拟化，在对人类精神和物化生存方式产生怀疑之际，“书筑”的概念让书籍包括建筑与人的关系引发深刻的启示与联想。“书筑”的理念也衍生出书籍的未来——揭开新造书运动即将到来的序幕。

■ 书籍不再平面，设计者是在构建信息诗意栖息的建筑，为读者创造与电子阅读迥然不同的阅读享受。建筑设计是让人们拥有“居住的欲望”，书籍设计则应赋予读者得到“阅读的动力”。

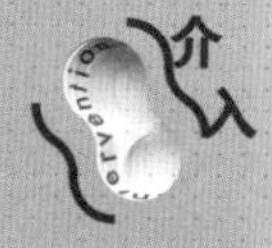

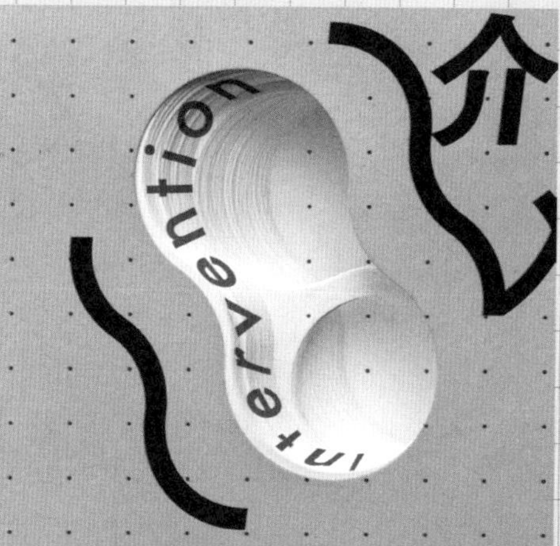

《介入》

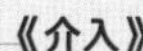

都市实践
Urbanus

吴勇
Wu Yong

"介入"一词对书籍设计而言是对图文表现力的一种干预。在中国，没有私营的出版物机构，这使得书籍设计语言在某种程度上受到一定的局限，也受制于人们的惯性思维。一方面，市场所需的快捷出书和低端的市场竞争，以及出版物题材的鱼龙混杂、雷同造成了极大的浪费，于是出版物处于一种非正常的扭曲的状态；另一方面，高价位的"收藏"类书籍市场为富人们所左右，造成脱离阅读本质的浮夸的"市场需求"现象；这与迅猛发展的某些中国城市规划与建设一样的无序混杂，城市本来面貌的大量销毁使"拆那"(拆房)成了China的谐音词。这些"介入"模糊了传统文化的价值，古人暇以"睹物思情"的场所越来越少，为"政绩"的工程和纷杂热闹的建筑大杂烩带来的感官刺激备受欢迎，而"简洁"也几乎演变为"简单"的同义词！现实是千年的农业社会的习俗与乡野美学统领着大众审美，市井智慧与时代发展轨迹的冲突与混合，这种新旧思维的"混搭"早已有之，模仿与经验共生！人们就是这样有趣地在构建大无畏的"自由理想国"，无序令限制与机会并存，群体感性思维导致一切皆有可能！

《历史的"场"》

方晓风
Fang Xiaofeng

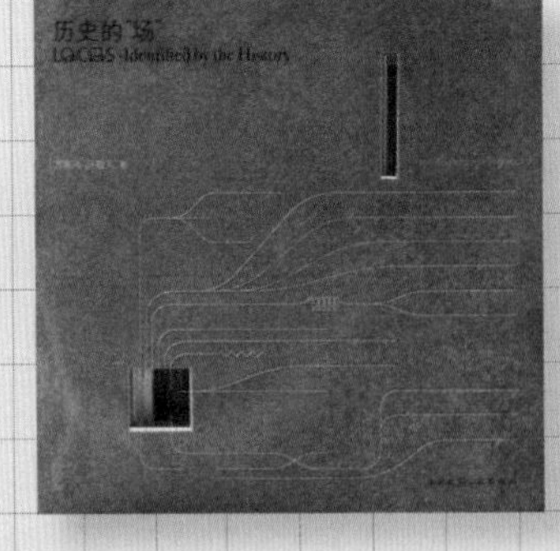

吕敬人
Lü Jingren

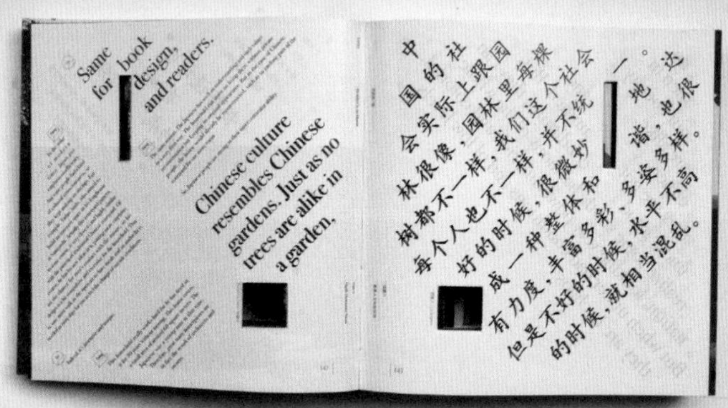

书籍与建筑有着密切的渊源关系。法国文豪雨果曾说："人类就有两种书籍，两种记事本，即泥水工程和印刷术，一种是石头的《圣经》，一种是纸的《圣经》。"从洪荒时代到 15 世纪，建筑艺术一直是人类的大型书籍。建筑艺术开始于象形符号的石头堆集，把传说写成符号刻在石碑上，这是人们最早开始做"书"。要记载的符号越来越多，愈来愈繁杂，埋在土里的石碑已容不下这些传说，于是通过建筑展示出来，从此建筑艺术同人类的思想一同发展起来。最好的建筑也成了一本最好的书，传递后世。

《历史的"场"》以传统建筑和传统书籍为原点，建筑师和书籍师通过对这两种艺术形式的历史发展进程和特点进行探讨，进而展开 15 个话题围绕中、日、韩三国进行比较。

透穿封面封底的两个阶梯形态意在体现"栖身于建筑中的信息"通过介质在不同空间中交汇、融合。版面设计上，文字从书页的平面进入书的六面体中，使得双向阶梯连接起两位作者对"场"的构想。

《容》

徐甜甜
Xu Tiantian

小马哥＋橙子
Xiaomage
＋
Chengzi

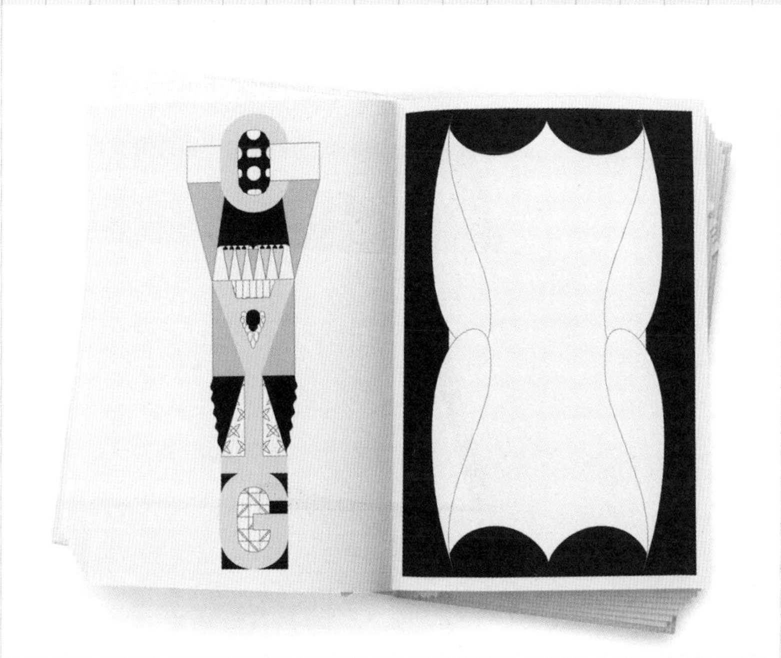

设计师将建筑和书籍都理解为容器，物理上建筑是大容器，书籍是小容器，精神上它们承载的含量都是无穷大的。

XX，两位设计师名字首字母都是 X。

X，同样代表无限与未知。

本组设计以“容”(<v> 包含、盛、容忍、允许，<n> 相貌、仪表、姓）为基点设计整本出版物，汉字“容”被拆解后结合进 XX。

XX，又是女性染色体的符号，毫无疑问这是一对女性设计师的作品。

本书正文部分通过设计制造出的有形图案与模切工艺制造出的隐形图案探索了阅读“场”的可能性，这种对阅读解构式的思考反过来使文本拥有了一个独一无二的“场”。

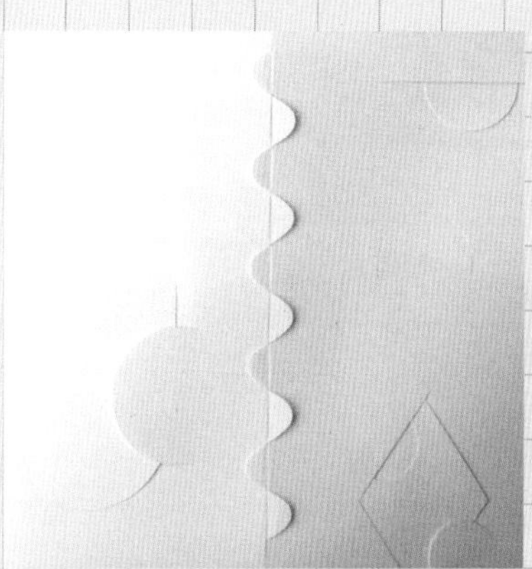

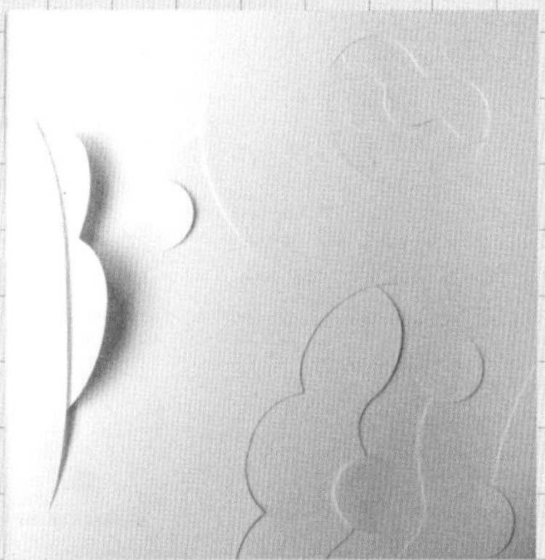

《离合》

大舍建筑
Atelier Deshaus

赵清
Zhao Qing

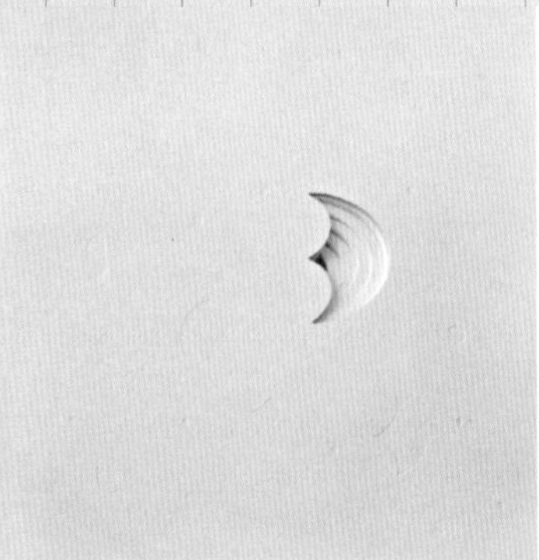

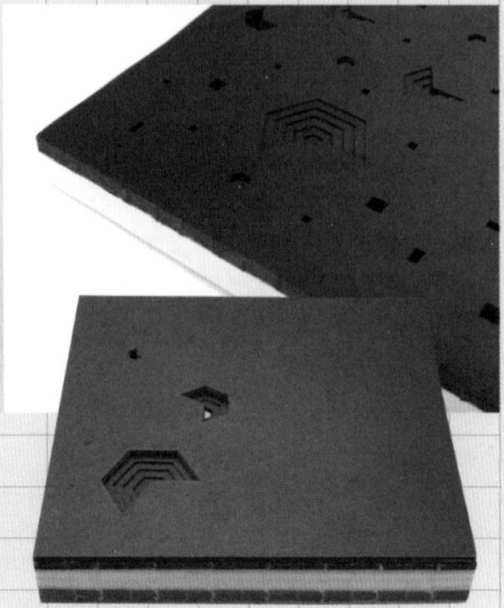

"书是可移动的建筑"是作品的创作灵感。从封面开始，一面为黑，一面为白，黑色代表砖瓦建筑，白色则代表纸张书本。黑色封面上以"Architecture"的A镂空；白色封面则以"Book"的B为刀版，充满想象空间，给予二维的纸张以三维具体的形象，展现出建筑之框架与书籍之质感。

《离合》这本书没有传统意义上的正反面翻阅形式，从左至右以及从右至左都可以进行阅读，是一个开放的纸空间。读者可以自行选择内容的先后阅读顺序。

看似分离的两人在书籍的中间部分相遇，展开了一次关于"场"的对话。不同的专业领域对于空间概念的认识与描述也不一样，在两人对谈讨论的相互作用下，两个"分离"的"个体"最后又"融合"在了一起。在对谈部分，结构上关于两人的文字排版，一纵一横，一问一答，在这种你来我往之间形成一种无形的"场"，游走的金线将版面巧妙分割却又是两者之间微妙的连接点，"离"与"合"仿佛意在之外却又置身其中。

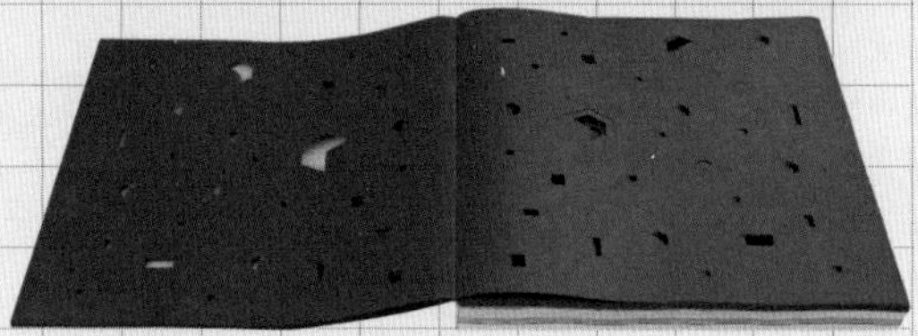

a　北京中、日、韩“书·筑”展

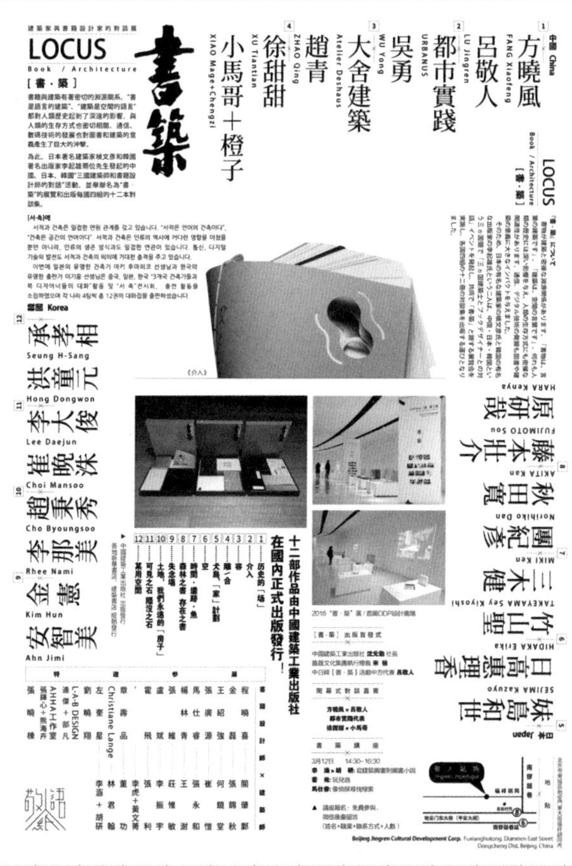
建築家與書籍設計家的對話展
LOCUS
Book / Architecture
[書·築]
書築
十二部作品由中國建築工業出版社
在國內正式出版發行！

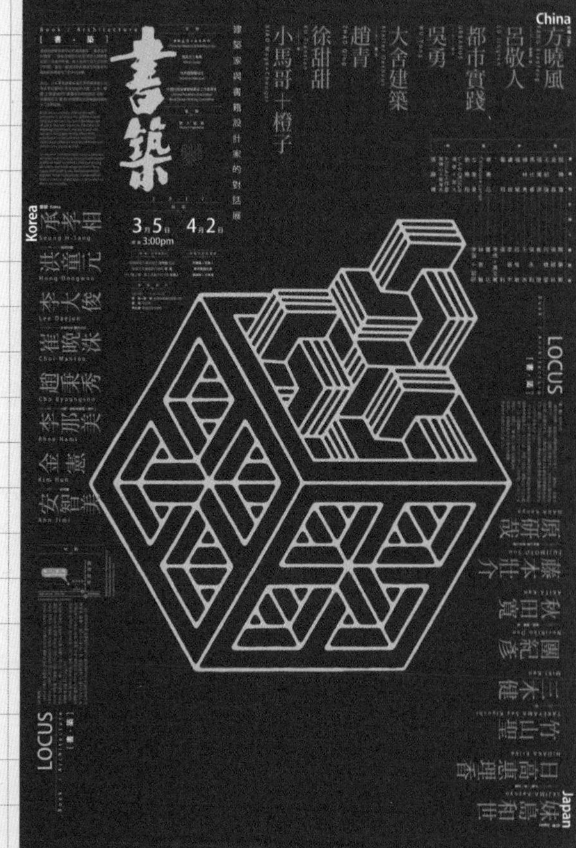
China
Korea
Japan
LOCUS
書築
建築家與書籍設計家的對話展
3月5日 4月2日

LOCUS
Book / Architecture
[書·築]
韓國
Korea
中國
China
日本
Japan

• a

《宇宙论入门》

D 杉浦康平 日
P 工作舍
1975

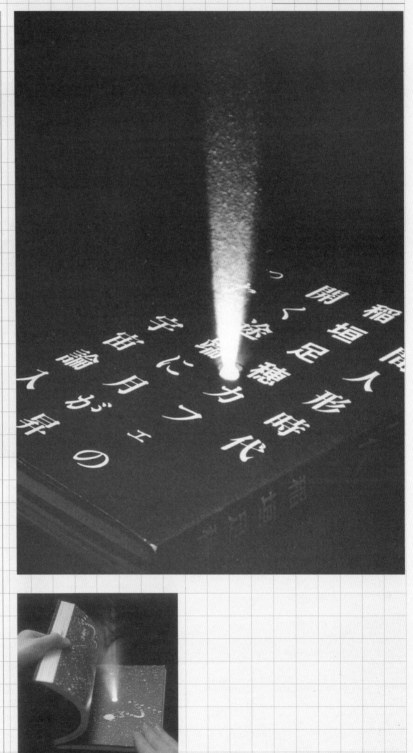

Book Design是令书籍载体兼具时间与空间、兼备造型与神态，兼容动与静的信息构筑艺术，书籍的设计与其他设计门类不同，它不是一个单个的个体，也不是一个平面，它具有多重性、互动性和时间性，即多个平面组合的近距离翻阅的纸面载体。

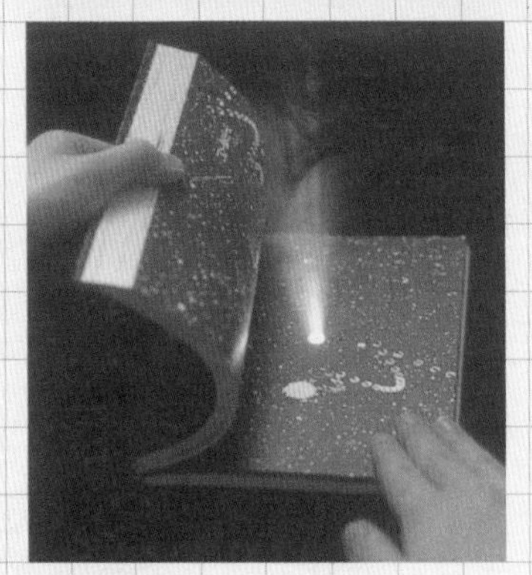

《小侦探》

D 马仕睿
P 同济大学出版社
2015

《蒲公英》

D 戴胤
2012

《时空之书》

D 元滚滚

二、艺术 × 工学 = 设计 ^{2}

书的设计，其本质就是要自觉地设计信息视觉展现形态→1，使这些信息以某种引人注目、便于接受的形态展示给读者。这是设计者在制作一本书之前必须具备的设计思路。现代书籍的设计者不满足只是运用文字符号作为传达媒介的唯一手段，根据文字信息作出自己新的认识和解释，并尽可能以形象思维以及用视觉信息的传达方式，从单向性写作行为朝多向性传播方式的多元方向发展。

何谓“新设计论”？是书籍形态学的外在观赏美和内在功能和谐美结合的概念。杉浦康平先生为“新设计论”创立这样一个公式（右图）：

艺术 × 工学＝设计 ^{2}

这是用感性和理性来构筑视觉传达媒体的思维方式和实际运作规则，使设计达到其原构想定位的平方值、立方值乃至于达到 n 次方值的增值设计效果。

不言而喻，书籍设计作为艺术思维活动当然离不开感性创造过程，艺术感觉是灵感萌发的温床，是创作活动重要的必不可少的一步。如果说绘画创作注重感性过程而体现一种混沌之美的话，那么设计则相对来说更侧重于用理性过程去体现工学发挥的潜力，创造有条理的秩序之美。

工学是由大量、多元的知识经吸取、消化、积累的理性学习而成的信息源；工学是通过大脑的逻辑思维对知识进行抽丝剥茧、理性推理、提炼归纳而有效应用于设计的方法论；工学是一门物理性量化的艺术，并依靠多门精湛技术完善物化书籍的工艺学科。

所以书籍设计者单凭感性的艺术感觉还不够，还要相应地运用工学概念去完善和补充；光具备美术知识还不够，还要像一位信息建筑师那样去调动一切工学因素，设计创造具有感染力的书籍形态的一切有效因素，来完成设计结果的增值工程。

1 → 即各种门类学科的知识信息

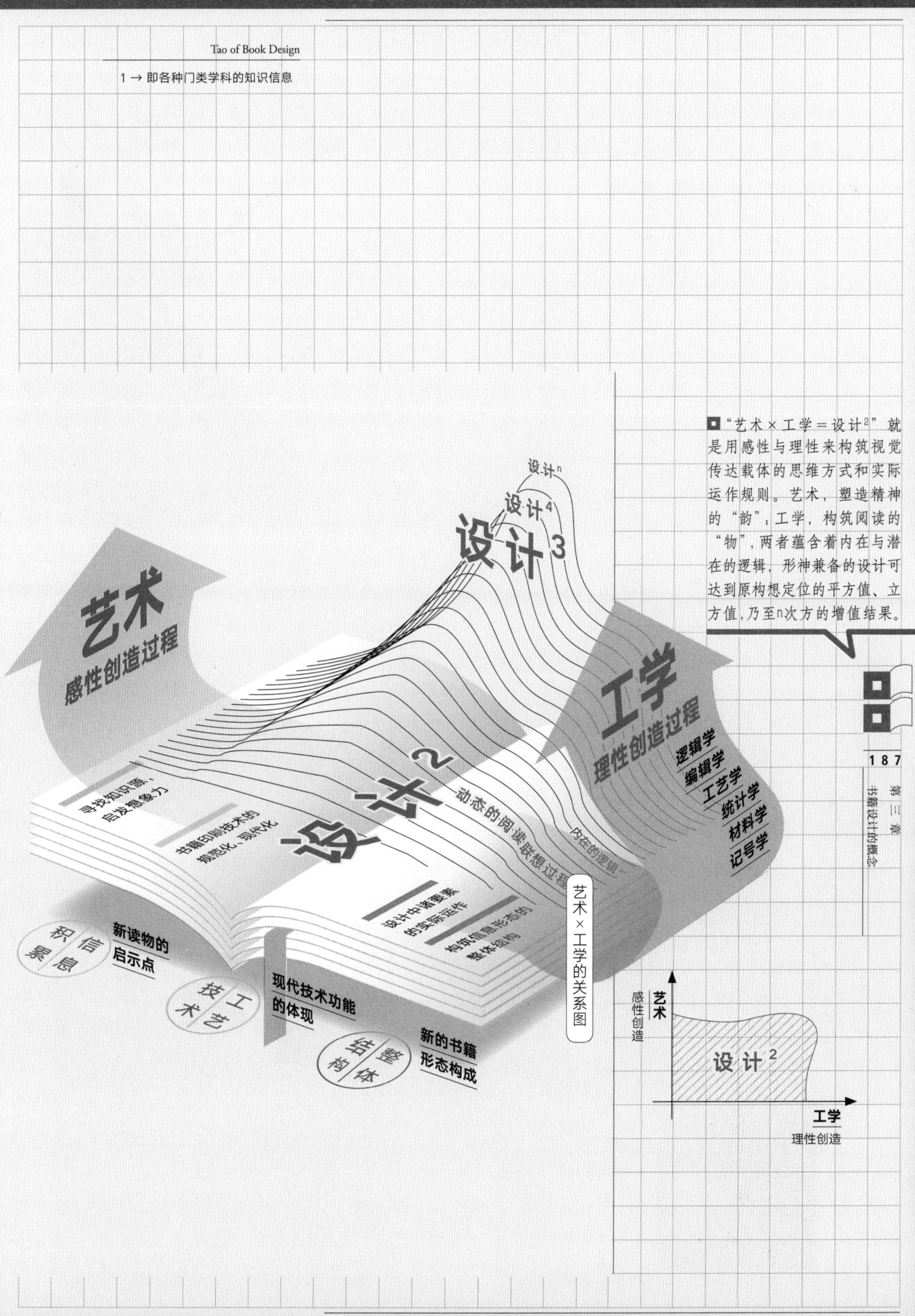

■"艺术×工学=设计^2"就是用感性与理性来构筑视觉传达载体的思维方式和实际运作规则。艺术，塑造精神的"韵"；工学，构筑阅读的"物"，两者蕴含着内在与潜在的逻辑，形神兼备的设计可达到原构想定位的平方值、立方值，乃至n次方的增值结果。

《一直和大家在一起》

D 刘晓翔
2001

≡编辑、设计一本纪念莞城区连续八年为市民举办晚会的纪实的书，《一直和大家在一起》就这样以建筑中发生的事件为线索，引入时间与空间概念，用平面设计构筑纸张之上不谢幕的剧场。

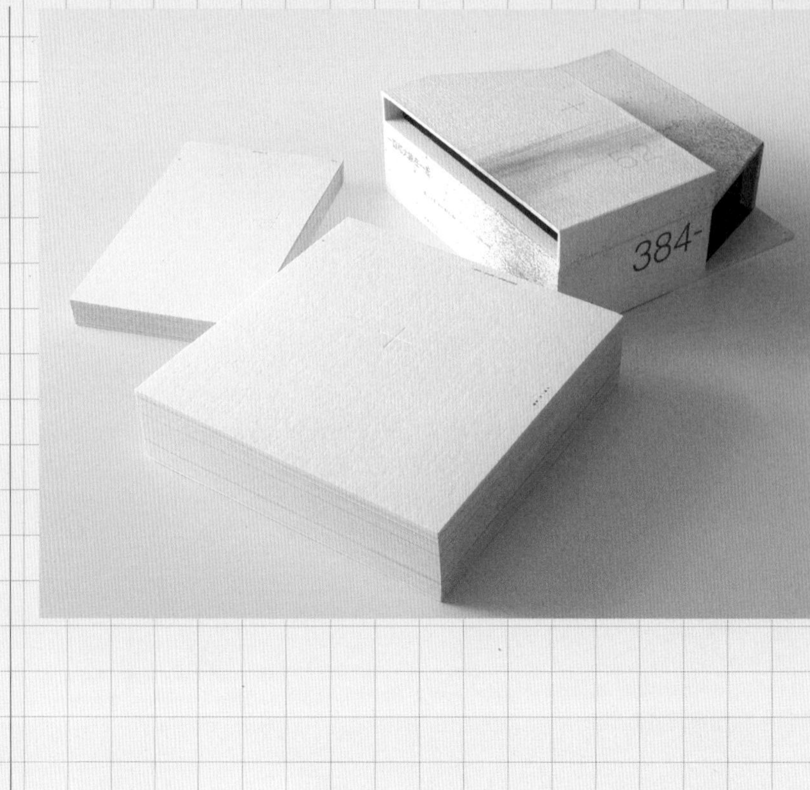

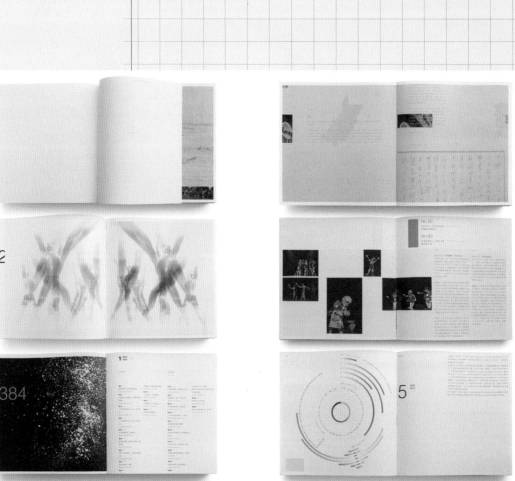

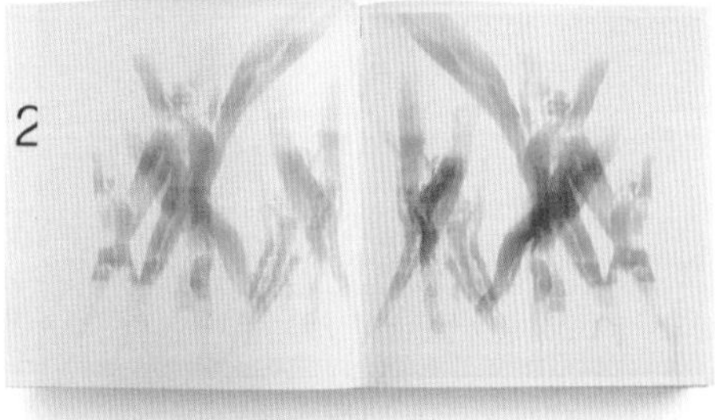

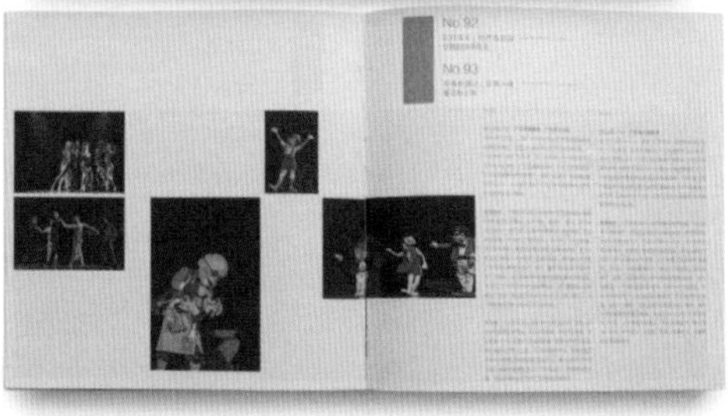

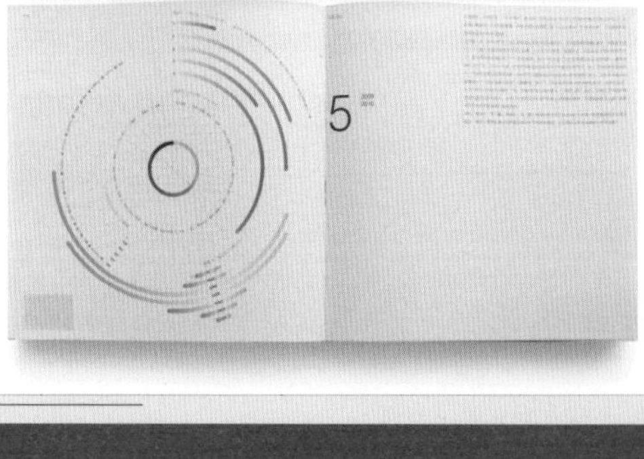

《囊括万殊　裁成一相：中国汉字“六体书”艺术》

D 刘晓翔
P 高等教育出版社
2014

≡汉字由甲骨文发展至今大致经历了甲骨、金、篆、隶、楷、草，这六种字体的演变。该书作者选取日常所见的 50 个汉字，每个字用六种书体书写，旨在让读者了解汉字演变的过程与不同书体字形的笔法魅力。

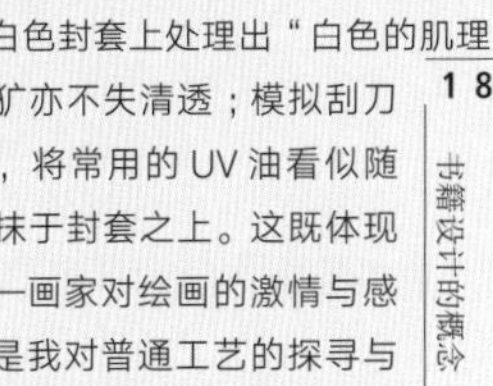

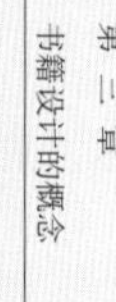

《无尽的航程》

D 吴勇
2008

≡这本书是为希腊画家盖瑞斯・瑞纳斯的个人绘画作品展而设计的，图册用了一个空灵好似遥望无边的基调——白色的封面，这是对一般性油画作品习惯性形态的挑战。为了体现油画的质感，在白色封套上处理出“白色的肌理”，这些肌理粗犷亦不失清透；模拟刮刀的油画技法，将常用的 UV 油看似随性地直接涂抹于封套之上。这既体现出委托方——画家对绘画的激情与感性表达，亦是我对普通工艺的探寻与尝试。书的外在形态传达给受众熟悉又陌生的“新鲜”质感，也很好地体现了画家作品的气质。于是这反常态的“白色”既是对画家身份的某种符号性隐喻，又给予了希腊籍画家某种史诗雕塑般的解读。

≡此书由两部分组成，外包画册是几十页的对页式结构布局，内容是画家简介、草图和创作过程等背景资料的图文信息，并用逐页扩大书脊宽度的“爬坡式”工艺进行叠页装订处理，套在内部精装画册之外，而这深埋其中的硬壳精装画册才是画家的作品，两者合二为一。在视觉上给读者以平装书的感觉，凸显了画家质朴的性格与画风；同时天头、地脚切口处由于是对页式结构呈现的逐页底色由蓝至白的设计，模拟了海洋的景观，进一步强调了“海域画家”的身份。

案例分析《剪纸的故事》

书籍设计不仅仅是个版面设计，更不是封面设计，《剪纸的故事》采用了引导读者诗意阅读的编辑设计。《剪纸的故事》不是按部就班地将原文本结构作一个简单的章节分割，而是根据内容重新设计阅读通道，为读者创造了许多接受信息的可能性。比如文本构成的戏剧化演绎方式，图文的自由撒落和有序编排；中英文阅读的叙事比重关系；色彩并未按原作而是为信息角色重新设定；为物化阅读感受而采用不同质感的纸材；印刷油墨在多种异样纸张上的反射率和透明度的引用；从作者的创作方式而导入书籍页面中有剪刀剪入的半页形态；也包括用反映民间艺术的五彩线来缝缀；甚至于把印厂裁下来的纸屑装入书套中，残留下作者创作的痕迹等等。《剪纸的故事》是设计师信息再造的过程，既尊重文本内涵的准确表达，同时打破装帧设计的固有观念，信息在空白中穿越，也在翻阅的过程中得以流动，其结果是赋予读者得到“阅读动力”。

《剪纸的故事》

D 敬人设计工作室
P 人民美术出版社
2011

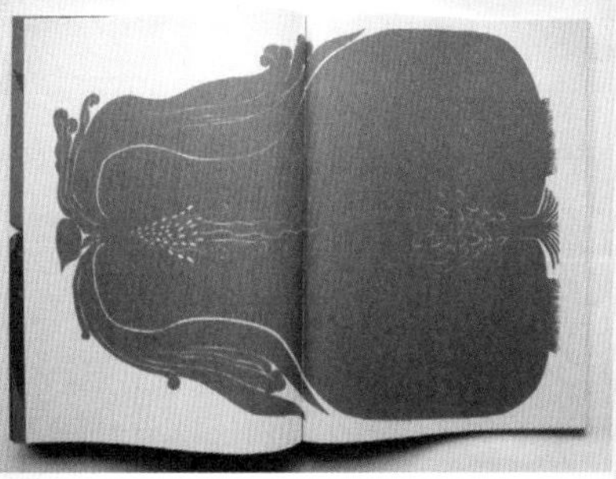

完成一本书的流程

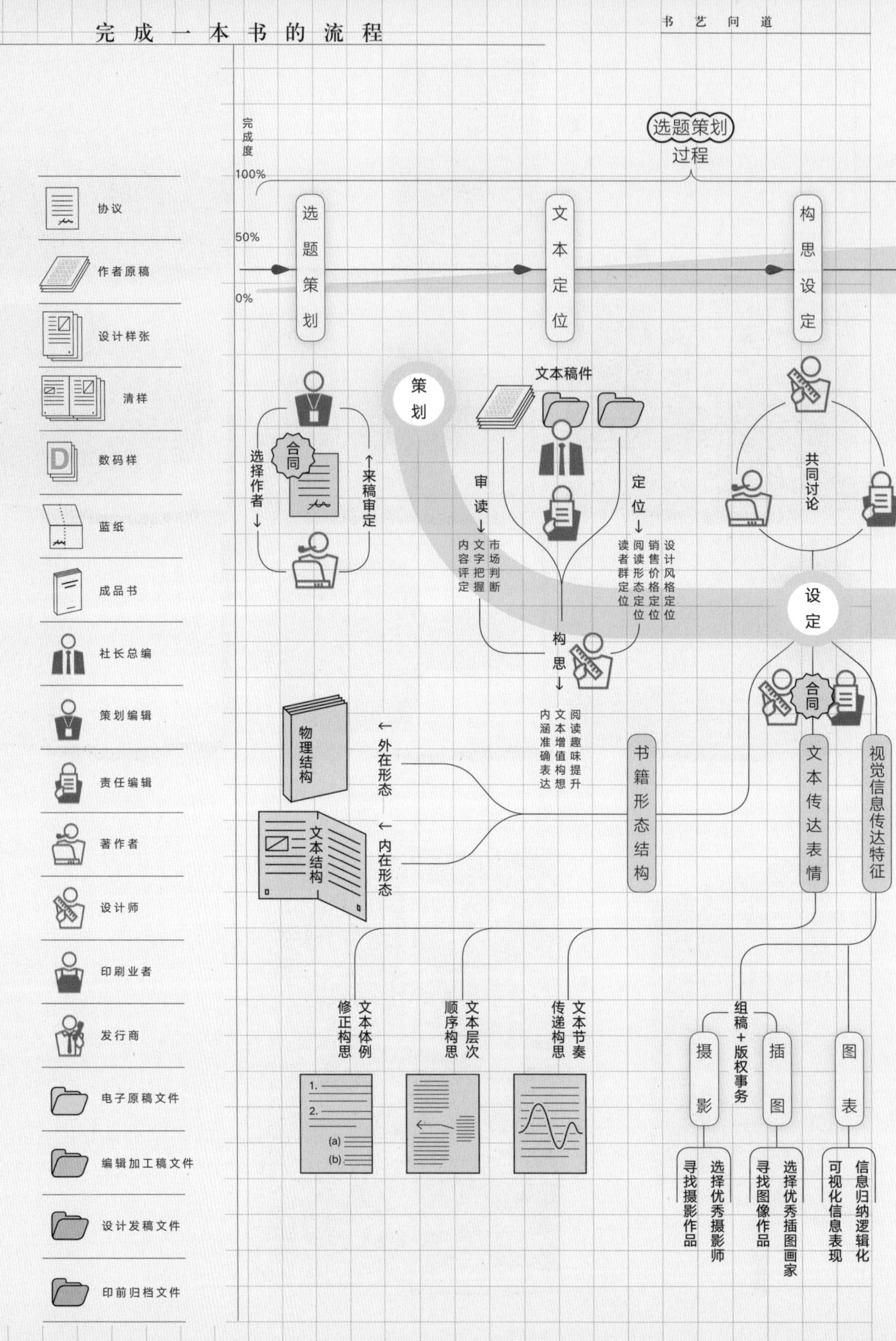
完成度
100%
50%
0%
选题策划
过程
选题策划
文本定位
构思设定
协议
作者原稿
设计样张
清样
数码样
蓝纸
成品书
社长总编
策划编辑
责任编辑
著作者
设计师
印刷业者
发行商
电子原稿文件
编辑加工稿文件
设计发稿文件
印前归档文件
策划
合同
选择作者↓
↑来稿审定
文本稿件
审读↓
文字把握
内容评定
市场判断
定位↓
阅读形态定位
读者群定位
销售价格定位
设计风格定位
构思↓
阅读趣味提升
文本增值构想
内涵准确表达
共同讨论
设定
合同
书籍形态结构
文本传达表情
视觉信息传达特征
物理结构
文本结构
←外在形态
←内在形态
文本体例
修正构思
文本层次
顺序构思
文本节奏
传递构思
组稿+版权事务
摄影
插图
图表
选择优秀摄影师
寻找摄影作品
选择优秀插图画家
寻找图像作品
信息归纳逻辑化
可视化信息表现

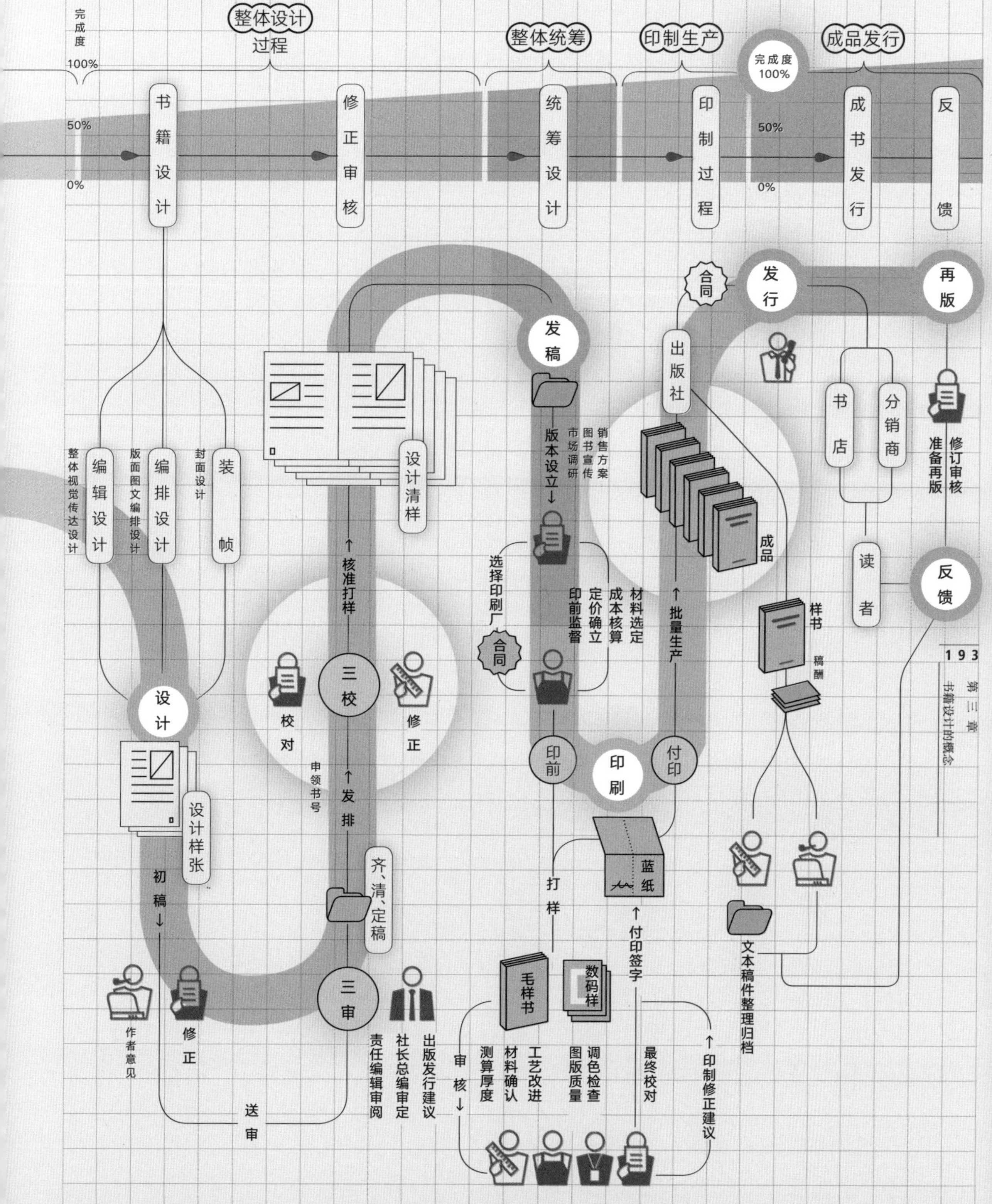

完成度
整体设计过程
整体统筹
印制生产
成品发行
完成度 100%
100%
50%
0%
50%
0%
书籍设计
修正审核
统筹设计
印制过程
成书发行
反馈
发稿
合同
发行
再版
出版社
整体视觉传达设计
编辑设计
版面图文编排设计
编排设计
封面设计
装帧
设计清样
版本设立↓
市场调研
图书宣传
销售方案
书店
分销商
修订审核
准备再版
成品
↑核准打样
选择印刷厂
印前监督
定价确立
成本核算
材料选定
↑批量生产
读者
反馈
样书
稿酬
合同
设计
三校
校对
修正
申领书号
↑发排
印前
印刷
付印
设计样张
初稿↓
齐、清、定稿
蓝纸
打样
↑付印签字
文本稿件整理归档
毛样书
数码样
三审
作者意见
修正
责任编辑审阅
社长总编审定
出版发行建议
审核↓
测算厚度
材料确认
工艺改进
图版质量
调色检查
最终校对
↑印制修正建议
送审

思考题

Q1 为什么说以往的装帧概念与现代书籍设计概念有区别？区别在哪里？

Q2 书为何物？何谓书籍形态？

Q3 整体设计包含哪几个组成部分？

Q4 书籍的概念对未来书籍设计有何潜在意义？

Q5 怎样理解艺术 × 工学 = 设计^2？

第四章

书籍设计3+1

4

本章全面阐述了构成“书籍设计3+1”概念的编辑设计（Editorial Design）、编排设计（Typography Design)、装帧（Book Binding)+信息视觉化设计（Infographic Design)各项设计思路和具体方法。Book Design是令书籍载体兼具时间与空间、兼备造型与神态、兼容动与静的信息构筑艺术，它具有多重性、互动性和时间性，即多层平面组合的近距离翻读的阅览形式。

本章重点强调以往书籍设计教育未能涉及的编辑设计概念，指出编辑设计是逻辑思维和视觉审美相结合的理性创作活动，是必须拥有的设计意识，并梳理出书籍设计过程中的八个步骤。本章还就编排设计中的网格设计法和理念的实施，以及装帧设计中知识性、技术性等问题，通过大量的案例分析和列表帮助读者解读，有利于理解和在设计实践中进行参考，是全书十分重要的一部分。

一、编辑设计

构建书籍信息时空传递的逻辑关系

■我觉得书籍设计者好似一个演员在书籍视觉信息传达中担任某种角色，是演员，是编剧，或许还会承担起导演的职责。

1

编辑设计概念

编辑设计要求设计者像导演一样，通过对文本的分析，在理解的基础上注入你对信息的逻辑分辨和组织一个整体内容传达的视觉化结构系统，要求设计语言元素贯穿于文本信息传达，在层次、节奏、时间和空间上有一个把控。编辑设计就是将已经有的东西以视觉传达的角度进行重新编排的作业，并注入一种秩序的存在，同时添加上你对这个事物的看法，完成逻辑思维和视觉审美相结合的理性创作活动。

在第一章里已将书籍设计分为三个层次，第一个是装帧层次，即书的封面、选材、印制工艺阶段，也就是所谓保护功能、外观审美和商品宣传的装帧设计。第二个是编排设计层次，编排设计又称二维设计，是平面概念上的图文元素之间平衡关系的设计驾驭，就是把文本、图像、空间、色彩放在一个二维平面上进行非常好的协调制作，形成有效的阅读传达并体现审美价值的设计。国外有专门的编排设计家“Typography Designer”，他们的工作就是塑造文字、编排文字、应用文字，传达文本、编织图像、制造阅读节奏空间。第三个是编辑设计层次。编辑设计不是文字编辑的专利，它是指整个文本传递系统的视觉化塑造。编辑设计，是将信息进行有序编织的逻辑思维过程，是掌控视觉化信息在阅读时空中的流动轨迹，做到既准确还原文本，又提升与丰富文本的阅读品质，即构成如何传达信息的设计语法的确立，并产生多主语的活性化设计过程。按书籍设计程序来说，编辑设计恰恰是首当其冲的工作。编辑设计是重要的起始阶段，这样才能进入下一步的编排设计和装帧阶段。这三者须循序渐进、相互交替和完美融合才能完成一本书籍的整

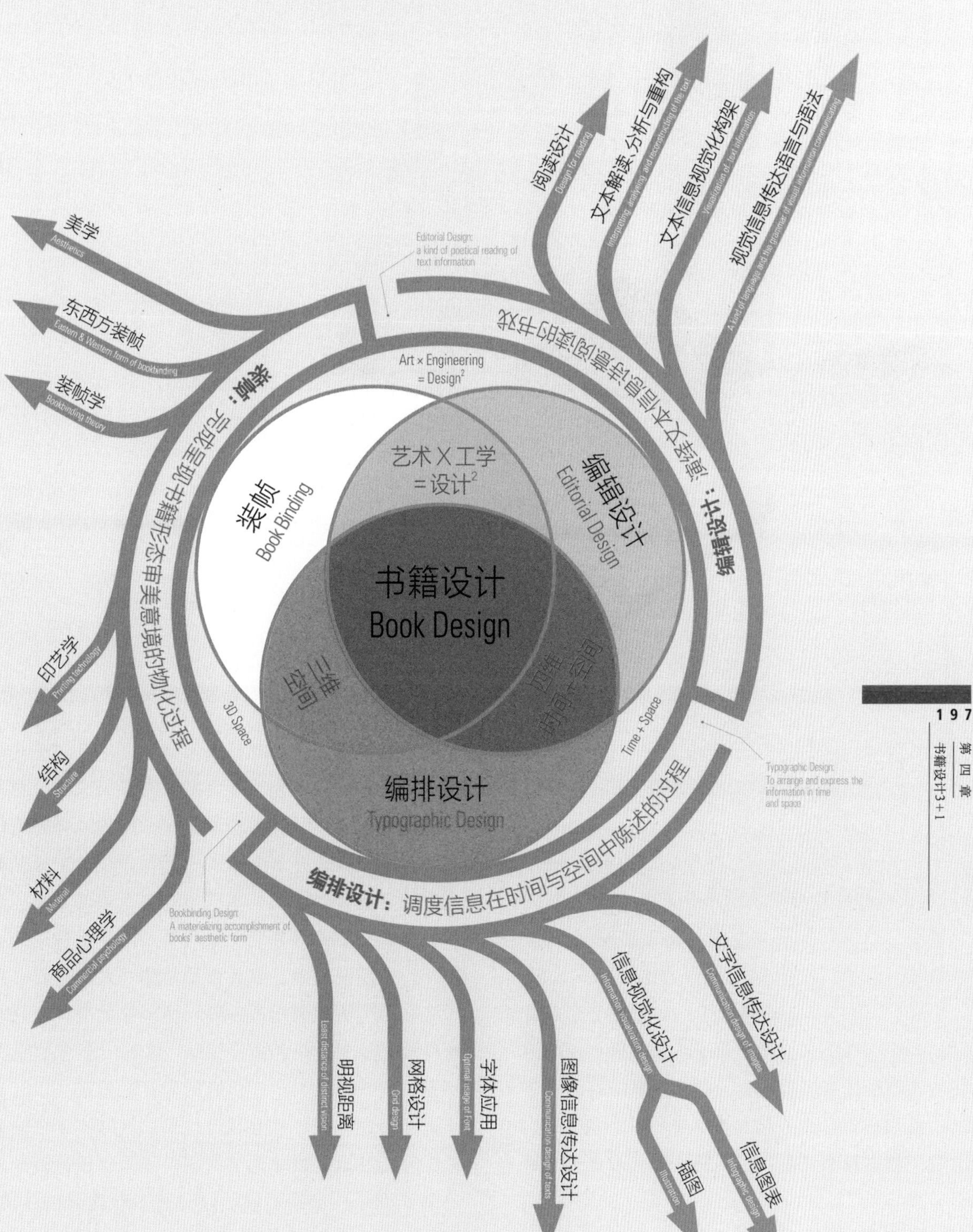
书籍设计
Book Design
装帧
Book Binding
编辑设计
Editorial Design
编排设计
Typographic Design
艺术 X 工学 = 设计^2
Art × Engineering = Design^2
三维空间
3D Space
时间+空间
Time + Space
装帧：完成呈现书籍形态审美意境的物化过程
编辑设计：演绎文本信息诗意阅读的过程
编排设计：调度信息在时间与空间中陈述的过程
Editorial Design: a kind of poetical reading of text information
Bookbinding Design: A materializing accomplishment of books' aesthetic form
Typographic Design: To arrange and express the information in time and space
美学
Aesthetics
东西方装帧
Eastern & Western form of bookbinding
装帧学
Bookbinding theory
印艺学
Printing technology
结构
Structure
材料
Material
商品心理学
Commercial psychology
阅读设计
Design for reading
文本解读、分析与重构
Interpreting, analyzing, and reconstructing of the text
文本信息视觉化构架
Visualization of text information
视觉信息传达语言与语法
A kind of language and the grammar of visual information communicating
明视距离
Least distance of distinct vision
网格设计
Grid design
字体应用
Optimal usage of Font
图像信息传达设计
Communication design of texts
信息视觉化设计
Information visualization design
文字信息传达设计
Communication design of images
插图
Illustration
信息图表
Infographic design

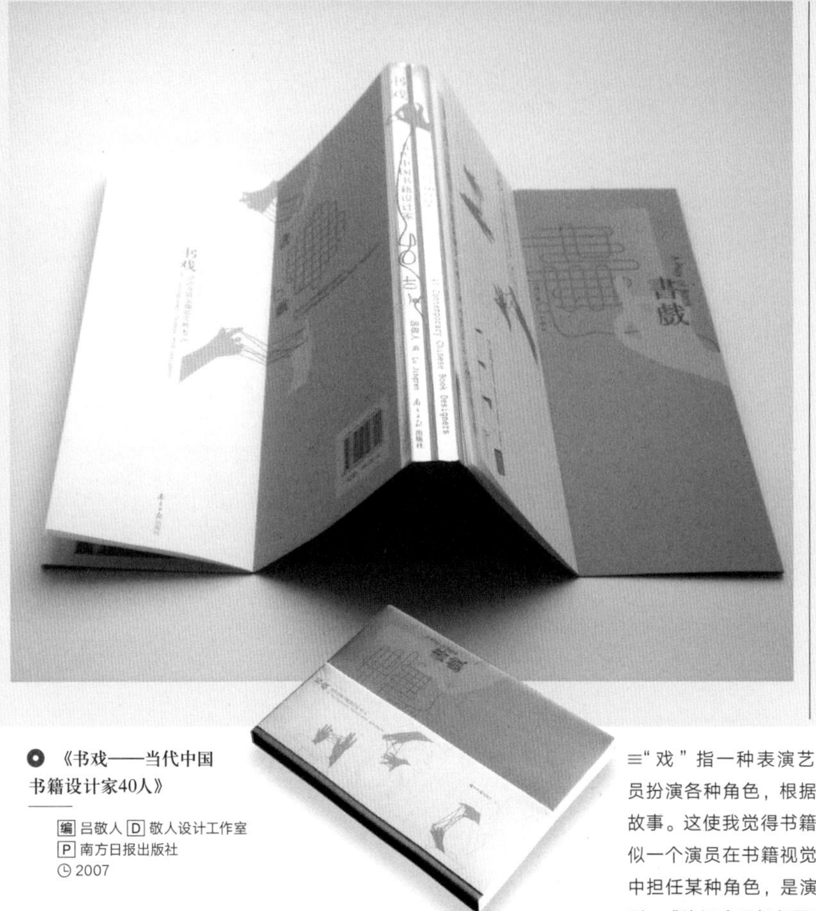

◎ 《书戏——当代中国书籍设计家40人》

编 吕敬人 D 敬人设计工作室
P 南方日报出版社
◷ 2007

≡"戏"指一种表演艺术，由演员扮演各种角色，根据剧情陈述故事。这使我觉得书籍设计者好似一个演员在书籍视觉信息传达中担任某种角色，是演员，是编剧，或许还会承担起导演的职责。书装与书戏即装帧与书籍设计，两者概念有很大的不同，后者给书籍设计师增添了更多的戏分和责任。

体设计。

在《汉语辞典》里对编和辑两字分别有这样的陈述：

编，"①古代用以穿连竹筒的皮条或绳子。②排列：按照一定的条理或顺序组织或排列。③编织：对资料或现成的作品加工整理。④创作、编制。"

辑，"①协调驾车的众马。②和协：亲睦、同和、齐一。③敛：拖着不使脱落，连缀。④聚集：将收集整理的资料按内容、顺序编纂成集。"

编和辑组合在一起的"编辑"既是名词，也是动词。就书籍载体而言，是将文本信息进行逻辑统合、整理加工，对书籍信息阅读架构的有序驾驭，是一项提升创作过程的工作。

作为编辑设计者，应该在不违背文本内涵的基础上，用视觉阅读和艺术审美的设计语言去弥补文本之不足，甚至于超越纯文本阅读，这在过去是不可想象的，以前书籍设计者并没有参与文本视觉阅读的编辑意识，只有为书做装饰，给他人做嫁衣的权利。编辑设计是导演性质的工作，设计师是把握文本传递的视觉阅读的掌控者。书籍中的文字、图像、色彩、空间等视觉元素均是书籍舞台中的一个角色，随着它们点、线、面的趣味性跳动变化，赋予各视觉元素以和谐的秩序，注入生命力的表现和有情感的演化，使封面、书脊、封底、天头、地脚、切口、内页的图文……所有的设计元素都可以起到不同角色的作用，书籍设计也可以使文本产生音乐般的节奏感、戏剧化的层次感，设计依据内容而不断编织变化、创造衍展，以达到书籍之美的语境。所以优秀的书籍设计师也是一个"角儿"，也许是一个演员或者一个编剧，甚至可能还是一个导演。

所谓编辑设计就是将已经有的东西重新编排，

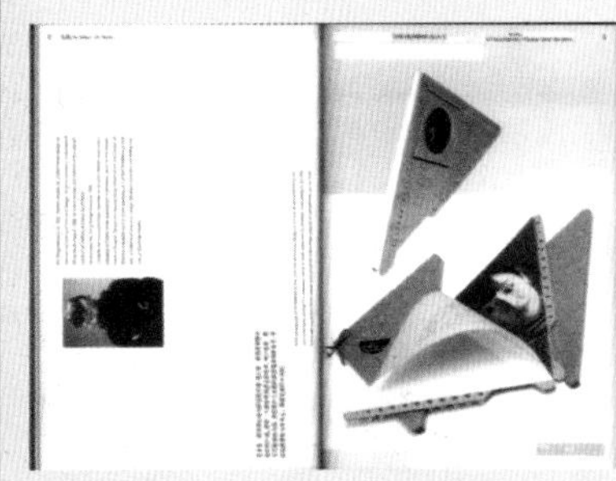

≡"戏"还有另一层意思，戏乃玩耍也，凭着一种童趣和兴致盎然的好奇心去探索未知，捕捉新意。戏是一种心态，一种无所顾忌又永不满足的创作精神，一种积极努力、苦中作乐的工作姿态。

≡此书展现了40位书籍设计家在这个书籍的舞台上出演的一出出别具一格的书戏。

并注入一种秩序的存在，同时添加上你对这个事物的看法，完成逻辑思维和视觉审美相结合的理性创作活动。所以说这是一种设计意识。

编辑设计将根据书的不同内容、体裁、文风、读者方向、成本核算等做出不同的构想和设计方案。比如重构文本信息系统的编辑设计、展现三维空间+时间的编辑设计、表达主题书韵语境的编辑设计、提供阅读趣味的编辑设计、体现阅读功能的编辑设计、将繁杂信息视觉化的编辑设计、强调节奏性条理化的编辑设计、解决轻便阅读的编辑设计、进行信息戏剧化演绎的编辑设计、注入珍藏本书卷气息的编辑设计等。要因文制宜，因材施编，不能喧宾夺主。为此书籍编辑设计一定要注意三个关键点：①把握内容传达的表情，②呈现信息流动的轨迹，③形式美与阅读功能的融合。

什么是设计？结果是何种载体并不重要。设计是一种交流，是信息沟通整合的编辑过程。好的设计师能调动设计与被设计的兴趣，处理好主体与客体、阅读与被阅读的关系。

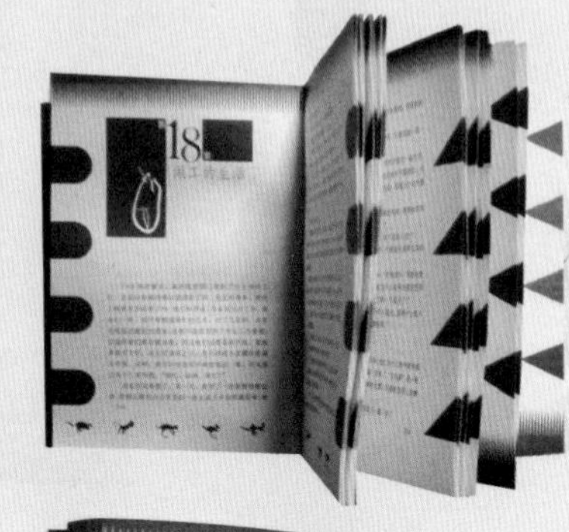

《黑与白》

D 吕敬人
P 中国青年出版社
1995

2 构建书籍信息传递的线性逻辑关系

英语"Logic"的词义，不但有逻辑学所指的逻辑含义，同时也可简单地解释为推理方法。词解推理则为通过一个或几个被认为是正确的陈述、声明或判断达到另一真理的行动，推理方法自然就是为得到最后所追求的真理而采用的方法。依据这一逻辑，我们对编辑设计解释为：书籍设计师将读者的阅读过程引至书中所述结果而使用的方法。

书籍被阅读的过程中存在不可逆转的时间性，而这必然会成为长度不一的时间线，并且只有在逻辑的引导下读者才能确定阅读的先后顺序并形成这样的时间线，所以这一时间线就是在逻辑结构下导致的陈述结果。因此，我们将书籍设计中的逻辑形成解释为线性逻辑思维。

编辑设计要跨越二维空间的束缚，将设计提升到三维乃至四维的时空表达，这便要求设计师从信息表面静态的空间布局设计思路中跳出来，进入到对信息背后的编辑与梳理工作中去，赋予信息在时空中富有动态变化的表现力。这样的设计才会在版面传达中把握信息在时间与空间中的生命力存在，平面的版面变成了具有内在表现力的立体舞台。

信息分解不是简单的资料整理，而是要赋予文化意义上的理解和在知性基础上展开艺术的创作，使主题内容条理化、逻辑化，在分解中寻找文本信息相互内在的关系，在归纳中梳理每一个环节的线索，以组织逻辑思维和戏剧化的分镜头视觉思考，由信息元素变为内心意念的构想。当一个设计者在一张纸上进行平面设计时，纸张呈现的是不透明的状态，而对于一位能感受信息编辑深意的人来说，这张纸被赋予了不同的透明度，在前后页的"透叠"

《翻开——当代中国书籍设计》

D 敬人设计工作室
P 电子工业出版社
2002

≡该书首次将大陆、香港、台湾、澳门两岸四地的书籍设计艺术家的作品汇聚一堂，展示不同文化背景下书籍设计语境的多元表现，为此展览会编辑设计了此书。书籍形态为读者创造不断翻开的概念，随着封面启开，二封的再启开，里侧并排四本独立的书，左翻右翻为中西文化背景下竖排与横排的阅读差别，层层启开封面上有意设置的封条，显现出本书的“翻开”主题，使读者能够欣赏两岸四地的设计风貌，也翻开了两岸四地设计家进行中华文化交流的新的一页。

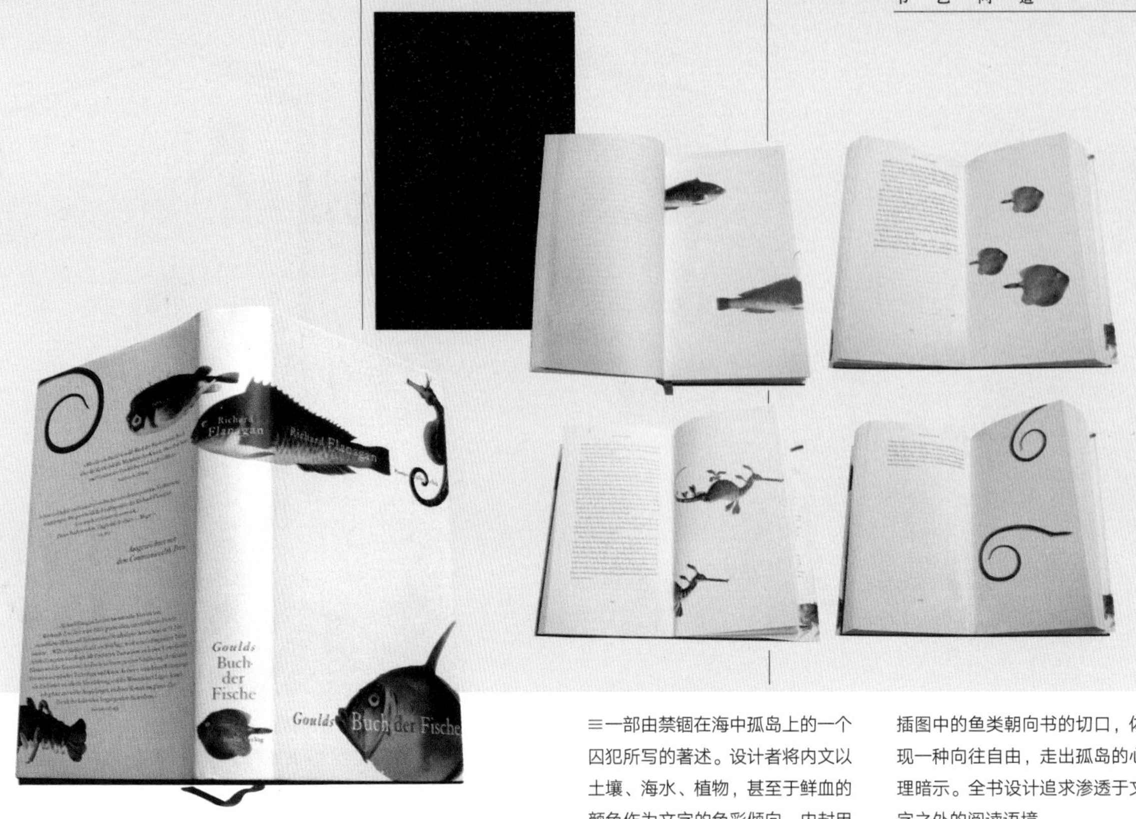

◉《狱中杂记》

D 蕾娜特·斯蒂凡 德

≡一部由禁锢在海中孤岛上的一个囚犯所写的著述。设计者将内文以土壤、海水、植物，甚至于鲜血的颜色作为文字的色彩倾向，内封用贝壳沙滩特有的质感烘托主题的特殊氛围。设计者别具匠心，将所有插图中的鱼类朝向书的切口，体现一种向往自由，走出孤岛的心理暗示。全书设计追求渗透于文字之外的阅读语境。

中，感受相互间的差异感，这种差异感必然会影响编辑设计的思维，使其去感知那些似乎看不到的，隐藏在文本故事中的线索和富有视觉阅读感的东西。

编辑设计必须把握当代书籍形态的特征，要提高书籍形态的认可性，即读者易于发现的主体传达；可视性，为读者一目了然的视觉要素；可读性，让读者便于阅读、检索等结构性设定；要掌握信息传达的整体演化，就是把握全书的节奏层次，剧情化的时间延展性；掌握信息的单纯化，传达给读者以正确感受——主体旋律；文本以外的知识和信息的延伸扩展；掌握信息的感观传达，即书的视、听、触、嗅、味五感。总之，当代书籍编辑设计将是构建书籍信息时空传递的逻辑关系，用感性和理性的思维方法构筑成完美周密的并使读者为之动心的信息系统工程。

案例分析《灵韵天成》《蕴芳涵香》和《闲情雅质》

一套介绍绿茶、乌龙茶、红茶的生活类图书。出版社的定位是时下流行的实用型、快餐式的畅销书。我在与著作者接触中被作者对中国茶文化热切投入的精神所感动，觉得书的最终形态不应该是纯商品书物的结果，应该让全书透出中国茶文化中的诗情画意，这也是对中国传统文化的一种尊重。这一编辑设计思路与作者取得共识，与出版社就文化与市场、成本与书籍价值等问题进行了反反复复的探讨，这一方案最终也得到了出版人的认可。全书完全颠覆了原先的出书思路，用优雅、淡泊的书籍设计语言和全书有节奏的叙述结构诠释主题。绿茶、乌龙茶两册用传统装帧形式，内文筒子页内侧印上茶叶局部，通过油墨在纸张里的渗透性，在阅读中呈现出茶香飘逸的感觉；另外一册红茶从装帧形式到内文设计均为西式风格，体现英国式的茶饮文化。全书没有任何矫饰和刻意的设计，但处处能让读者体会到设计的用心。虽然书的价格成本比原来预计的高了些，但书的价值得到了全新的兑现，反而促进了销售。

《灵韵天成》《蕴芳涵香》《闲情雅质》

D 敬人设计工作室
P 中国轻工业出版社
2007

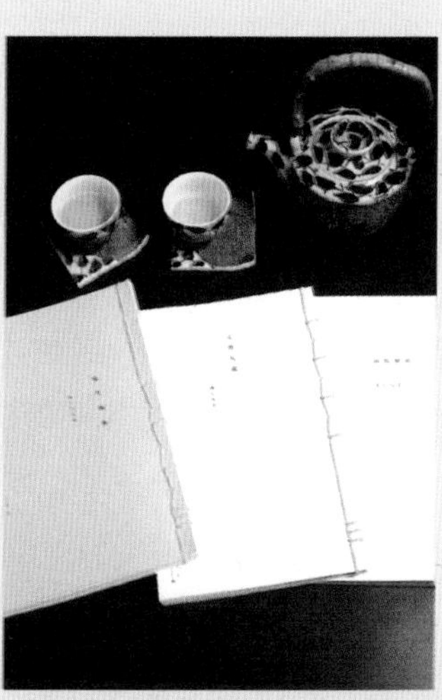

案例分析《北京跑酷》

设计家陆智昌并不满足文本照片的一般化介绍北京地区人文景观的旅游书的做法，他注入书籍阅读语言的崭新表达，把视觉阅读贯通全书的编辑思路。他与著作者组织香港、汕头的艺术学院的大学生，将北京风光通过视觉化解构重组的插图和矢量化图表将地域、位置、物象加以逻辑化、清晰化、趣味化的编辑，并使其融入到图文的叙述之中，打破传统模式的旅游书千篇一律的编排方法，赢得广大读者的普遍欢迎和赞赏。

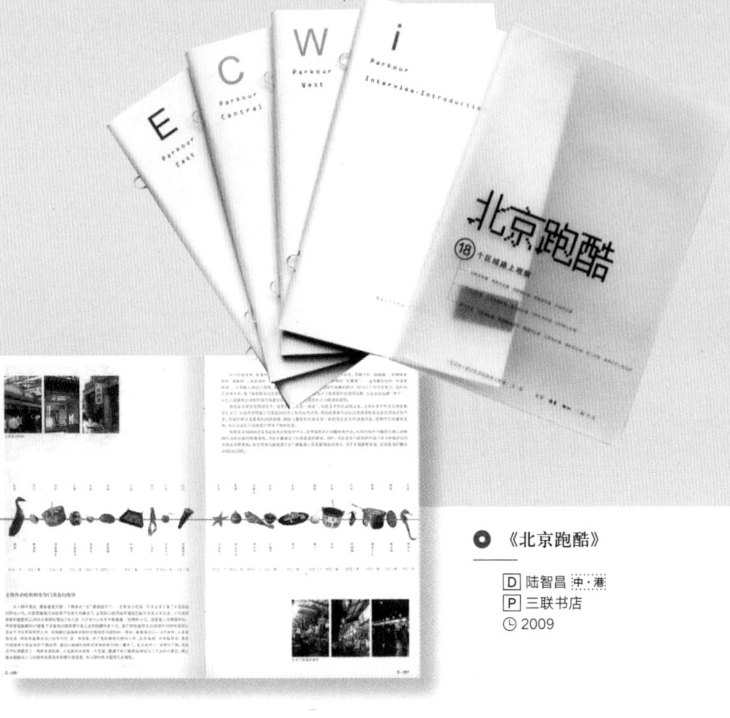

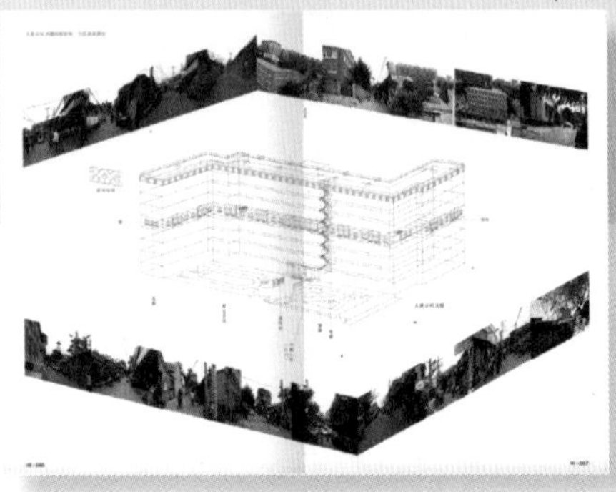

《北京跑酷》

D 陆智昌 中·港
P 三联书店
2009

3 书戏——看透纸页舞台的深处

科技力量影响下的信息媒体环境正在发生日新月异的变革，人们可以同时享受报纸、书籍、电话、网络等信息工具带来的便利，各种信息媒体成为我们的眼睛、耳朵，甚至手，我们周围的世界似乎也在变得越来越小。然而，人们在感受到信息解放带来的新鲜感的同时，却依然渴望享受到高质量的阅读体验。书籍作为大众传播的媒体，在多媒体疾速发展的今天，秉持着自身的特质和魅力，拥有大量的多元化的阅读群体。与此同时，书籍载体也面临着快节奏、高效率生活状态下的新生代阅读者对信息传播的挑剔和质疑，为读者提供容易阅读、便于理解的信息，并能将繁复泛滥的信息进行概括、梳理、视觉化、戏剧化以达到有趣的信息传达的新的书籍语言。2003 年，在日本名古

2003年，ICOGRADA世界平面设计大会主题标识，以清晰、明了、有趣的视觉图表表明攀登『信息之美』山巅的三条路径。

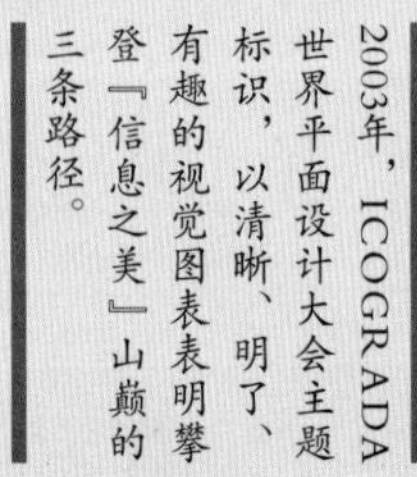

案例分析《梅兰芳全传》

原书为一本50万字纯文本、无图像的书籍，经提出编辑设计的策划思路后，得到著作者、责任编辑的认同和支持。在设计过程中，寻找近百幅图片编织在字里行间，使主题内容更加丰满，并将设计构想体现在三维的书的切面，为读者在左翻右翻的阅读过程中呈现梅兰芳"戏曲"和"生活"两个生动的形象，很好地演绎出梅兰芳一生的两个精彩舞台。虽然编辑设计工夫花得多一些，出书时间也推迟了一些，但结果是让梅兰芳家族、著作者满意，读者受益，获得了较高的社会、经济两个效益。

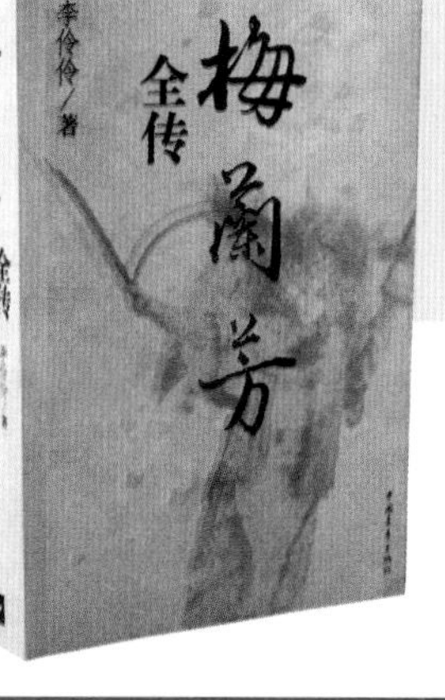

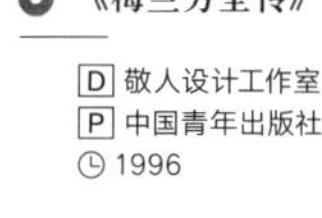

《梅兰芳全传》

D 敬人设计工作室
P 中国青年出版社
1996

设计的服务对象有两个，一为内容，二为读者。书籍设计师工作的起点就是解读内容，从最原始的文本中寻找核心所在，并找出揭示代表其内涵的一个或一组视觉符号，这是解开书籍设计视觉结构的一把钥匙。

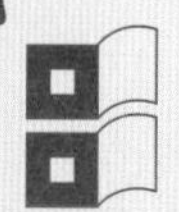

屋举办的"世界平面设计大会"提出"信息之美"的主题，将信息设计的清晰度（易懂）、创造性（独创性）和幽默感（诙谐）作为当代设计的三个基本条件。当今设计师如何采用新的传播思路和设计语言，让受众来选择书籍并乐意接受视觉化信息传达的全新感受，正是这一时代对书籍设计师提出的要求。

以往的观念普遍认为，书籍装帧就是为书打扮梳妆，是为著者做嫁衣，要想超越文本则是非分之想。设计师不应将设计与文本内容相割裂，更要反对那种画蛇添足的过度设计，因为这是脱离信息设计本质，也是只强调外包装的滞后装帧观念所致。书在阅读时，随着一页一页的翻动，吸纳着时间的流动，版面设计中蕴含着时空的表达过程，在读者视线的注视下，书不断变换着时空关系。可以说，书籍是动静相融，兼具时间与空间的艺术。面对空白的纸张，设计师是一个能够演绎文本信息的"时间拥有者"。诸多元素具有生命力的表现令设计者像面对镜子一样在作品面前透出自身，并给他人传递自己的心路。一般概念的设计只能停留在白纸表面的构成表演，而能够力透纸背的设计师其设计概念已不局限于纸的表面，还会思考到纸的背后，即贯穿全书的信息的渗透力。编辑设计能看透书戏舞台的深处，甚至再延续到一面接着一面信息传递的戏剧化时空的创作之中。

案例分析《怀珠雅集》

1. 鉴于出版社提出为藏书票画家做一本作品集的要求，设计者认为原编辑定位不能全面完整体现读书文化的内涵，故对该书的出版主题以藏书票的艺术展示为框架，在书的内容结构中延伸诠释藏书票艺术中文化元素的重新思考。

2. 分析藏书票艺术的起源、过程和生存状态，需要对读者，尤其是对年轻读者介绍藏书票的历史及艺术价值。在每一幅作品展示的同时，在书中注入经过编撰后的学者、名人、读者、购者对有关藏书感悟的只言片语，使图与文有深度地传达信息并扩充其信息量。

3. 中国文化特质和书卷气息的体现为本书设计的基本视觉传达基调，调动中国古籍中的视觉元素并符合当代人的阅读审美情趣，达到对古为今用的现代设计符号的捕捉。

怀珠雅集

D 敬人设计工作室
P 河北教育出版社
2013

4

编辑设计过程的八个切入点

{1} 主调设立

书籍设计的终极目的是传达信息，确立主调是完成书籍设计迈出关键的第一步。深刻理解主题是信息传达之本，是设计过程之源头，随之才有进入以下各个阶段的可能性。将司空见惯的文字融入自己的情感，并有驾驭编排信息秩序的能力，掌握感受至深的书籍设计丰富元素，并能找到触发创作灵感的兴趣点，主调即可随之设立。

{2} 信息分解

信息分解不是简单的资料整理，而是要赋予文化意义上的理解和在知识基础上进行的拓展艺术创作。其作用主要是使主题内容条理化、逻辑化。设计师在分解中寻找信息相互内在的关系，在归纳中梳理每一个环节的线索，以组织出有逻辑思维且具备戏剧化的分镜头脚本，进而创造出可传达的信息元素。

1 → 英国艺术史学家贡布里希语

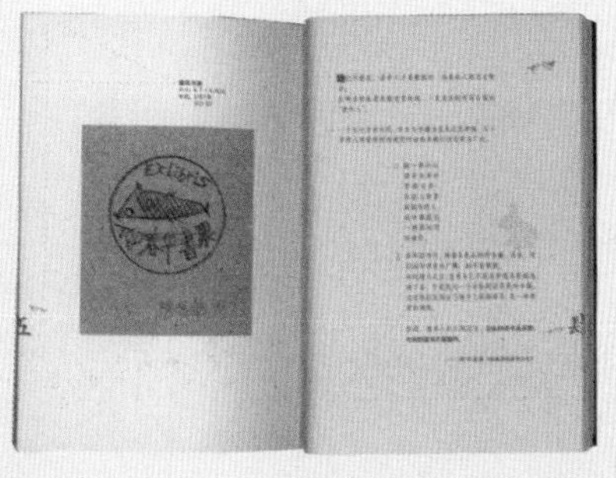

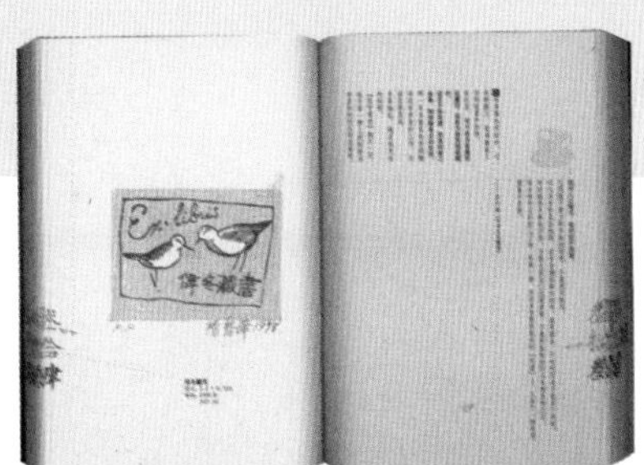

■ 编辑设计：学习文本信息传播控制的逻辑思维和解构重组的方法论，完成文本再造过程，达到阅读与被阅读的最佳关系。

{3}

符号捕捉

在书籍整体设计中，要强调对贯穿全书的视觉特征符号的准确把握能力，其中比较重要的是形成"全书秩序感的存在，它表现在所有的设计风格中"→1。如同绘画中的调子、音乐中的旋律，书籍设计在阅读过程中给受众一个感知的整体律动，无论是图像解读、文字构成、色彩象征、信息传达结构、阅读方式、材质工艺，均是令读者感同身受的有序符号归结点。

{4}

形态定位

要塑造全新的书籍形态，首先要拥有无限的好奇心和对书籍造型异想天开的意识。要创造符合表达主题的最佳形式，适应阅读功能的新的书籍造型，最重要的是按照不同的书籍内容赋予其合适的外观。外观形象本身不是标准，对内容精神的理解才是书籍形态定位的标尺。

4. 不游离中国书籍阅读审美语境，强调古籍形态的演绎，突出中国书籍翻阅的质感，强化书卷文化的气质，从而设定本书的外在造型、开本大小、排列方式以及阅读形态。

5. 内文版式要与外在形态达到和谐统一，全书各页舞台中的每一个元素（演员）都在全剧演出过程中担当重要角色，字体、字号、行距、段式、空间、文字群的分解组合，甚至于每一个小图形、小符号，一根线、

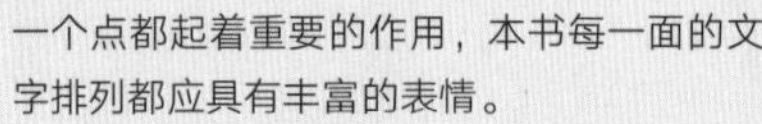

一个点都起着重要的作用，本书每一面的文字排列都应具有丰富的表情。

6. 本书为达到文人追求回归自然的心境，选择最具亲近感的手工宣纸、麻绳等材料；内文用薄纸做成传统筒子页；线缀方式是既传统又创新的装订形态，具有飘逸的翻阅质感；书置入具有自然气息简易的瓦楞函盒内，以达到淡泊高雅气质的追求。

{5}

语言表达

语言是人类相互交流的工具，是情感互动的中介。书籍设计语言则由诸多形态组合而成，比如书面文字语言，则有不同文体的表达；图像语言则有多样手法，阅读语言是明视距离的准确把控等，所以书籍语言更像一个戏剧大舞台。信息逻辑语言、图文符号语言、传达构架语言、书籍五感语言、材质性格语言、翻阅节奏语言，均在创造书与人之间令读者感动的书籍语言。

{6}

物化呈现

书籍设计是一个将艺术与工学融合在一起的过程，每一个环节都不能单独地割裂开来。书籍设计是一种“构造学”，是设计师对内容主体感性的萌生、知性的整理、信息空间的经营、纸张个性的把握以及工艺流程的兑现等一系列物化体现的掌控，架构设计师心中的书籍“构建物”。物化书籍之美的本质是什么？是为阅读创造与我们生活朝夕相处的“亲近”之美。理解和掌握物化过程是完美体现设计理念的重要条件。

7. 经过设计的全过程，以忐忑不安的心情，审视最终结果的良莠好坏，这是一个十分重要的创作步骤。作品必然要经过著作者、编辑者、出版发行者第一时间的“鸡蛋里挑骨头”，改进并完善最后的设计。

8.《怀珠雅集》全套五本同时出版后，成为许多爱书者的藏品。本书的设计着重体现书卷文化的审美趋向，表达文化人崇尚读书的心境。在审美与功能、艺术与物化等方面进行实验性的探索，寻觅书籍美学所要表达的语境。

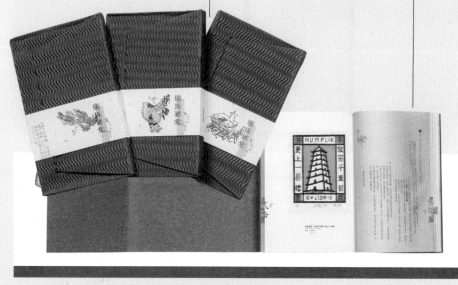

■书籍不应该是一个固定不变的形态模式。设计也不仅仅是为书装扮一件漂亮的外衣，更重要的是设计师以文本为基础的再创作，进行由表及里的整体思考，从内容到形态，从封面到正文，从编辑概念到物化过程。

{7} 阅读检验

书是让人阅读的，而不是一件摆设品。古人说：“书信为读，品像为用。”翻阅令读者读来有趣，受之有益。设计师要懂得在主体与客体之间找到一种平衡关系，设计者无权只顾自我意识的宣泄，要想方设法在内容与读者之间架起一座互动顺畅的桥梁。设计要体现书的阅读本质，可以从整体性（风格驾驭完整，表里内外统一）、可视性（文字传递明快，视像画质精良）、可读性（翻阅轻松舒畅，排列节奏有序）、归属性（形态演绎准确，书籍语言到位）、愉悦性（视觉形式有趣，体现五感得当）、创造性（具有鲜明个性，原创并非重复）六个方面去检验。

{8} 书籍美学

通过书籍设计将信息进行美化编织可使书具有丰富的内容显示，并以易于阅读、赏心悦目的表现方式传递受众。在春秋《考工记》中有此陈述：“天有时、地有气、材有美、工有巧，合其四者然而可以为良；材美、工巧，然而不良，则不时、不得地气也。”古人将书籍美学中艺术与技术、物质与精神之辩证关系阐述得如此精辟，也是书籍美学所要追求的东方文化价值。不空谈形而上之大美，更不得小觑形而下之“小技”。书籍美学的核心体现和谐对比之美。和谐，为读者创造精神需求的空间；对比，则是创造视觉、触觉、听觉、嗅觉、味觉五感之阅读愉悦的舞台，并为读者插上想象力的翅膀。

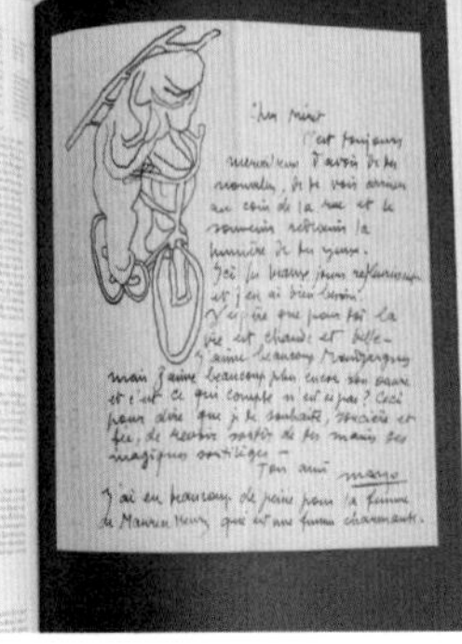

《美莱特·欧普海姆：恶毒字母包装之下难出美言》

D Bonbon、Valeria Bonin、Diego Bontognali 瑞士
P Scheidegger & Spiess

≡作者与30多位友人的通信原件穿插于文，变化而有序，丰富且简洁，注重阅读结构的细节处理，引领读者进入她的世界，从编辑设计、字体编排到用纸装订，这是一本精美得无懈可击的平装书。

《1979-1997超长家事清单》

D Christian Lange, München
P Spector Books
2012

≡用购物单据作为文本，叙述东西德统一前后的时代变迁。数据真实还原不可复制的存在，虽为一个家庭的琐碎经历，却是宏大的历史缩影。

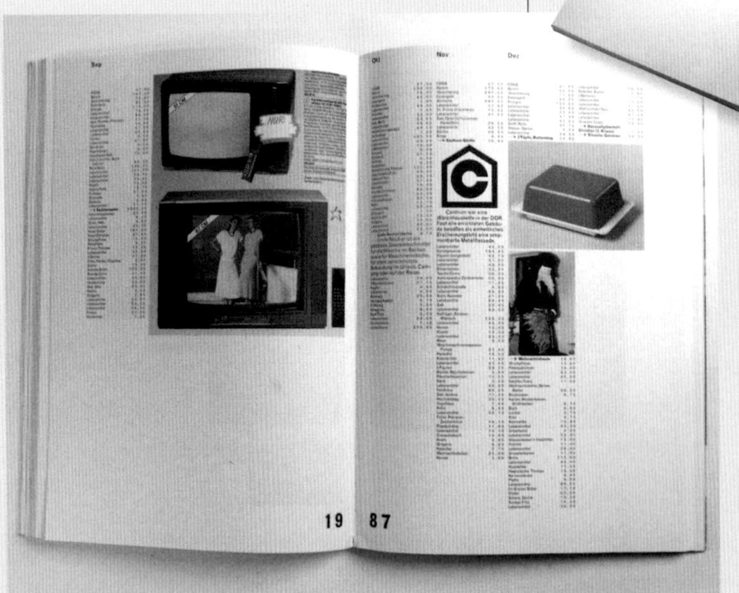

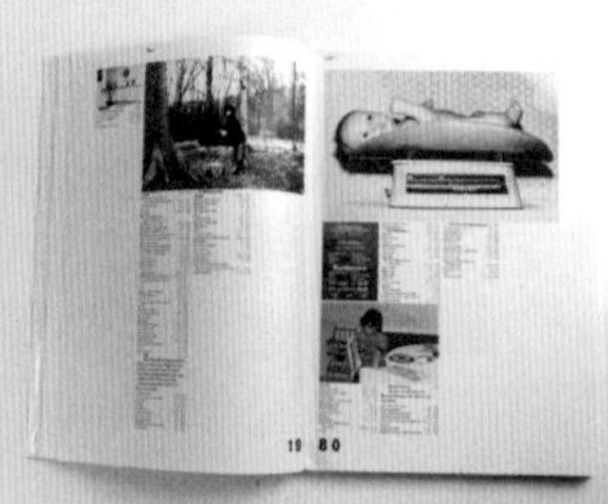

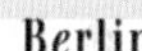

Berlin
Alex-Galerie
Die Geschichte des Alexanderplatzes – exakt aufgereiht. 19 Plakatvitrinen dokumentierten die Historie des Platzes, der vor 200 Jahren seinen Namen bekam. Die Humboldt-Universität gestaltete diese Open-Air-Galerie.
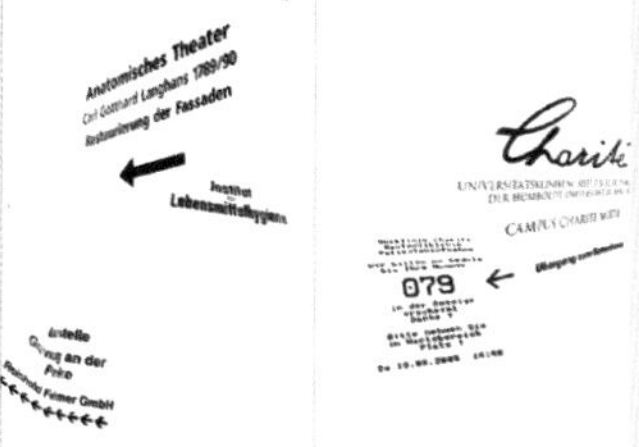

▲《文字柏林》

编 D 曼雅·赫尔曼 德
2007

☰德国青年字体设计家曼雅，数年游走于全柏林的富人区、穷人区、犹太区、新纳粹区……她用相机记录下不同街头小巷的现场文字，捕捉分析该区文字特征背后的人文故事，重构设计街区文化的文字景象展示于她编纂的《文字柏林》一书的每一面中。文字具有演绎世尘万象中活生生表情的功能，令读者得到一种别开生面的阅读感受。

Andrzej Wirth Flucht Nach Vorn

D Julia Born、Nina Paim
P Spector Books
2013

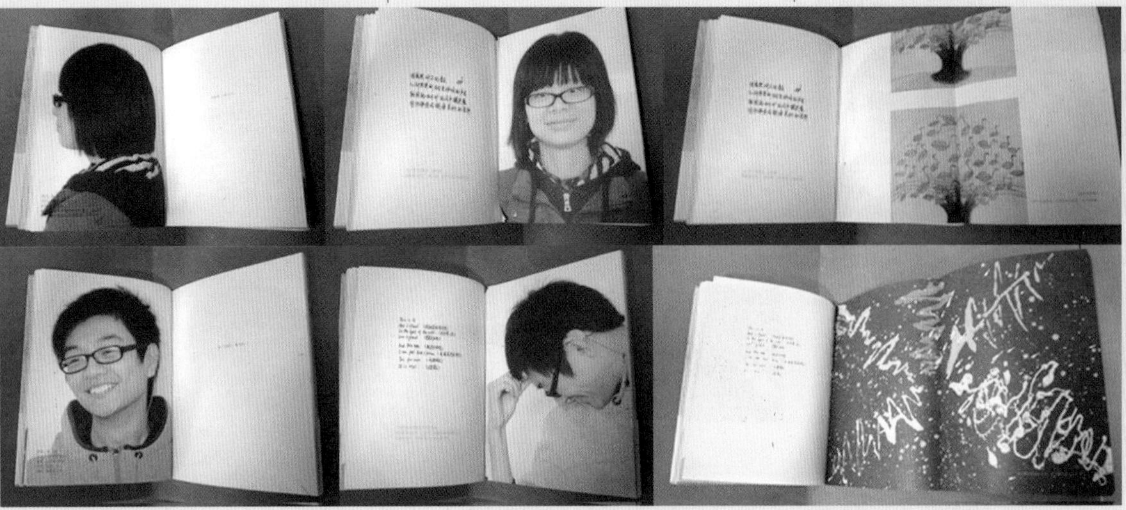

▲《无声的歌——寻找他们眼中的音乐》

D 潘镜如

≡《无声的歌——寻找他们眼中的音乐》是大四学生潘镜如的毕业设计。她利用假期分别深入北京和山东的聋哑学校，在那里进行授课活动。同学们真切的情感令她感受到心灵的触动，"于是画笔成为桥梁，创作和解读超越了有声与无声的分界"，"她想为聋哑朋友找到驾驭声音的自信，同时唤起社会上更多人对聋哑兄弟姐妹的关爱"。（摘自张海迪为此书写的前言）潘镜如把毕业设计当作一次有意义的社会实践活动，她明白书籍设计的真谛是传达真知和爱，从而全身心去创作一本书，并带给所有人感动，因为书籍设计是创造文化精神产品的行为过程。

▲《民工月账本》

D 王之为

≡书籍设计课程中重要的一项是主题切入点的选择。大四学生王之为深入到城市建设者——民工的生活圈里，从吃、住、行着手，捕捉反映他们表达喜怒哀乐的线索。她以民工的账本为切入点，梳理出这一群体的心理生态，并通过摄影、手稿、账本复印，真切反映当今飞速发展中的社会问题，引发人们的思考。

≡书籍设计的文化深度并不是靠口号，而是切实深入生活平等地与被表现者对话，才能获得最真实最动人的第一手素材，从而编撰出感动他人的书籍作品。此作品被清华大学收藏。

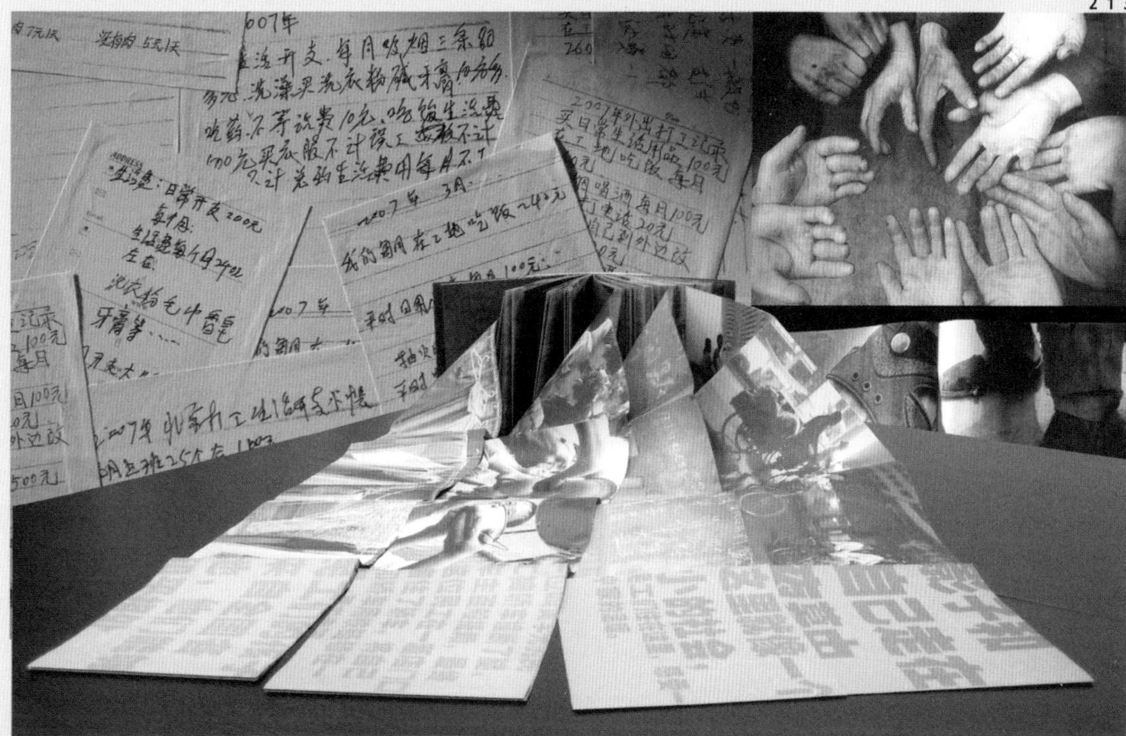

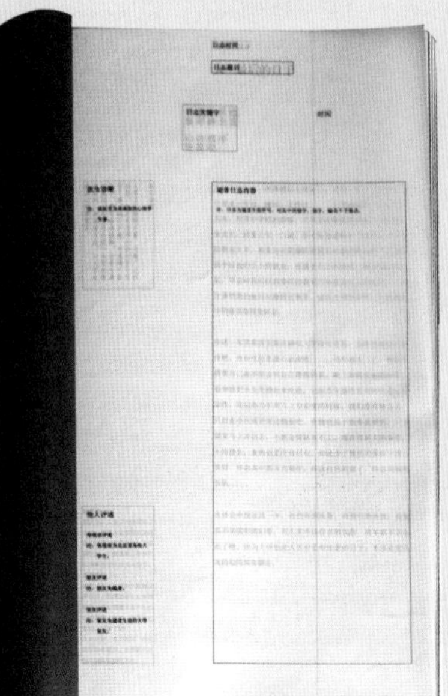

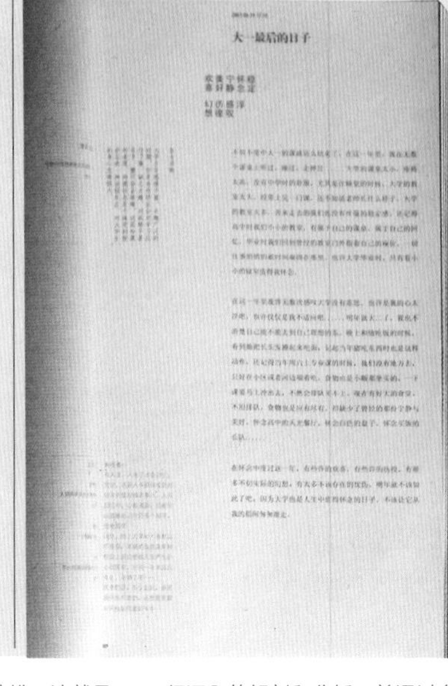

▲《80后自杀者的告白》

D 刘雅昆

≡书籍设计不是外在的装潢设计，当文本已经作为设计基础时，并不能被文字完全束缚，而应从中寻找更加有利于读者阅读和理解的“蛛丝马迹”，并将与文本触类旁通的信息进行严密逻辑的梳理，并通过视觉语言进行有序的编排，这就是编辑设计。《80 后自杀者的告白》设计者未将原始文本（自杀者网上博客）原貌排列，而是分别寻找心理医生、朋友、室友的分析和本人的看法，对自杀者的心理、精神进行深入的解剖和分析，并通过有序的网格设计，使该主题进一步得到升华，将一种厌世悲观的人生态度转为引导人们对生命价值认同的心理辅导性读物。书籍设计真正体现其“内在的力量”。

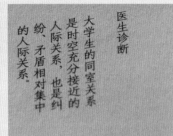

医生诊断

大学生的同室关系是时空充分接近的人际关系，也是纠纷、矛盾相对集中的人际关系。

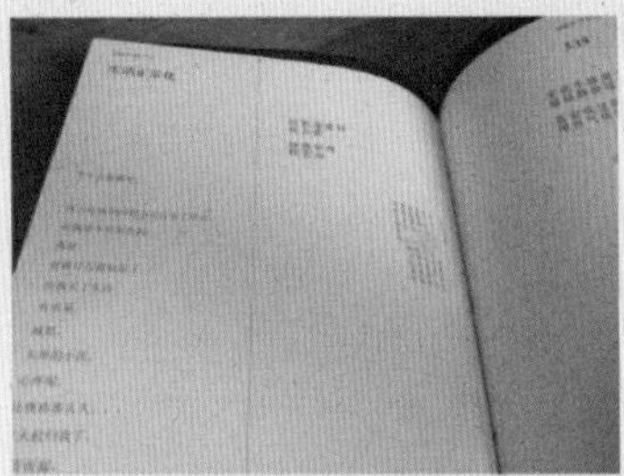

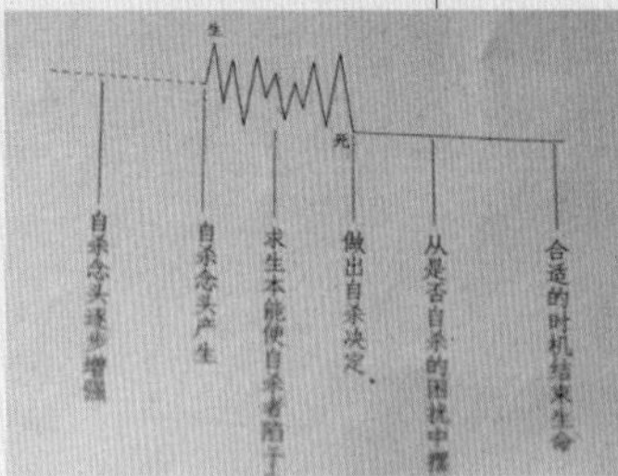

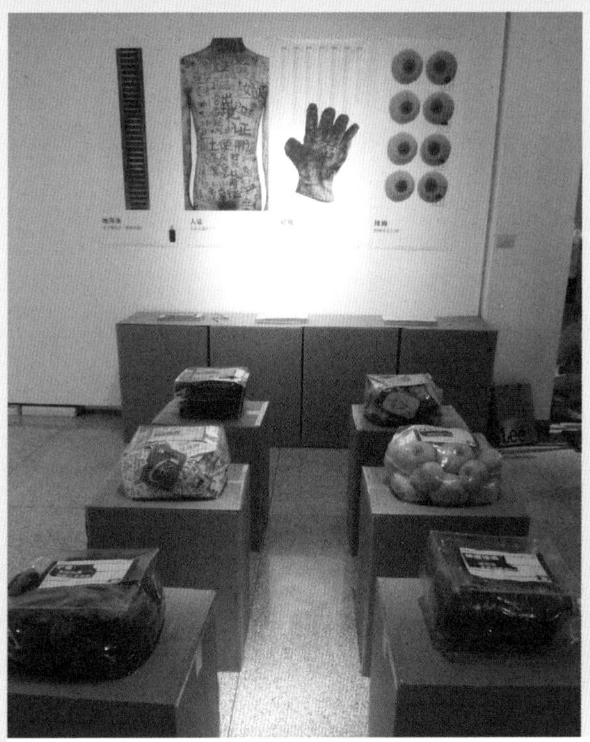

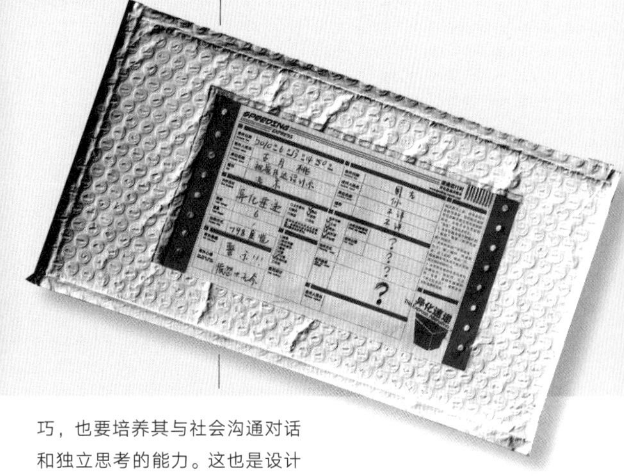

▲《异化速递》

D 胡佩君

≡社会就像一本书，设计不是为其做表面的装饰，而是要关注并去读懂“书”中的人、事、物，用准确的设计语言传递有效有益的信息，回馈受众。设计教育不仅传授给学生专业审美和设计技巧，也要培养其与社会沟通对话和独立思考的能力。这也是设计教育的责任。胡佩君同学以方便流通的速递形式隐喻当今社会的浮躁现象，并用犀利的视觉设计语言和形式抨击丑陋的巧取豪夺的异化速递现象。书籍设计不只是形式上的表象装饰，更应在信息深刻的内涵上下功夫。

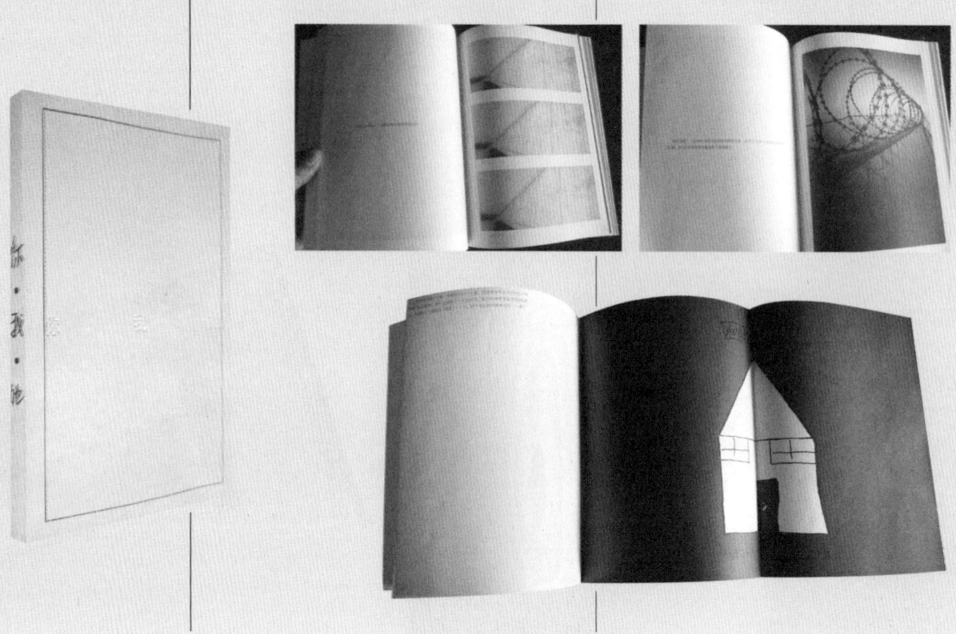

▲《你我他》

D 鞠瑶

≡编辑设计是书籍设计教学中的重要课程，要求同学对信息进行逻辑分辨和组织全书整体内容以建立视觉化结构系统。

≡鞠瑶同学通过采访少年犯管教所中被管教的同龄人的所思所想，记录下每个少年犯的内心世界和人生历程，通过再预设问题填写表格，让每人用画笔描绘自己的期待，用文字写下最想表达的语言，作为基本素材，全书以你、我、他分别为主语的方式组成叙述结构，让设计者和少年犯们的图形与文字语言交织在一起，使读者能够站在三个维度得到不同的感受和启示。

≡内容与形式在新的编辑思路中得到出人意料的完美呈现，是书籍设计运用编辑设计概念的较好例子。

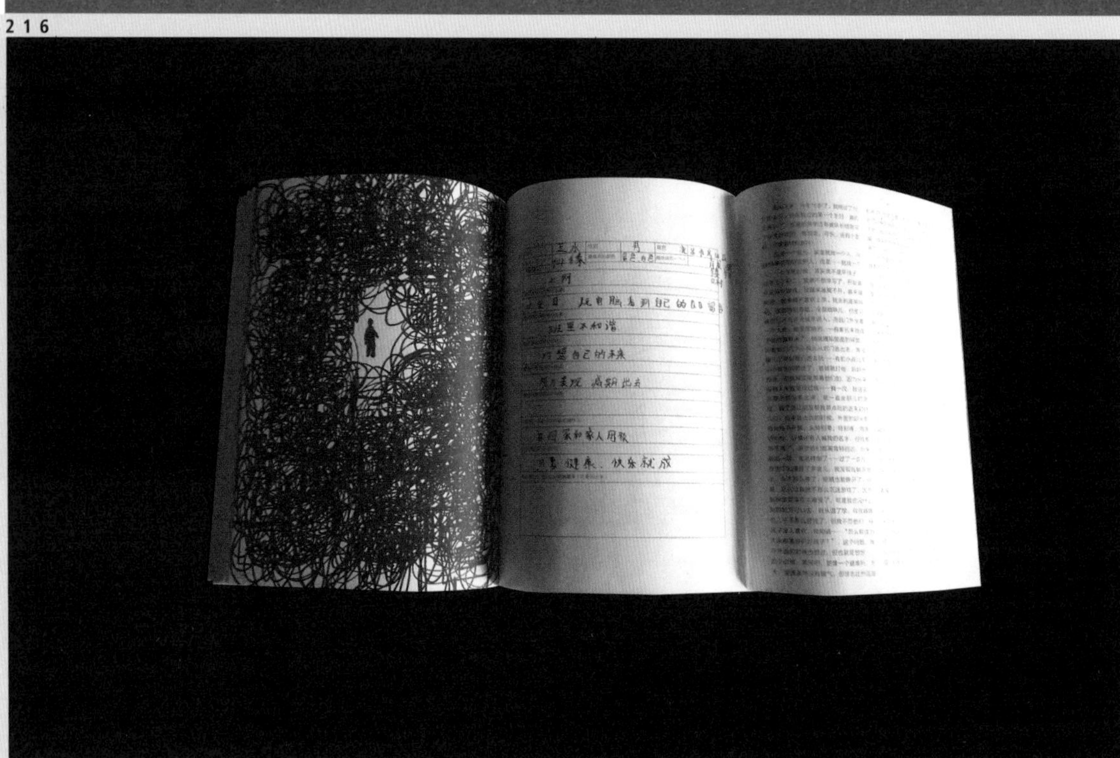

workshop **教学课程：同一文本演绎不同阅读感受的书戏**

被称之为读书人的《圣经》的一本书《查令十字街 84 号》，20 世纪在 80 年代出版以后流传全世界，世界各国都有译本出版，并在美国被拍成了电影。它讲的是一个美国的女作家和英国的一家旧书店的老板之间的通信。通信内容是美国女作家想要购书，而英国旧书店的老板千方百计地为她找书，以书传鸿，建立起 20 年的友情，感人至深。里面提到了文集，辞书，诗集，出版本，限定本，烫金本，自然的印度纸，抚摸柔软的羊皮封面，镶金边的书扣，前位书主在书页中留下的读书笔记，让我们走入令人神往，浮想联翩的美妙书卷。看完电影，再读了这本书，感受每位爱书人和书的魅力所在。女作家海伦写道："直接在书上题签，不光对我而言，对未来的书主都增添了无可估算的价值。我喜欢扉页上的题签，页边写满注记的旧书。我爱极了那种与心有灵犀的前人冥冥共读，时而戚戚于胸，时而被耳提面命的感觉。"著名作家福楼拜这么说："我爱书的气味、书的形状、书的标题。我爱手抄本，手抄本里陈旧无法识别的日期、手抄本里怪异的哥特体书写字，还有手抄本插图旁的繁复烫金镶边，我爱的是盖满灰尘的书页——我喜欢嗅出那甜美而温柔的香。"由文本通过电影载体的形式重新演绎成让你静下心来品味爱书人富有诗意交往的故事，100 位导演也许可以为观众提供 100 部不同风格的戏剧来。

以《查令十字街 84 号》为文本，通过电影的观赏，原著的阅读，分析解读后重新编写全书内容体例及信息构架，拍摄图像资料，或配制插图，确立全新的编辑设计思路，寻找该书的最佳视觉传达语言和书籍结构，我们来担当一次导演，完成一册全新版本的《查令十字街 84 号》的书籍作品。

电影《查令十字街84号》

导演：大卫·休·琼斯
主演：安妮·班克罗夫特、安东尼·霍普金斯
1987

原版《查令十字街84号》

著 Helene Hanff 美
P Andre Deutsch Limited
1971

↙《查令十字街84号》被称作『读书人的《圣经》』

a 1990年企鹅版
b 1982年Sphere版
c 2007年Moyer Bell and its Subsidiaries版
d 2002年Virago Press版
e 2002年时报出版社版
f 2005年译林出版社版

abc

def

要求

1. 发挥编辑设计的功能，延展版面表现力，根据文体、题材、剧情或角色个性设定书的阅读传达结构，编织别有趣味的书戏。

2. 抓住视觉信息传播的特点，通过图文信息的解构重组，叙述层次节奏的把握，完成文本再造过程。

3. 探讨运用纸质媒介的方法论，学习西式古典锁线订缀装帧方法。通过阅读让信息与读者与书互动，达到愉悦沟通的目的。

workshop 目的

本课程的学习让同学们理解书籍设计不仅仅止步于外在装帧，设计者也是文本传达和阅读结果的参与者，对于书籍设计中“编辑设计”概念有更深的理解。在整个过程中学习解决信息的有效、有益、有趣传达的方法论，对书籍物化的纸面表现有一个新的认识，并且理解书籍设计新概念法则同样可以应用于其他信息载体（包括数码载体）这一认知。不同的领域都可视为一个不同的“世界”，然而其间是休戚相关、密不可分的。各类跨界知识的交互渗透，必然改变该领域的知识扩充，并会延展创意的广度与深度。

书籍设计是以编辑设计的思路构建全书文本叙述的结构，以视觉信息传达的特殊性思维为文本增值的概念。出版人、编辑、设计师以导演的身份演绎一出同一文本却有不同表情的故事。

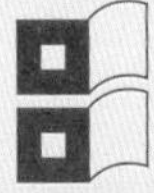

▲《查令十字街84号》

D 夏迪文

≡通过观赏电影《查令十字街 84 号》，分析解读原著。重新编辑全书内容体例及信息框架，寻找该书的最佳视觉传达语言和语法。学生们完成一册册手工装订的全新版本的《查令十字街 84 号》。

Dear Frank:
HH
Associates finally sent me my own catalogue.
28
84 Charing Cross
情……書……

▲《查令十字街84号》

D 全惠嵘

▲《查令十字街84号》

D 马思远

▲《查令十字街84号》

D 李申

≡ 苏晓丹的作业《查令十字街84号》是进行编辑设计概念和手工制作技术的学习实践，在对文本时代特征和书卷语境充分理解的基础上，重新设定了全书的传达架构和阅读风格。内页运用松节油反印法创造出遥远年代的书页纸，并进行了符合欧美语境的文字编排，装帧应用准确的手工羊皮精装书手段：黑皮烫金封面，可触摸自然卷曲的泛黄书边，书脊上精美的弯曲突起，闻到散发着时代留存的古籍气味，翻阅全书体味书籍五感的阅读感受。该设计让你感受内外兼具的优雅古典书卷魅力。艺术感觉是灵感萌发的温床，是创作活动重要的必不可少的一步。而设计则相对来说更侧重于理性（逻辑学、编辑学、心理学……）过程去体现有条理的秩序之美，还要相应地运用人体工学（建筑学、结构学、材料学、印艺学……）概念去完善和补充，这是一个完成得十分完美的优秀作业。

▲《查令十字街84号》

D 苏晓丹

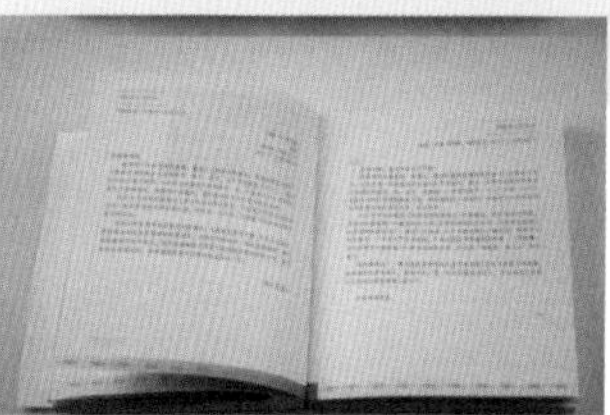

▲《查令十字街84号》

D 何珏琦

▲《查令十字街84号》

D 刘谛

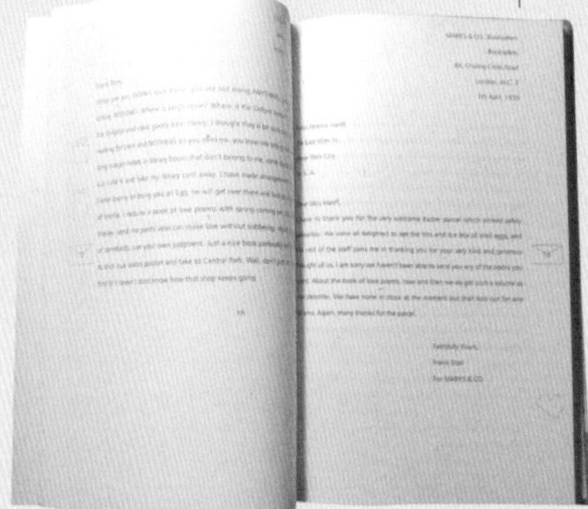

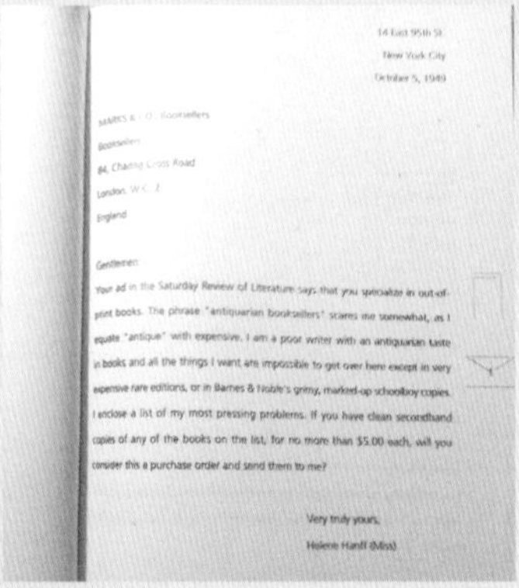

▲《查令十字街84号》

D 张综卉

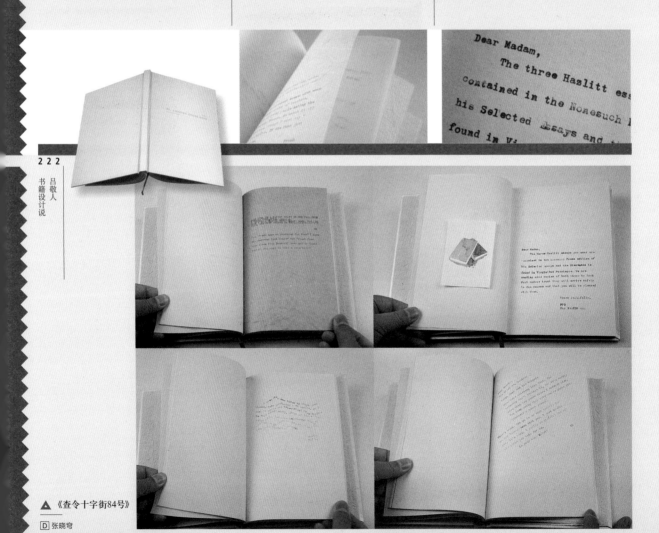

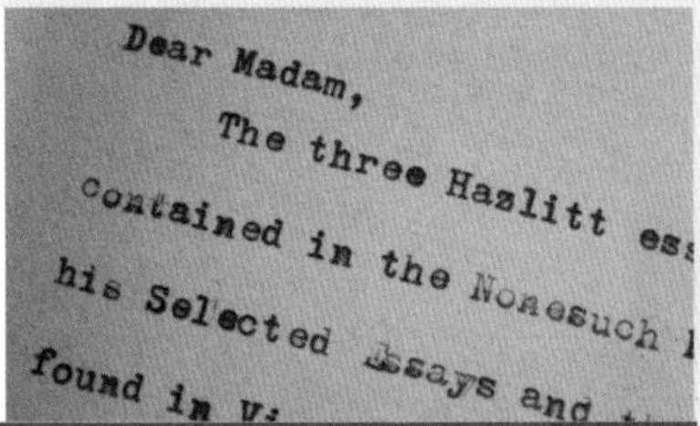

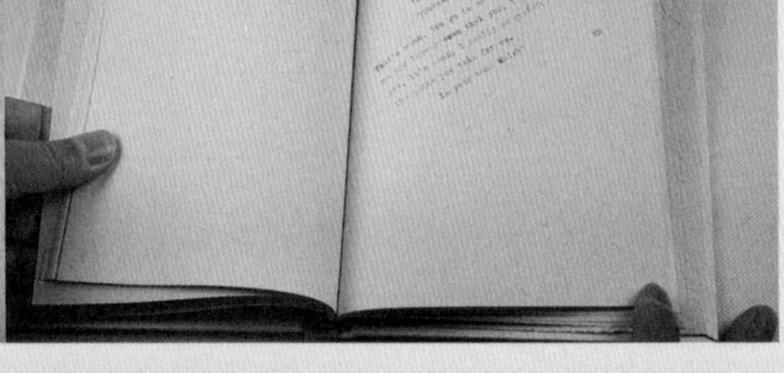

▲《查令十字街84号》

D 张晓穹

▲《查令十字街84号》

D 钟雨
2015

■ 书籍设计应该是一种立体的思维，是注入时间概念的三维空间的书籍“建筑”。

1

版面——演绎书戏的“舞台”

书籍设计中，不管是袖珍本，还是32开、16开甚至更大的4开尺寸的书页，都可视为不同的“舞台”，文字的疏密度、图文布局的虚实度、明视距离的把控度、纸质的柔挺度、纤维的透隔度等，均烘托着一种信息氛围。可以说，版面设计就是面对着这样一个大舞台。通过文字图像的组合、取舍，蕴含着阅读形态的思考，信息传达时空节奏的运用，而产生出各具个性的版面剧场。其中设计语言与文本个性相吻合，并要切合原著的精神内涵。简言之，面对一张张版面，需要全面理解书籍设计本质为受众愉悦阅读的纵深意义。

{1} 把握元素与空间

在纸页上进行版面设计，无论是海报还是一本小书，其思考方式基本是一样的，那些视觉元素的安置关键是如何制造空间。空间是依据元素的配置场所而产生变化的。空间中拥有时间的含义，虽然这不是可以用言语表达出来的感觉，但是在实际的设计中却可以处处体现出来。

版面设计中，并非只有单一元素，有强弱、大小、空白、灰度、节奏等，如何将这些元素合理配置而产生不同寻常的表现力，是我们需要思考的。著名设计家菊地信义曾举过这样一个例子，他以讲台座席安排为例，主讲人坐中间，陪同者列席两旁，这可能是一种常规，但若反其道而行之，我们颠倒这种关系，同样保留这些元素，却改变惯常的排列，

↓随着纸页的翻动，文字、图像等信息在书籍中得到时间与空间的展现。

在原有的空间中则产生了奇妙的变化。

版面设计是将文字、插图、摄影、符号、色彩等大量元素混杂聚集于一个场所，对其进行全面的审视、分析、排列、重合的过程，必须全面思考其内在的含义和相互的秩序关系。所以，众多元素游历于版面空间的设计是有其重要规则的，空间为设计师提供了尽情表演的舞台。

{2} 解构与重构元素

尽管设计师要依赖文字和图像元素进行版面经营，然而真正能够打动读者的还是要提供给观者一个传达信息的气场和阅读语境，即使纯文字或只有图像没有文字，甚至于没有文字或图像元素的场合，以精确表达内容的设计视角来分解组合，配置各种元素，并通过逻辑分析注入层次与节奏，其中还会包含着精心计算的数学式版面构成。

书籍设计中强调版面设计优先的观念，各式级别标题的前列位置与正文文字群的关系。天头与地脚之间的空间场所的比例，还有诸如页码在整个布局中的角色与位置，文字间的字距、行距的空间关系，以及行式、段式的定位等等。既要明白版面设

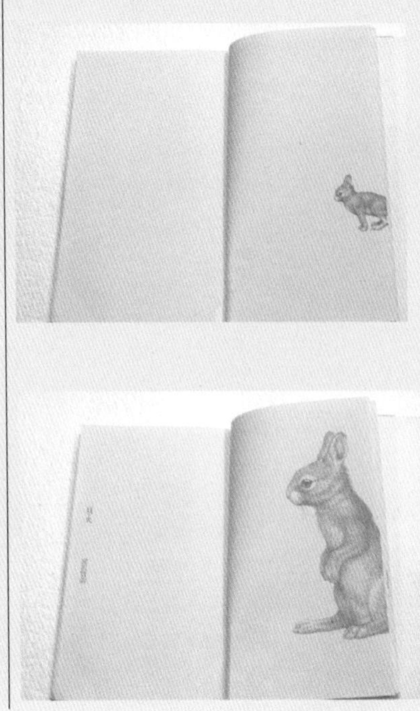

《贝之火》

著 宫泽贤治 日
D 杉浦康平 日

≡杉浦康平设计的一部文学作品，以文中主角一只兔子的经历为陈述主线。无疑书中存在一根时间轴，视觉设计强化图像表现的时间性，从正文第一页远处丛林主角出现，到每一个地方的经历，最后回到丛林深处。编排设计者让读者在阅读的过程中感受不可逆转的时间性，故事在逻辑的引导下读者才能确定阅读的先后顺序并形成这样的时间线，使众多角色在犬牙交错的人（一群动物）、事、物、景的时空情节下，清晰地明白作品导致的陈述结果。书籍设计中的线性逻辑思维贯穿于全书阅读的整体运筹，而非简单的版面二维平面图文构成。

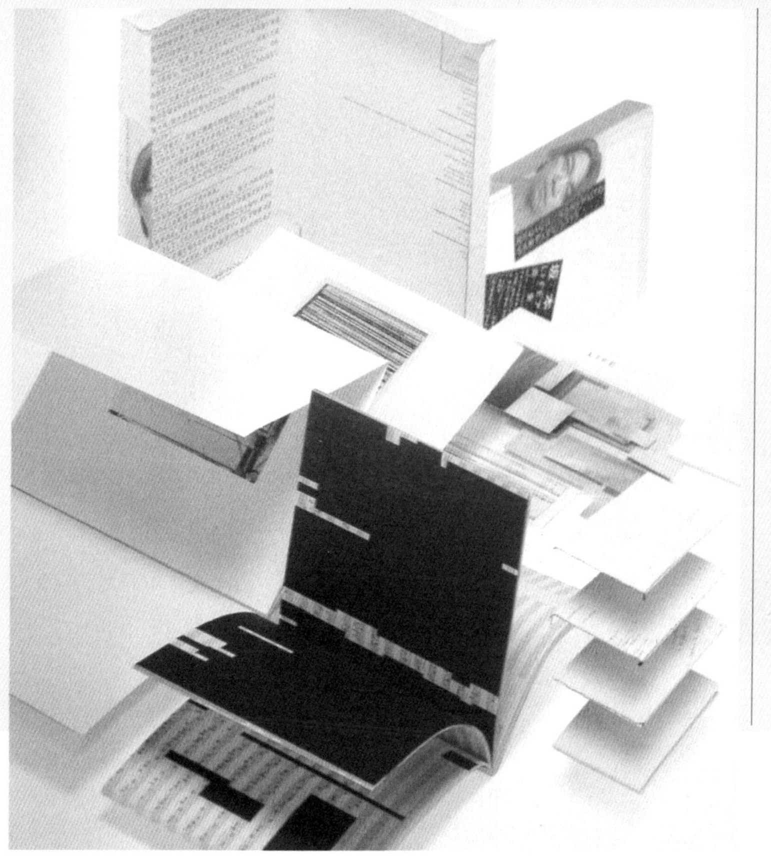

◉《坂本龙一的生活样本》

D 中岛英树 日
◷ 1999

■ 内容是做书的主体，再多的形式代替不了文本的引人入胜的叙述，编排设计为阅读增添戏剧化信息的时空演绎。

计中的所有规矩，同时又要带有自身情感和理解力进行柔性的创造性设计。版面设计是一个十分理性并需要非常慎重斟酌的设计过程，在最后决定版式规格的瞬间，往往会有一个犹豫不决或举棋不定的心态，因为版面设计的个性定位决定了一出书戏的基调。

{3} 驾驭时间与空间

一出戏，所有情节是沿着一条既定的剧情路线进行的，各种表演成分按照一定的顺序前后衔接，依循内在的逻辑自然地发展着，或是线性结构，或是起伏性结构，或是螺旋性结构。正是这种秩序与逻辑，造成了时间和空间的推移，使观众体验到了时空的细微变化。因此，时空感受是故事情节的起伏跌宕；是各部分的前后衔接；是一个故事的终结，另一个故事的开始；是一种次序的排列原则。假如书籍各部分之间的次序没有条理或没有明确地呈现给读者，这种缺乏内在逻辑联系的内容安排自然不会让读者产生时间与空间的体验。

东方艺术的一个重要特点，即表现为主题在

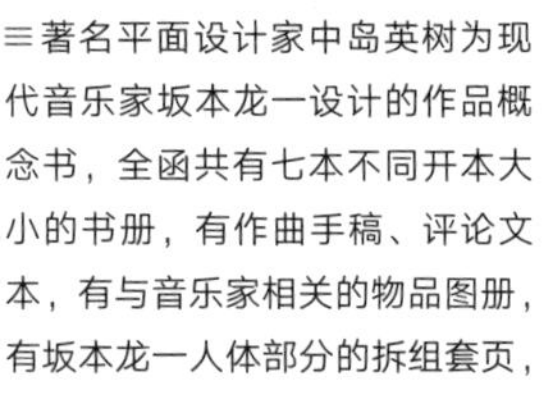

≡著名平面设计家中岛英树为现代音乐家坂本龙一设计的作品概念书，全函共有七本不同开本大小的书册，有作曲手稿、评论文本，有与音乐家相关的物品图册，有坂本龙一人体部分的拆组套页，还有表现旋律节奏可视化表达的音乐集。通过图形排序，面积的扩张、收缩、增减、渗补、排疏、聚密等矢量化游走变化手法，使视觉图像具有了音感，随着页面的翻动一曲“音乐”

时空中的连续性，并贯穿戏剧性的变化。如京剧生、旦、净、末、丑的唱念做打，欣赏江南园林的步移景异，都是一种时空的体验。

书籍中时间与空间的展现，是通过文字、图像等视觉元素和富有变化的纸张折叠开启封合那种充满活力的表现得来的。它们表现性的成因，并非是对视觉元素施以物理力的驱动，而是基于一种力的结构、一种各视觉元素呈现出来的某些方向的集聚、倾斜、轨迹、明暗等的知觉特征，是由这些被康定斯基称作为“具有倾向性的张力”造成的。

另外，书籍版面中文字、图像、色彩、空间等视觉元素的分布，它们的繁与简、详与略的关系，随着视线的推移，同样会产生时光的流动，也蕴含着时间与空间概念。因此，在书籍设计时，给文字、图像注入生命力的表现和有情感的演化，随着视觉元素点、线、面的趣味性跳动变化，赋予各视觉元素以和谐的秩序，使封面、书脊、封底、天头、地脚、切口，甚至于翻开的前后勒口、环衬、扉页、内文之间相互协调，相互呼应，体现出书籍内容时间、空间的层次感，要编织一出有韵味的书戏来，这是需要每个设计师注入心力的工作。

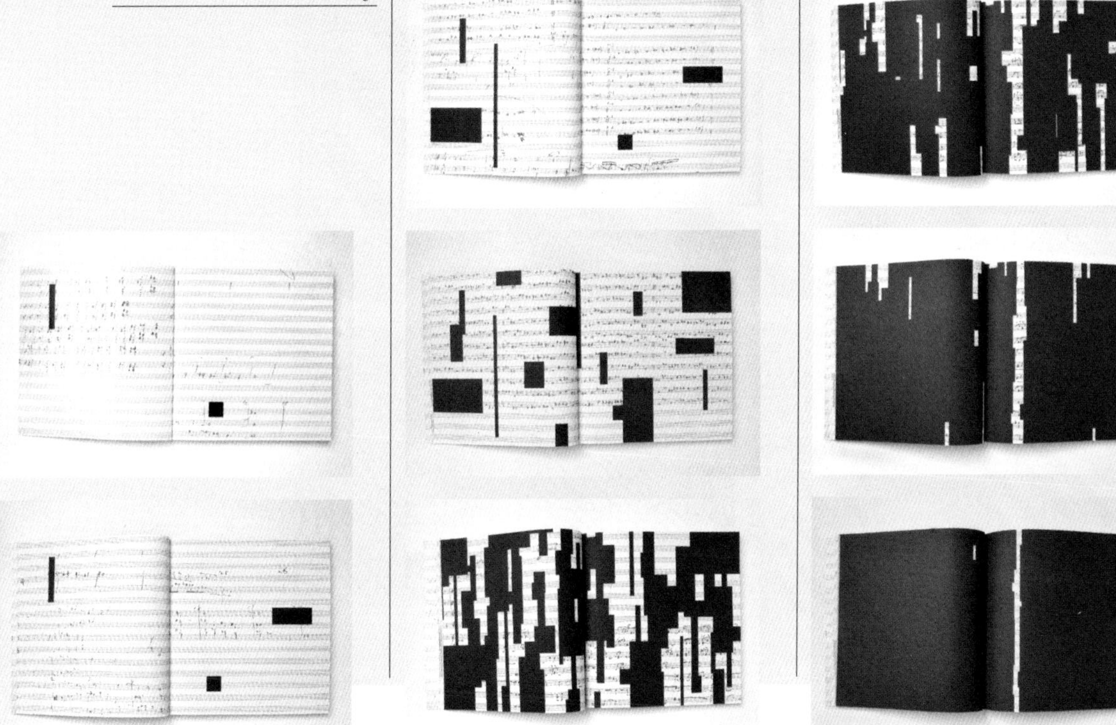

诞生了。编排设计中应用驾驭信息时空表现的语法，可以产生“具有倾向性”的张力。

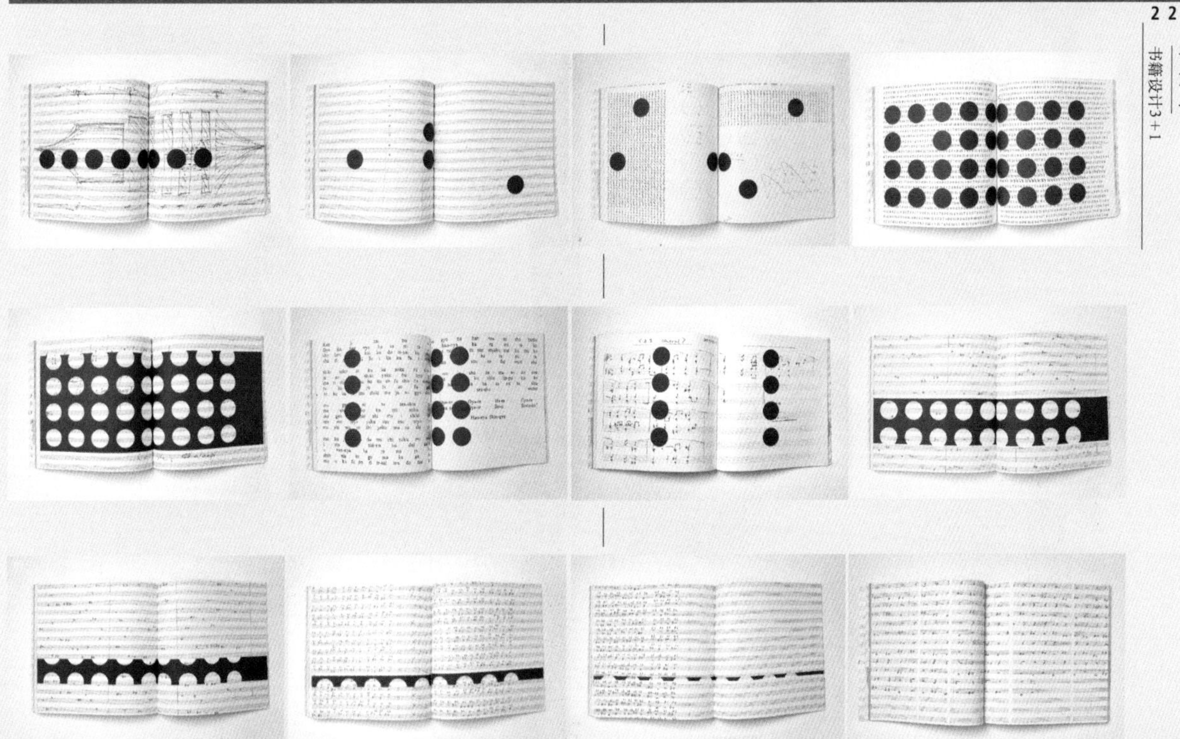

《德国卡塞尔大学学生作品集》

≡从封面进入文本的线条疏密的导向设计。

《学而不厌》

D 曲闵民
P 河北教育出版社
2015

≡整本书的设计希望体现一种东方美学，护封是用中国画必备的毛毡包裹而成，毡子下方印了用书名刻成的小章。全书为中式从左往右翻阅，文字采用竖排版，高低不规则，产生优美的韵律感，页面从头到尾不断地反复用书法进行书写，从白写到黑，从黑写到白……通过黑白的反复书写完成了文本各内容之间的过渡与衔接。书籍从白页开始，经过反复用黑白书法进行书写，最后又以白页结束，表达出作者所想传递的学习态度：学习是一种反复的坚持过程，没有终点。

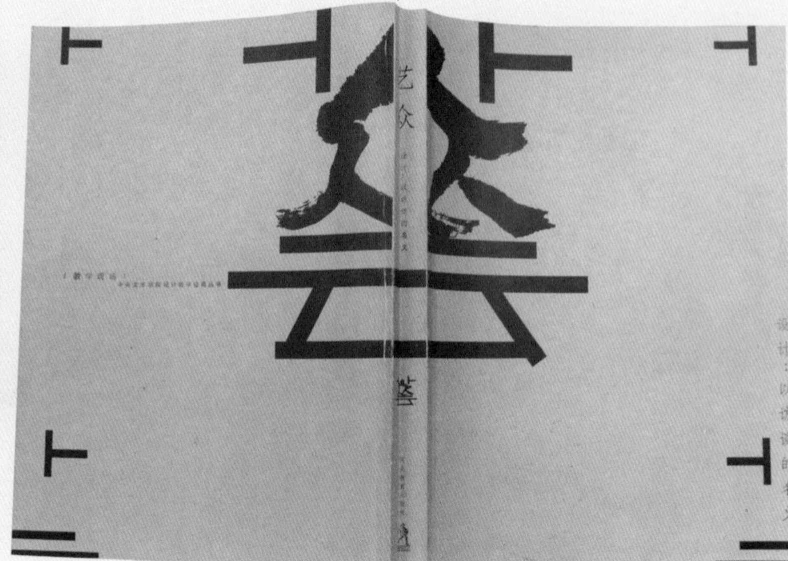

书籍设计师要学会像导演那样把握阅读的时间、空间、节奏等编辑设计的方法论，把控好游走于层层叠叠纸页中的信息构成语言，注入引导读者进入书之五感阅读途径的语法。

《艺众——设计以访谈的名义》

D 安尚秀及中央美术学院团队
P 河北教育出版社
2003

≡韩国著名设计教育家安尚秀担任了中央美术学院书籍设计课程的导师，传授编辑设计方法论。作业要求每位同学采访一位当代艺术家，从文字采编、图像拍摄到编排设计……课程结束后，编辑出版了一本别出心裁的书。版面编排对应受访者的个性和工作特征，采取了与之相应的版面设计。

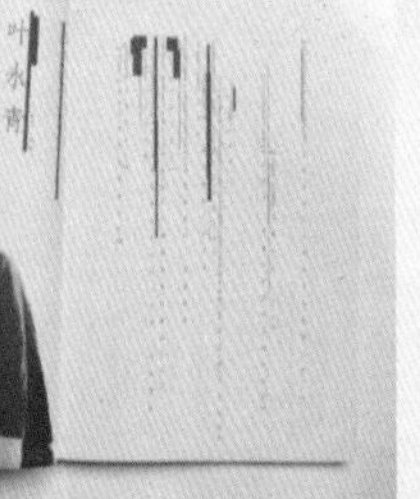

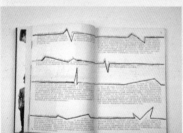

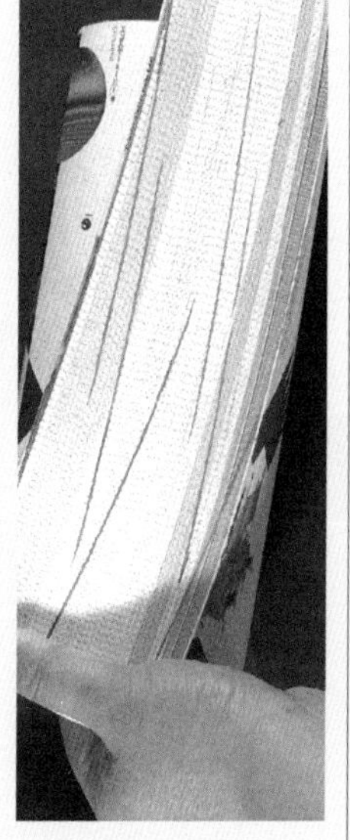

《真知》

D 杉浦康平 日
P 朝日出版社
1984

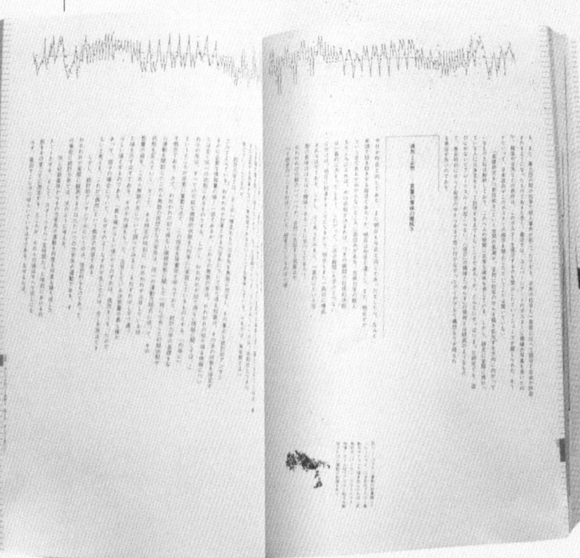

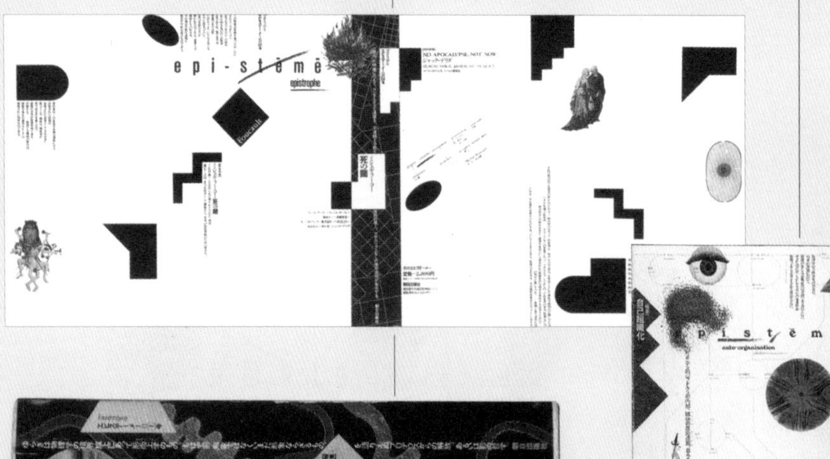

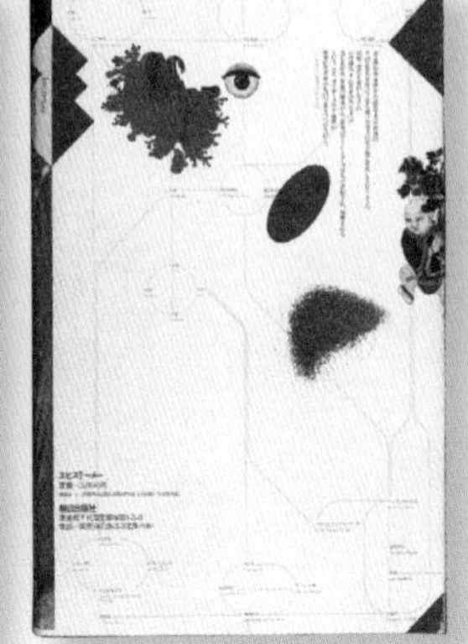

≡杉浦康平版式设计强调严格的网格布局。网格为文字、图形创造一个理想化、规则化、构造化的生态圈，规则中富有变化，静态中蕴有动感，但不是死板的框框主义，而是变化自如的柔软的分割单位，创造一种不可视的格子——美的构成。全书无处不在地体现理性化的“杉浦编排设计学”。由内容引申出各种触类旁通的相关设计，使书籍的信息大幅度增加。他经常运用杂音、微尘的图像、记号等构成要素，展开一系列变化无穷的版式多样化设计，其作品成为世界各国设计师学习参考的摹本。

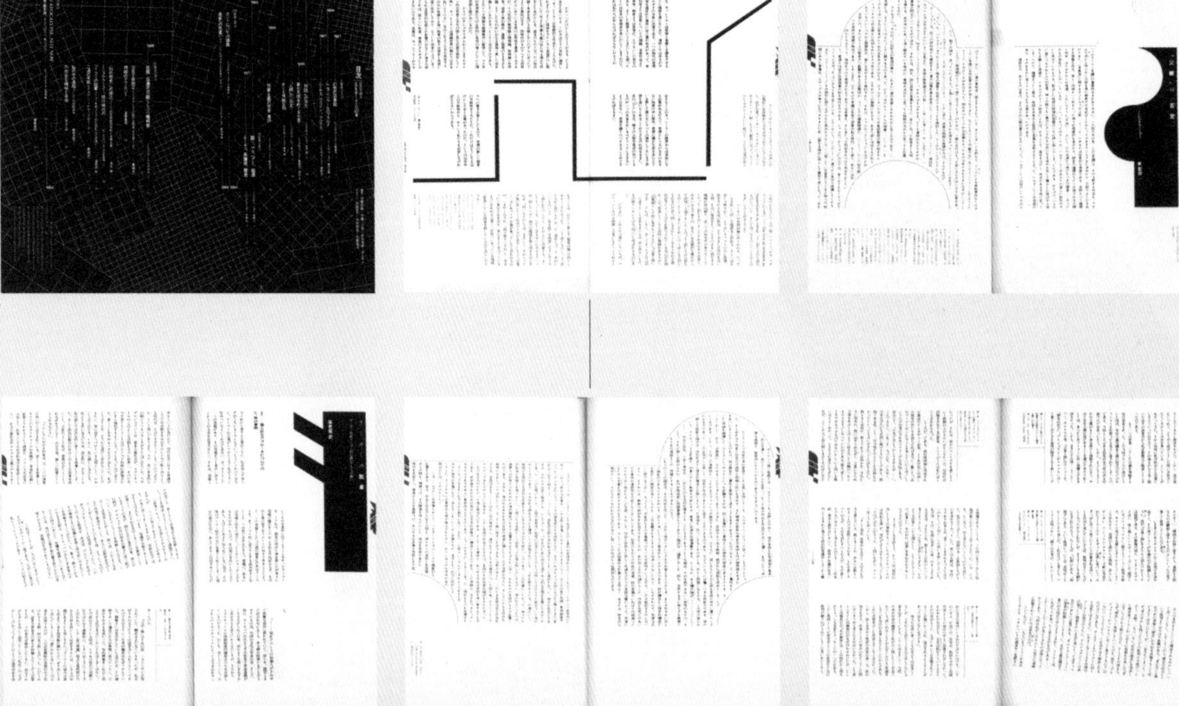

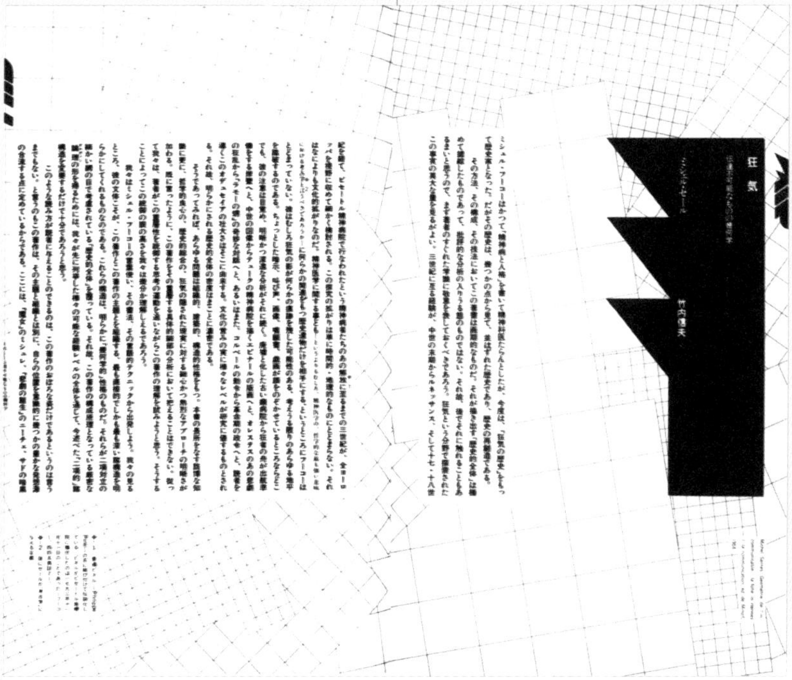

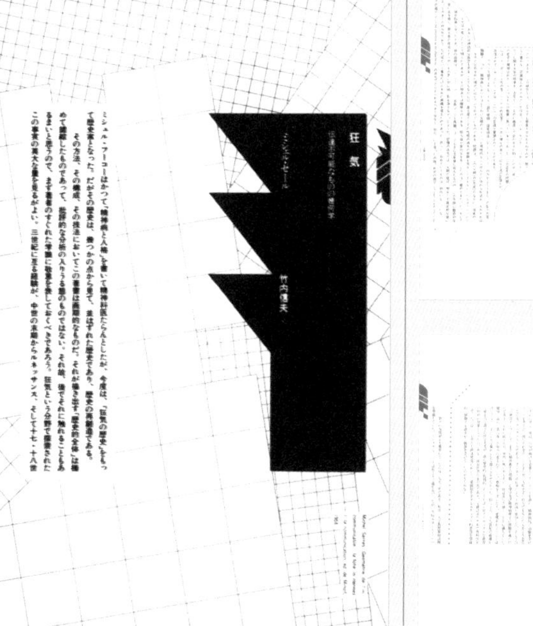

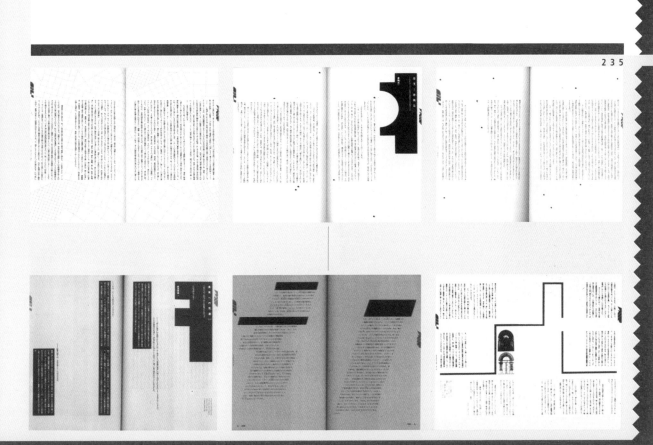

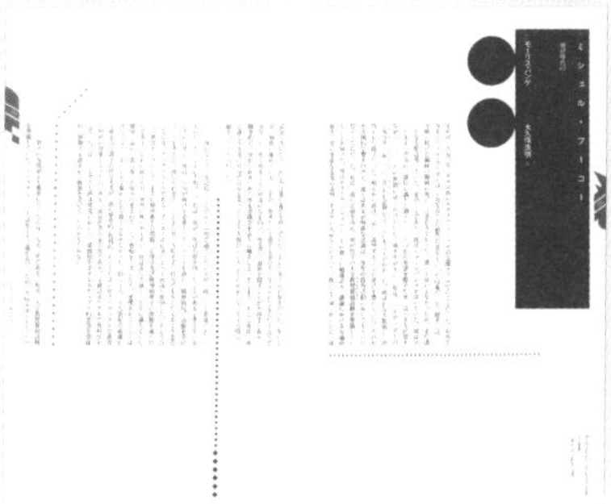

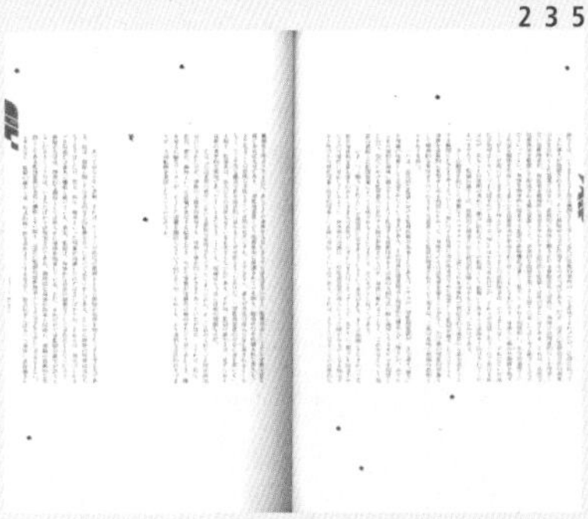

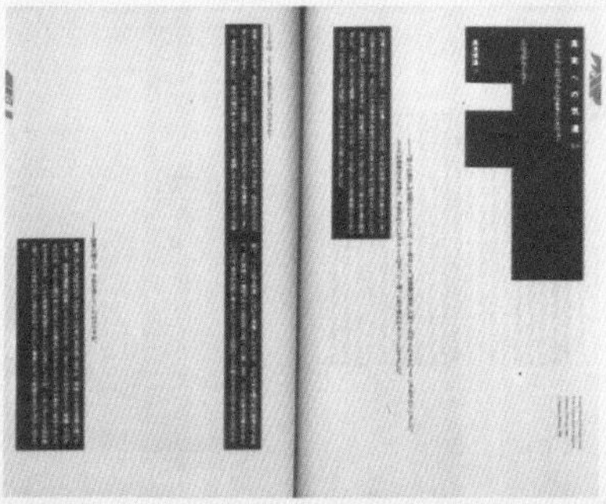

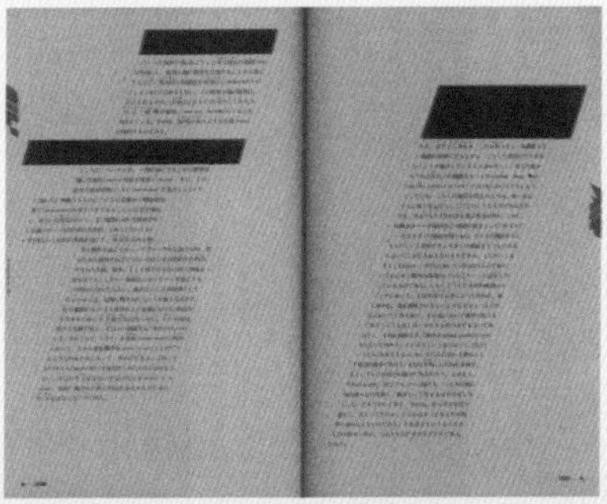

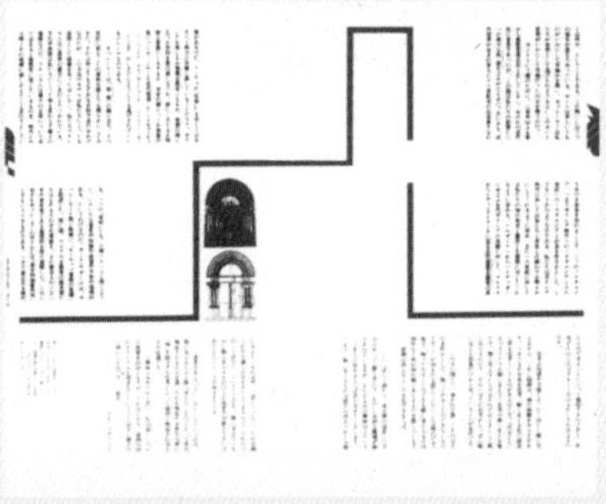

《范曾谈艺录》

D 敬人设计工作室
P 中国青年出版社
2004

≡《范曾谈艺录》是一本学术专著，该论文集要体现文人的气质。设计强调给予读者一种空灵、淡泊的书卷气。封面材料使用了荷兰板，简约、不张扬。函盒采用了自然手工纸，富有触感，体现了东方书籍品质。内页强调空白，注重空间的作用。中国古代文人阅读时有眉批的习惯，这也成为中国书籍版式布局的一种形态，故特意在每一页版面的文字群的周边留有一定的空间。为了保证每面的文字量，想方设法压缩文字与天头地脚及切口之间的空隙距离，而挤出更大的空间为阅读记下随感。

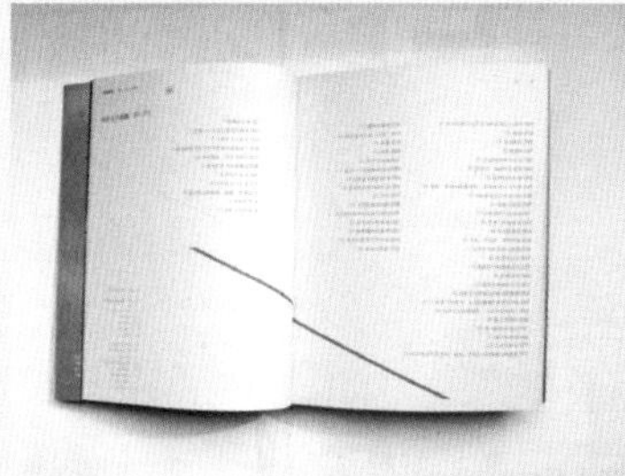

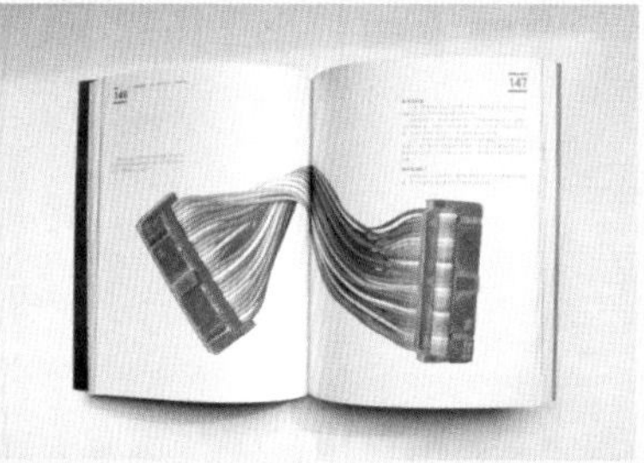

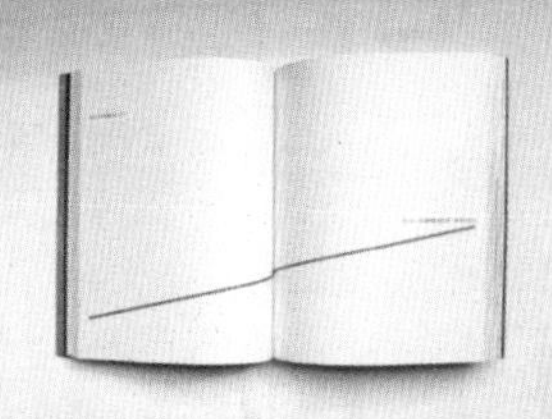

《走进新景观》

D 敬人设计工作室
P 广东科技出版社
2005

≡阐述建筑与环境的关系学术类图书。将书有机地分成两个部分，一部分以文字为主，另外一部分则图文并茂。这两部分，前后均可读，封面、封底、正面和背面可反转着看，版面设计也通过一条蓝线整体贯穿，图文形成全然不同的阅读环境，读来有鲜明的镜头感。

者 此者皆是南閻浮提行惡衆生 業感如是 業力甚大 能敵須彌 能深巨海 能障聖道 是故衆生 莫輕小惡 以爲無罪 死後有報 纖毫受之 父子至親 歧路各別 縱然相逢 無肯代受 我今承佛威力 略說地獄罪報之事 唯願仁者暫聽是言 普賢答言 吾已久知三惡道報 望仁者說 令後世末法一切惡行衆生 聞仁者說 使令歸佛 地藏白言 仁者 地獄罪報 其事如是 或有地獄 取罪人舌 使牛耕之 或有地獄 取罪人心 夜叉食之 或有地獄 鑊湯盛沸 煮罪人身 或有地獄 赤燒銅柱 使罪人抱 或有地獄 使諸火燒 趁及罪人 或有地獄 一向寒冰 或有地獄 無限糞尿 或有地獄 純飛鏃鑗 或有地獄 多攢火槍 或有地獄 唯撞胸背 或有地獄 但燒手足 或有地獄 盤繳鐵蛇 或有地獄 驅逐鐵狗 或有地獄 盡駕鐵騾 仁者 如是等報 各各獄中 有百千種業道之器 無非是銅 是鐵 是石 是火 此四種物 衆業行感 若廣說地獄罪報等事 一一獄中 更有百千種苦楚 何況多獄 我今承佛威神及仁者問 略說如是

《地藏菩萨本原经》

D 敬人设计工作室
2008

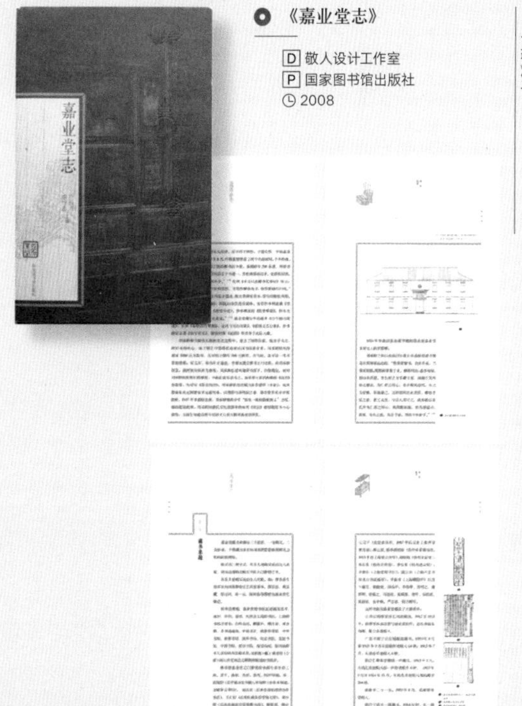

《嘉业堂志》

D 敬人设计工作室
P 国家图书馆出版社
2008

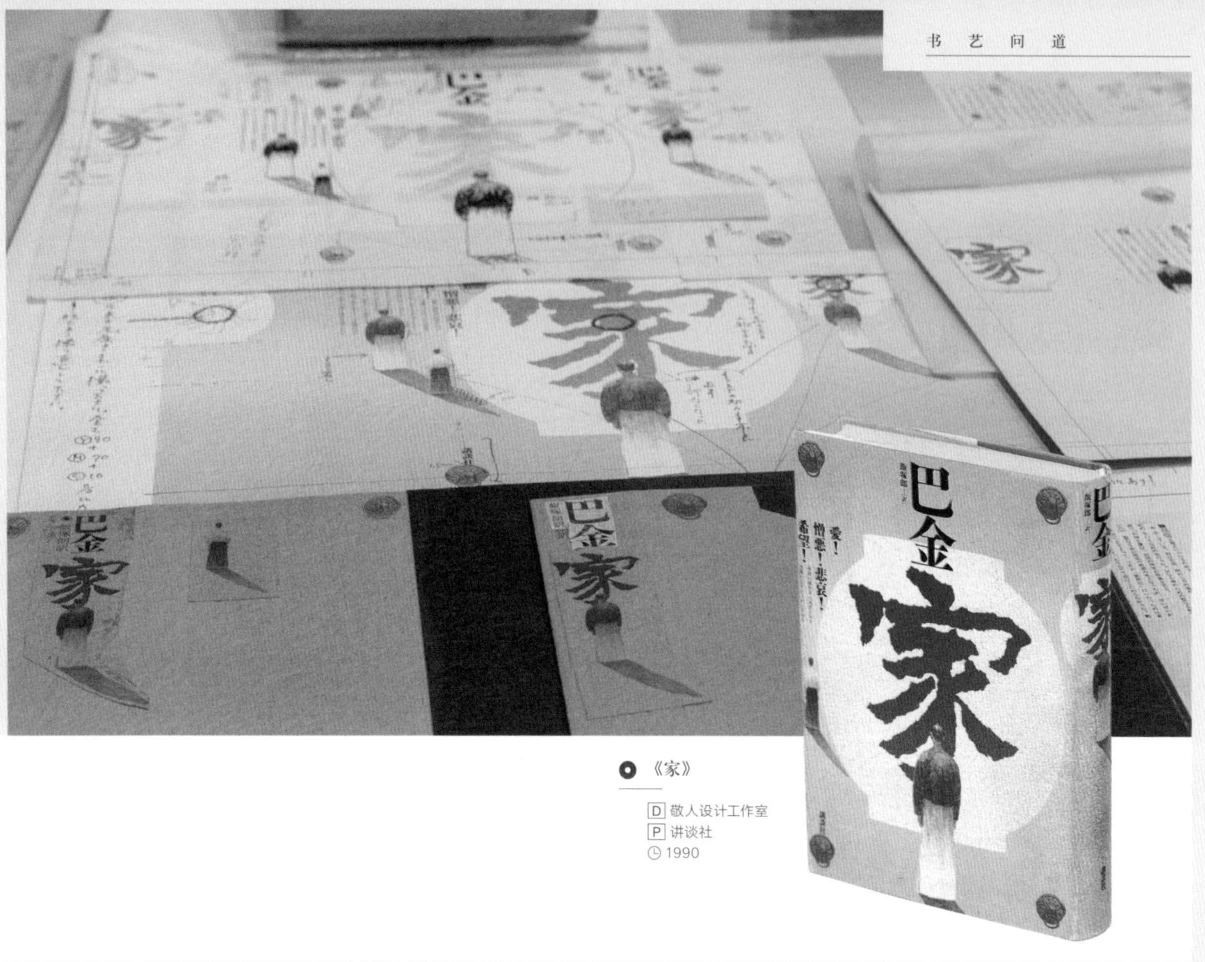

《家》

D 敬人设计工作室
P 讲谈社
1990

2

字由字在——汉字在书籍设计中的表现力

人们交流的目的是表达概念。在口头交流中，头脑里的想法借助语言表达出来；在书面交流中，语言则要借助文字这一书写符号来表达，因此才有“文字是记录语言的书写符号”的说法。

世界上不同肤色、不同宗教信仰的民族所使用的文字都是人类智慧的结晶，其中并无先进与落后、优越与低劣之分。表意的汉字、拉丁式音素文字、阿拉伯式辅音文字，这些文字都在各民族的历史文化中发挥着巨大的作用，我们现今使用的众多文字无疑是前人留给我们的巨大财富。

汉字是世界上使用范围最广、应用人数最多的文字。它历经岩石陶器刻绘符号、甲骨、金、篆、隶、楷、印刷字体等演变，丰富的书体，再加上各类变体字以及汉字书写的各种表现形态，使汉字多元化的面貌拥有了众多的审美功能，这给我们的书籍设计提供了发挥创想和无限变化的机会。

具有丰富内涵的汉字，抑或是因本身拥有的形象信息，通过其视觉式样向我们传递出“具有倾向性的张力”或“运动的表情”，这使书籍中的汉字具有了力量与声音，产生一种“不动之动”的艺术特性。如将“山”字在一定的空间内最大限度地扩大，会给人一座“大山”的感觉；反之，将其极度缩小，又给人以“小丘”的印象，放置文字的空间没有变化，却可产生出如此不同的感受。另将相同的汉字用不同字体来表现，给予读者的感受也是截然不同的。即便字体相同，而予以加长、压扁、倾斜等不同的变化，给人的印象也会随之产生差异。

版面中，汉字从左到右横写，或自上而下竖写，就产生了排列的秩序、行与列的关系。书籍版面看

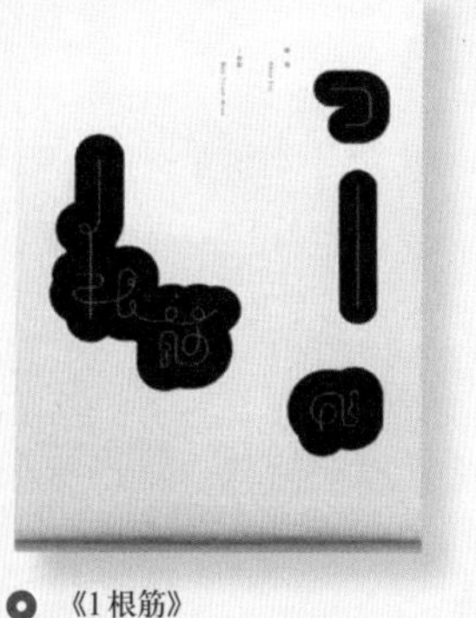

《1根筋》

D 小马哥+橙子
P 星空间画廊
2010

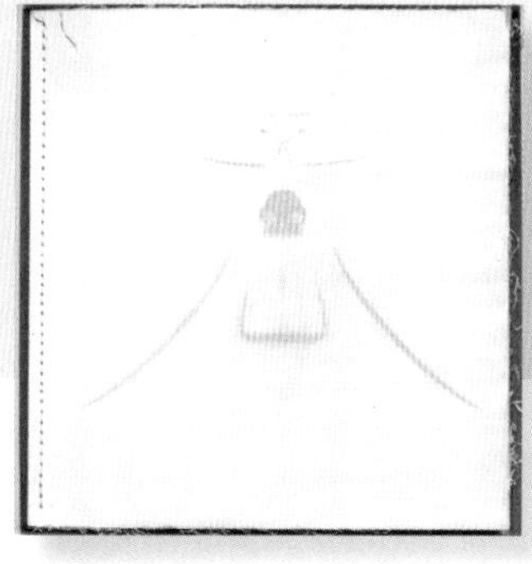

《十谈十写》

D 马仕睿
P 同济大学出版社
2016

《意象死生》

D 小马哥+橙子
P 唐人画廊

书籍设计师要懂得在主体与客体之间找到一种平衡关系，在设计过程中所运用的文字元素，必须是非常自然地从书中的字里行间散发出来。最终会使作品具有“内在的力量”，并在读者心中产生亲和力。

似简单的汉字组合，实则隐含着明视距离的确定、不可视格子的排列规律；汉字组成的内容文字间，又始终贯穿着一条流动的轨迹线，带给读者时间、空间、大小、疏密、节奏的不同体验，令人产生了信息跌宕起伏的传达感受。

美观自然、便于阅读的宋体，通常作为内文字体的首选；挺拔秀丽、舒展自然的仿宋体，多用于序、跋、诗文和小标题；端正规范的楷体，适用于短小的文章或小标题；横竖一样粗细的等线体，则较宜充任理性的图注或资料文字。

拉丁文字属音素识别系统，以字母组成拼音的阅读方式，所以西文版面设计中可以用细密的小号字进行排列。美国前卫作家维里莫·戈斯将书中文字的排列形容犹如在广垠草原中伴随着风声扩散蔓延；而中国文字以象形结构为特点，每一组文字群均有其空间架构，在版面中的文字排列犹似在看一幅图，这就需要设计者在进行汉字排列时理解汉字阅读方式和了解汉字审美意韵。东、西方文字的不同风格也令设计者在版面中设定文字时具有东方文化和汉字特质定位的意识，在学习外来文化中有清醒的识别能力，而不要一味模仿。

书籍版面中，字体类别少，版面显稳定、雅致；字体种类多，则画面热烈有趣，显得信息传达形态丰富多彩。科学、社会学、文学、经典类型的版面设计应简约合理，尽量减少字体种数，避免花哨。而以时尚为中心的出版物，则采用多样化的字体组合，以表达现代人的心态和律动追求。

单纯的文字只能起到传达作用，设计的目的则是赋予文字既能传达内容又能启示意念的双重功能，通过多种手段的运用，使书籍产生出丰富的表情。

a

b

c

d

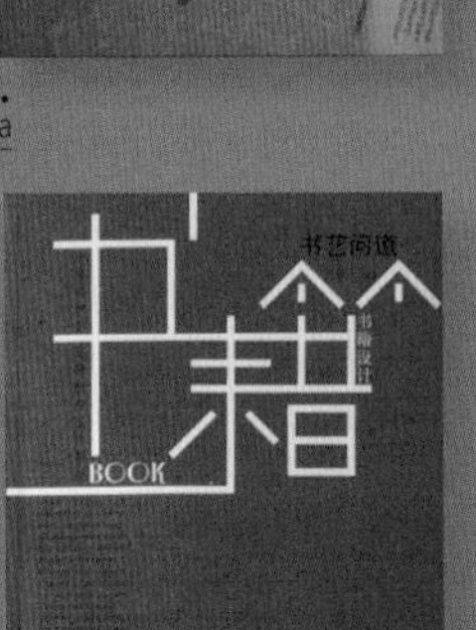
e

f

g

a 《赤彤丹朱》D 敬人设计工作室

b 《白夜》D 敬人设计工作室

c 《走虫》D 敬人设计工作室

d 《书籍设计四人说》D 吕敬人+宁成春+吴勇+朱虹

e 《书艺问道》D 敬人设计工作室

f 《中央美术学院附中50年作品经典》D 敬人设计工作室

g 《为中医而生的人们——记名医与弟子》D 敬人设计工作室

h 《春华秋实》D 敬人设计工作室

i 《世界人文简史文化与价值》D 敬人设计工作室

j 《电影杂志》D 敬人设计工作室

k 《我们的出版文化观》D 敬人设计工作室

l 《雄奇宝器》《泱泱瓷国》《典藏文明》《锦绣华服 》D 敬人设计工作室

m 《琉璃厂杂记》D 敬人设计工作室

h

i

j

k

l

m

CULTURE AND VALUES

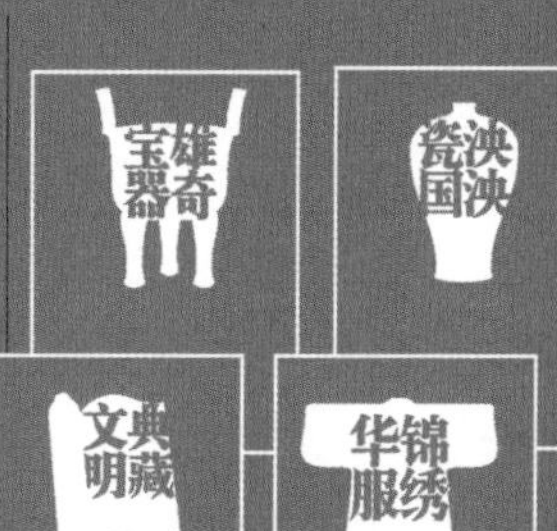

1 → 包括欧美诸国

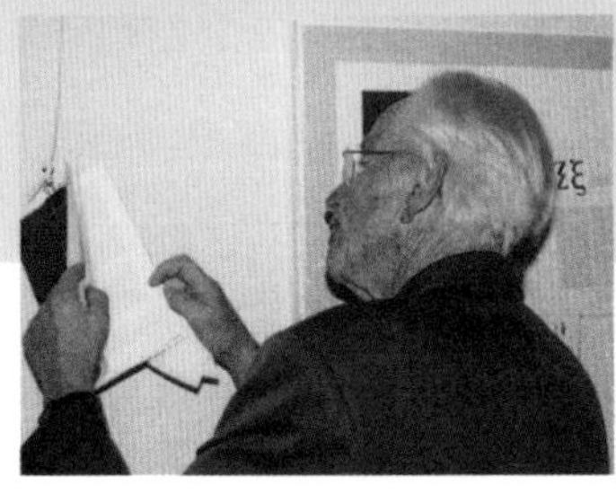

←每年德国都要举行字体设计方面的学术交流聚会。人们关注、探索字体设计的应用和发展已是一种文化共识。

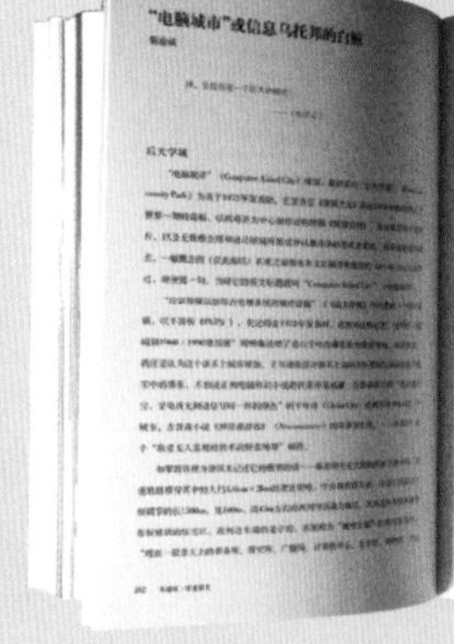

ARATA ISOZAKI
矶崎新
UNBUILT
未建成／反建筑史

《未建成／反建筑史》

D 陆智昌 中·港
P 中国建筑工业出版社
2004

文字的灵性

在德国的书籍设计领域里，字体设计是一个极为重要的组成部分，有很多设计家从事字体设计这一行业。在国内一般认为字体设计就是创造新字体的工作，如北大方正字体设计团队正在努力创造一款又一款的新字体。而德国→1的字体设计师更注重字体应用的设计。比如说，如何准确表现主题而选择与其相吻合的字体，如何准确传达信息而设定文字的大小、粗细、文字群灰度与空间的最佳关系，如何以符合读者的阅读心理和阅读情趣为前提制定全书文字排版的传达形态等。这些设计师精通文字的各种表情而决定其可胜任何种角色，他们是运筹文字表演的操盘手，是在信息载体中专事经营文字游戏的工作者。他们的设计作用在设计的过程中举足轻重，而在国内，我们并不太把文字的设计当作一回事。过去铅字排版时，由设计者给印刷厂一个指示，由排字工人完成版面，如今只需从电脑上摘取文字，完成一个版面更是轻而易举。有人反问：难道在版面上还要做字体设计吗？对版面中字体设计的漫不经心，致使许多出版人从不将其纳入整体成本的投入。怪不得我们的出版物中经常出现字体文不对题又不达意的设计，在排版中也有字号、字距、行距、段式、灰度、密度、空间极不讲究的粗糙简陋的设计，更缺乏对明视距离、视线流、动感阅读、音感、节奏、层次、规则的理解和对文字内在表现力中贯入气场、氛围、诗意表达的研究。在欧洲，中小学生就已有字体设计的艺术熏陶，哪怕是他们写的便条，或作文作业都十分清楚如何把握文字在纸页中的美感，如标题字、文本字、署名的相互关系，天头地脚的空间关系……中规中矩，十分合理，甚至胜过我们一些专业的文

《一九四九年后中国字体设计人：一字一生》

编著 廖洁连 中·港
P MCCM Creations
© 2009

≡《一字一生——一九四九年后中国字体设计人》作者廖洁连教授经过连续近十年的调查采访，寻觅中国1949年以来，从铅印字体到电脑字库的字体设计人创造和执著坚持研究过程，描述一批让人们钦佩的传承中华文明的文字构建者。这是一部翔实并充满情感的文献，其中不乏历史的记录和字体专业知识。

字编辑或设计师。

书籍设计师必须准确应用文字，掌握对其进行设计的本领，比如，多种标题的体例位置与正文文字群的关系，天头地脚之间的空间比例关系，文字间的字距、行距、行式、段式的整体定位，所有符号、点、线、页码在全局中应该处于什么样的角色地位。

字体设计是一个十分理性、逻辑性很强、必须极为慎重地去斟酌的过程，设计者在以准确地表达内容的设计视角来分解、组合、重构各种元素并构建其传达的系统和规矩的同时，又要带着自己的情感和理解力进行柔性的创造。文字随着阅读，流淌出跨越时间与空间的信息传达，文字成为能够演绎时空话语权的拥有者，因为文字，书才拥有了生命力的表现。

最近10多年，中国的书籍设计有了长足的进步，越来越多的设计师关注并倾心于书籍中的字体

音乐节手册

D 张国伟 中·澳

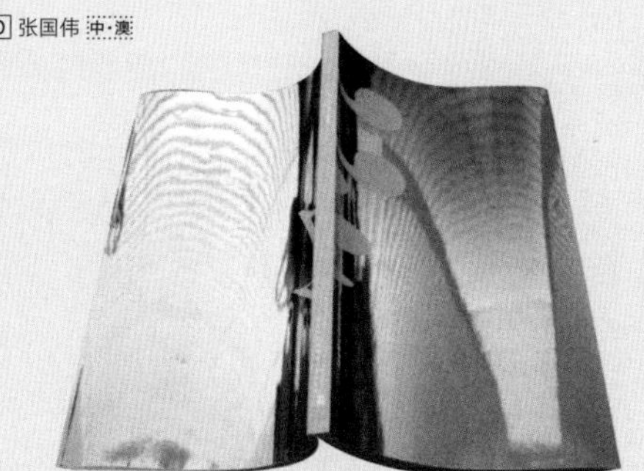

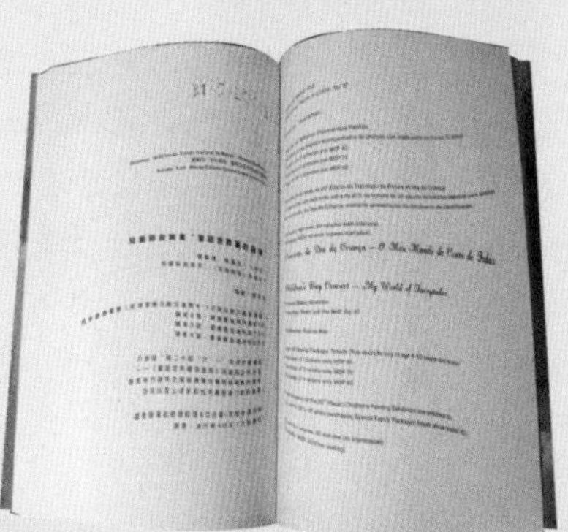

2 → 赫尔姆特 · 索米特

《游刃集——荃猷刻纸》

D 宁成春
P 生活 · 读书 · 新知三联书店
2002

《苏州水八仙》之《莼菜》

D 汉声
P 上海锦绣文章出版社
2012

《消解设计的界限》

D 朱锷
P 广西师范大学出版社
2010

汉声系列出版物

设计。陆智昌风度优雅的文体排列，朱锷极简主义的理性字体设计，宁成春精细入微的三联字体风格，黄永松倾注情感的噪音设计，刘晓翔理性逻辑的编排思路……优秀的设计家无不把文字当作能够自语的生灵，在书籍纸页舞台上尽情诉说。

不过，今天还是有一些设计虽有创意的概念，讲究形式的突破或自我个性的展现，但却恰恰忽略了设计字体的目的——传达信息。设计的文本应便于阅读并产生兴趣，“字体设计存在的理由就是信息本身，远胜于其摆布的形式”，这是奥地利设计家赫尔姆特 · 索米特对字体设计的经典陈述。所以设计师要充分发挥文字的力量，让其吸引读者来阅读。埃米尔 · 鲁杰尔——瑞士也塞尔设计学院院长、纽约国际文字设计艺术中心创始人——他曾在专著中指出：“文字设计具有双重性，首先，设计作品要具备功能性；其次，它也应具备艺术审美性，只有对其把握得当，才能达到两者和谐统一的状态。”

一本拥有出色的字体设计的书，字体、文笔流畅疏朗、可视度强；文字设定准确、文本信息层次清晰；在阅读中对其归属性一目了然，图文设计与文体相辅相成；叙述的节奏性在翻阅的过程中可以产生趣味盎然的表现力。由于不同的设计师自身修为的不同和对书中文本理解的不同，即使是同一本书其结果亦必然不同，因为“字体设计并不只是使用现成的计算机软件，而是细节使得字体设计与文字设计不同，是心血使得设计师与设计师不同→2”。

设计师让文字产生灵性，文字赋予设计师灵感。

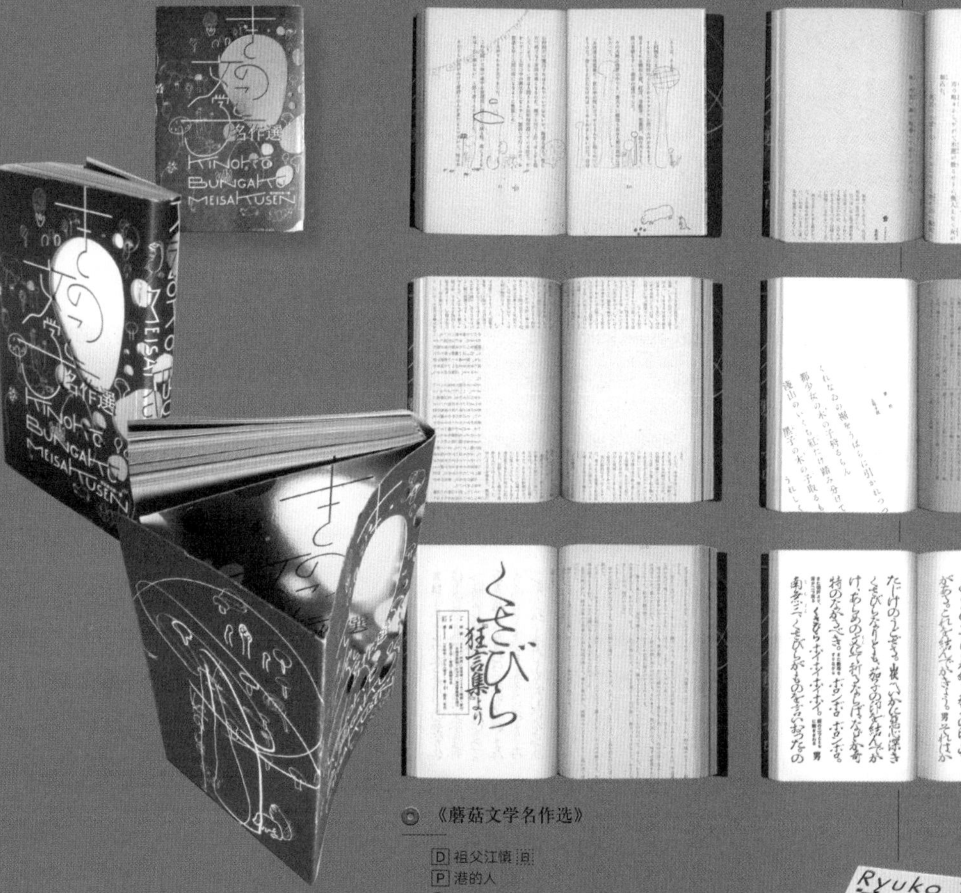

《蘑菇文学名作选》

D 祖父江慎 日
P 港的人
2010

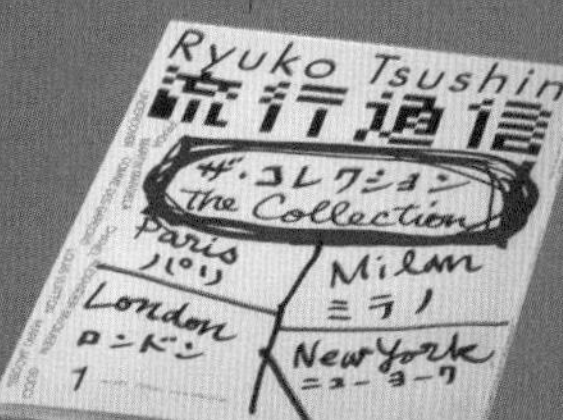

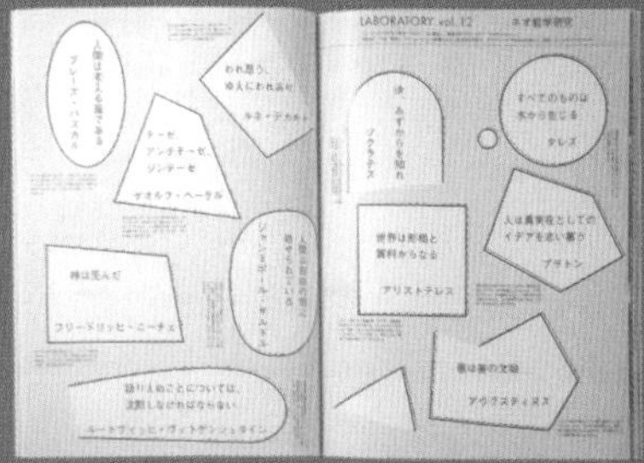

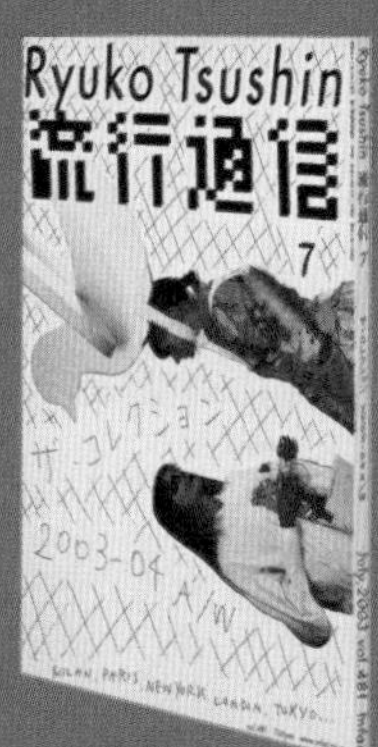

《流行通信》杂志

D 服部一成 日
P INFAS PUBLICATIONS
2013

◎ 《俄罗斯先锋派建筑》

D 铃木一志 日
P INAX
◷ 1993

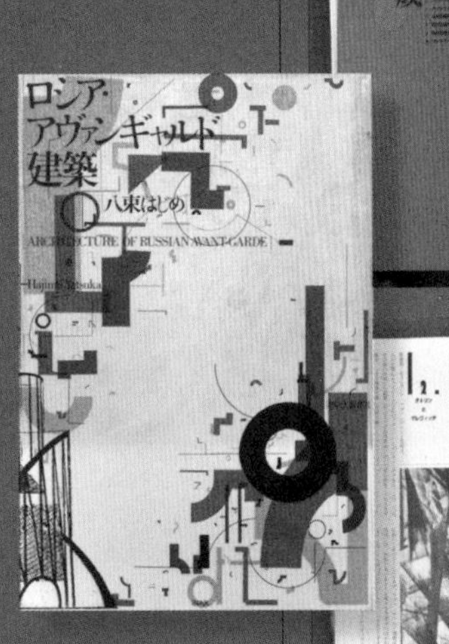

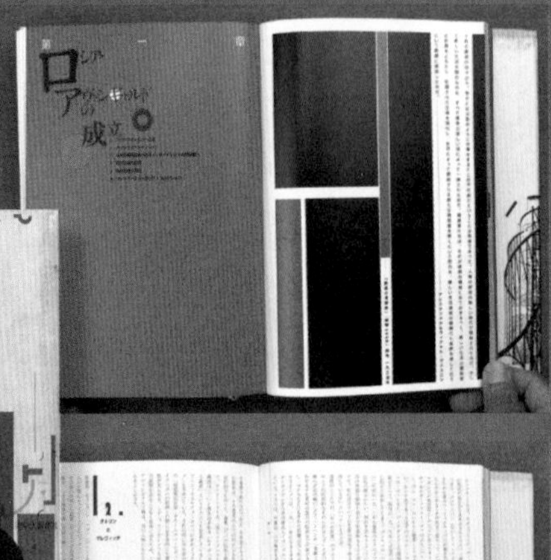

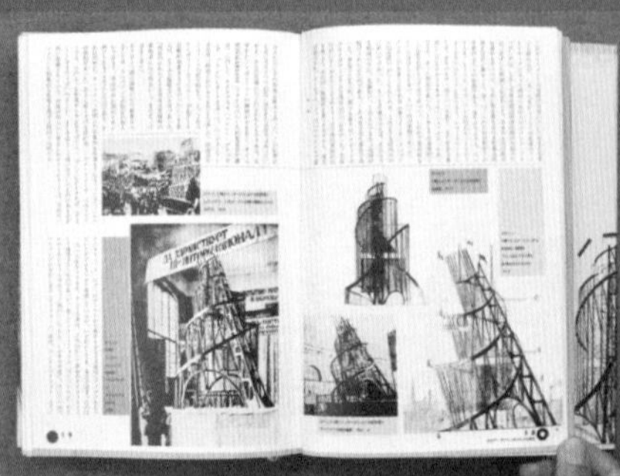

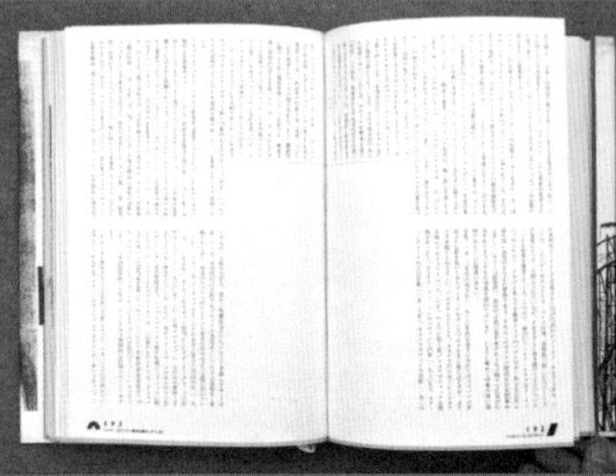

◎ 《悲歌が生まれるまで》

P 思潮社
◷ 2004

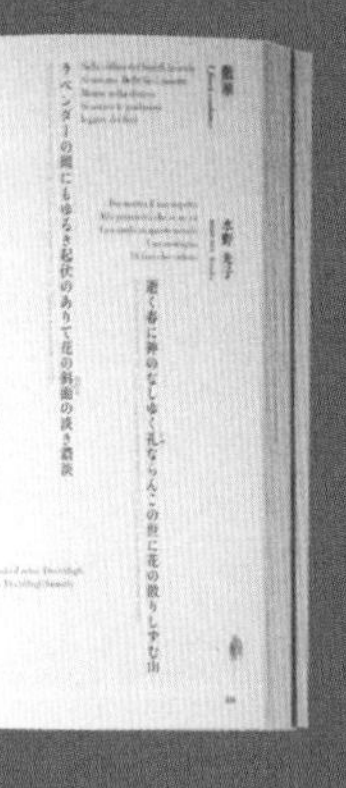

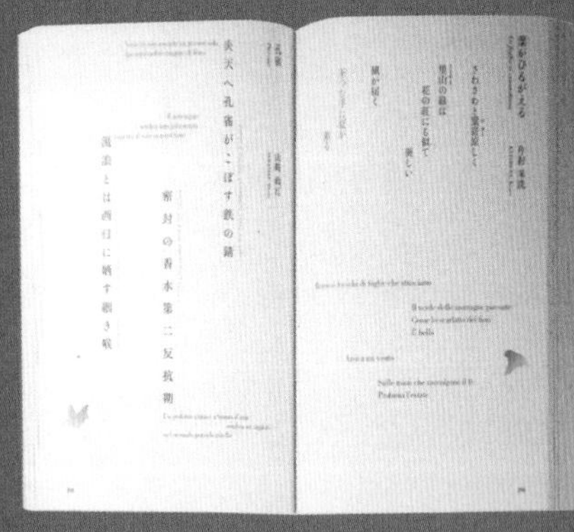

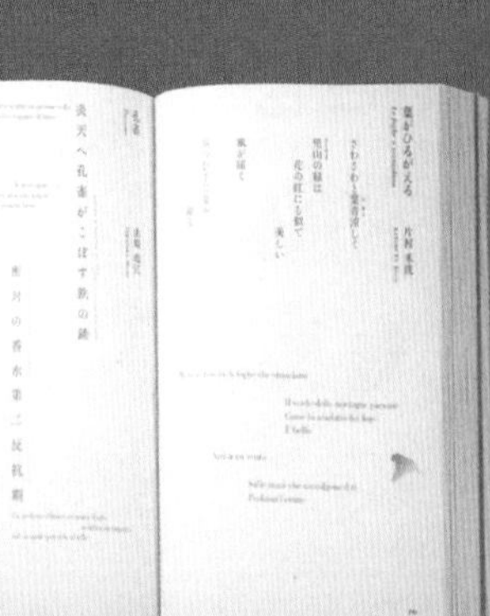

《排版原论》

《多彩的人们》

编 松冈正刚 日

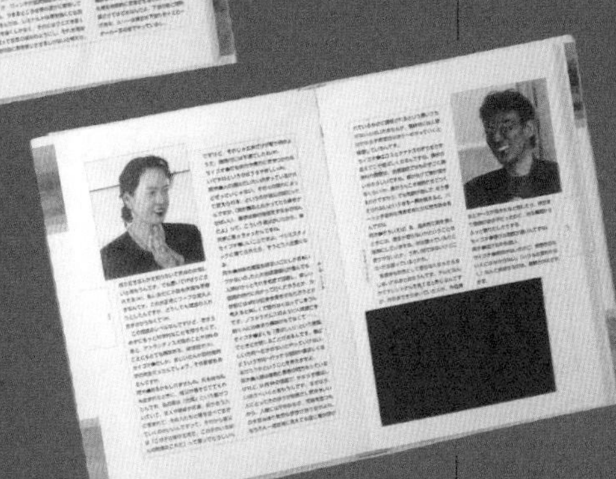

◎《诗集·谷川俊太郎》

D 菊地信义 日
P 思潮社

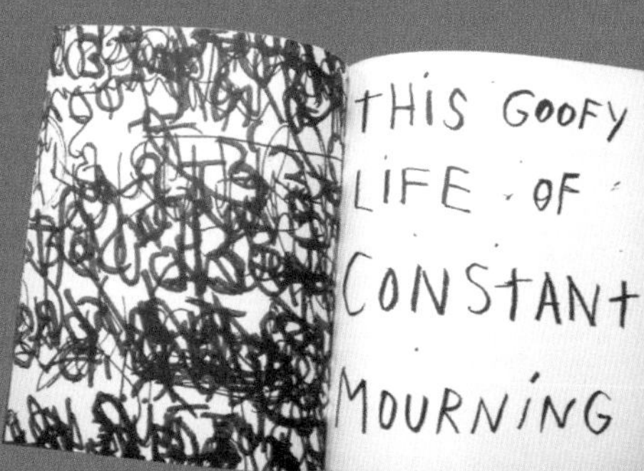

《This Goofy Life of Constant Mourning》

D Jim Dine 美
P Steidl
2004

《Die Panne. Eine Noch Mögliche Geschichte》

P Schumacher Gebler
2003

《Typographie》

D Emil Ruder 瑞士
P Hastings House
1967

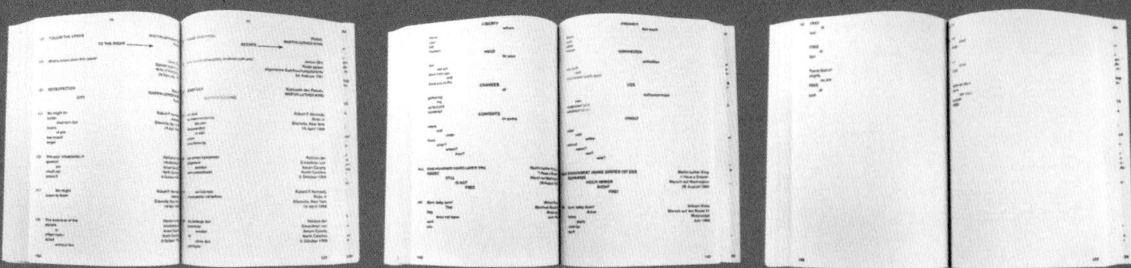

◎ Wir Spielen (We Play)

D Vela Arbutina 瑞士
P Neue Gesellschaft Für Bildende Kunst e.V.
◷ 2013

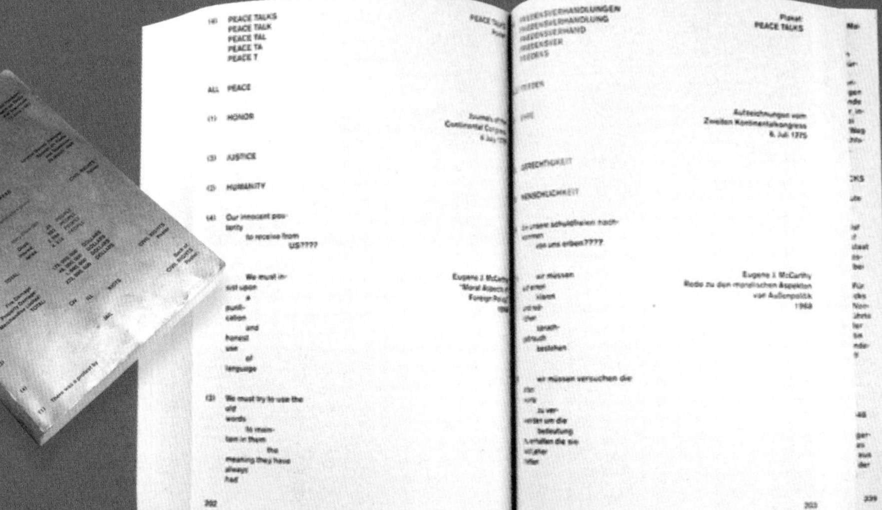

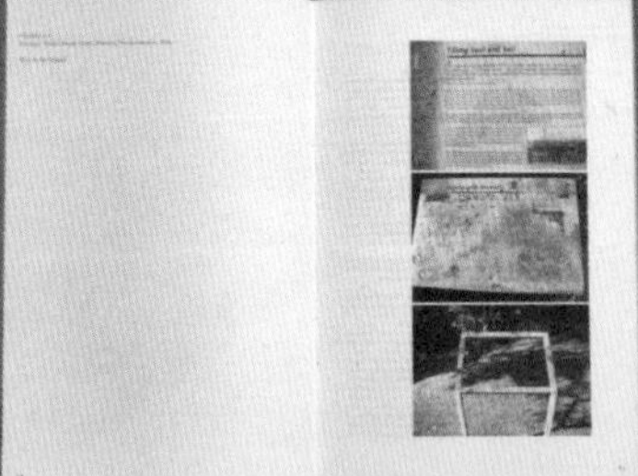

◎ Geschichten am Fluss. Geschichte im Fluss von Stefan Sippell

D Vit Steinberger 瑞士
P August Dreesbach Verlag
◷ 2012

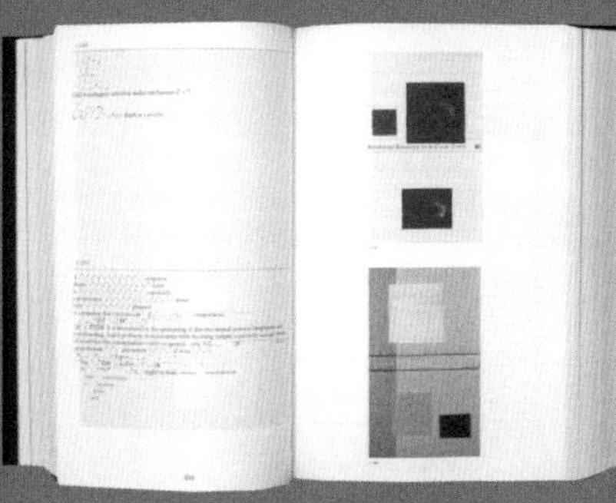

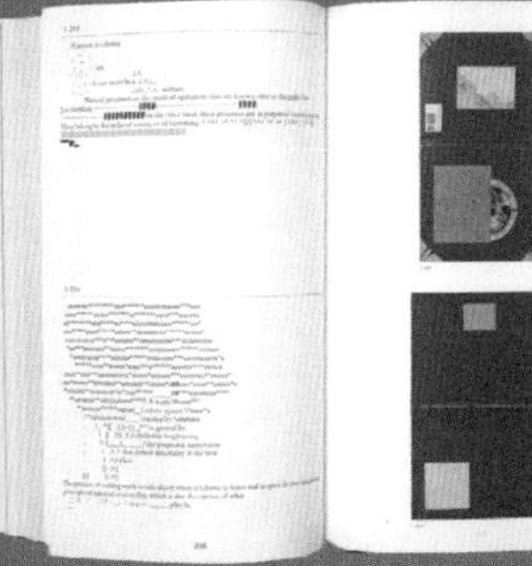

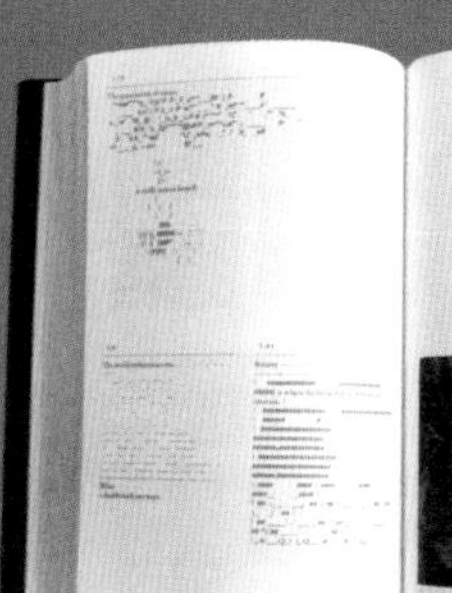

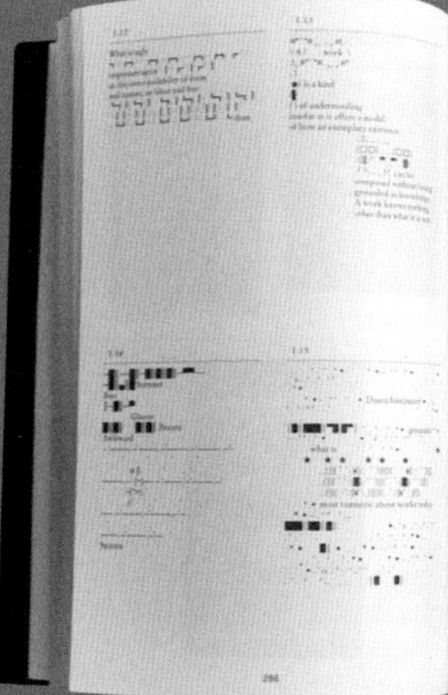

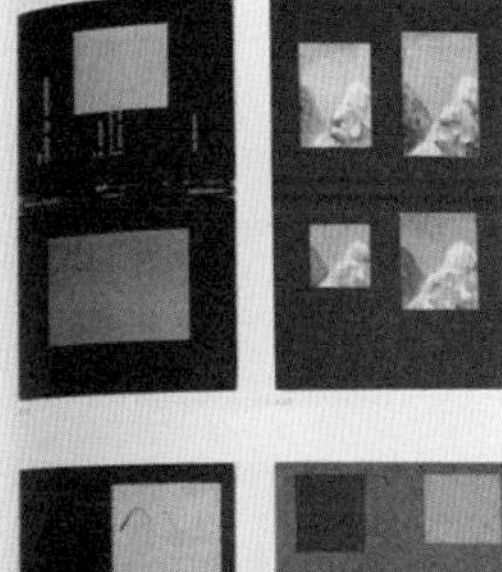

◎ New New Testament

D Kloepfer-Ramsey Studio 美
P Laurenz Foundation, Schaulager, Badlands Unlimited
◷ 2014

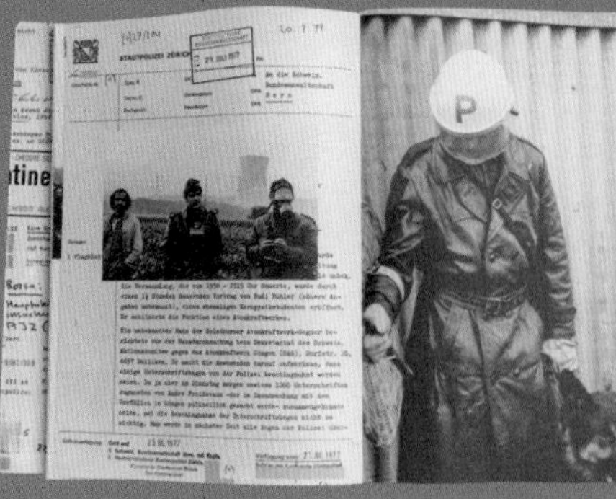

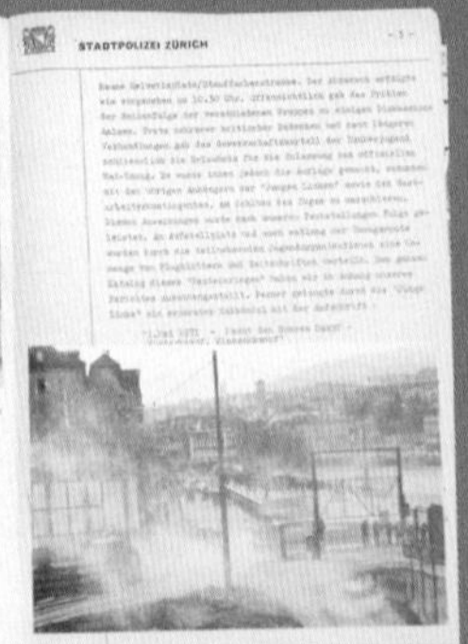
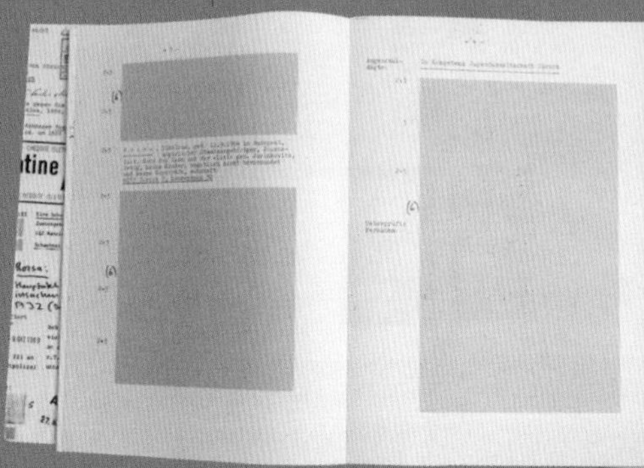
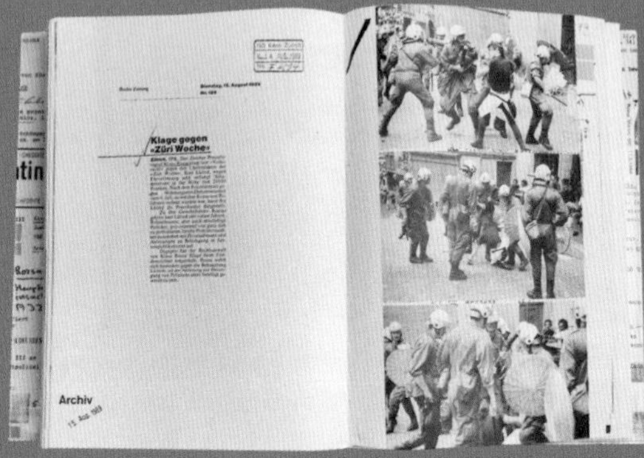

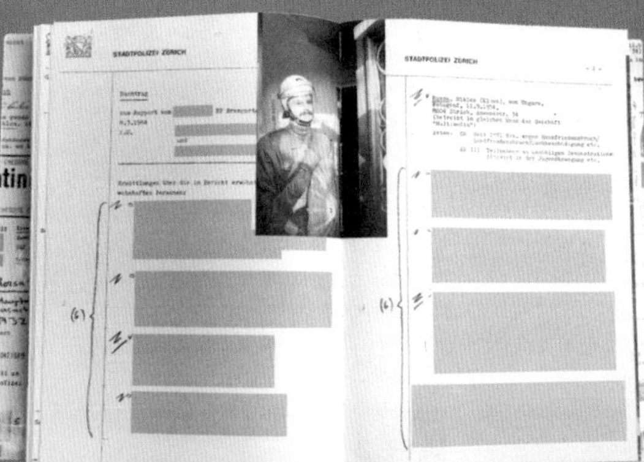

Miklós Klaus Rózsa

D Christof Nüssli、Christoph Oeschger 瑞士
P Spector Books
2014

J'ai Perdu Ma Tête

D Peter Granser

Intuition

D Dopl.-Des.Eva Schirdewahn 瑞士
P Wilhelm Fink
2012

Katherine Mansfield

D Joe Villion 德
P Edition Buechergilde Gmbh
2012

3

网格设计——版面的秩序与格律

设计就是解决问题，平面设计的功能将对象有序有效地传达给受众。所以设计离不开秩序，设计的功能是在规矩、逻辑的执行过程中体现其美的价值。而网格是实现这一价值目标的手段与方式。

网格设计，即通过纵横排列的直线，依据一定的级数，相互交错产生网状的格子，也形成网格设计的基本盘，所有的视觉符号、图形、文字将在这个有序的平台上亮相、经营、游走，这是设计者创造秩序之美的舞台，是其追求形式美的天地，而网格成为实现这一目标的重要手段。

建立网格设计体系，就是“通过标准化的研究将定量信息和统计数据转换成创意，随之转换成图形描述并演绎生动的社会剧集［Isotype（印刷图像教育国际体系）］”。

物质都是由不同秩序的分子结构组合而成，不同的数和量构成宇宙万物，在视觉上又构成点、线、面的奇妙的对比和谐的关系。

网格设计是追求理性分辨、解析的过程，合理协调视觉化信息得到秩序和表现，两者完美结合并实现阅读性和审美性俱佳的功能。

网格设计的关键核心是建立秩序与数值的必然关系和懂得驾驭其中规则的基本常识。版面中所有的元素必须有序可依，版面中所呈现的点、线、面也必须由数字级数进行倍率的计算、合理的配置和有创意的运筹。即使在成品中网格线已经删除，但

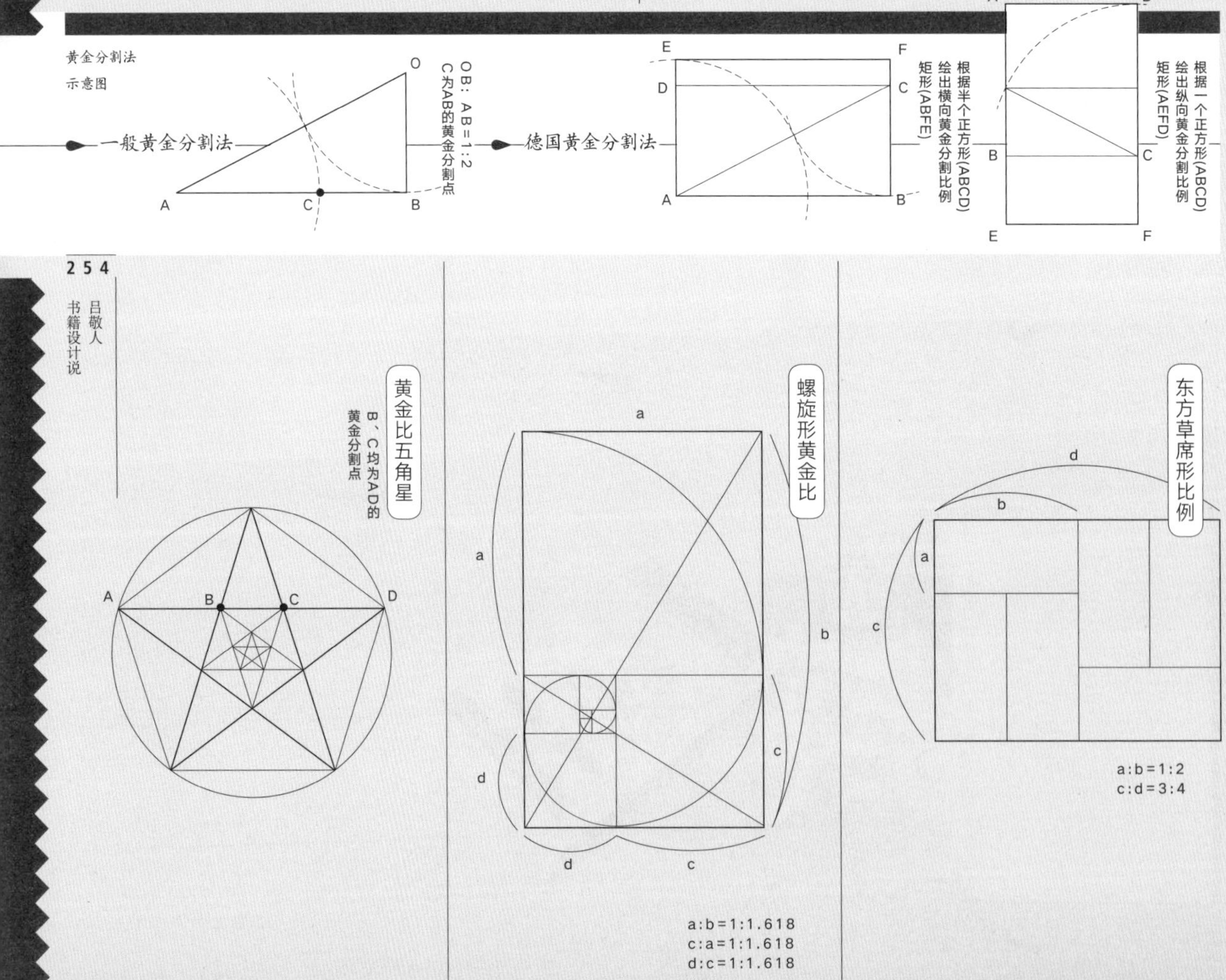

2 → 比如，数值 1.5、4.5、6、7.5、9、12、15、45 等均为 3 的倍率关系

3 → 比如 4mm、5mm

读者仍能感受到秩序的存在，杉浦康平先生称之为“看不见的格子”的设计之美从视线流到明视距离，从灰度分割到空白的造型……都能处处找到潜在的秩序规则的来龙去脉。

中文版面的网格设计中，过去以汉字作为一个单位，用这个汉字去测算、衡量，然后进行版面设计。中文字惯以“号”“级（Q）”“P”来选择使用，若使用者使用 P 来作为计算单位，活字 5 号相当于照相植字的 15 级，电脑字库中则为 10.5P。而 1P = 0.351mm，为 3 的倍率。因此在版面网格设计或印刷装订行业的应用模式中 3mm 往往作为一个基本的计算单位，与文字 P 数的增减取舍对应，这样有利于版面有序协调的把控→2，但这不应局限于设立其他→3 基本单位来计算，而且在体例多样、文图多元表现的版面网格设计中，还可以采用多种基本单位并存的网格排列、分布，而呈现繁杂信息的有序表达，诸如百科全书的版面网格设计中经常有这样的应用。如今电脑运算的精密度已可达无限级数，故一个单位的点数也不局限于整数。比例值的合理设定和多层次比例关系同时计算，获得繁复而有序的对比和谐的版面效果。常用网格方法有正方形网格、长方形网格、复合形网格、异形网格、自由版面等。

网格并不是限制自由的发挥，相反，有秩序的网格为版面整体的相对同一性把握，提供了极为宽广的自由度，并创造了模版化的有序操作的可能性。

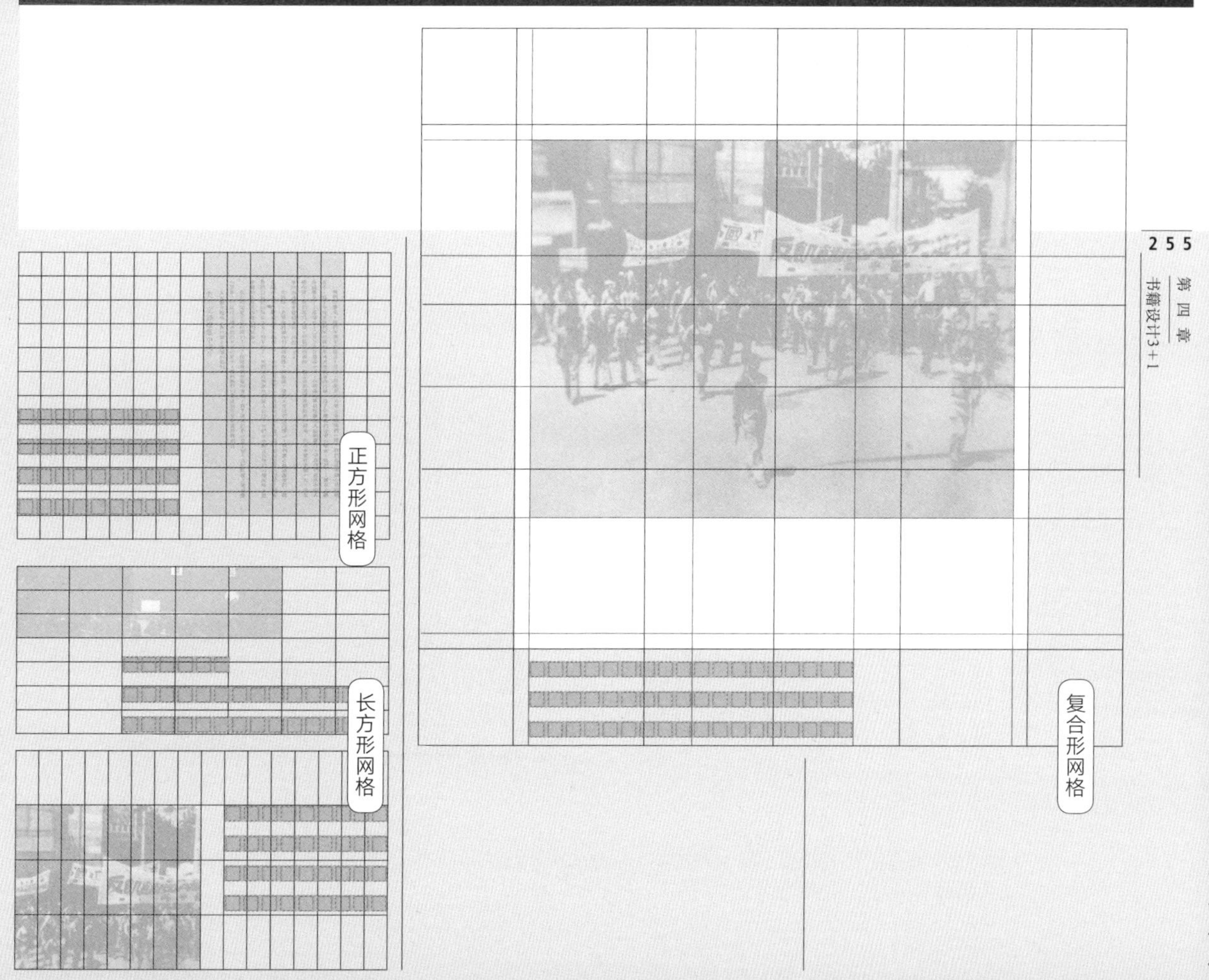

书籍设计小常识

版面术语

竖开本：指书刊稿上下规格（天头至地脚）长于左右规格（订口至切口）。

横开本：与竖开本相反，是书刊稿上下规格短于左右规格的开本形式。

纸宽、纸高：纸张的大小。

双页：横排本书籍的左页，通常标注偶数页码。

单页：书页的正面，横排本书籍的右页，通常标注奇数页码。

页眉：书名、篇章名的位置。

页脚：书页的底部。

十字规矩线：十字规矩线简称十字线，是版式设计中不可欠缺的部分。在四色印刷过程中，十字线起到使印刷套准的作用。

裁切线：3mm 切口在版面设计中是极为重要的部分，尤其在画面有出血时，一定要考虑裁切线以外的部分，裁切线是印装后裁切成书的标记线。

咬口：咬口是纸在承印过程中由吸盘传送进印刷机的一边，是印刷油墨无法印到的位置，故要留出 8 至 10mm 的咬口，是在设计版面大小与开本计算中务必考虑的因素。

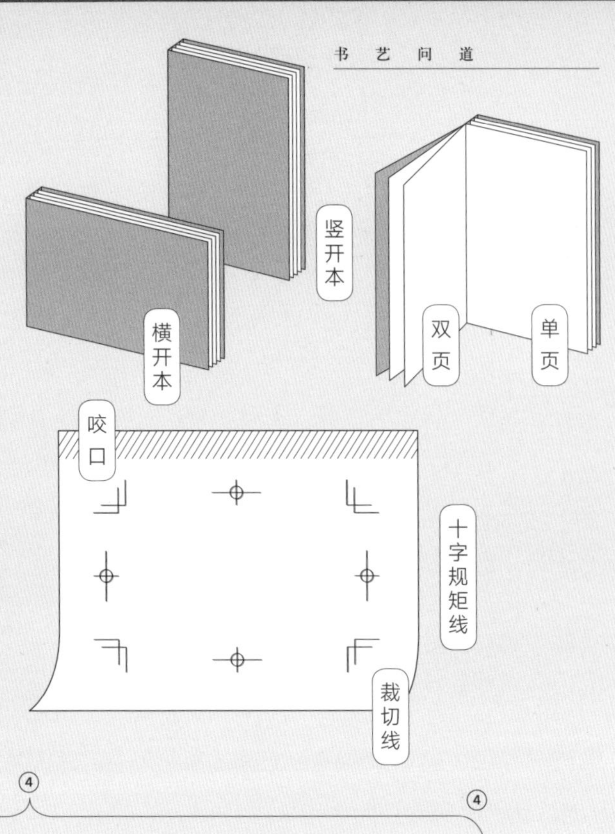

书籍内页版面

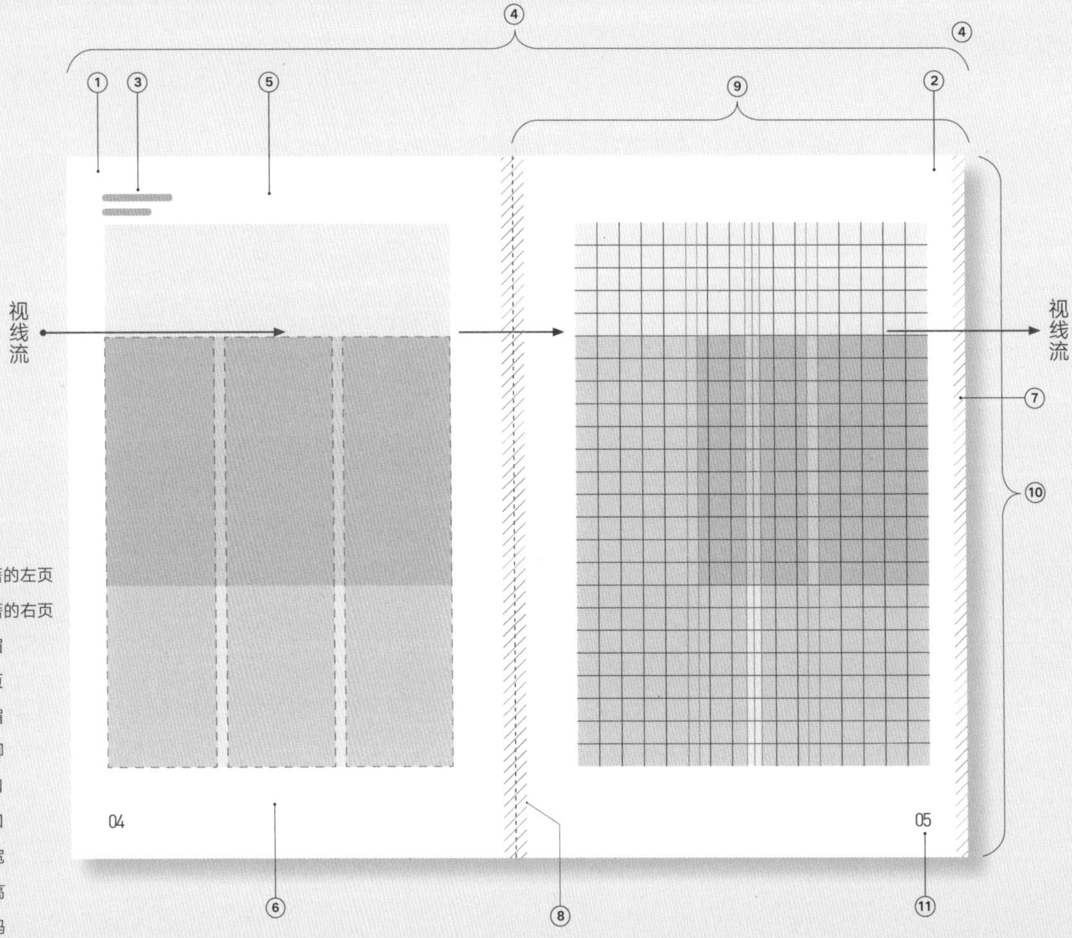

视线流

04

05

视线流

①……书籍的左页
②……书籍的右页
③……题眉
④……跨页
⑤……页眉
⑥……页脚
⑦……切口
⑧……订口
⑨……纸宽
⑩……纸高
⑪……页码

应用网格的纯文本页面

网格

①**页码位置**：页码位置线。

②**标题位置**：确定标题的位置线。

③**间隔**：栏与栏的纵向空间。

④**天头**：指书籍中最上面一行字与上方书页边沿间的部分。

⑤**装订线空间**：距离装订最近的内部空白。

⑥**页头位置**：确定页头位置的网格。

⑦**图像单元**：通过基线、空白线留出的图像位置。

⑧**栏**：网格上设定排列文字的长矩形空间。栏宽因设计需要而不同。

⑨**基线**：字体坐落的线，正常外语字母在线上，下降字母则悬挂在线上。

⑩**栏宽**：栏宽决定了每行的宽度。

⑪**地脚**：指书籍中最下面一行字与下方书页边沿间的部分。

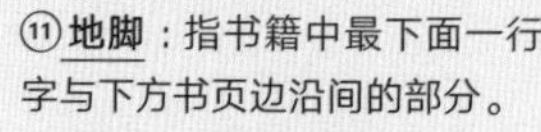

⑫⑬**图像栏间距**：图片之间的空白距离。

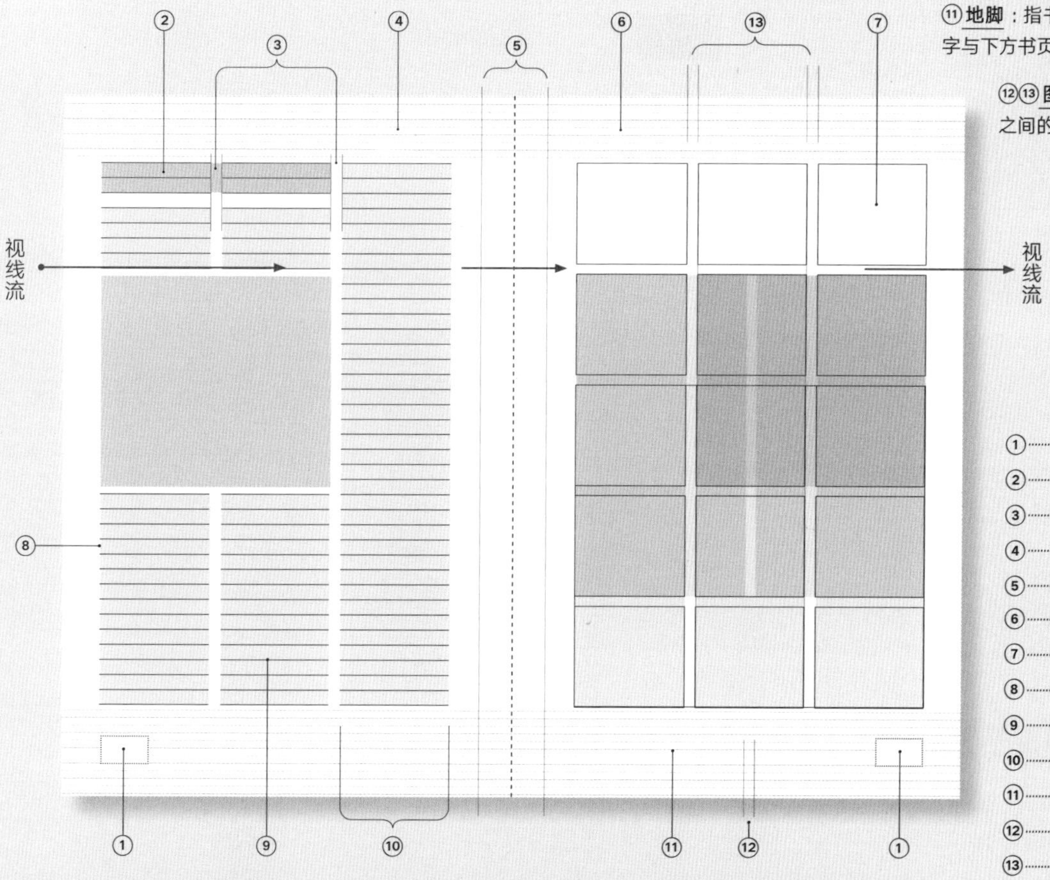

视线流

视线流

①……页码位置
②……标题位置
③……间隔
④……天头
⑤……装订线空间
⑥……页头位置
⑦……图像单元
⑧……栏
⑨……基线
⑩……栏宽
⑪……地脚
⑫……图像栏间距（2栏）
⑬……图像栏间距（3栏）

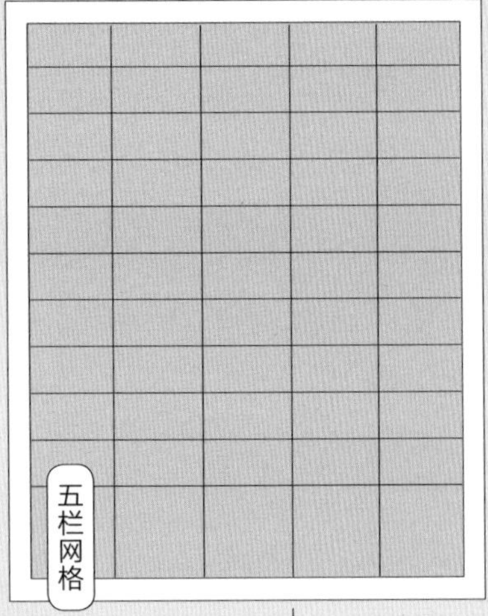

五栏网格

新文化运动

(一) 新文化运动兴起

1919年5月4日北京学界天安门前集会场景

1918年第一次世界大战结束，1919年1月中国以战胜国身份派代表参加巴黎和会。和会不顾中国反对，同意将战败国德国在山东掠夺的一切特权转让给日本。5月4日，北京大学等大专院校3000多人在天安门前集会，举行示威游行，要求外争国权，内惩国贼，拒签合约。游行学生冲进外交次长曹汝霖家中，痛打驻日公使章宗祥，并火烧曹宅，30余名学生被军警逮捕。5月19日北京学生总罢课。6月上海人民开展罢课、罢工、罢市斗争，爱国运动席卷全国。最终北京政府迫于国内舆论压力，拒绝在和约上签字。

新文化运动提倡的民主与科学，为五四爱国运动的发生提供了坚实的思想基础。新文化运动活跃了中国思想界和舆论界，新文化、新思想纷至沓来，焕发了古老中国的青春。北京既是文化古城，又集中了各类新思潮，陈独秀、胡适、李大钊、钱玄同等文化旗手在北京将新文化运动推向思想解放的高峰。新文化运动初期的主要内容是提倡民主，反对专制，提倡科学，反对愚昧；提倡新道德，反对旧道德。俄国十月革命后，中国迎来了马克思主义，北京作为新文化运动的中心，孕育着中国共产党的诞生。

四栏网格

经济文化状况

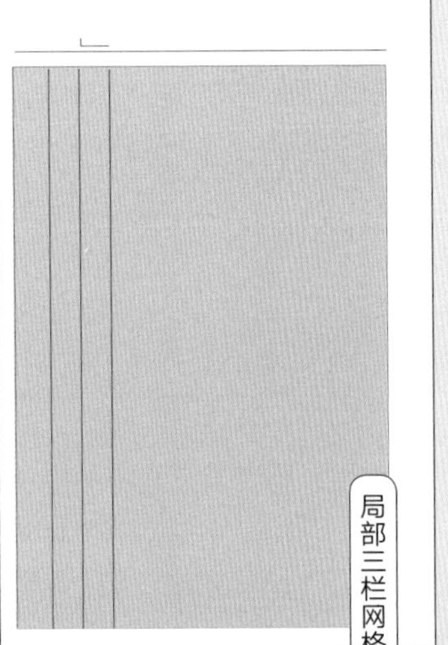

局部三栏网格

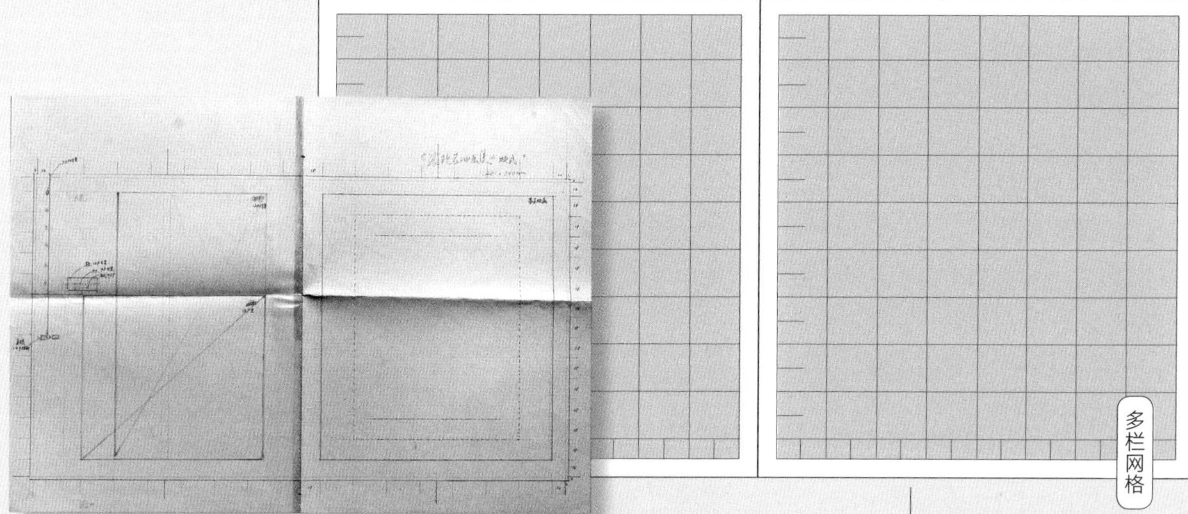

多栏网格

■网格设计并不限制版面的多元表达，而是造就更有秩序的自由发挥。

网格不只是纸面上抽象的东西，它可以让版面设计更具特色，更具个性。

中国古代书籍艺术有悠久的历史，中国的书籍设计同样讲究章法，并在很久前就运用数学计算的方法，逻辑地、科学地应用于版面经营设计之中，而形成中国古籍的秩序之美。我在参与“中国善本再造工程”的设计活动中，有幸拜读到一部中国明代的重要典籍《永乐大典》，深切体会到古人对书籍秩序之美的追求。就其版心的比例关系而言，西方自古希腊起将黄金比视为最美的比例，即黄金分割，宽长比为 1:1.618 的比率数值，而《永乐大典》的版心→4 的宽长比为 1:1.626，与 1:1.618 仅差 0.08，可以看出中国人对美的比例早已有很高的认知度，只是没有归纳为一种法则而已。《永乐大典》中的文字排列是按照 8 栏、16 行、每行 28 个字排列，均以 4 的倍率递增，若以 3mm 的格子划分，版面的文字灰度群、空间维度、天头地脚等的设定，一系列设计元素均在这一有序的规则中运营，具有张弛有度的传递节奏和疏朗愉悦的感受。网格设计随着不同文化背景和设计思维方式的不同也有许多美的分割标准，像古希腊的黄金分割、德国的$\sqrt{2}$比率、对数螺旋比、日本的草席比等都具有异曲同工之妙。

4 → 216 × 345mm

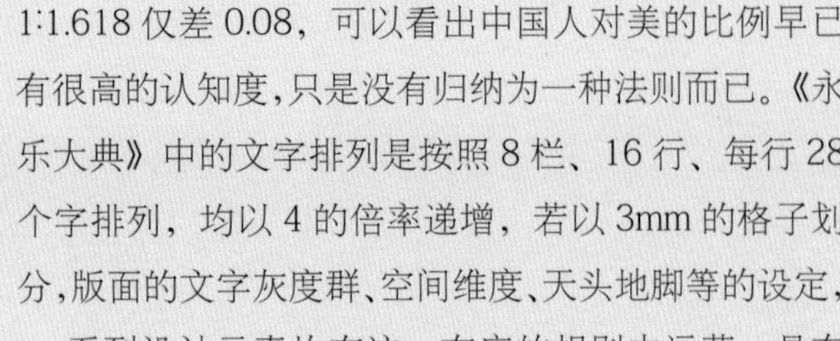

鹦鹉螺

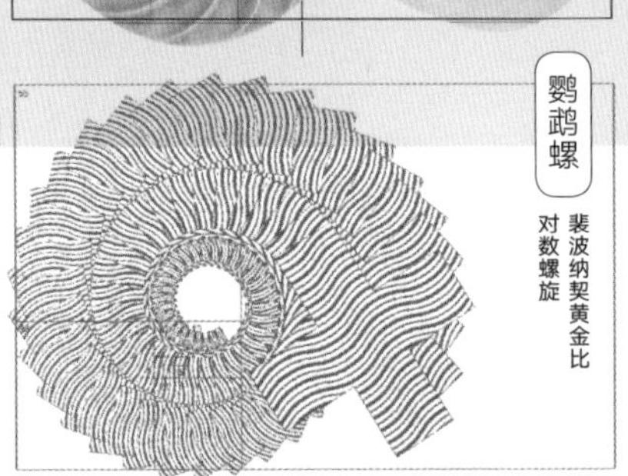

裴波纳契黄金比对数螺旋

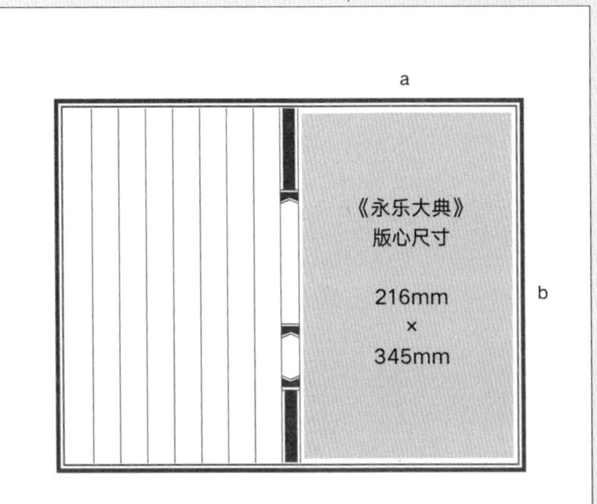

a : b= 1: 1.626

《永乐大典》版心宽长比为1:1.626，非常接近1:1.618的黄金分割率。

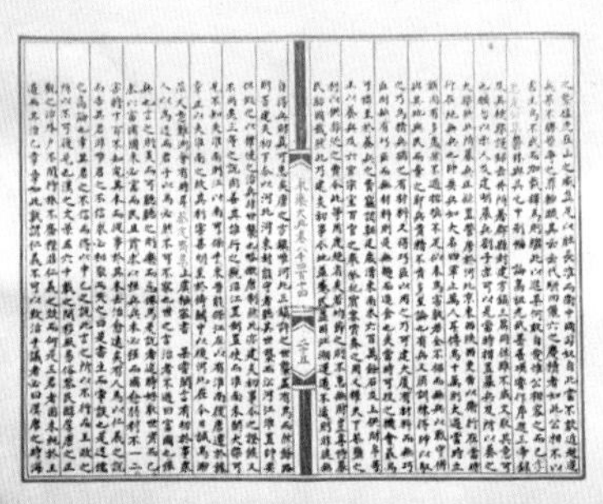

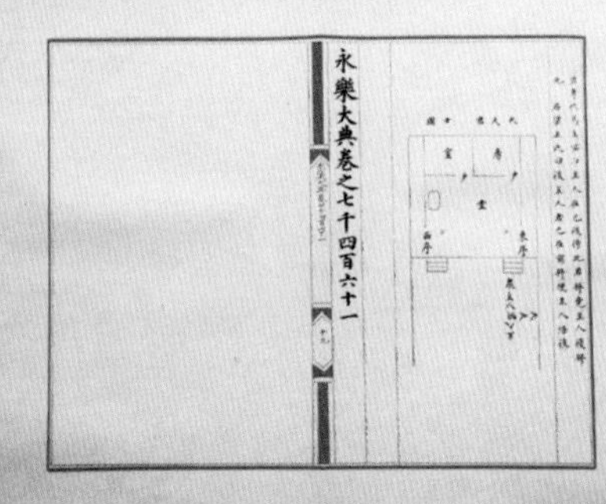

《永乐大典》版式网格分析

文字群以3mm为一个单位的网格进行划分。

文本排列为8栏，16行，每行28个字，以4的倍率递增。

5 → 开本

6 → 比如 3mm、4mm 的基本格子

网格设计的方法

1. 首先根据不同文本的体裁、内容和陈述风格进行认真的分析，并依据内容的体例和层次关系寻找秩序化信息传达的基本规律，设想版面中图文叙述的构成形态。

2. 根据运筹版面舞台的大小→5 进行基本网格的设定→6，将文本中各个叙述板块通过数值的比例关系进行设计，并安置于可以表演的场所，即划出不同体例的文字、标题、图像等有序的活动区域。

3. 网格设定后并不是形而上的僵化排列，在充分考虑阅读内容的前提下，设立各区域具有互动的可能性，即基本栏间有序的变化，比如三栏式的分割中，一栏、两栏、二分之一栏、三分之二栏，均可相对自由地在栏行长度中设定有变化的游走范畴等等。

4. 网格设计概念是平面设计师的基本素质和应具有的设计意识。与绘画不同，我们可以进行虚拟的感性联想，可以讲究意到笔不到，但设计还是一门科学，要严格与印刷技术完美衔接，这些离不开科学的逻辑思维和严谨精致的工作态度。

网格设计有千变万化的组合，不要将其视为可有可无的僵硬的程式化设计，优秀的版面设计家可以给固态与呆板的文本赋予活力，让阅读更加充满生命力。

《书艺问道》

D 敬人设计工作室
P 中国青年出版社
2006

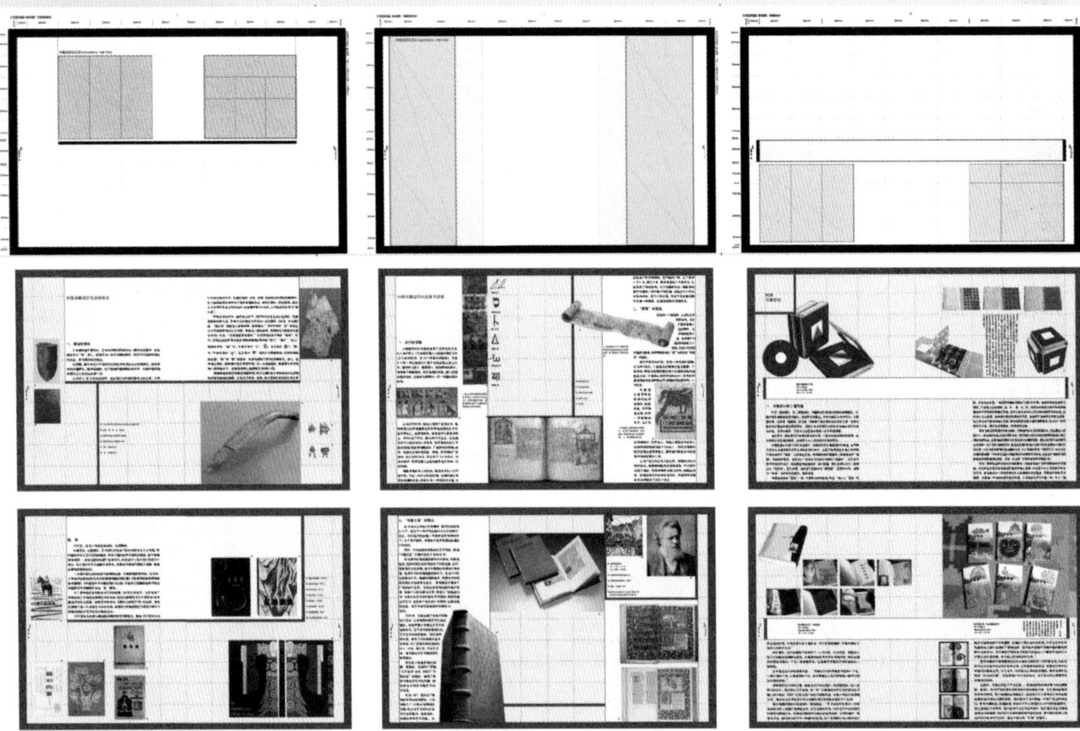

《书艺问道》版式纸·3mm 网格

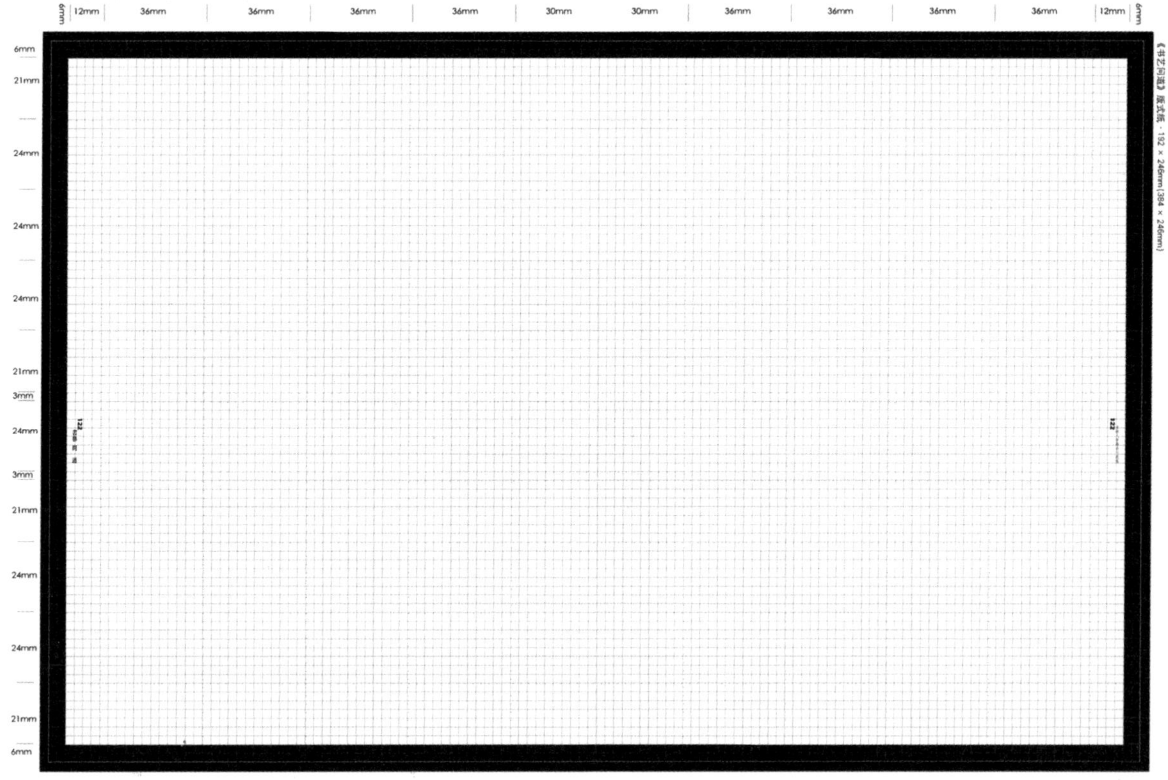

6mm | 12mm | 36mm | 36mm | 36mm | 36mm | 30mm | 30mm | 36mm | 36mm | 36mm | 36mm | 12mm | 6mm

6mm 21mm 24mm 24mm 24mm 21mm 3mm 24mm 3mm 21mm 24mm 24mm 21mm 6mm

《书艺问道》版式纸·192 × 246mm(384 × 246mm)

《书艺问道》版式纸·综合部分

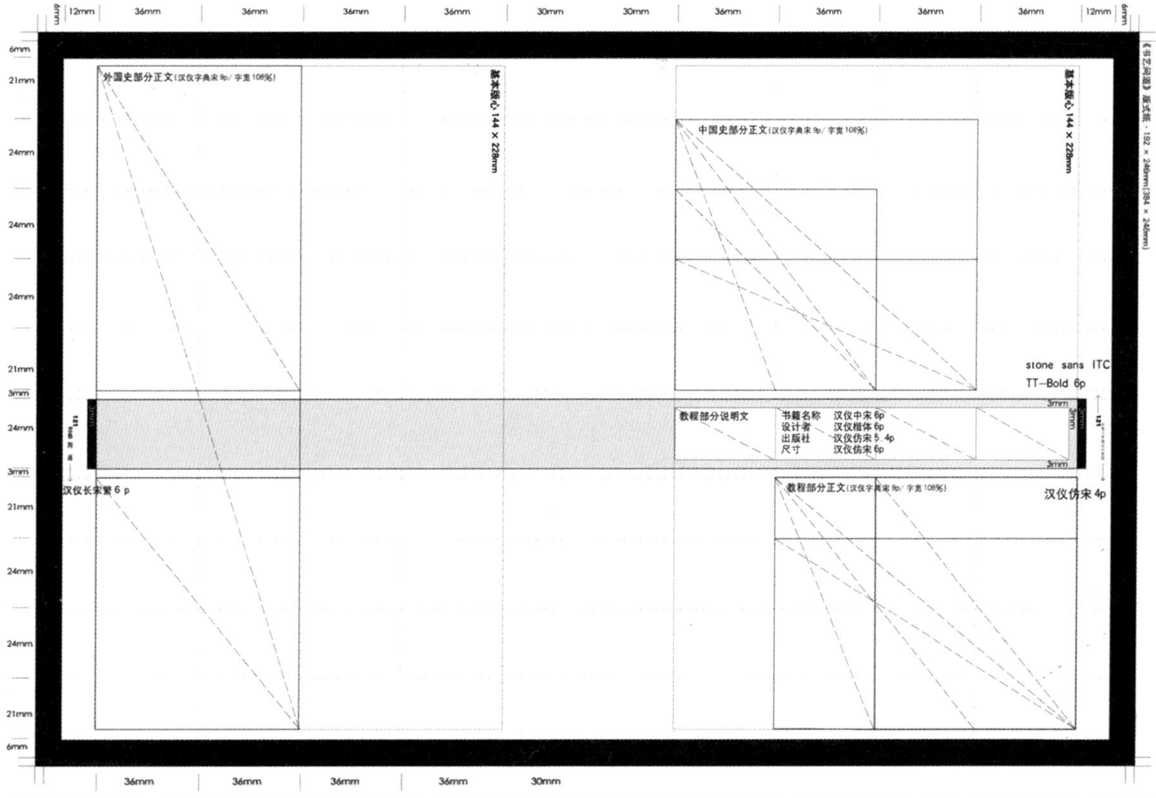

6mm | 12mm | 36mm | 36mm | 36mm | 36mm | 30mm | 30mm | 36mm | 36mm | 36mm | 36mm | 12mm | 6mm

6mm 21mm 24mm 24mm 24mm 21mm 3mm 24mm 3mm 21mm 24mm 24mm 21mm 6mm

外国史部分正文(汉仪字典宋 9p/ 字宽 108%)

基本版心 144 × 228mm

中国史部分正文(汉仪字典宋 9p/ 字宽 108%)

stone sans ITC
TT—Bold 6p

教程部分说明文

书籍名称 汉仪中宋 6p
设计者 汉仪楷体 6p
出版社 汉仪仿宋 5.4p
尺寸 汉仪仿宋 6p

汉仪长宋繁 6 p

教程部分正文(汉仪字典宋 9p/ 字宽 108%)

汉仪仿宋 4p

36mm | 36mm | 36mm | 36mm | 30mm

《书艺问道》版式纸·192 × 246mm(384 × 246mm)

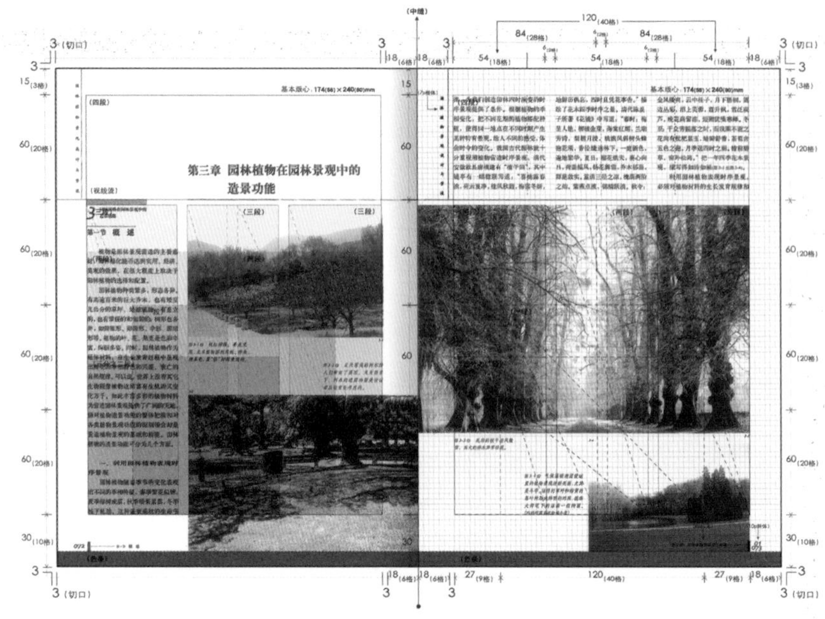

网格设计就是为文本的阅读找到最佳的内在逻辑。

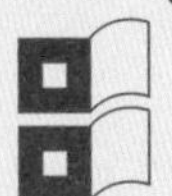

《园林植物景观设计与营造》

D 敬人设计工作室
P 中国城市出版社
2003

案例分析《园林植物景观设计与营造》网格设计案例

1. 分析主题内容

此书为 16 开图文并茂的艺术类工具书，文图量比例为 1:3。全书既是园林营造的案例展示，又有解读方法论的文字，所以要求图像有清晰的表达，又有文本的紧随其上，便于阅读、检索、查询。版面布局不同于文学题材，也区别于艺术摄影集的处理。网格设计一定根据内容设定格局语法，即形式语言的依据所在。

2. 设定网格结构

阅读结构是以文导图，图为阅读的主体，故要为图设立一个可自由伸缩的网格系统，为图的表现创造多层次的充分展示，有序且灵动的构成机会。辅助文本按体例设定递进式排列方阵，分清文配图的功能，又不失主体性。全书风格应具逻辑理性且不失生动感。设定网格构架是对一本书最终的视觉阅读结果的预测与构想，是网格设计前最重要的一步。

3. 网格设计

≡a. 设立网格页面

《园林植物景观设计与营造》的成本尺寸为 213mm（宽）×285mm（长）。

首先设定网格的基本单位，该书的网格单位为 3mm（不限定，根据设计设定 2mm、4mm、5mm 为一个单位均可）。

213÷3=71格（71个3mm的格子单位）

285÷3=95 格（95 个 3mm 的格子单位）

宽边 213mm 与长边 285mm 分别被 3 整除，组成纵向 71 格，横向 95 格垂直交错共 6745 格的网格页面。

打一个比方，你将在这个拥有 6745 格子的页面舞台上演绎图文书戏。每一个格子是组成承载信息的基盘，当信息尚未进驻之前是毫无意义的空间；一旦文本进入这个页面舞台，分割、滑动、跳跃、停滞……网格具有了生命的意义。

≡b. 设想网格结构

有了网格基盘，并不等于固态僵化的摆放或肆意妄为驻足就是网格设计。寻找最合适的矢量关系，运用最佳的倍率计算是网格设计的核心方法，内容决定了图文部分格局或运营的节奏格律。据此寻找到该书的阅读意境、内涵气质、功能呈现、交互体验、印制条件、成本定位等基本条件，对网格设计进行预设：

版心范围、字体字号、行距字距、图文灰度、空间体量、节奏层次、信息游走、视线流及阅读导向等进行全方位的构想，决定了网格设计的具体执行。

≡c. 设定网格系统

在 71 格（213mm）×95 格（285mm）的网格空间中，以 3mm 的格子单位进行倍率计算，划分出文本与图像的最佳场合，体现每一空间的存在价值。

版心设定：版心决定一本书的基本面貌，文本主体的表演舞台体量，体现视觉阅读的虚实关系，即图文的基本势力范围。

版心：58 格（174mm）×80 格（240mm）。

天头：5 格（15mm），**下地**：10 格（30mm）。

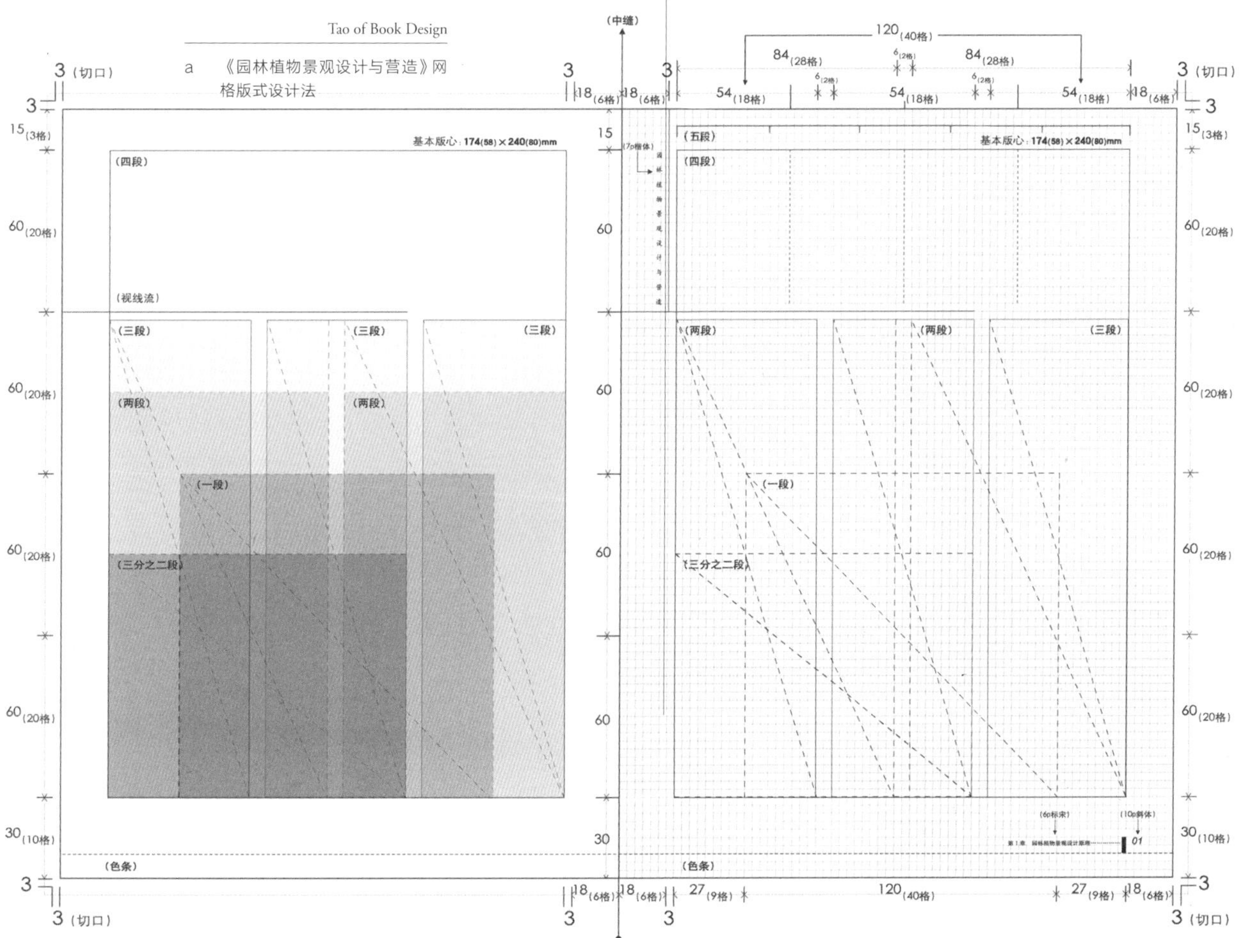

a 《园林植物景观设计与营造》网格版式设计法

书口：6 格（18mm）。

订口：6 格（18mm）。

书眉：1 格（3mm）。

视线流：为留住该书以图叙述为主的整体形式印象和阅读视觉记忆，有意将版心上方以下的四分之一处（20 格 / 60mm）设定为视线流位置。上部为标题、部分文字和空白的地方，下部四分之三处（60 格 / 180mm）为图像主要居住的场所，并经营部分文本（正文、辅助文、注释文、图版说明文等），纵向共分为四栏。

文本：为清晰阅读不同体例的文本，以网格基数（1 格 / 3mm）的倍率，设定了不同行长的栏式。分别有一栏式，行长（40 格 / 120mm）为序言；二栏式，行长（28 格 / 84mm）为总论；三分之二栏式，（38 格 / 114mm）为篇章文；三栏式，行长（18 格 / 54mm）为正文；四栏式，行长（13 格 / 39mm）为注释文；五栏式行长（10 格 / 30mm）为图版说明文。从二栏式到五栏式栏间距（2 格 / 6mm）统一。所有的数据均为基数 3 的倍率。注释文与图版说明文依据需要可在栏式间自由位移。

图版：凸版网格设计则与文字设定相似，在版心规矩范围内和各栏式之间设定最合适的位置，并与文字规矩相呼应，趋向一个层级。网格应用并不限定，与文字排列相比相对自由。可根据图像内容，进行有序的变化与创意，甚至可以超越版心全出血或局部出血，达到出人意料的展示。当然纵使方法上的"千变万化"，仍要保持全书的统一格调和阅读的秩序。

4. 小结

本案例只是纷繁多样网格设计中的一个，并不是唯一的样本，仅为提供一个做网格设计怎样起步的思路和线索；以及体会网格设计中运用数据倍率计算的基本方法。20 世纪八九十年代照相植字时代以毫米计算的字级单位（Q）与当今电脑字库中点（P）的运算已不一样，操作上也更加方便，这是技术进步带来的优势。但网格设计的宗旨和原理仍是一致的，以上的方法论同样适用于电脑工具。

没有规矩不成方圆，现在已经改变了以往只凭感觉盲目随性地做版面设计的做法。网格设计可以增添理性的逻辑分析和创造内在秩序美的意识。网格设计不以网格的存在为目的，网格设计也不是只强调规则而禁锢了想象，好的网格设计隐藏于网格深处。杉浦康平先生语："网格设计使版面得到自由而有序的表达，不要浮于机械的仿效，而是体现出一种看不见格子的美，设计就是驾驭秩序之美。"

《老父百岁》

D 敬人设计工作室
2007

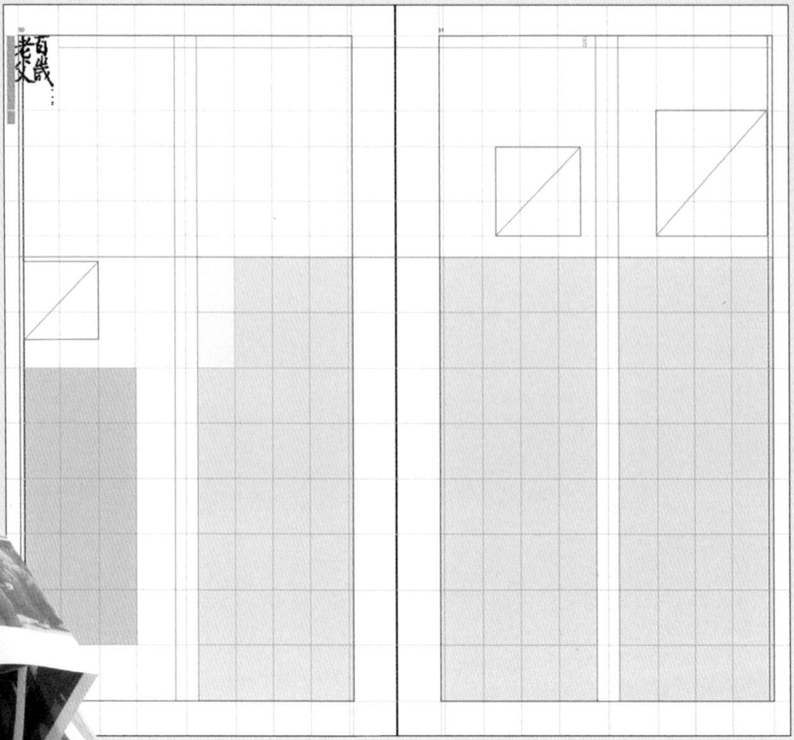

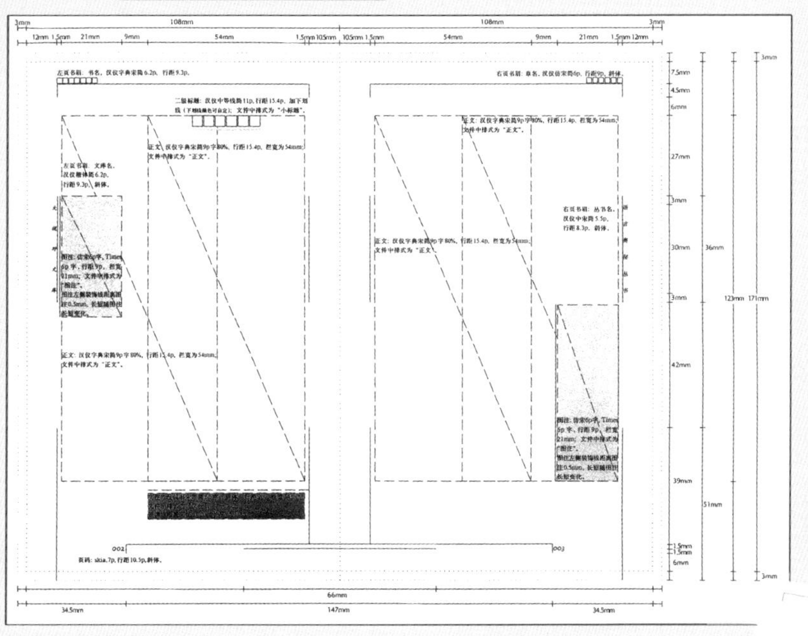

《大视野文库“语言奥秘丛书”》

D 敬人设计工作室
P 中国青年出版社
2001

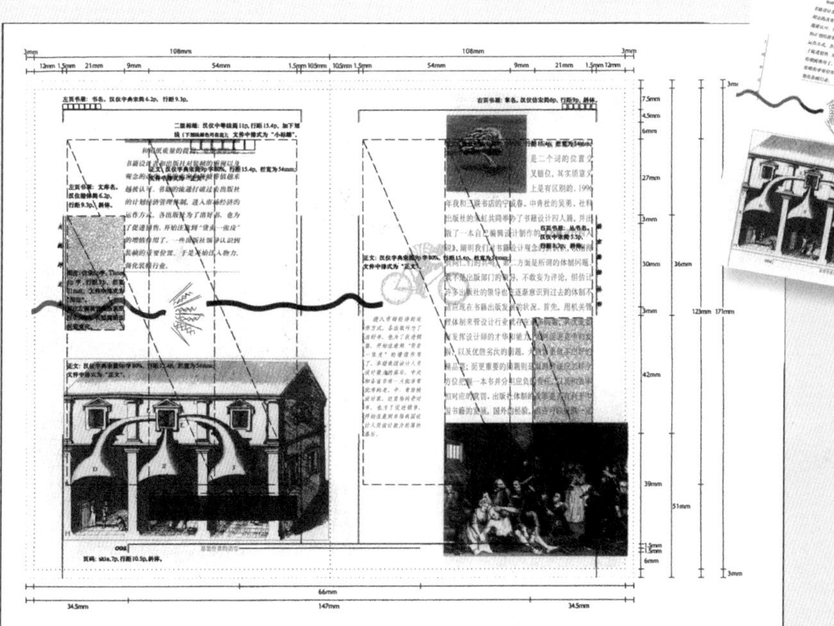

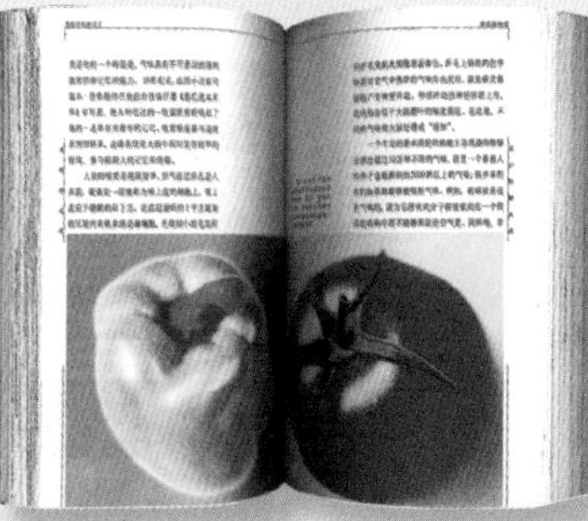

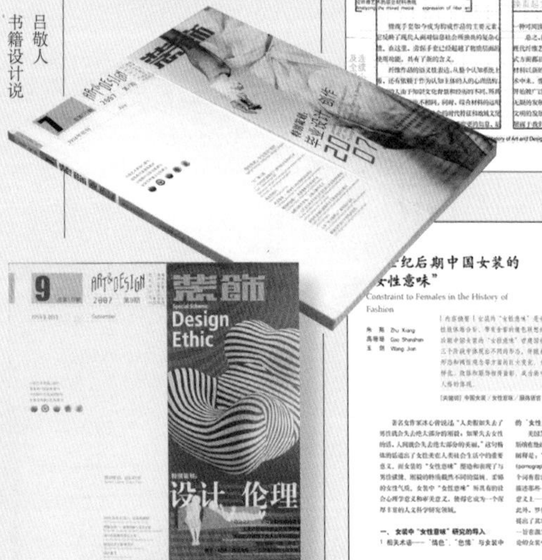

《装饰》杂志

D 敬人设计工作室
P 清华大学出版社
© 2006~2007

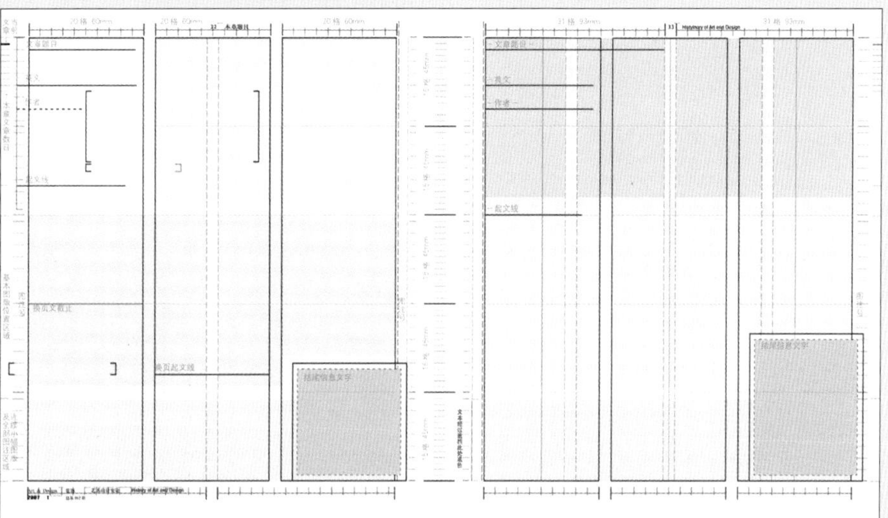

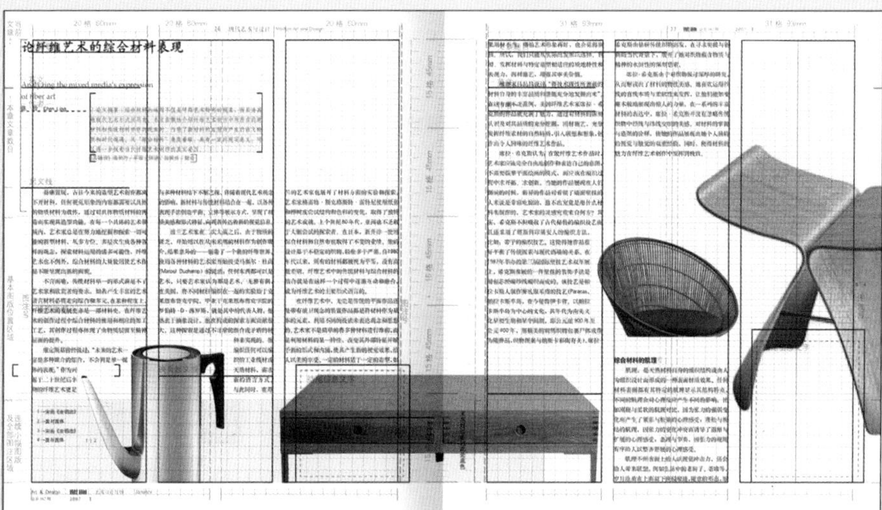

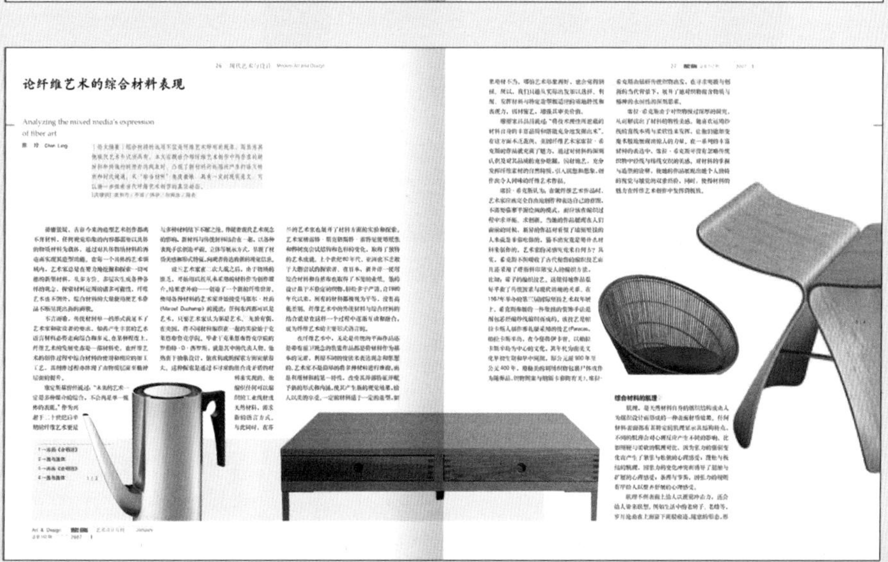

当今文字编排运用的网格设计是现代主义的产物，西方编排网格使用的黄金比率以其严密理性、规范科学的逻辑设定了具有普遍意义的设计范式。我尝试探讨在学习西方网格系统法则下摆脱机械式的模仿，求得“取其形易，得其神难”的自觉与自由，体现东方多主语表达文本韵味的格律设计。

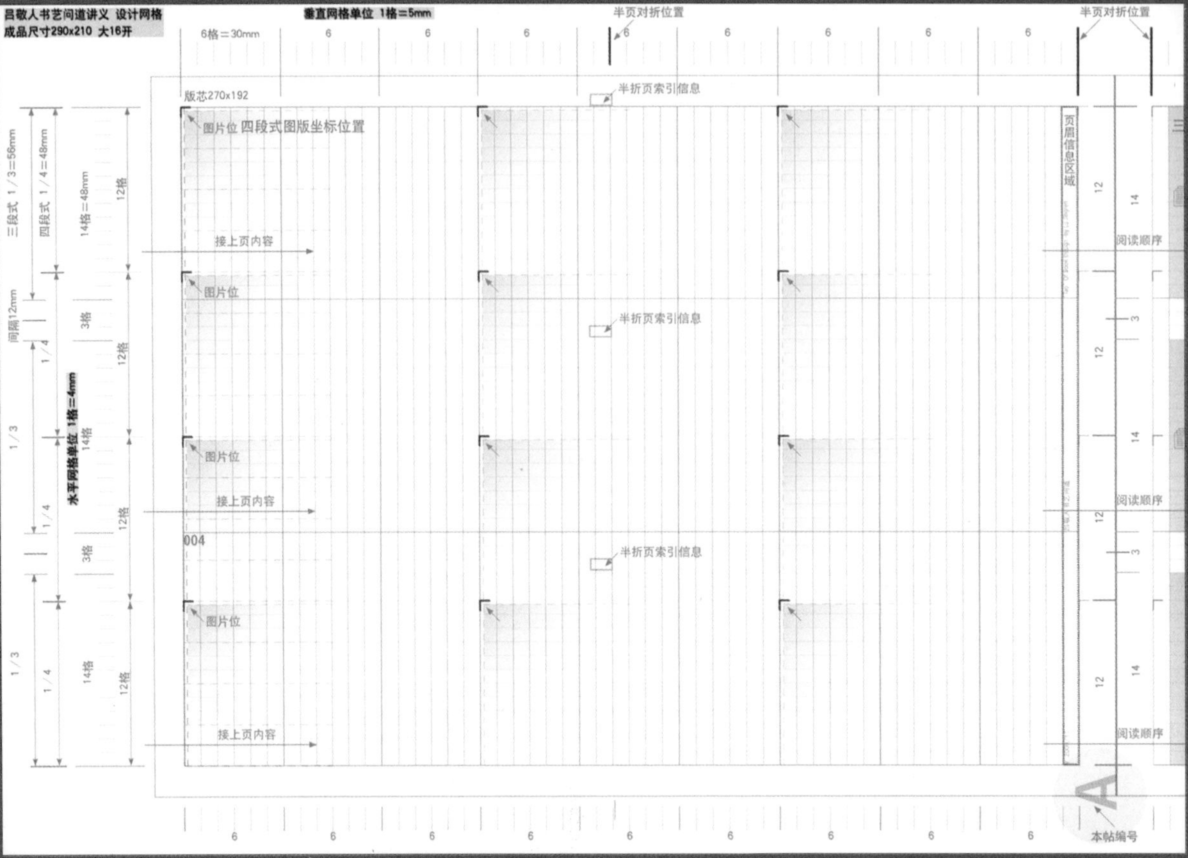

吕敬人书艺问道讲义 设计网格
成品尺寸290x210 大16开

垂直网格单位 1格=5mm

6格＝30mm 6 6 6 6 6 6 6 6

半页对折位置

半页对折位置

版芯270x192

半折页索引信息

图片位 四段式图版坐标位置

三段式 1/3＝56mm

四段式 1/4＝48mm

14格＝48mm

12格

页眉信息区域

接上页内容

阅读顺序

间隔12mm

图片位

3格

半折页索引信息

水平网格单位 1格＝4mm

1/3

1/4

14格

图片位

接上页内容

004

半折页索引信息

图片位

接上页内容

12 14 3 12 14 12 3 12 14

6 6 6 6 6 6 6 6 6

本帖编号

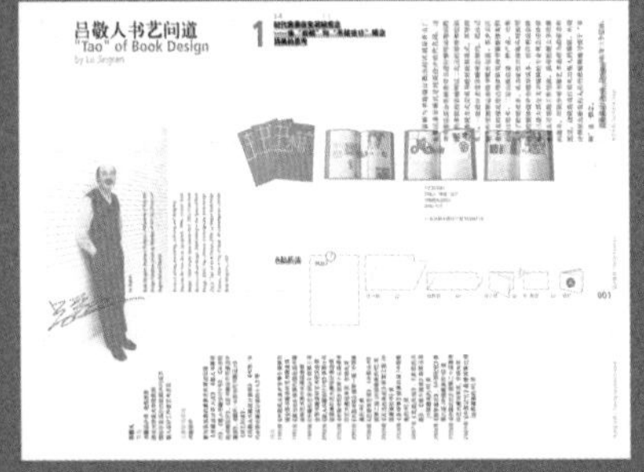

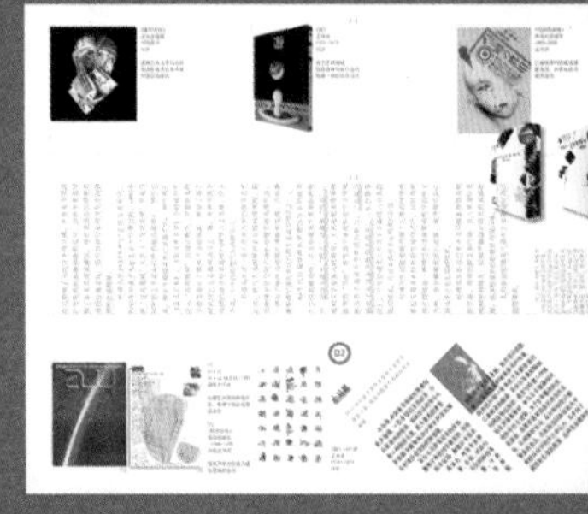

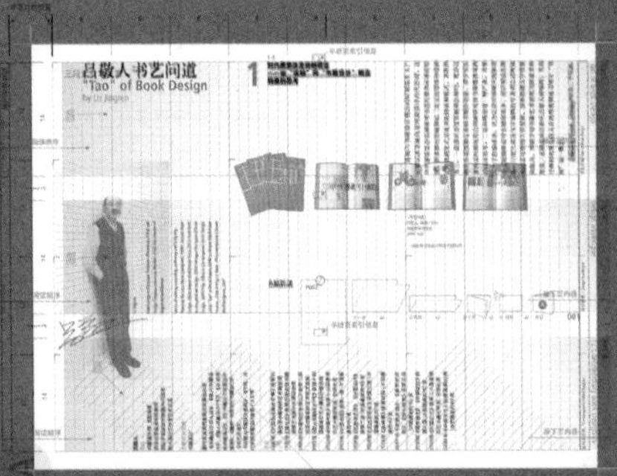

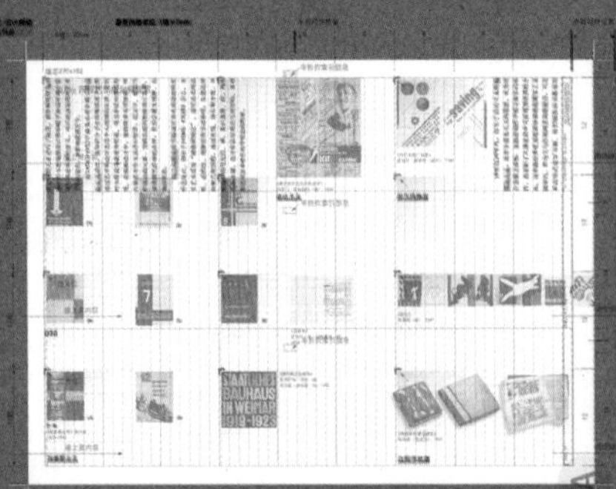

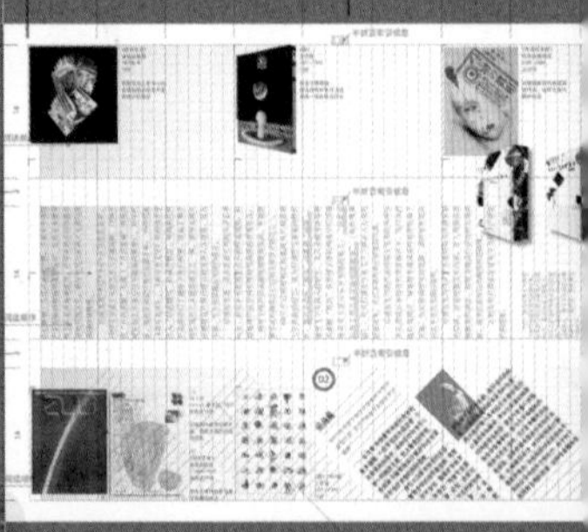

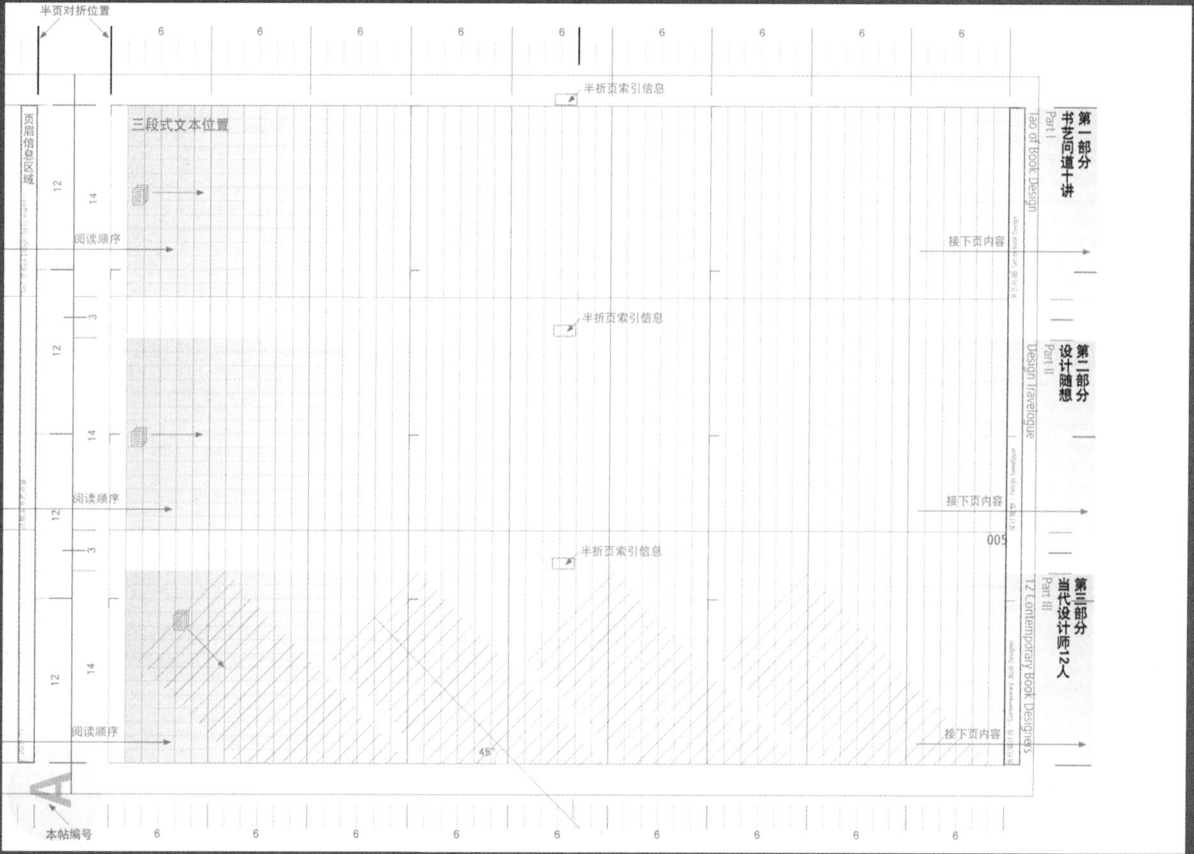

半页对折位置

6 6 6 6 6 6 6 6 6

页眉信息区域

三段式文本位置

半折页索引信息

12 14 阅读顺序 3

接下页内容

第一部分 书艺问道十讲
Part I Tao of Book Design

半折页索引信息

12 14 阅读顺序 3

接下页内容

第二部分 设计随想
Part II Design Travelogue

005

半折页索引信息

12 14 阅读顺序

45°

接下页内容

第三部分 当代设计师12人
Part III 12 Contemporary Book Designers

本帖编号

6 6 6 6 6 6 6 6 6

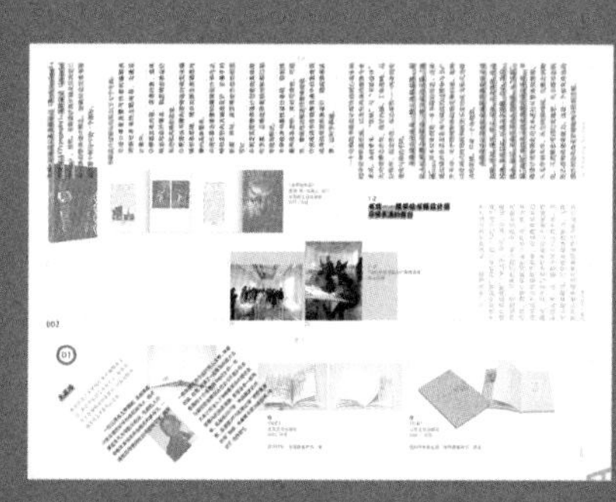

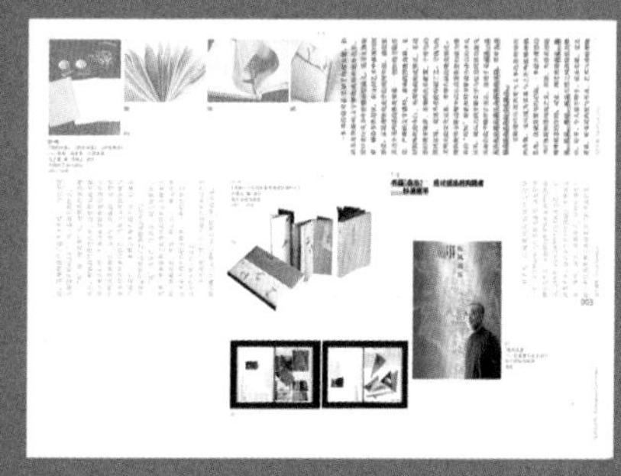

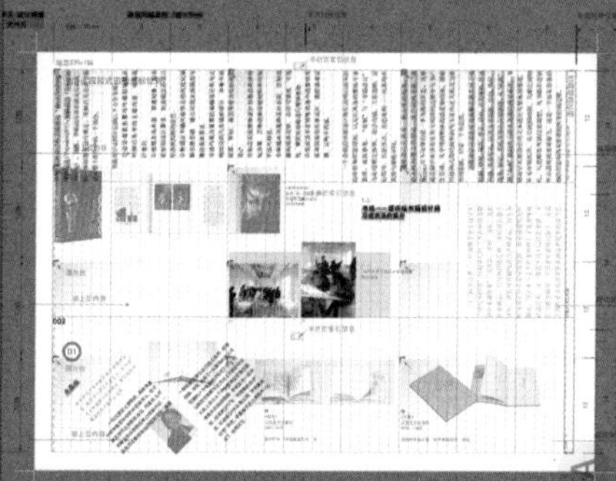

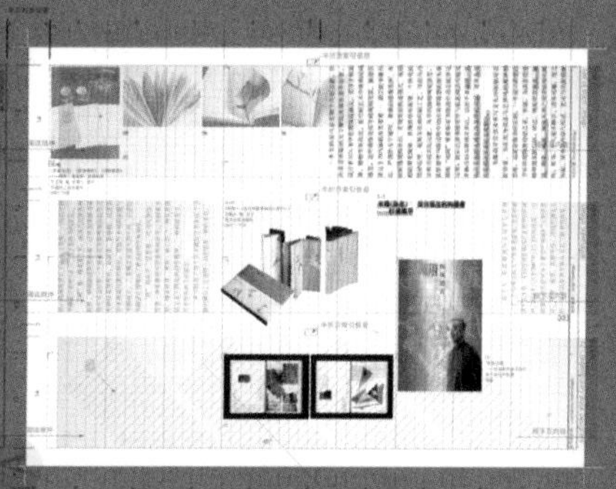

《书艺问道》讲义

D 敬人设计工作室
© 2009

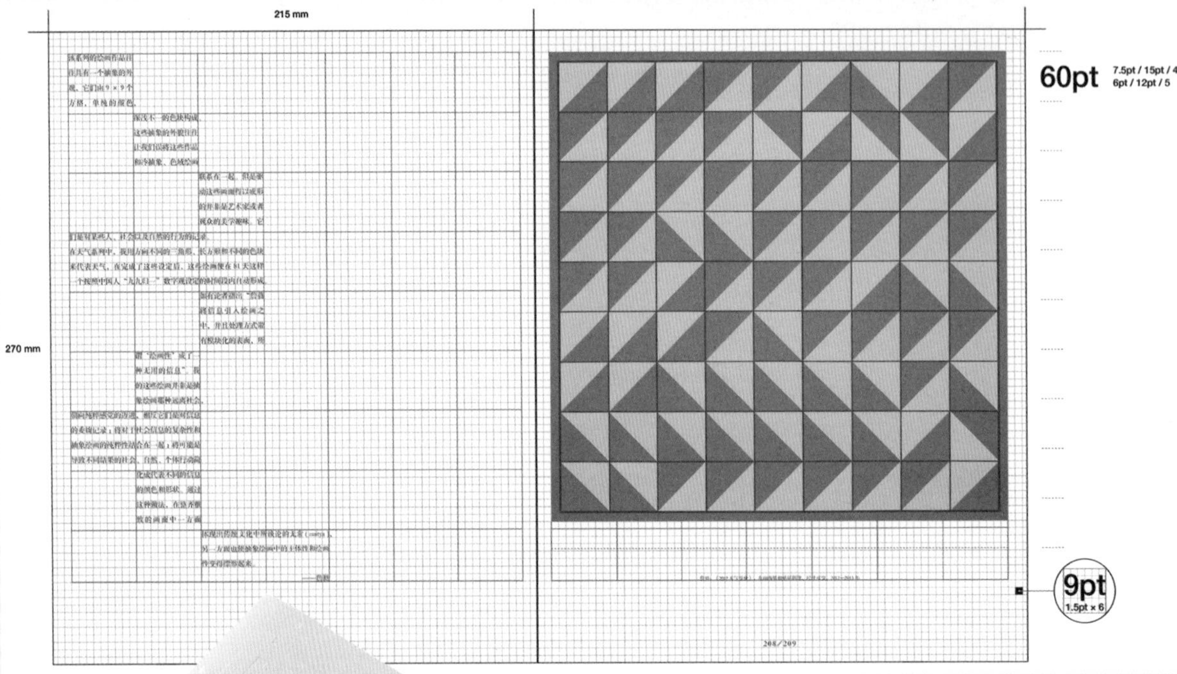

《气候》

D 刘晓翔+刘晓翔工作室
P 北京大学出版社
2016

案例分析 刘晓翔网格设计《气候》

由字号倍率建构起适合中文的网格系统。

正方形的汉字非常适合纵横双方向的精确数字化，这是汉字与网格系统的“诞生地”瑞士所代表的西文网格，以及既有汉字又有拼写字符的日文之最大区别。因此，可以将汉字成倍率的无限缩小和无限放大，构建起属于汉字的、可以用数字描述的三维网格矩阵。

任何字号都可以作为倍率的基本单位，选择时主要依据文本的属性和倍率易于计算，如艺术类书籍用 1.5pt 作为倍率，1.5×4，6pt 适合用作图注；1.5×5，7.5pt 可以作注释；1.5×6，9pt 则可以作为正文。文学类书籍用 1.5pt 作为倍率，1.5×7，10.5pt 的正文字号会非常适合阅读。以此类推，不同的文本属性都可以得到适合它的符合 1.5pt 倍率的字号。既然是由倍率组成的网格，那么 2pt 或 3pt，甚至任何单位都可以据此设计出一个系统，我要考虑的是哪个倍率更适合作为这个文本的系统基点。

更重要的是，这些不同的字号由倍率联系在一起，形成看得到的，如 7.5pt 文字、15pt 行距 4 行（60pt）与 6pt 文字、12pt 行距 5 行（60pt）占用相同的纵向空间，7.5pt 文字、24 字（180pt）与 6pt 文字、30 字（180pt）占用相同的横向空间。倍率使不同字号的相同字体、等倍率行距所排列出的文字形成一样的灰度，并能将复杂文本属性梳理出阅读逻辑。看不到的、内在的倍率关系把不同字号联系在一起，感性地排列它，会让文本在静止的页面上排列出律动的视觉感受，即格律美。

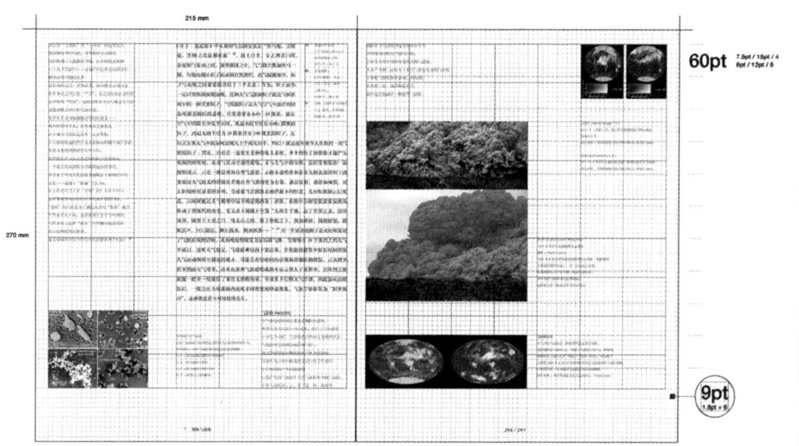
215 mm
270 mm
60pt
7.5pt / 15pt / 4
6pt / 12pt / 5
9pt
1.5pt × 6

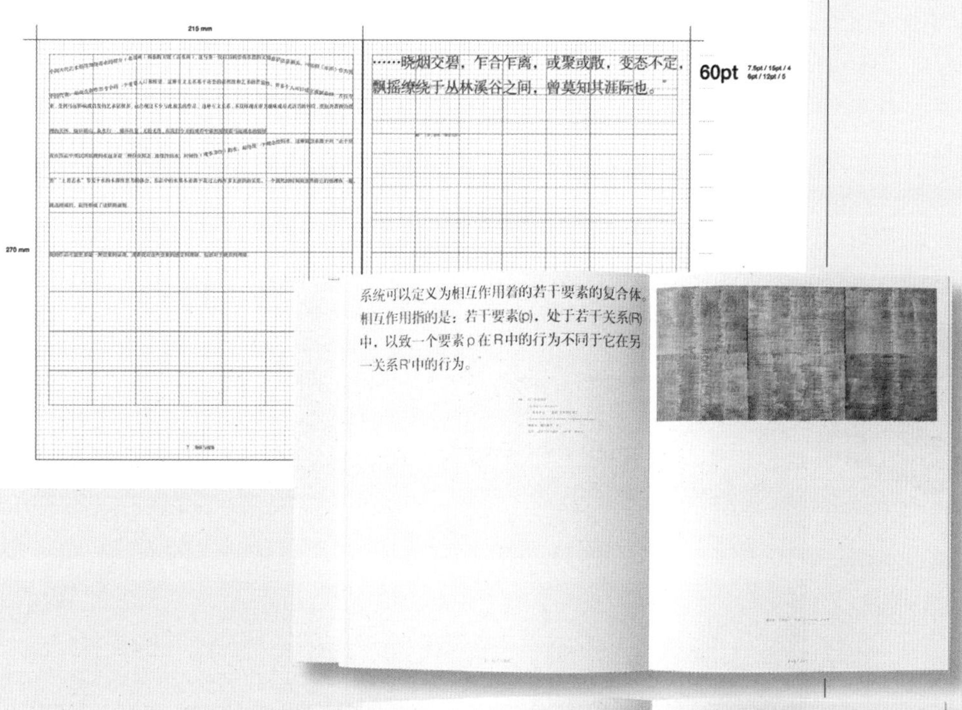
215 mm
270 mm
……晓烟交碧，乍合乍离，或聚或散，变态不定，飘摇缭绕于丛林溪谷之间，曾莫知其涯际也。”
60pt
7.5pt / 15pt / 4
6pt / 12pt / 5
系统可以定义为相互作用着的若干要素的复合体。相互作用指的是：若干要素(p)，处于若干关系(R)中，以致一个要素p在R中的行为不同于它在另一关系R'中的行为。
知冷暖
观万象
前言
气候：一个艺术项目
气候、个体与系统：艺术与认知
1 4 8
2 5 9
3 6 10
7

案例分析《藏文珍稀文献丛刊》藏文贝叶经经文的网格

在设计《藏文珍稀文献丛刊》一书时因考虑通过印刷手段再现原作施加描金工艺的需要。设计师对经书的构成采用 9mm × 9mm 网格进行了分析。通过网格手段，最终规划出五种不同的描金版心框线，所有书中收录的各个时期手书经文均可按照统一标准加以更换。这一方法使设计师对藏文贝叶经的秩序之美产生了新的理解，最终也影响了封面的设计。

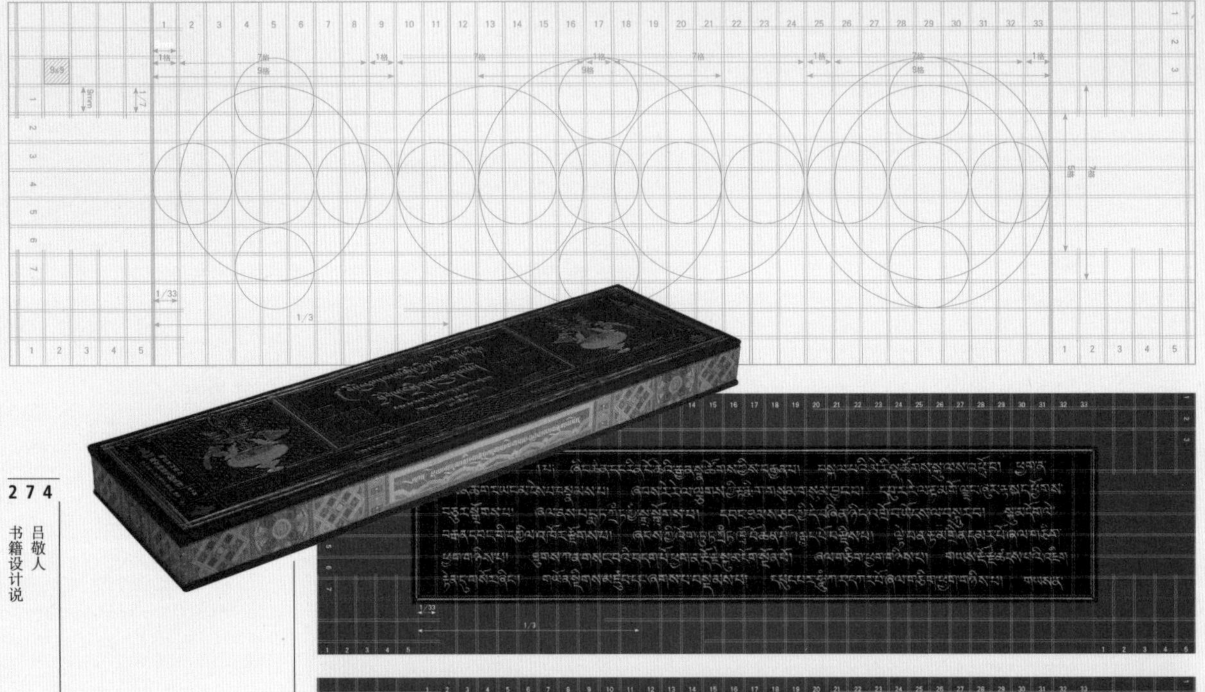

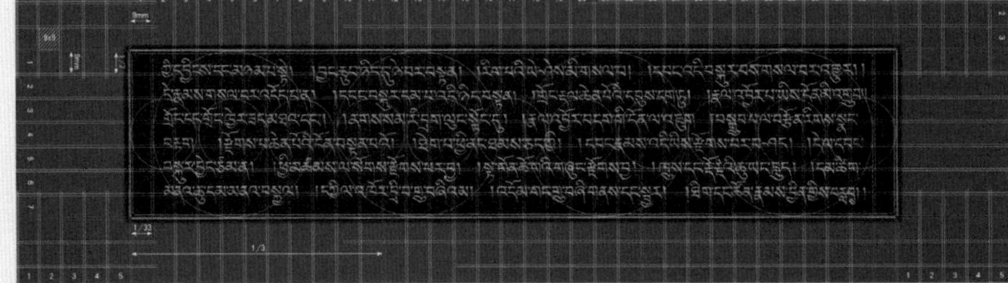

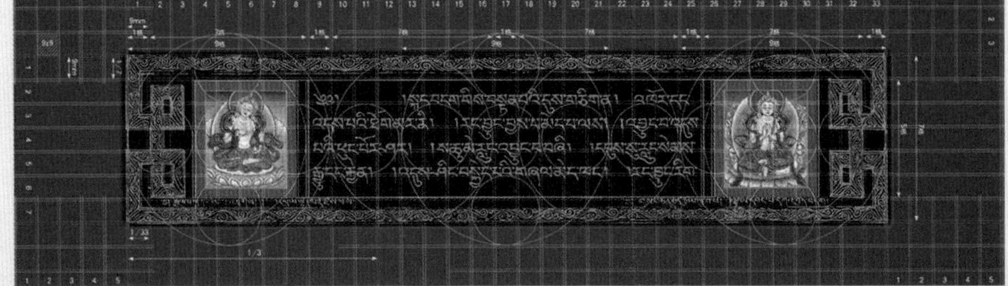

《藏文珍稀文献丛刊》

D 敬人设计工作室
P 四川民族出版社+光明日报出版社
© 2015

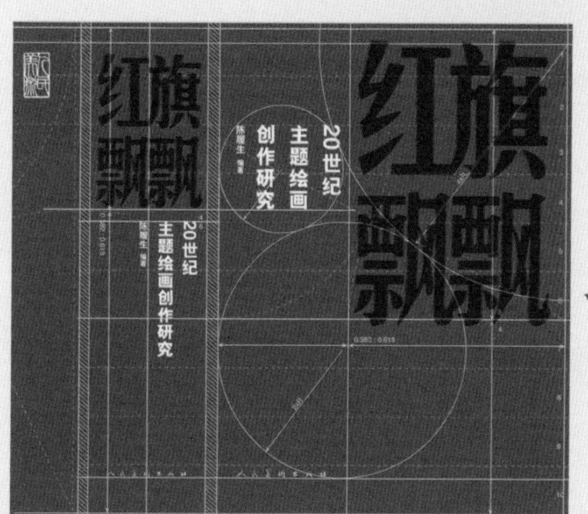

人教社高中版教材

D 敬人设计工作室
P 人民教育出版社
2017

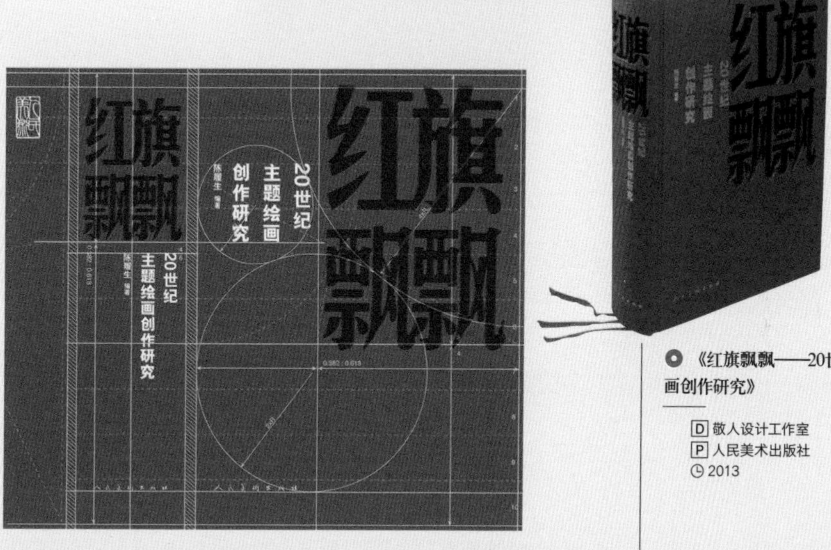

《红旗飘飘——20世纪主题绘画创作研究》

D 敬人设计工作室
P 人民美术出版社
2013

思考题

Q1 版面设计功能是什么？版面设计是否仅限于图文的平面构成？

Q2 如何体现设计中对时间与空间、节奏与层次的把握？

Q3 如何理解网格设计是创造版面有序之美的重要手段？

三、装帧

书是一个立体的空间，人的思维模式在阅读过程中建立。翻阅书籍是一种动态的行为过程，创造一个舒适的阅读环境可直接影响人的心情。书随着翻动，可以将文本主体语言和视觉符号互换，为读者提供新的视觉经验。恰到好处地把握情感与理性、艺术与技术的平衡关系，需掌握适当的度。古人说，“书信为读，品像为用”，装帧设计的核心就在于此。

在今天的书籍市场里，可以看到打扮得花枝招展、五花八门的书籍封面，更有商家不惜牺牲书的内容，镶金嵌银，浓妆艳抹，其目的是提升书价，达到经济索求，书就已失去了体现书籍文化意蕴的特质和读用的价值。装帧设计与纯美术创作不同，设计者无权只顾个人意志的宣泄，在装帧设计的过程中，从创意起始、进入实质性的设计、再到物化工艺流程，使“我”的感悟转向将文本内容与自己融入在一起的“我们”的更为宽广的设计思路中去，要想方设法通过设计在作者（内容）和读者之间架起一座顺畅的桥梁，调动所有的封面元素、纸材元素、印制工艺元素，精心构建和营造体现文本内涵的信息建筑，传达给受众形神兼备、有趣、有益的书籍信息。

书籍是一个相对静止的载体，但它又是一个动

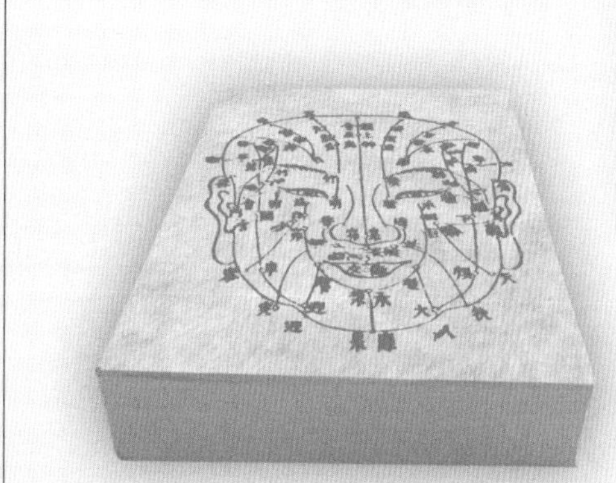

←书籍封面就像中医学脸的穴位图，外象与内体有着紧密的联系。

←书籍设计不是装饰书的表面，而是塑造书的生命体。

态的传媒。当把书籍拿在手上翻阅时，书直接与读者接触，随之带来视、触、听、嗅、味等多方面的感受，此时书随着眼视、手触、心读，领受信息内涵，品味个中意韵，书可以成为打动心灵的生命体。作为物化的书籍，一部好的作品或优秀的设计最终仍需要精美的印制工艺来兑现。以往那种只会空谈形而上，轻视形而下装帧技艺的现象阻碍了中国书籍艺术的发展。

书籍设计是一种物质之精神的创造。作为物化的书籍，书之五感的创造刻画着时代美的印记，给现在的以至于将来的书籍爱好者带来阅读的温和回声，并会永远流传下去。

■“装帧”是为一般书籍外貌，称之为书衣部分的设计，具有保护和审美功能，也包含其材料及构成形式，一般称之为“产品设计”，另外为显现在书店里的陈设效果，体现促销商品魅力的“包装设计”。装帧是书籍设计中必不可少的重要组成部分，但不是书籍设计的全部。

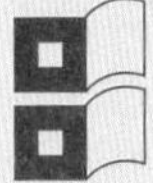

1

封面设计

众所周知，封面具有保护书页和传达书籍核心内容的功能。如何塑造出既耳目一新，又充分体现书籍文本内涵的封面，却又不是件容易的事。

在东方医学里观察面部是诊断的一种手段，如眼睛能显露大脑的功能强弱，嘴可体现肠道的蠕动是否正常，鼻子则反映呼吸机能和心脏的健康状态……脸部的每一个部分都可以体察到体内各脏器的运行状况。由此看来，人脸的外观形态映现出人体的内部实质。

封面犹如书籍的脸，凝聚着书的内在含义，通过文字、图像、色彩、材质等各种要素的组合，运用比喻象征的语言、抽象或写实的表现手法，将要传达的信息充分表现在这张表情丰富的“面部”之中。所以，我们不能把封面只看成是一张简单的“经过化妆的脸”，而应理解为与文本相呼应的书籍内容精髓的再现。封面设计是书籍设计中的一个不可欠缺的重要部分。

在出版界有一个认识上的误区，一些人认为书只是文字传达的载体，设计是为其装扮一张漂亮的脸，吸引人的眼球即可，与书的文本相比无多少价值可言。有人则认为，人靠衣装马靠鞍，

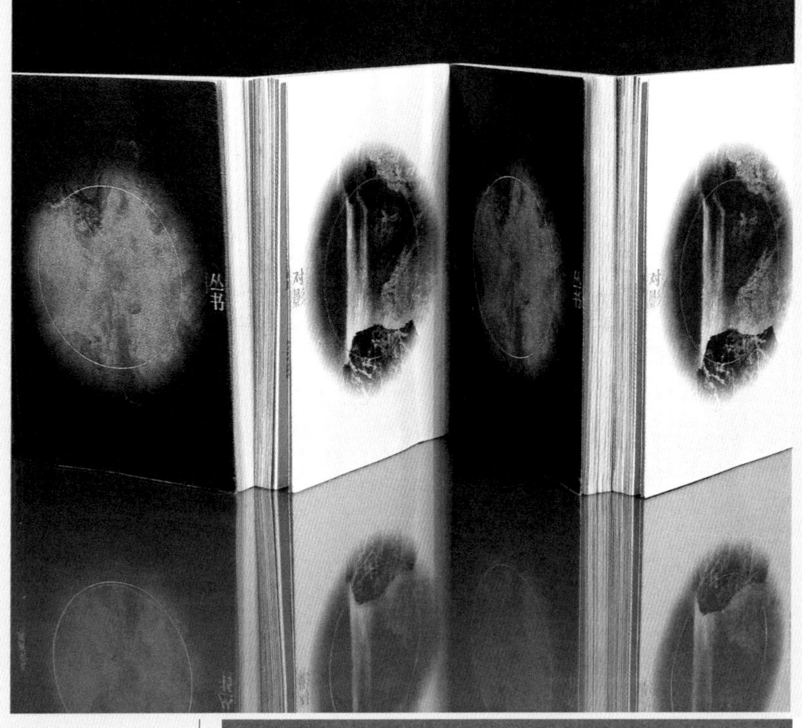

《对影丛书》

D 敬人设计工作室
P 河北教育出版社
◷ 2002

≡对话与作品集，两本书合二为一，从两面打开，做成一阴一阳，形成两个封面，两个封底，两个书脊。右翻是绘画部分，左翻是评论特点，设计可为读者构筑多元的书籍形态。书籍的阅读是与书进行交流的互动过程，书籍设计摆脱纯粹为书做嫁衣的装帧观念，就会为文本增添种种阅读的趣味感，并提升设计师创作的欲望。

《敦煌石窟全集》

D 敬人设计工作室
P 商务印书馆（香港）有限公司
◷ 2002~2005

书靠卖好一张皮，封面是获取利益的唯一途径，过于强调外在的打扮，哗众取宠，表里不一，忽略书籍整体设计的力量。装帧界也在封面设计上争论不休，所谓繁复与简约、写实与抽象、传统与时尚、形而上与形而下，非此即彼。有人言“没有设计的设计才是真正的设计”，也有人说“封面设计就是把内容广而告知”，于是大量无谓的符号的堆积，累赘的广告宣传语言、名人推荐……于是，不以内涵分类，不以受众区别，干扰视觉的封面设计无视着读者的审美与阅读。

{1} 封面的纯化设计与复合设计

近现代设计大致分为两种设计理念，一种是把内容高度提炼、概括，以极单纯的抽象形式来表达主题，也可称作“纯化设计”，即“核化表现法”；另一种则是将从属核心内容的重要因素结合起来，把与内涵中相关联的诸多元素添加复合，从而产生一种虽“核”不可视，却思可视（阅读思考后的理解）的诱导化设计，即“复合设计”。前者以西方现代设计居多，后者为东方艺术见长。两种理念呈现东西方的文化个性和差别，但均可达到一种完美的境界。

谈到封面设计的加减法，其无所谓良莠高低的评判意义，它只是一种方法论。中国传统绘画有气韵生动、骨法用笔、应物象形、随类赋彩、经营位置、传移模写六法之说，将“气韵”冠于首位，可见“精神”这个灵魂在作品中的重要性。不论设计形式的繁与简、多与少、表现手法的增与减、具象与抽象，书籍设计的本质是内容的准确传达，是一种内在精神语境的准确传递。

20 世纪 60 年代至 80 年代，出版社因为受制于印制技术或经济等因素，在装帧技术上采取了减而又减之法，有了封面就不印封底，凸版印刷颜色只能少用，图像是越少越好……除极少数国家工程或为评奖的图书外，一般设计都有限定的规矩，不敢越雷池半步。那时的设计者在书籍设计上岂敢做加法。如今印制条件比过去有了很大的提高，书籍设计在出版业中的地位也有所改变，从封面到封底、书脊、勒口，甚至切口都做起了文章，除了设计容量在扩大外，对书籍的形态、纸材、工艺都在进行周密细致的创想设计。

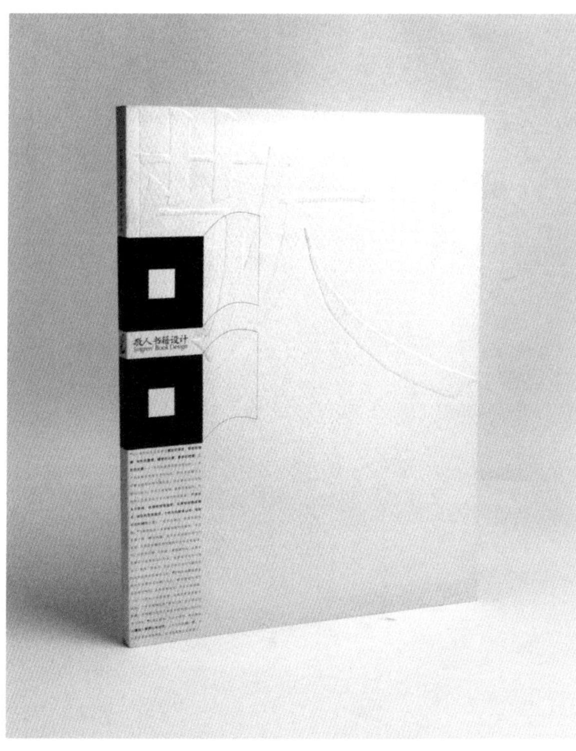

《敬人书籍设计》

D 敬人设计工作室
P 吉林美术出版社
2000

《诗韵华魂》

D 敬人设计工作室
P 陕西师范大学出版社
2009

《王式廓 1911–1973》

D 敬人设计工作室
P 中国青年出版社
2011

《外交十记》

D 敬人设计工作室
P 世界知识出版社
2003

《远去的旭光》

D 敬人设计工作室
P 北京大学出版社
2006

《中国2010年上海世博会官方图册》

D 敬人设计工作室
P 中国出版集团东方出版中心
2010

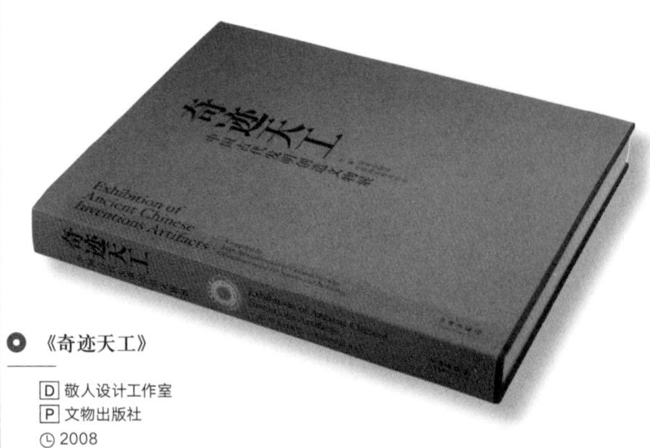

《奇迹天工》

D 敬人设计工作室
P 文物出版社
2008

《熊十力全集》

D 敬人设计工作室
P 湖北教育出版社
2001

《雪山下的村庄》《雪山下的朝圣》

D 敬人设计工作室
P 中国青年出版社
2004

《浪漫与美丽》

D 敬人设计工作室
P 中国戏剧出版社
2008

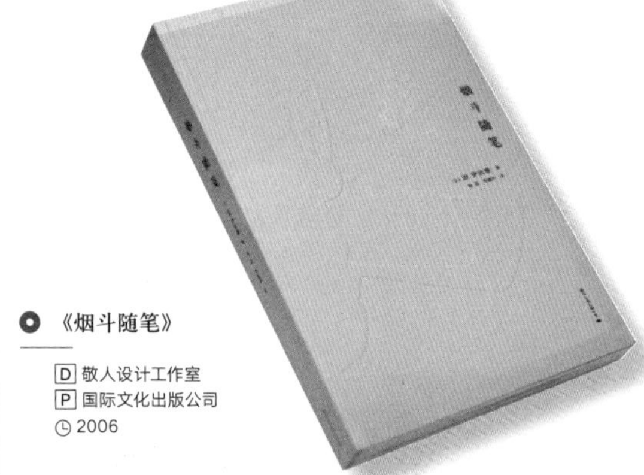

《烟斗随笔》

D 敬人设计工作室
P 国际文化出版公司
2006

《毛泽东箴言》

D 敬人设计工作室
P 人民出版社
2009

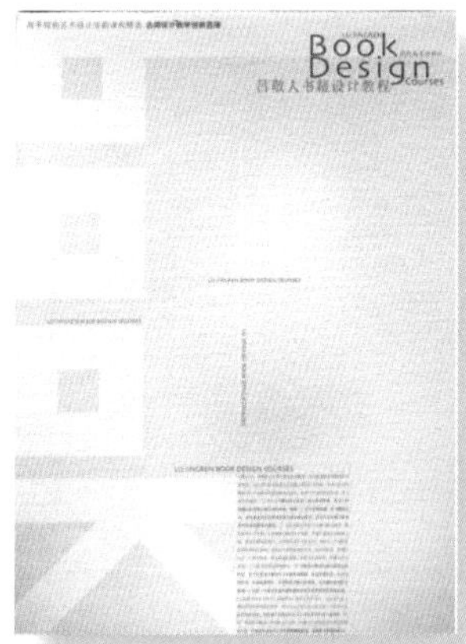

《吕敬人书籍设计教程》

D 敬人设计工作室
P 湖北美术出版社
2005

《澳门志略》
《澳门记略》

D 敬人设计工作室
P 国家图书馆出版社
2010

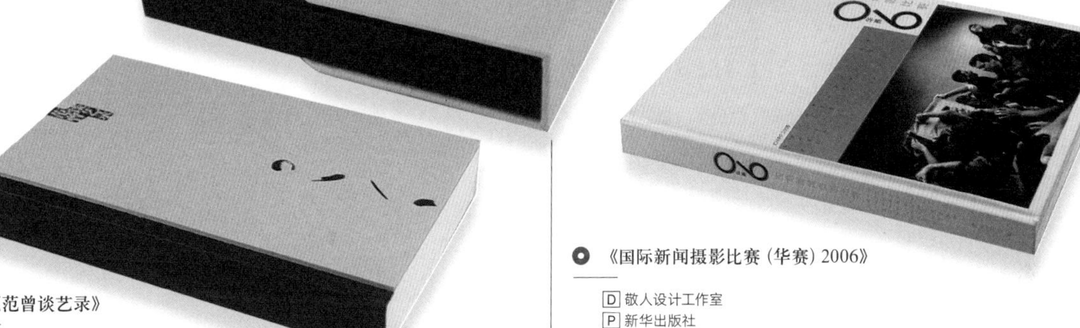

《国际新闻摄影比赛（华赛）2006》

D 敬人设计工作室
P 新华出版社
2007

《范曾谈艺录》

D 敬人设计工作室
P 中国青年出版社
2004

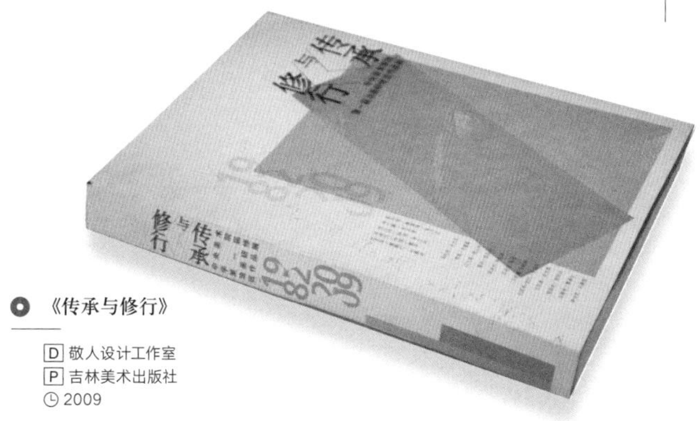

《传承与修行》

D 敬人设计工作室
P 吉林美术出版社
2009

《夏天的诺言》

D 敬人设计工作室
P 当代世界出版社
2006

《西方现代派美术》

D 敬人设计工作室
P 中国建筑工业出版社
2009

封面的复合设计

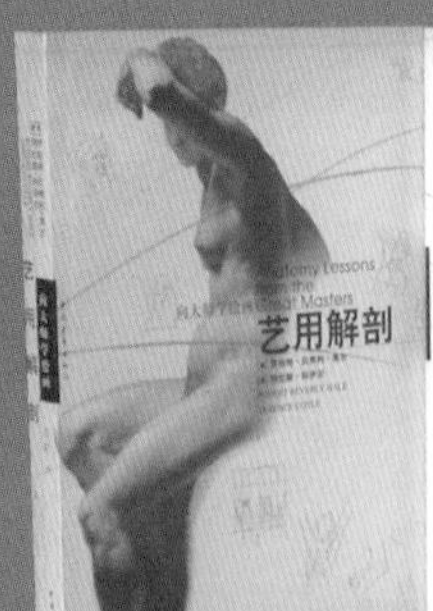
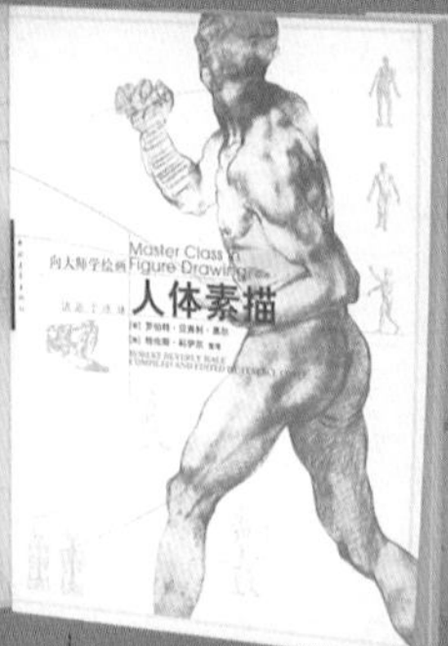

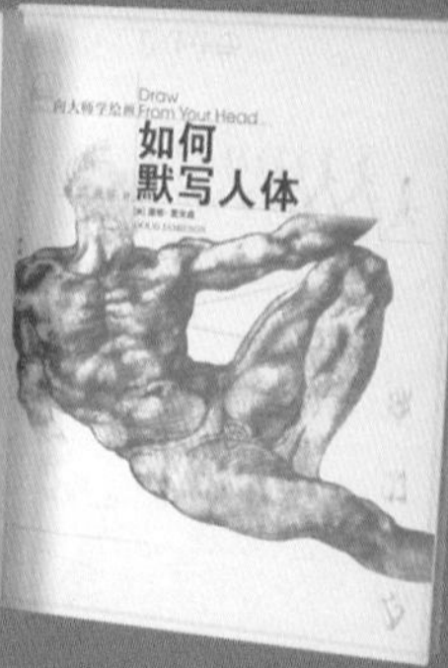

《亚洲的书籍、文字与设计》

D 敬人设计工作室
P 三联书店
2006

《向大师学绘画》

D 敬人设计工作室
P 中国青年出版社
2000

《国际安徒生获奖作家书系》

D 敬人设计工作室
P 河北少儿出版社
2000

《旋——杉浦康平的设计世界》

D 敬人设计工作室
P 三联书店
2013

《中国广告图史》

D 敬人设计工作室
P 南方日报出版社
2006

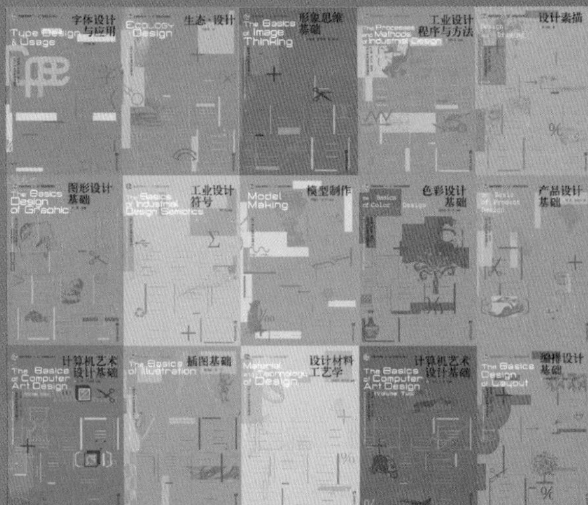

设计专业创新系列教材

D 敬人设计工作室
P 高等教育出版社
2007

《珍邮记忆——孙中山与辛亥革命》（精装）

D 敬人设计工作室
P 中央文献出版社
2010

《经济学原理》

D 敬人设计工作室
P 北京大学出版社
2006

《经济科学译丛》

D 敬人设计工作室
P 中国人民大学出版社
1997

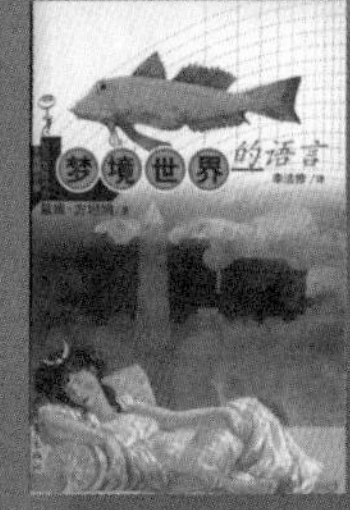

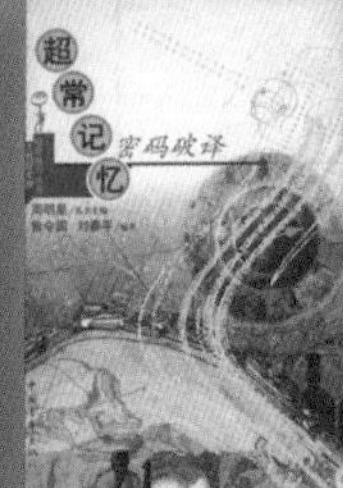

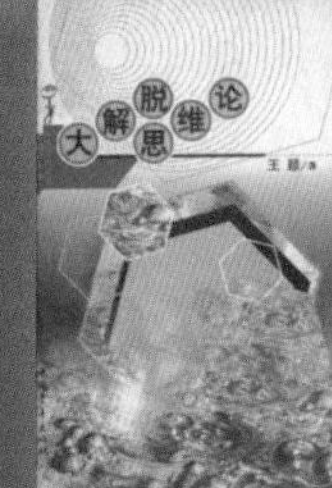

《大视野文库“语言奥秘丛书”》

D 敬人设计工作室
P 中国青年出版社
2001

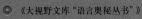

《文明的中介 汉译亚欧文化名著》

D 敬人设计工作室
P 中国人民大学出版社
2005

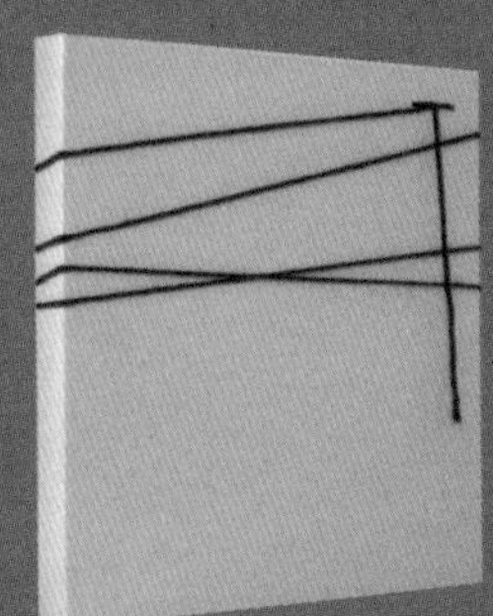

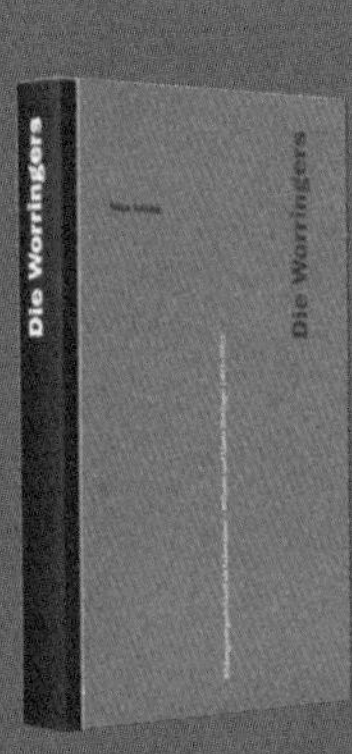
Die Woringers
Die Woringers

Heinrich Hannover
Was der Zauberwald erzählt
Was der
Zauberwald
erzählt

与西方高度概括的纯化设计相对应的复合设计观念，体现着东方的艺术特质。复合，是指书籍内容结晶的聚集，是在封面上将内容诸要素进行多层次组合、秩序化处理，将知识和信息构造化，是浓缩万象世界的设计。这是封面设计的一种理念，此时的封面就像信息储存箱，它既使群体化的个体得以展示，又保持着完整的主题表达。复合设计使信息在封面中孕育宇宙万物成为可能，与抽象的语言相比更具表达的力度。

封面设计并非是书物的表皮化妆，也绝不仅限于平面图像、文字、色彩的构成形式，它应该是营造一幢容纳文化的立体构筑物的建筑术，即构筑书籍这个六面体、外在和内在形神兼备的生命体。书籍艺术的感性和理性的表现造成人与书的传感效应，我们的设计所处的思维状态远不是递减的阶段，诸如一份份“构件”架起书籍的天和地、外表和内部；将内容进行理性梳理，对诸要素精心提炼后营造出主体的零部件；在封面上构件表达内涵的符号旋律……“复合表现法”使设计具备内在“核”的扩张力，最终的目的并非是达到书籍表面物量的多和少，而是一种神气——精神

◘ 东方与西方、传统与现代、文化与时尚、简约与繁复、形而上与形而下，多元的设计风格自有其存在的道理，更不必去划分高、低，雅、俗之良莠，只要能准确反映文本内涵，设计师均可运用自身的语言和台词来演出。

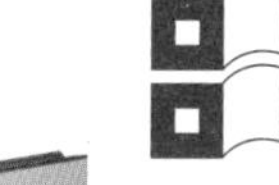

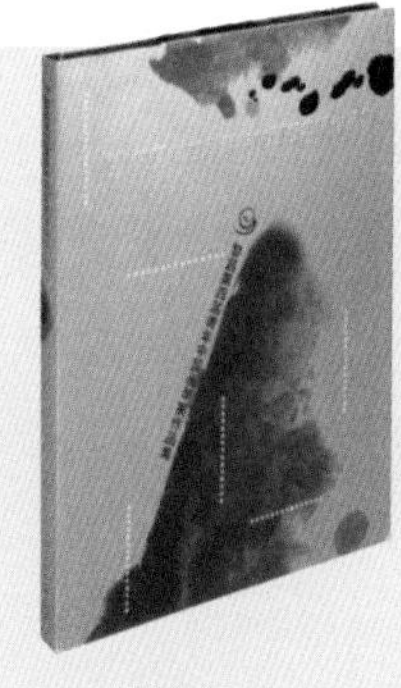

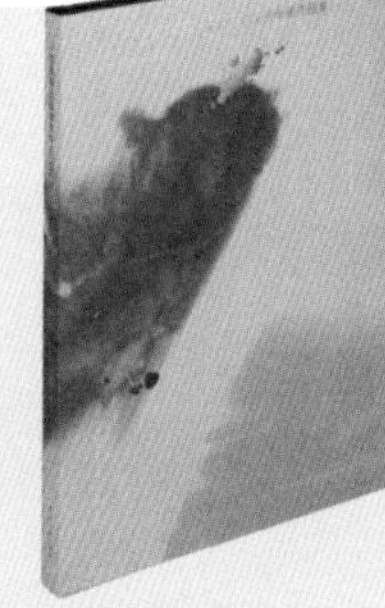

◎ 《“黎昌杯”第二届青年中国画年展作品集》《黎昌第四届青年中国画年展作品集》《黎昌第五届青年中国画年展作品集》

D 敬人设计工作室
P 中国文联出版社
◷ 2004-2006

1 → 封面、书脊、封底、书口、天头、地脚

穿透力的视觉展示。

书籍封面设计既反对那种纯粹形式化的无灵魂的简单构成游戏，也忌讳废话连篇的牵强堆砌。设计是将每一个要素当作附着于设计中的神秘灵魂，无论是静止的点还是流动的线，给予作品的影响不只停留在美的表象，而要构成一种力量，表达一种精神。一个设计要素，哪怕是直径只有 0.1mm 的“点”，都能在空白中受孕结果。

书籍封面设计毕竟是在一块体积狭窄、容量有限的方寸天地里耕作，设计者要学会创作中的加法和减法，要在准确把握整体内容的基础上采取纯化或复合的设计方式，其设计理念离不开书籍神气的自身。康定斯基有句名言 :“抽象里存在着伟大现实的根。”只要真正体现书籍内涵精神的设计都应该是成功的，不管其用的是加法还是减法。

封面设计的表现形式是多样的，比如大多用于学术书和专科著作的直表型 ；较多用于实用类和娱乐性书籍的添加型 ；为了帮助读者便于理解，直接从书的内文中选择文章或照片引用于封面的构成型 ；还有从内文到封面的表现，全面地运用文字、图像、色彩和材料四要素的具有创造性的综合表现型。其实书籍设计何止这些手法，一切形式来自于内涵的制约，但优秀的设计都是以跳出局限和制约、表现并超越内容，达到与内涵既统一又出人意料的最佳设计形式。

{2} 封面设计的三度空间把握

连续性是对封面进行全方位的思考，并使之呈现戏剧性变化的设计。在三度空间→1 中呈现主题内容的重复或变奏，形成一种潜在的循环、渗透、诱导的内力运动，使封面蕴含一种气的流动，显现出书籍外在的表现活力。

书脊，是封面重要的组成部分，是展示书的本体时间最长，与读者见面机会最多的部分，但也是常常被忽略的地方。在书架上陈列的书，唯一显露的部分就是书脊，设计师需充分考虑在这一狭窄空间里传达信息的重要性，应倾注极大的心力来经营文字、图像与空间的关系，亦可多一些演绎戏剧化信息传达的戏分。

对于系列丛书的封面，要将书籍的主体信息旋律自始至终贯穿其中，犹如清风拂过海面，迂回于原野、大地、山脉之间，流动于丛书的整体之中。

2 → 参数是相对于一定范围内的变量数，即事物中均存在着大小、多少、长短、快慢……变化的矢量关系。书籍设计中要善于把握运用文本中矢量关系的驾驭手法，使信息传达在线性逻辑结构下导致动态的陈述结果。

3 → 封面与书芯之间的隔页，分前环、后环或双环、单环

4 → 也称内封或书名页

在维系共性的同时，也使单本书在群体中既保持整体的韵律，又渗透出独特的个性。

书口、天头、地脚设计更是施展信息传播的舞台，在翻阅的过程中，应用参数化矢量设计手法→2，为读者提供便于阅读检索和趣味化图文表现的互动机会。

环衬和扉页也应属于封面设计所涉及的范畴，环衬→3、扉页→4 是封面形态的延续，也是封面语言的二次表达，是书籍必不可少的部分。

综上所述，将一本书包含的各种不同的内容，或凝缩，或浓密化于封面之中，把整本书看成一个生命体，分析内部表露出的特征，不管用的是纯化手法还是复合手法，使本质的东西得到充分突出的表现，呈现一副“生动的面孔”。优秀封面的表现力往往给予人们从视觉乃至内心一种无穷意境的品位。

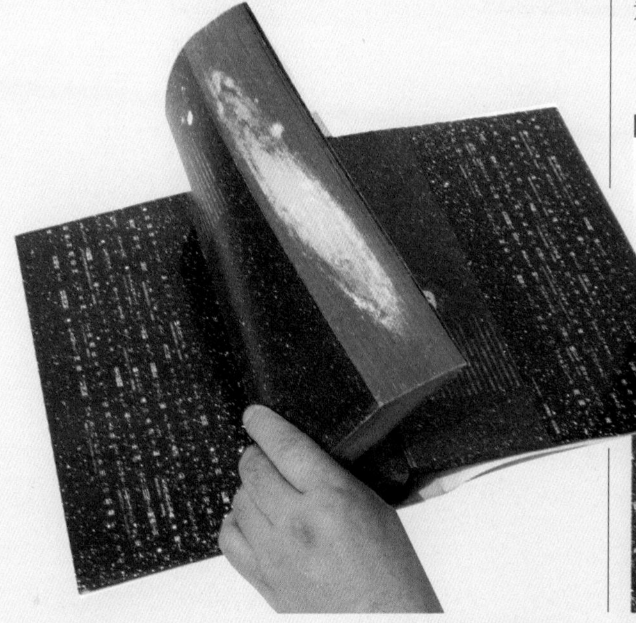

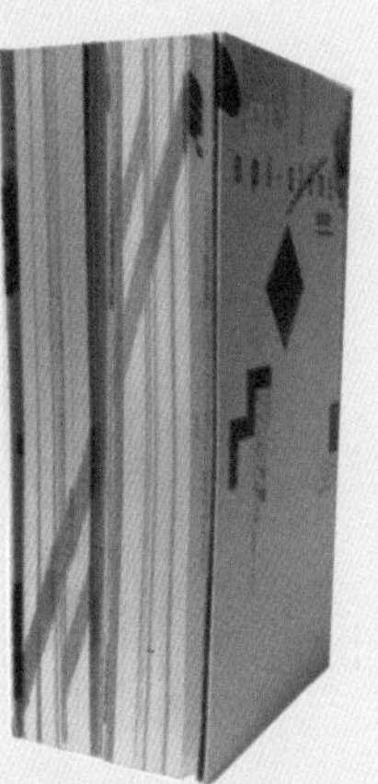

《全宇宙志》《真知》《与四位设计师的对话》中的书口设计

D 杉浦康平 日

《中国民间美术全集》

D 敬人设计工作室
P 山东教育出版社、山东友谊书社
1994

→检索化书脊设计。

《国学备览》

D 敬人设计工作室
P 首都师范大学出版
2007

《中国现代陶瓷艺术》

D 敬人设计工作室
P 江西美术出版社
1998

书口、书脊设计

D 杉浦康平 日

《中华文化通志》

D 吕敬人
P 上海人民出版社
1998

《天一流芳》

D 敬人设计工作室
P 国家图书馆出版社
2016

《中国美术全集》

D 敬人设计工作室
P 人民美术出版社
2006

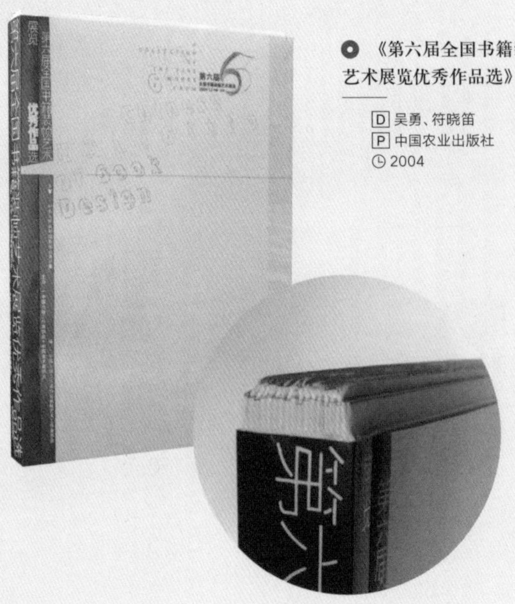

《第六届全国书籍装帧艺术展览优秀作品选》

D 吴勇、符晓笛
P 中国农业出版社
2004

《守望三峡》

D 小马哥+橙子
P 中国青年出版社
2004

《朱叶青杂说系列》

D 何君
P 中国友谊出版公司
2004

→书脊、腰带、天头地脚的独特设计。

《深圳平面设计03展》

D 韩家英
P 海天出版社
2003

《不裁》

D 朱赢椿
P 江苏文艺出版社
2006

《重读南京》

D 速泰熙
P 南京出版社
2011

《中国水书》

D 敬人设计工作室
P 四川巴蜀书社
2007

《中国装帧艺术年鉴：2005历史卷》

D 敬人设计工作室
P 中国统计出版社
2005

《中华舆图志》

D 敬人设计工作室
P 中国地图出版社
2012

▲ 学生作业

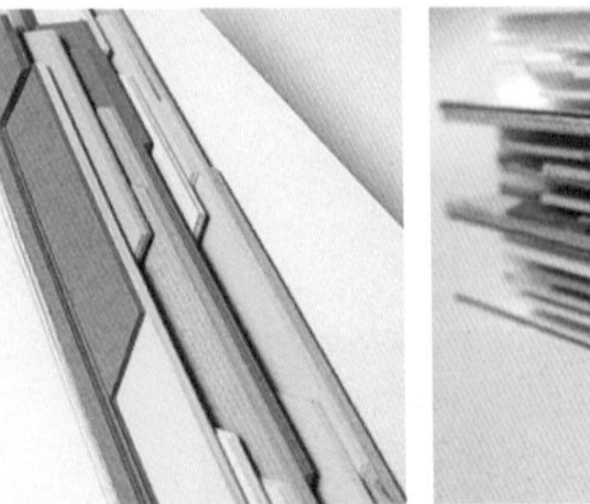

▲《取悦我》

D 康军雁

◎《中文字体设计的教与学》

E 廖洁连、吕敬人
D 廖洁连 中·港
P 华中科技大学出版社
◷ 2010

◎《追踪1789法国大革命》《追踪进化论》

D 杨林青
P 三联书店
◷ 2008

◎《锦绣文章：中国传统织绣纹样》

D 袁银昌
P 上海书画出版社
◷ 2005

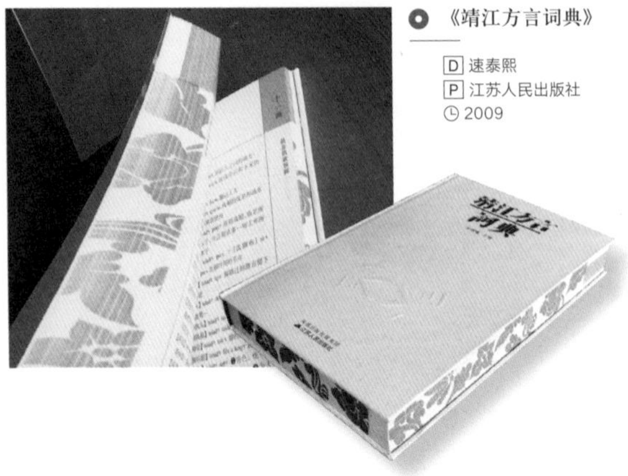

◎《靖江方言词典》

D 速泰熙
P 江苏人民出版社
◷ 2009

《藏文珍稀文献丛刊》

D 敬人设计工作室
P 四川民族出版社+光明日报出版社
2015

《众相设计》

D 伊玛·布荷
P Hatje Cantz
2009

松田行正作品

≡在书的三度空间中做文章，松田行正先生非常擅长。他的《眼的冒险》以及《冒险》系列作品中都对书口左右翻动的图像加以设计。《花开》将封面和封底图像进行反向拼接，手法新颖。

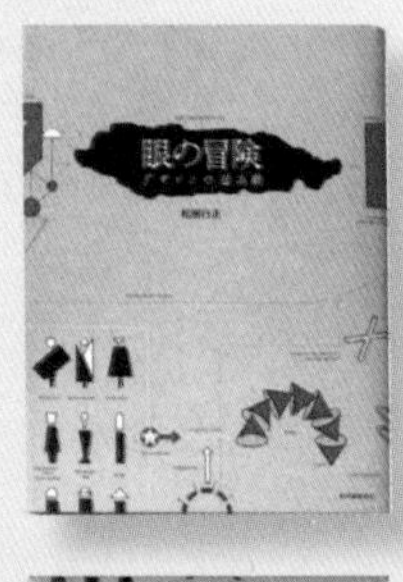

{3} 书籍封面设计个性与风格定位

设计并非单凭设计者的艺术感觉就可以了，要将自己的设计方案与市场的竞争关系作一个相对化的比较，这是为了使自己的方案在视觉和制作上更符合客观实际，这种观点也许更具有大众意识，即所谓迎合市场需求。但设计是抱有目的的表现，设计个性在某种意义上说是新生命的体现，当有的设计由于人们的阅读惯性不被接受而备受指责时，设计者往往处于悲哀的境地。设计作品的良莠标准并非可以一刀切，比如所谓封面文字大小、多少的争论并无实际意义，若以极端而言，一本书的书名不易阅读，但此书的设计已将所要表达的内容十分明了地体现出来，甚至于书名全无，这也是可以被允许的设计。这里只是一个度的区别，或者说是对书籍属性的分寸把握。

从文本要素的运用到构成，书籍设计表现中的九成是出于战略性思考和技术的运作而成立的，但有最后一成的体现，则是设计家对美的意识的认识，并提出对于社会具有普遍美感的设计方案，此时算是设计表现的最终完成。世界上没有绝对标准的美，要视民族、历史、时代的变化等广泛的综合因素才可能形成特有的美的意识。而真正的书籍设计的目的应该是符合那个时代的人对美的感受，并通过书籍这一载体准确传达其内容信息并获取人们的视线和内心，封面设计也不例外。

书籍设计向人们展示传统和未来，并不断让读者领会追求真正的美的意义。

《敬人书籍设计“2号”》

D 敬人设计工作室
P 电子工业出版社
© 2002

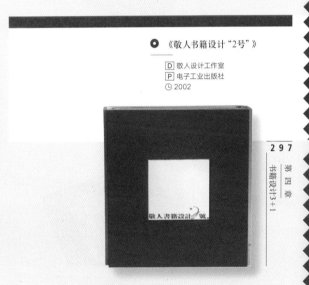

≡《敬人书籍设计“2号”》是一本运用了38种纸和各种工艺做成的阅读形态有趣的书。一册为作品集、一册为评论集，两册套合。翻阅时需要撕开纸页，纸张可以传出美妙的声音，聆听中可翻看信息结构编排多样的图文。

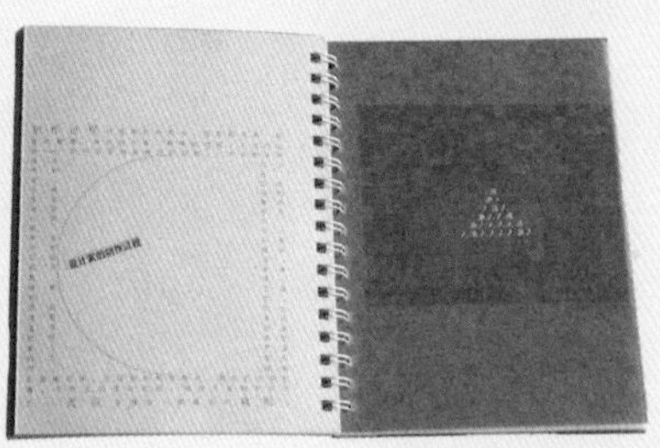

《书籍设计四人说》

D 吕敬人+宁成春+吴勇+朱虹
P 中国青年出版社
1996

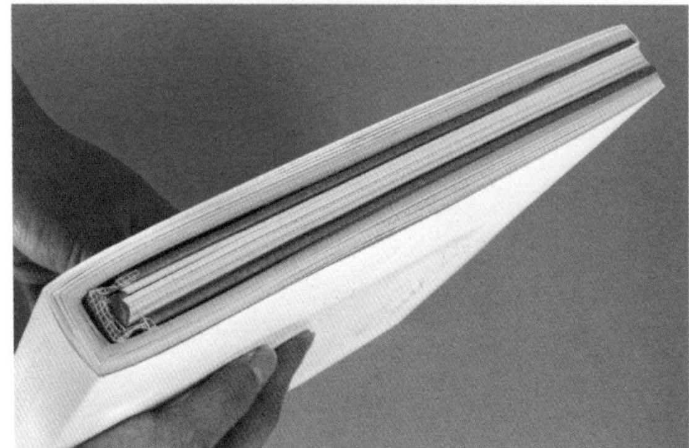

《无尽的航程》

D 吴勇
2008

《色谱佳信达印刷参照标》

D 吴勇
2005

《中国印》

D 吴勇
2004

≡以北京奥运水立方场馆的造型特点完成奥运画册的外封结构，以及以象征运动场地的页面构成新颖的书籍形态。

《蚁呓》

D 朱赢椿
P 江苏文艺出版社
2007

《30219天》

D 何明
2016

正泰集团简介

D 王粤飞

《物质非物质》

D 小马哥+橙子
P 英国总领事馆文化教育处
2007

《G*-国际平面设计》杂志

D 韩湛宁
2005

《聆听》

D 韩湛宁
2002

5 → 另两宗为陶瓷器和玉石器

a 纸材

bc 安徽手工造纸作坊

2

纸张展现书文化的魅力

“天覆地载，物数号万，而事亦因之曲成而不遗，且人力也哉？”(《奇迹天工》)

中国是造纸古国，在世界文明进程中有其无法取代的贡献。中国人发明造纸术，用来书写、绘画。后来有了印刷术，更广泛地传播了文化信息，还能施展能工巧匠们在纸面上创造平面艺术的才华。而传递文化主要的载体是由纸做成的书。如今在文物收藏中，纸绢文物是数量最大的三宗文物之一→5。

据考古发现，早于蔡伦之前，西汉就有了汉宣帝时期造的麻纸，证明我国早就有创造发明利用植物纤维造纸的历史，东汉的蔡伦在此基础上改良技术，推动了中国造纸业的发展。

纸的材料是植物纤维，其中有韧皮纤维，如大麻、黄麻（草本）、桑、楮、藤（木本）等；茎秆纤维，如稻草、麦秆、芦苇、竹类等；种毛纤维，如棉花等。古人用手工制作的纸，有麻纸、皮纸、藤纸、竹纸、棉纸、宣纸等。到了 19 世纪末，由机器大量生产的纸张逐渐成为书业的主要用纸。

纸是信息传播的媒介，是视觉传递的平台。纸张给我们传递信息、传播文化、表现书画艺术、推动印刷术、提供发展的机会，是中华文明史进展重要的催生物。纸张与人们的生活、学习、劳动、生产休戚相关，纸已是人类离不开的现实存在。纸张

abc

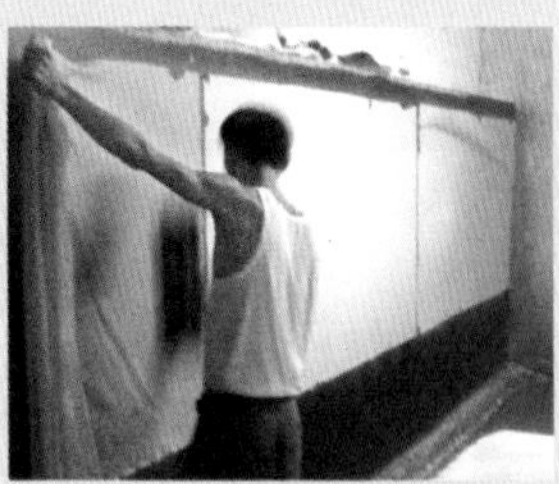

6 → 触感性、挂墨性、耐磨性、平整性

d 特种纸肌理

是近代书籍的基础材料，尽管有木板书、绢棉书等，但纸张仍是成本最低、携带阅读最为简便、印刷制作效果最佳的材料。

纸之美，美在体现自然的痕迹。它的纤维经纬，它的触感气味，它的自然色泽，它由印刷、书画透于纸背的表现力→6。纸张的美为我们的生存空间增添了无穷愉悦的气氛。尽管今天已是电子数码时代，人们仍在尽情感受纸张魅力，这是大自然给予我们的恩惠——一种电子数码所无法替代的与大自然的亲近感。

纸张中的纤维经过搓揉、磨压，具有耐用结实的美感与实用功能，书籍用纸具有不可思议的文化韵味，纸张中凸凹起伏、层层叠叠的皱纹，带有不同的色泽，具有很强的张力，翻阅触摸时，竟有意想不到的享受，宛如弹拨音乐似的快感；纸张的魅力在于其内在的表现力，千丝万缕的植物茎根层层叠叠，压在不到零点几毫米厚的平面之内，并透过光的穿越，展现既丰富又含而不露的微妙表情，也许文字和图像均可退居幕后，此时的纸张语言则是无声胜有声；纸张的魅力还体现着力与美的交融，珍藏几百年甚至上千年的古籍、古书画仍在散发着原作墨迹彩绘的光彩，为后人尽情观赏。

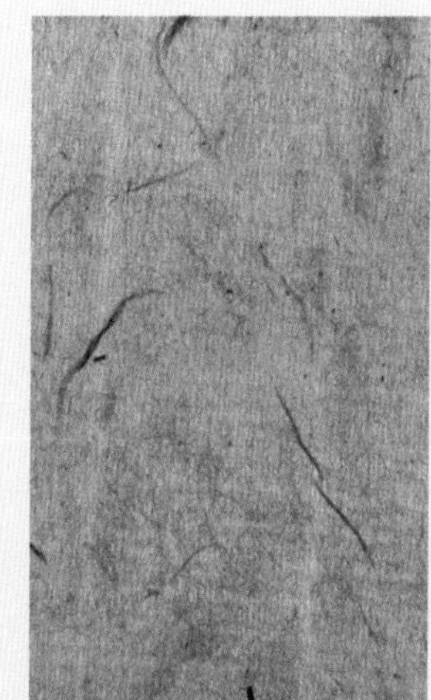
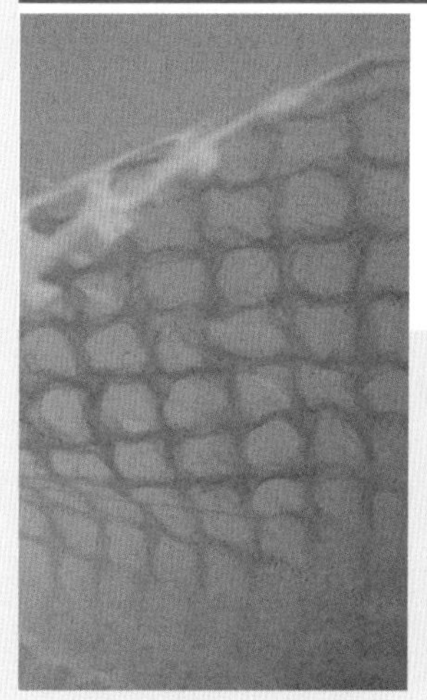
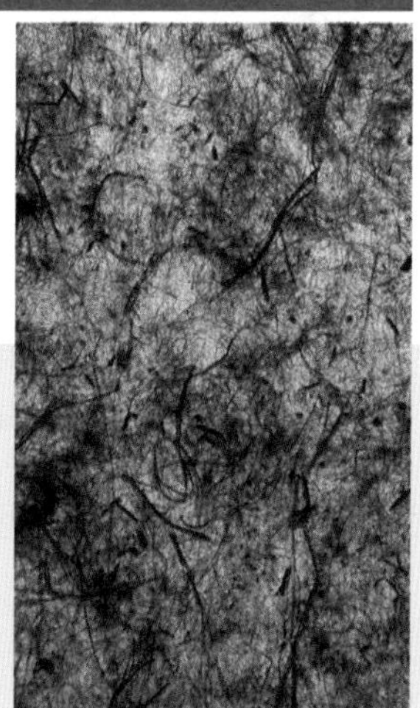

d

7 → 即现在的击凸技术

a 中国-匈牙利联合发行《图书艺术》邮票 D 吕敬人

b 《十竹斋笺谱》中应用短板和拱花工艺

■通过眼视、手翻、心读，全方位展示书籍的魅力。书籍给我们带来视觉、嗅觉、触觉、听觉、味觉五感之阅读“愉阅”的舞台。

纸张美的本质是什么？是“亲近”之美，是我们与周边生活朝夕相处的亲近感，由纸张缀订而成的书籍既有纯艺术的观赏之美，更具在使用阅读过程中享受到的视、触、听、嗅、味五感交融之美。

纸张美还反映不同国度和民族的民俗民风，并在长期的文明发展中呈现出风格迥然不同的迷人特质，西方和东方，东亚和南亚，中国、日本和朝鲜，既有雷同之处，又有性格鲜明的他国特点，这正是不同的人文个性赋予纸张潜在生命力的基础。

书乃用之物，是人们接受知识的媒介。它既是观赏阅读触摸实用之物，也是心灵感受之物。

为完成中国和匈牙利联合发行的一套有关书籍艺术的邮票设计，我去国家图书馆寻找资料，被其中一套《十竹斋笺谱》迷住，看后实令我惊叹不已、爱不释手。我小心翼翼翻动一页一页由明代胡正言采用“饾版”彩色水印制成的木版印刷品，无论是花卉山水还是翎毛走兽，行笔流线，墨韵赋彩都生动逼真地渗透显现在纸页之中，书中造像完全融入纸背，蕴含着古老中国木版印刷艺术的灵魂。尤其令我瞠目结舌的是利用纸张纤维的可缩性，做得极为精细的拱花印制工艺→7，一片片花瓣在纸面上凸起，如同鲜花从书中绽放出来一般，伸手可及，似

C 《刀势画——宫田雅之的世界》

D 敬人设计工作室

乎还能闻到花的香气。纸张赋予书中的花朵以生命，真可谓“赏菊醉意中，纸中生秋风”。

中国纸张的独有特征是世界书籍艺术进程中的重要组成部分，至今，中国的纸面书籍仍然备受青睐。人们翻阅着飘逸柔软、具有自然气息的书页纸，从中体味中国文明传承至今的命脉。

数字化时代体现了先进的生产力和科学技术发展水平，纸面书籍是否还有其存在或开拓的空间呢？不断推出的数字化电子阅读产品如 iPad、Kindle、Kobo 等自有其特殊的功能，但传统纸面书籍也有自身的生命特质，这里不作孰存孰亡的推测。而书籍作为一种纸文化形态具有无穷无尽的表现力，让读者闻香摩挲、聆听心会，享受“愉阅”的快感。经过书籍设计者、著作者、出版人和书籍工艺家共同努力，终将在书籍文化的进程中“事亦因之曲成而不遗”——永葆纸文化的魅力，因为它提供了宁静致远、悠然自得、书香情致，体现了与人最为亲近的阅读语境之美。

波叠的棉纸和锐利感的金属纸准确反映艺术家刻纸艺术的质感。

造纸留下的不规则纸边正体现了19世纪手抄乐谱的时代痕迹。

《奏鸣曲——为小提琴独奏而作》

D 敬人设计工作室
P 国家图书馆出版社
2002

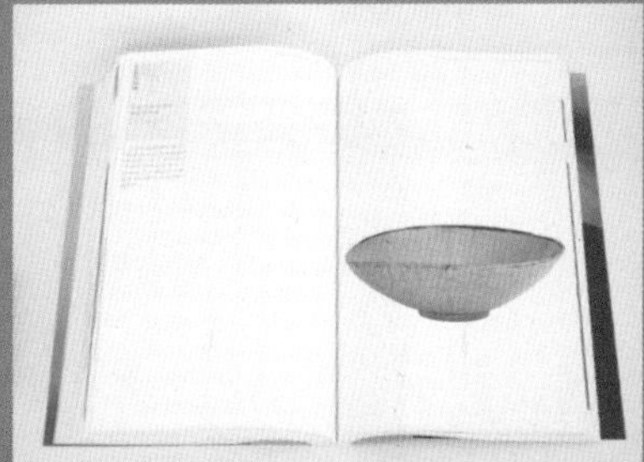

薄质纸面的图像渗透产生朦胧的时空感。

《中国记忆——五千年文明瑰宝》

D 敬人设计工作室
P 文物出版社
2008

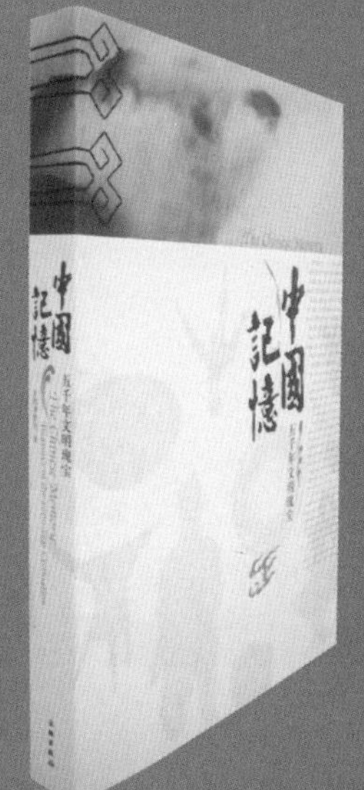

《诗韵华魂》

D 敬人设计工作室
P 陕西师范大学出版社
2009

起伏凹凸的纸张犹如平缓波折的平仄诗韵。

《小二黑结婚(五绘本)》

D 敬人设计工作室
P 上海人民美术出版社
2017

竹丝纹的纸张令人有触碰到原稿时的质感体验。

《范曾谈艺录》

D 敬人设计工作室
P 中国青年出版社
2004

中国人回归自然的质朴追求，纸张产生传递书卷气息的功能。

《中国学术史》

D 敬人设计工作室
P 江苏教育出版社
2001

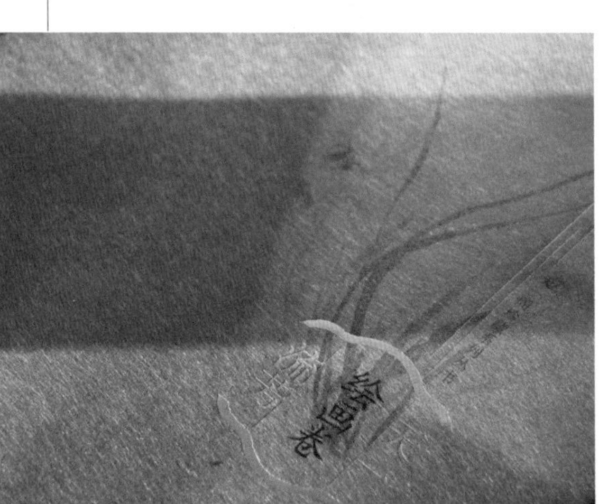

《天一流芳》

D 敬人设计工作室
P 国家图书馆出版社
2016

纸纤维映射着蚕丝般细腻的光泽，含蓄地体现出天一阁主人精深的藏书文化。

▲《书漂流》

D 康雁军

邮递包装口袋的使用具有了现场感。

◎《无处不在红白蓝》

D 黄炳培 中·港

红、白、蓝的编织袋巧妙应用于封面，产生意想不到的材质联想。

◎《枕边书香》

D 敬人设计工作室
P 北方红星文化艺术公司
◷ 2006

传统手工纸带来自然材质的亲切感。

◎《徒步大漠》

D 敬人设计工作室
P 中国青年出版社
◷ 2004

牛皮纸的质感与本书主题相吻合。

◎《李冰冰·十年映画》

D 敬人设计工作室
P 青岛出版社
◷ 2009

镜面纸张的运用具备前卫的艺术表现。

a 《周振甫文集》D 敬人设计工作室

3

装订——构造书的建筑

中国书籍艺术有着漫长的发展史，给我们留下了许多优秀的装帧形式和制作工艺，如包背装、经折装、线装、毛装、函套等形式，从普通的木版拓印到石印、拱花等技术，一本本精美的图书呈现在我们面前。这些传统工艺都是汇集人类经验和智慧的结晶。欧洲中世纪的手抄本，19 世纪的金属活字印刷本，中国宋、元、明的民坊、官坊的刻本，还有中国古代宫廷所制作的精致的书籍艺术品，可谓集工艺之大成的杰作。

随着 20 世纪初中国书籍制作工艺引进西方科学技术至今，书籍制作的工艺手段可谓无奇不有，似乎只有想不到的效果，而没有完不成的工艺。除各种印刷手段外，像起凸、压凹、烫电化铝、烫漆片、过 UV、覆膜、激光雕刻等工艺手段都各具特色，为不同书籍塑造着各具表现力的个性形象。另外，众多设计师运用各种工艺创新探索，如线装书多样的缝缀方式，书籍书口呈现变化多端的印制图案效果……

古人云："书之有装，亦如人之有衣，睹

a

衣冠而知家风，识雅尚。”清人叶德辉在《书林余话》中也提出综合衡量书籍价值的标准：“凡书之有等差，视其本、视其刻、视其装、视其缓急、视其有无。”书籍有着漂亮的外观总是件赏心悦目的事，但仅仅以漂亮为目的，表面的浮华之美无疑是缺乏生命力的。书籍毕竟和绘画不同，它的根本用途是供人阅读，是“用的艺术”。这就决定了书籍“美”的境界是“美”与“用”的和谐统一；是完美地展现书籍内容，力求工艺手段的单纯；是超越个人主义的真、善、美的世界。孙以添在《藏书纪要》中也强调：“装订书籍，不在华美饰观，而要护帙有道，款式古雅，厚薄得宜，精致端正，方为第一。”这些古训都从不同角度论述了书籍外在美的重要性，也阐释了外在美与内在功能的关系。书籍的外观，传递着内容的信息，也透着设计者的精神境界与意念。日本著名工艺学家柳宗悦在《工艺文化》中谈到工艺之美时说：“涩是包含东方哲理的淳朴自然的境地。把十二分只表现出十分时，才是涩的秘意所在，剩下的‘二’是含蓄。”“余”“厚”“浓”是展现书籍清幽之美的真谛，这也充分说明了，书籍应具有浓浓的书卷气的含蓄之美。

工艺是书籍外在美的形成条件，借助于各种工艺，美才得以实现。工艺还需遵循一定的秩序。材料的品性、工艺的程序、技术的操作、劳动的组织等等，这些秩序法则是支撑工艺之美的力量。工艺不能以唯美为目的，更不是设计师个性的即兴宣泄，是以用途美观相融合为目的来选择的。在书籍设计的创作过程中研究传统，适应现代化观念，追求美感和功能两者之间的完美和谐，这是书籍发展至今仍具生命力的最好例证。

金色电化铝箔

《牛津当代百科大辞典》

D 敬人设计工作室
P 中国人民大学出版社
2006

图案UV
月号击凸

《装饰》2007

D 敬人设计工作室
P 清华大学出版社
2006~2007

金色电化铝箔
金银混合专色

《2008造型艺术新人展作品集》

D 敬人设计工作室
P 中国文联出版社
2008

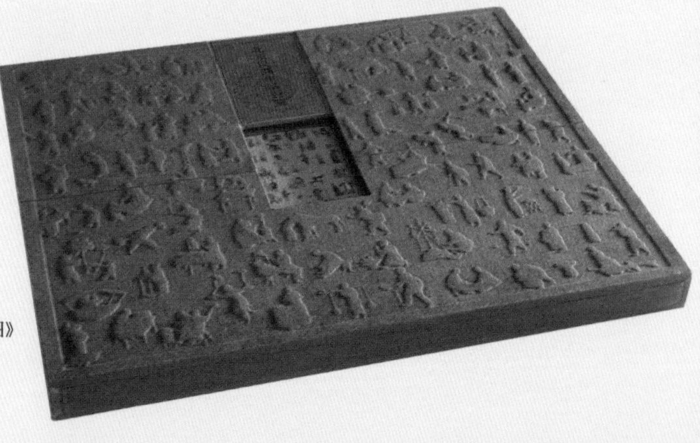

布面压凹

《北京民间生活百图》

D 敬人设计工作室
P 北京图书馆出版社
2003

亚银色电化铝箔

勒口造型模切

《斯好作品精华系列》

D 敬人设计工作室
P 中国青年出版社
2004

蓝色电化铝箔

亚金色电化铝箔

《华夏意匠——中国古典建筑设计原理分析》

D 敬人设计工作室
P 天津大学出版社
2005

镭射电化铝箔

主题文字击凸

《邵华将军舞蹈摄影艺术》

D 敬人设计工作室
P 中国摄影出版社
2006

镭射雕刻

亚银色电化铝箔

《世界人文简史：文化与价值》

D 敬人设计工作室
P 中国青年出版社
2005

银专色

亚黑色漆片

《萧红全集》

D 敬人设计工作室
P 黑龙江大学出版社
2011

镭射雕刻

云头木扣

《乾隆甲戌脂砚斋重评石头记》

D 敬人设计工作室
P 国家图书馆出版社
2000

布面压凹
亚金色电化铝箔

《中国少林寺》

D 敬人设计工作室
P 中华书局
2005

纸面文字击凸
亚黑色漆片

《钱学森书信》

D 敬人设计工作室
P 国防工业出版社
2008

纸面模切

《不裁》

D 朱赢椿
P 江苏文艺出版社
2006

布面丝网印白
布面压凹
亚黑色漆片

《中国装帧艺术年鉴：2005历史卷》

D 敬人设计工作室
P 中国统计出版社
2005

阶梯书口造型
纸面压凹

《吴为山写意雕塑》

D 速泰熙
P 江苏美术出版社
2006

热压烫透

疾风迅雷中国展请柬

D 敬人设计工作室

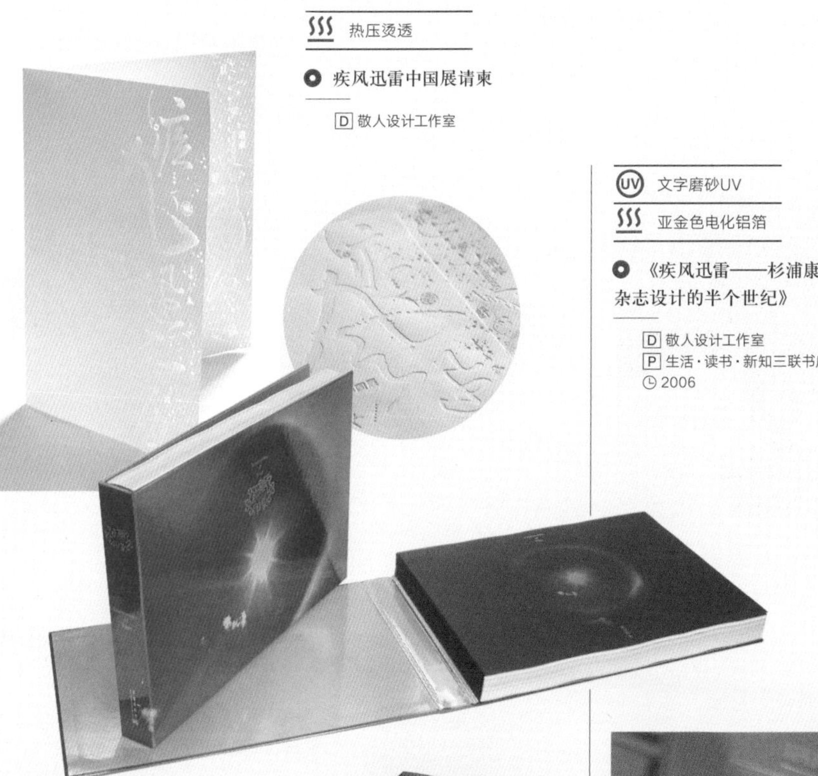

文字磨砂UV

亚金色电化铝箔

《疾风迅雷——杉浦康平杂志设计的半个世纪》

D 敬人设计工作室
P 生活·读书·新知三联书店
2006

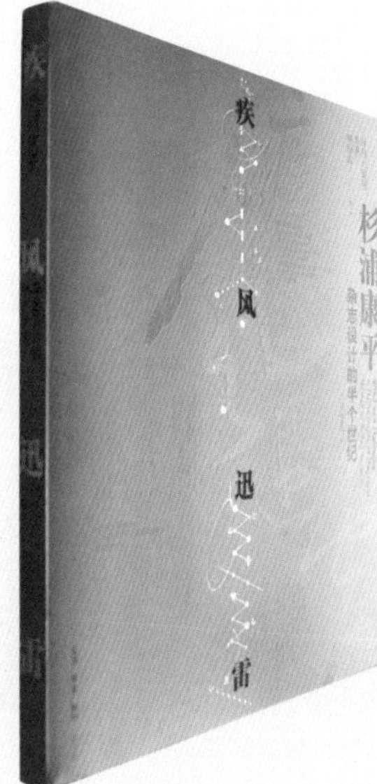

镭射纸印刷

镭射电化铝箔

《西藏印象》

D 敬人设计工作室
P 华艺出版社
2013

西域考古图记

中式装订

《吴为山雕塑·绘画》

D 速泰熙
P 古吴轩出版社
2005

纸面模切

《组织学图谱》

D 张志奇
P 高等教育出版社
2012

青金电化铝箔

布面压凹

亚金色电化铝箔

布面贴签

《西域考古图记》

D 敬人设计工作室
P 广西师范大学出版社
1998

完美的书籍形态具有调动读者视觉、触觉、嗅觉、听觉、味觉的功能。一册书拿在手，首先体会到的是书的质感，通过手的触摸，材料的硬挺、柔软，粗糙、细腻，都会唤起读者一种新鲜的观感；打开书的同时，纸的气息、油墨的气味，随着翻动的书页不断刺激着读者的嗅觉；厚厚的辞典发出的啪嗒啪嗒重重的声响，柔软的线装书传来好似积雪沙啦沙啦的清微之声，如同听到一首美妙的乐曲；随着眼视、手触、心读，犹如品尝一道菜肴，一本好的书也会触发读者的味觉，即品味书香意韵；而在整个读书过程中，视觉是其中最直接、最重要的感受，通过文字、图像、色彩的尽情表演，领会书中语境。

■ 探讨纸质媒介特征，回归手工装帧的手段，认知书籍阅读与物化设计的关系。书籍设计师为读者提供眼视、手触、心读，读来有趣，受之有益的好书。

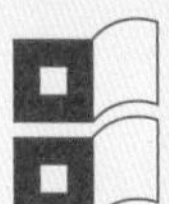

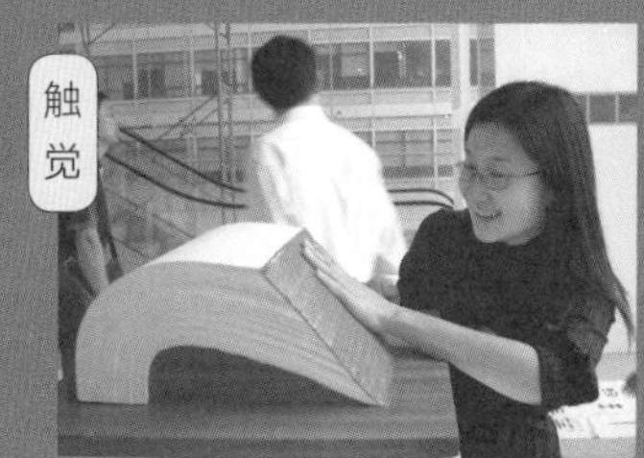

书不能吃，但能品：品味书中内在的文化意韵，品尝阅读的五感乐趣。

a 书之五感装置在韩国展出

b 书之五感海报 D 敬人设计工作室 © 2005

a

Sight

視

书之五感

the Five Senses of Books

Hearing

聽

书之五感

the Five Senses of Books

b

Touch

觸

书之五感

the Five Senses of Books

Taste

味

书之五感

the Five Senses of Books

Smell

嗅

书之五感

the Five Senses of Books

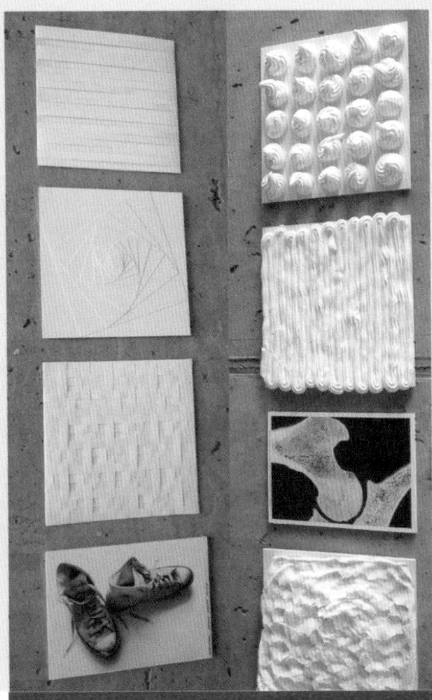

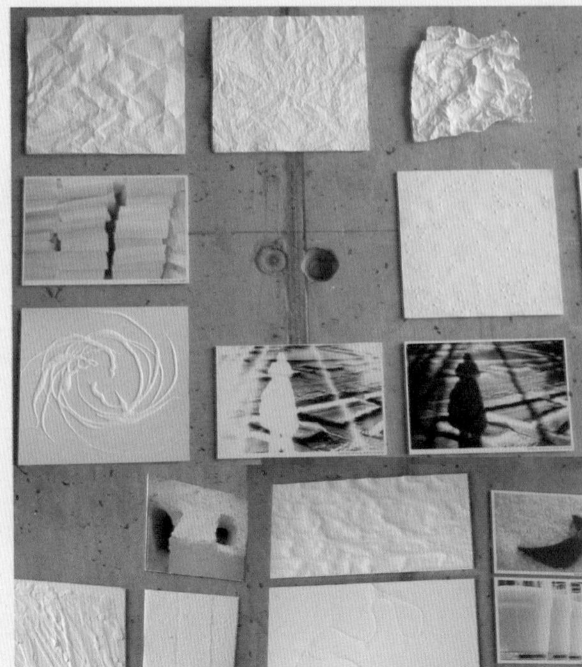

▲ 德国奥芬巴赫艺术设计学院的学生材质肌理作业

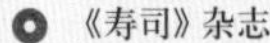

◉ 《寿司》杂志

D 许鉴

≡《寿司》杂志是奥芬巴赫艺术设计学院学生展现概念设计的平台，每一期均由学生代表自行设计完成。

≡第 12 期的整体设计工作由中国留学生许鉴负责，并由其绘制封面插图。

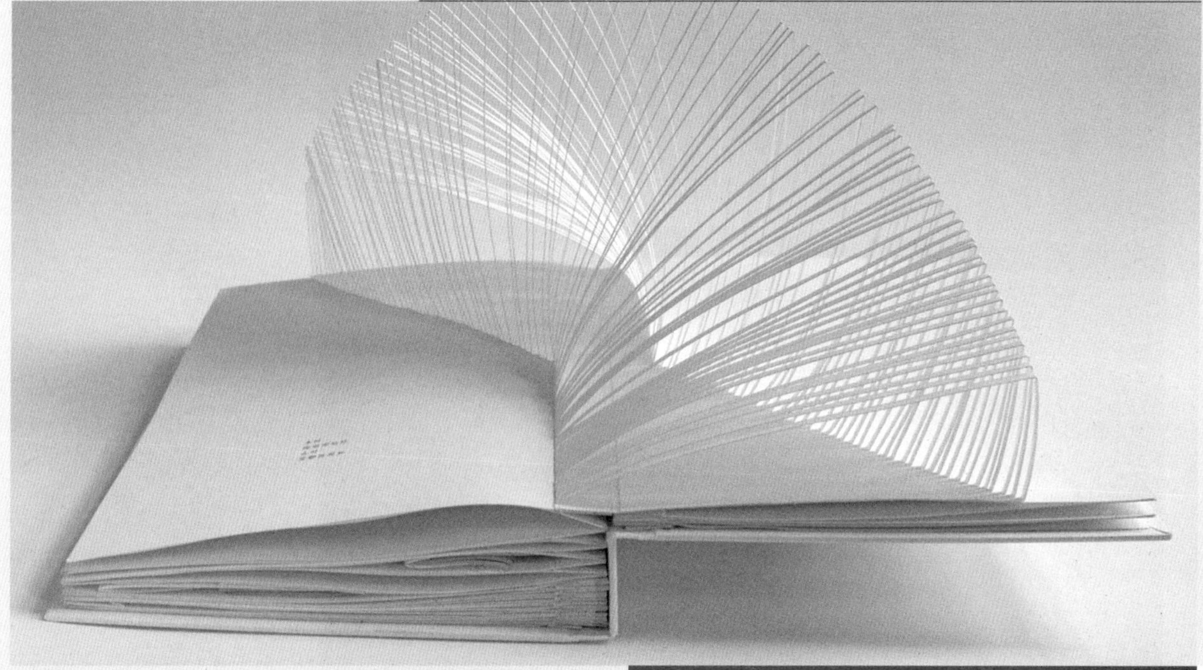

▲《明白》

D 齐昕宇

≡**点 评** 由纸张装帧而成的书籍就像柔软的建筑，奇巧地运用裁切、组合、粘连，可以塑造千变万化的造型。在翻阅的过程中，纸张语言得以意想不到地陈述。作业《明白》就是这样，很好地将纸型和文本内涵融合，并令读者产生诸多联想。

▲《翻》

D 李让

≡**点 评** 阅读是做书的本质。翻，是阅读的行为，一边翻，一边读，读者既是信息的阅读者，也是信息的再造者。李让同学以书籍纸页的折与翻，制造了许多情节和悬念，并引用柏拉图的诗，令读者在翻阅中得以点拨。书籍的形态是无穷尽的，书店里的商品书往往考虑纯粹的资讯传递和成本限定，所以没有过多的创新，而艺术家做书则充分体现书籍是信息的雕塑这一概念，让读者在翻阅的过程中得到惊喜。在电子时代，人们为了方便获取资讯则用电子载体，而未来的书籍将真正回到它的本身，书，也可能成为一件艺术品。

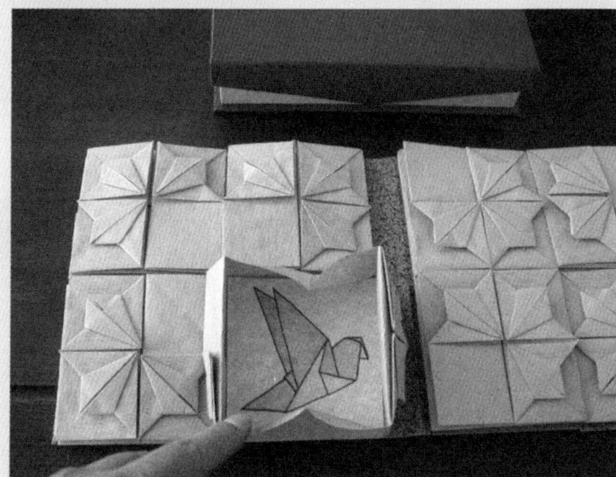

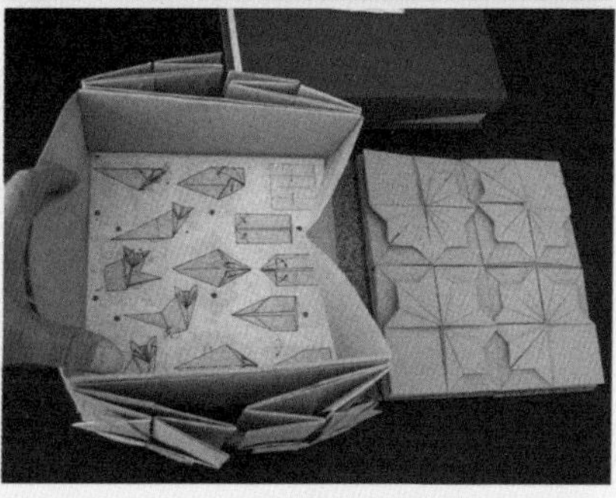

▲《折纸》

D 牧婧

≡**点 评** 书籍设计定位首先是对书的整体感受，包含着三次元的有机组织体的设定，设计者在书籍反复交错的启合过程中构成多层次的动态阅读状态，启示时间和空间的互动关系。本设计富有独创性，对书籍概念作出新的诠释。经过作者层层叠叠的巧妙折叠，创造如同春蚕吐丝结茧，编织出奇妙丰富的形态和富有新鲜感的翻阅方式，而引发对今天的书籍带来挑战意味的新的实验性设计。由纸张语言的开口闭合，演绎出表现书籍时空的“四维关系”，设计的过程不仅仅只是设计师发挥创想和运用技巧，还是设计者与读者不断对话的互动过程，也是使用者表达愿望的历程。

▲《叨忒之书》

D 张静

≡**点 评** 纸张语言可以跨越国界、民族、人种……自人类发明纸张以来，纸张就未曾离开过人类的生存环境。人类文明的衍生，靠承载文字的纸张缀订成书，代代相传。研究生张静要做无字书，依靠纸张的肌理、走向、色泽、润涩，点、线、面等的奇妙演绎叙述一个神奇的故事。从取材、选料到铺抄结合的造纸法，经过反反复复千百遍的试验，终于完成。纸张是有生命的，书籍设计不只是做图文的构成游戏，而应视为在纸张舞台上进行声情并茂的演出。

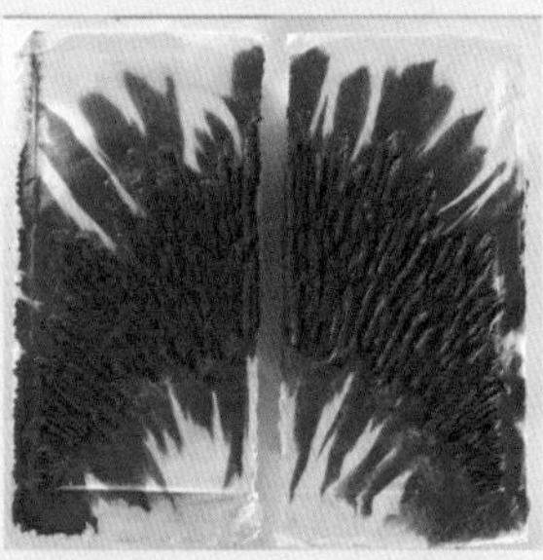

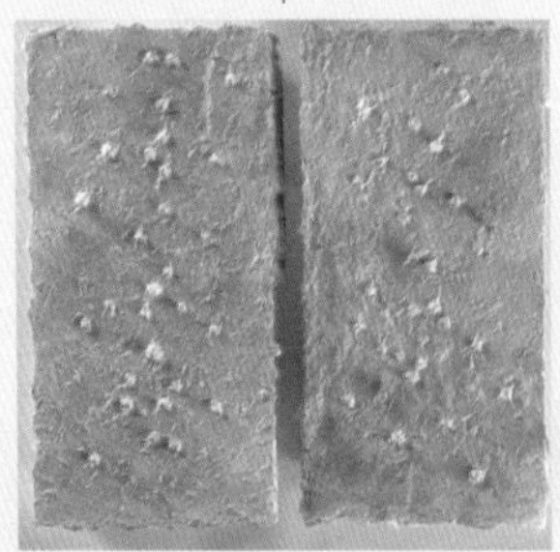

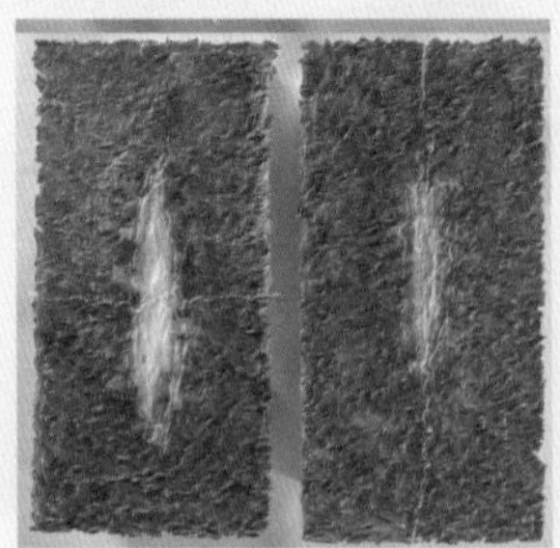

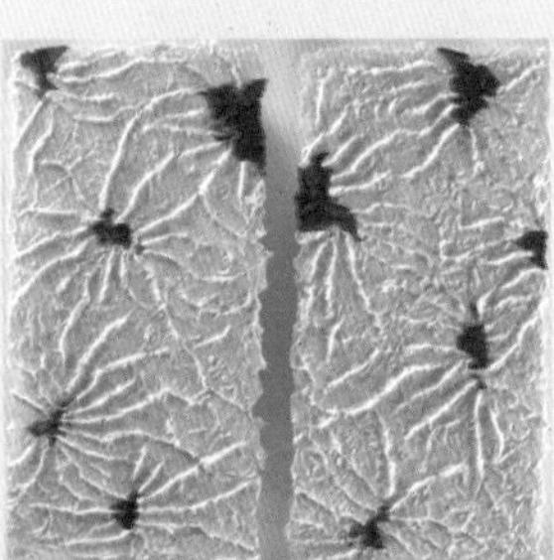

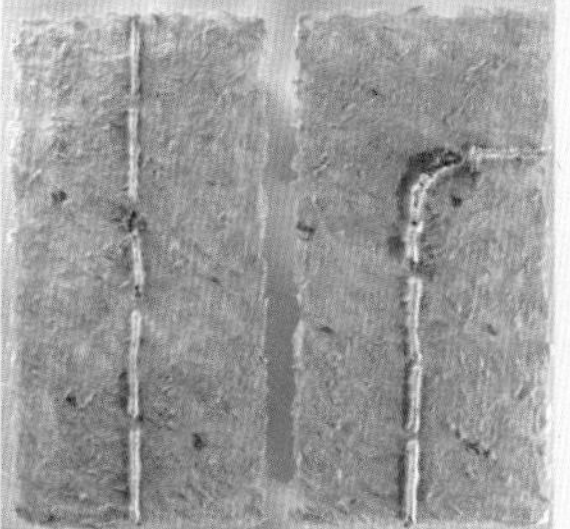

▲ 纸肌理研究

D 金绣辰

≡**点 评** 研究生金绣辰的手工纸肌理研究作业，将天然纸浆作为承载母体，附着各种形与纹的果蔬植物，并有意识地进行创造性的排列组合，抄制出具有视触感官的新鲜感和来自大自然的亲近感的肌理纸，创造出梦幻般不可思议的纸结构。触摸时，柔软纸基和肌理造型相互吸引和对立的力量关系，让读者可以享受弹拨乐器似的快感。把五感联想和物质结构融合起来，肌理纸富有很强的表现张力和广泛的应用性，或做成书籍，设计各种纸产品，甚至构筑纸艺术。

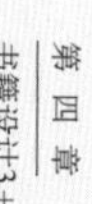

思考题

Q1 封面和书脊的功能是什么？怎样判断封面的良莠？

Q2 为什么说书籍有展现纸文化形态的魅力？

Q3 说说书籍设计中简约与繁复、抽象与具象的关系？

Q4 什么是书籍的五感？如何将书籍的五感贯入书籍设计之中？

Q5 书籍的工艺表现在哪些环节？怎样把握好工艺表达的度？

Q6 书籍设计如何实现内容与形式的统一？艺术表现与控制成本有着怎样的关系？

第五章 信息视觉化设计与视觉化信息设计

5

“书籍设计3+1”的概念缺一不可，无论是纸面信息载体还是电子书籍均可应用这一规则。作为“3+1”之后位数字1，指的是信息视觉化设计（Infographic Design），在这里作为独立的一章阐述。信息视觉化设计是21世纪中国书籍设计中一个重要的新课题。书籍设计者要学会应用逻辑语言对信息进行剖解、分析，并通过视觉符号和构成系统进行有效的信息传达，设计不只是停留在视觉美感这一表层。

本章对信息图表设计（Diagram Design）的历史由来、形态分类、表现手法等进行了陈述，阐明信息图表设计概念是将深奥的信息数字和统计数据转换成可视化的、有表现力的图形符号，将一个个复杂的问题清晰化，并生动有趣地揭示其中的相互联系，让受众从中得到认识上的超越。书籍文本中拥有大量参数化的信息，视觉化信息设计概念为受众的阅读开辟了另一条理解信息的道路，信息图表是一个可读的、复合化的交流体系。

一、信息设计

Information Design

■ 将最为深奥难懂的信息最大限度地视觉化、明晰化、大众化，这是一种设计智慧，信息理解是一种能量。

作为书籍设计重要的一环，信息设计概念改变了二维的装帧设计思考，是书籍设计必须掌握的设计思维和设计语言，也是必须拥有的信息时空传达的编辑意识。

首先必须搞清楚什么是信息设计。维基百科词条是这样解释的："信息设计是指人们准备有效使用信息的一种技能与实践活动。针对复杂而且未结构化的数据，通过视觉化的表现可使其内容更清晰地传达给受众。"

信息设计源于平面设计，这个概念早在20世纪70年代由伦敦五星设计顾问公司首次提出，用以明确区分产品或其他设计门类。该概念指出信息设计隶属于平面设计或者说是平面设计的同义词，且经常在平面设计课程中教授。此后，信息设计概念被引申到平面设计应有效展示信息而非仅仅停留在增加吸引力和艺术化表现的层面。于是“信息设计”出现于当时多种学科的研究中。不少平面设计师也开始引入这个概念，1979 年《信息设计》杂志（Information Design Journal）的出现更是对设计的一种推动。80 年代，设计者的角色则扩展到需要承担起文本内容和语言表达的责任，更多的用户测试与研究手段已经不同于主流平面设计惯用的方式。

20 世纪 70 年代，爱德华·塔夫特（Edward Tufte）与信息设计领域的先锋人物约翰·图基（John Tukey）共同研究，并不断发展着他的统计图像化课程。该课程的讲义于 1982 年衍展为他自己出版的关于信息设计的一部著作《视觉量化信息》(The Visual Display of Quantitative Information)。此书内容富于突破性，使得非专业领域开始意识到表达信息的多种视点和可能性。信息设计概念也开始趋向于应用在原本被看作图表设计和信息量化设计的领域。在美国，信息设计师也习惯被称为“文案设计”(Document Design)；在科技交流层面，信息设计被看作是为细化受众需求而创建信息结构的行为。它的实施过程在不同的认知尺度有着不同的理解。

由此可见，信息设计在 20 世纪后半叶从研究到实践，被广泛应用到许多领域，各个国家的设计师都在积极参与，其理论也日臻成熟。我国在信息视觉化设计方面尚在开发之中，许多设计艺术院校没有开设这项课程，有的书籍设计师还没有信息设计的概念。

书籍作为大众传播的媒体，即使在今天的信息时代，尽管像 E-mail 这样的工具正发挥着强大的信息传播功能，但书籍仍未失去自身的特质和魅力，但设计师如何采用新的传播思路和设计语言，让受众来选择书籍并乐意接受视觉化信息传达的全新感受，正是这一时代对设计师提出的要求。

大量参数化的信息，比如一个历史进程、一种自然界的演变现象、政治人物的一生、触目惊心的大事件、未来世界格局的设想……无须再用数万字的陈述，以大量确凿的信息数字和有表现力的图像符号将一个个复杂的问题清晰化，生动有趣地揭示其中的相互联系，并从中达到认识上的超越。美国著名图表信息设计家乌尔曼说："我们正在将信息技术嫁接给信息建筑，我们超常的能力将数据信息储存并传达，使这一梦想得以实现。"

确实，读者在确凿可信且又十分亲近的视觉信息面前，通过有趣的阅读过程可以达到一种需求满足和有说服力的理解。就像人们住进新建筑，找到最适合自己的房间，乌尔曼还说："成功的视觉交流信息设计将被定义为被铸造的成功建筑、被凝固的音乐，信息理解是一种能量。"

总结以上话题，广义地理解信息设计：人为地按照受众意图选择组织相关内容的过程；引申地理解信息设计：将与原本主题相关的主旨、概念、例证、引文、结论部分的内容一一组织协调起来；具体的理解信息设计：主题的逻辑化、要点的强调、书写的清晰度、线索的导引……甚至是页面的设计、字体的选择、留白的使用等等。相同的概念和技巧也同样应用于网页设计中，这种能附加更多参数化设置和功能的设计师也得到了"信息建筑师"的称号。

这里提到了参数概念。参数，即在一定范围内变化的数，任何现象中的某一种变量数。宇宙自然的不断变化给世间万物造成瞬息万变的差异，人类是在宇宙规律中演化诞生的，任何一个差异又会衍生出另一个差异，参数制造差异，差异制造记忆。创意，即在秩序中寻找差异，任何设计都取决于变化，其程度来自度的把握，变化的依据来自表达的目的。

参数是相对于一定范围内的变量数，即事物中均存在着大小、多少、长短、快慢……变化的矢量关系。书籍设计中要善于把握运用文本中矢量关系的驾驭手法，使信息传达在线性逻辑结构下导致动态的陈述结果。

参数化设计是书籍中一个隐形的秩序舞台，它有助于设计师在秩序中捕捉变化，在变化设计元素中发现规则。文字、图像、符号、色彩在纸张的翻阅中形成流动的空间结构；而彼此间的节奏、前后、长短、高低、明暗、虚实、粗细、冷暖或加强减弱、聚合分离、隐显淡出……在时间流动过程中建立书籍信息传递系统，为读者提供秩序阅读的通路。

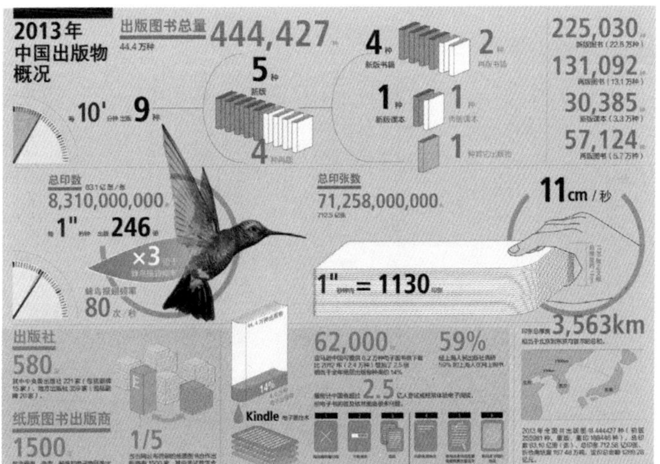

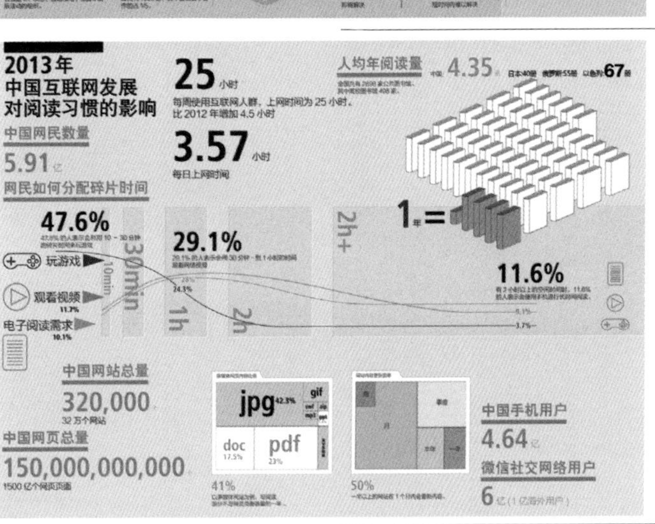

a

b

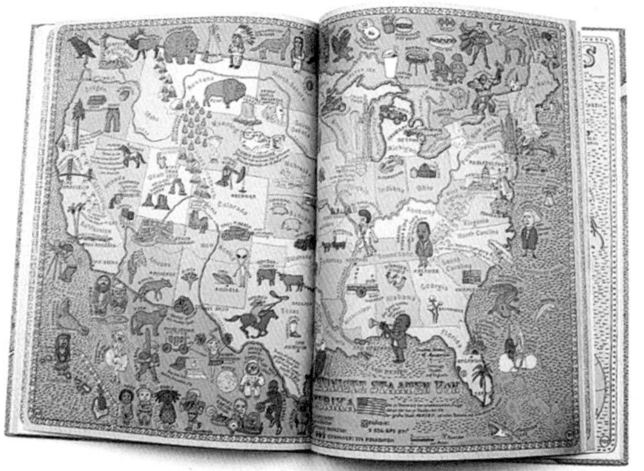

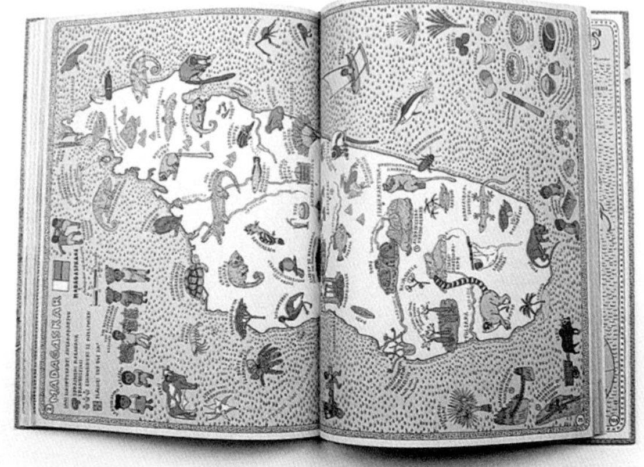

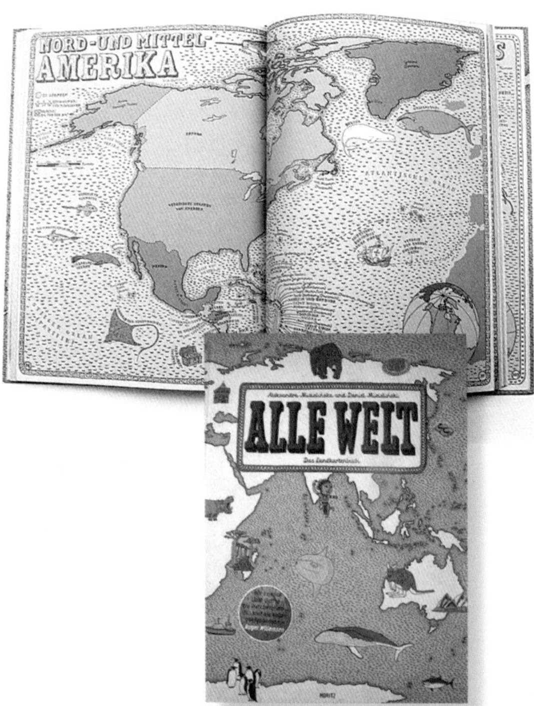

《地图》（人文版）

著 D 亚历山德拉·米热林斯卡、丹尼尔·米热林斯基 波
P MORITZ
2013

书籍设计中的线性逻辑

⊙书籍被阅读的过程中存在不可逆转的时间性，而这必然会成为长度不一的时间线，并且只有在逻辑的引导下读者才能确定阅读的先后顺序并形成这一时间线，所以这一时间线就是在逻辑结构下导致的陈述结果。因此，我们将书籍设计中的逻辑解释为线性逻辑思维。

⊙英语 Logic 不但有逻辑学所指的逻辑的含义，同时也可简单地解释为推理方法。词解推理则为通过一个或几个被认为是正确的陈述、声明或判断达到另一真理的行为，推理方法自然就是为得到最后所追求的真理而采用的方法。这一逻辑可解释为：书籍设计师为了将读者的阅读过程引至书中所述结果所用的方法。

a 河图洛书
b 天问图
c 三月中星图

二、信息图表设计
Diagram Design

自古以来先人就创造出非语言的沟通形式，中国的象形文字、苏美尔人的楔形文字、埃及人的圣书体均来自于传达信息的岩壁画的演化，图画和文字被高度整合，直至活字印刷术的出现，由于工艺流程和技艺的不同，使视觉图形与文字分离。在以后相当长的一段时期内，资讯传播主要由文字担任主角。今天视觉化信息重新被各种载体所重视，其中信息图表设计（Infographic Design）成为世界各国设计领域竞相关注的研究课题，并已经应用于实践。

a

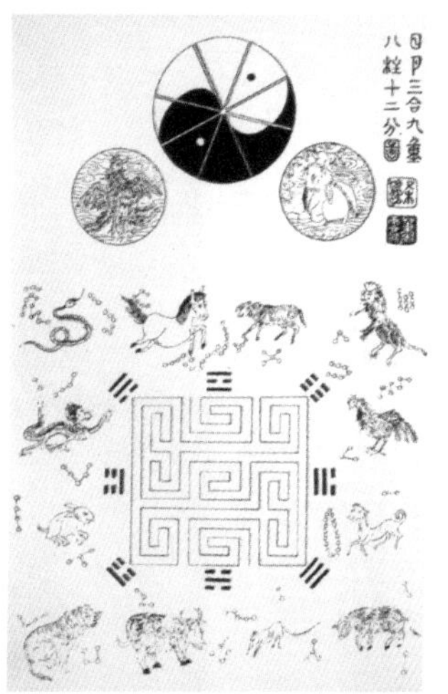

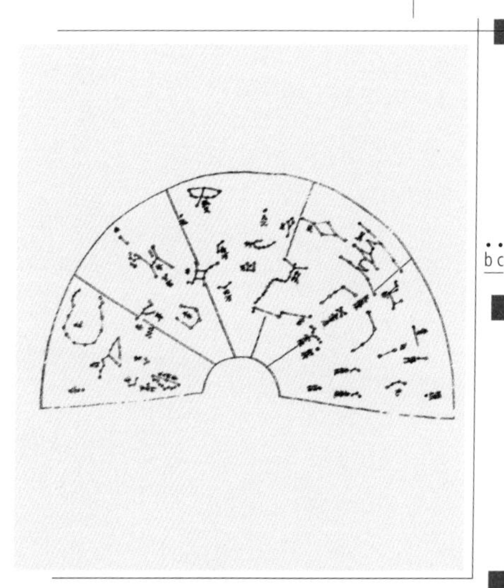

b c

1

什么是视觉化图表?

信息图表（Diagram Design）可称之为可视化交流法。其概念是将繁复、隐喻、含糊的信息通过资讯筛选、分类储存，将图像、文字、参数相结合，揭示、洞悉、解释、阐明其内在联系，这是一个思维领悟认知的过程，目的是设计成帮助信息需求者便于认知、深刻理解、高效交流的信息图解化传达图表。

信息图表帮助人们更好地通过特定文本内容的视觉元素系统、显著、鲜明、简单、直接、连贯和全面地转化字里行间的可视化元素，并建立关联——信息得到再一次呈现。

2

信息图表设计的概念

视觉信息图表的设计需要将信息建立在归纳概括、联想促生、觉察关联以及在组织框架下探求平衡的能力建立整个交流体系的基础。如果说词语和句子是语言交流体系的一部分，信息图表中的图像和图形表现就构成了视觉交流体系。信息图表设计通过标准化的符号系统，将深奥的研究定量信息和统计数据转换成概念创意，随之转换成图形描述，并演绎生动的社会剧集。信息图表是一个可读可视化的复合体系，由图像、文字和数字结合而促使信息更高效地交流。

a 针灸穴位图

b 1812年，拿破仑东征莫斯科态势图

中国古代早有运用图表来解读信息的例子，如河图洛书、八卦图、星相图、人体穴位图等等，但在欧洲，视觉图表作为一种信息传达体系进行研究和实践是比较早的。

1626 年，克里斯托弗·沙纳尔出版了《Rosa Ursina Sive Sol》一书，应用图表图形来阐述关于太阳的研究成果，他绘制了一系列图表用于解释太阳的运行轨道。

1786 年，威廉·普莱费尔出版的《The Commercial and Political Atlas》一书中第一次出现了数据型图表，作者使用了大量的条形图和直方图来描述 18 世纪英国经济状况。

1801 年，《Statistical Breviary》杂志中第一次发表了关于面积图的介绍。

1861 年，描述拿破仑东征失败的信息图表表明了开放性信息图表的出现。

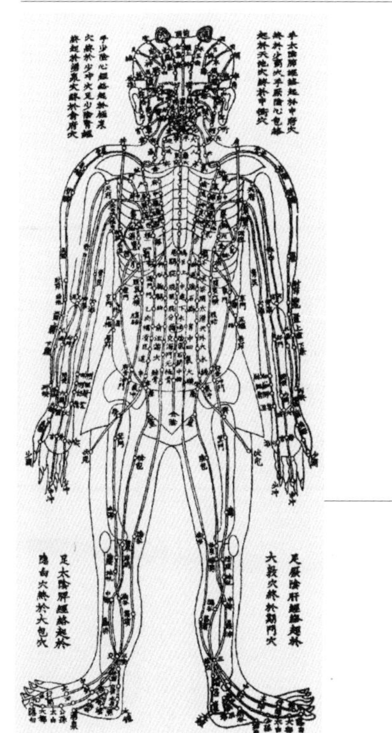

a

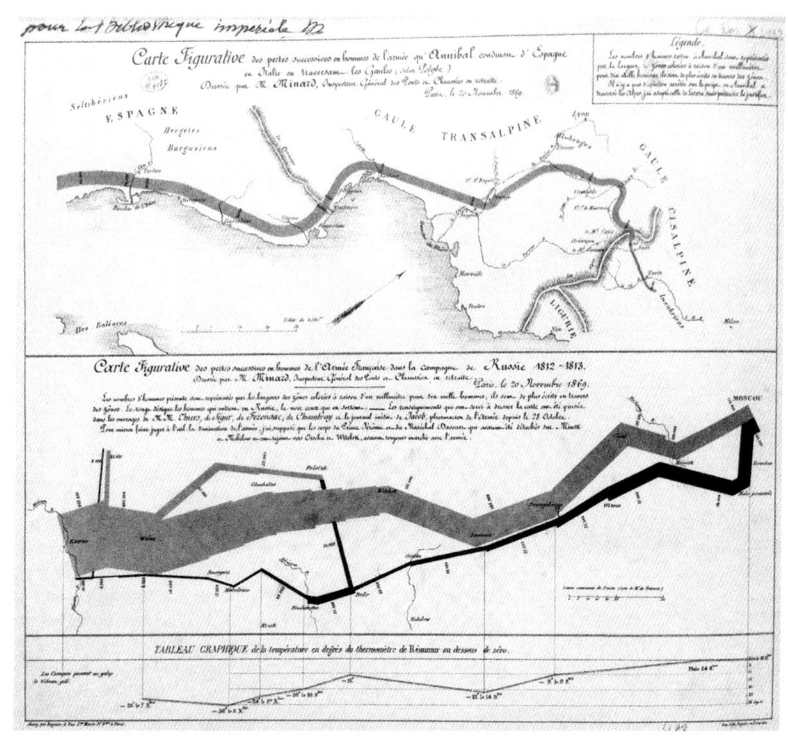

b

1878 年，西尔维斯特第一次提出了“图形”的概念，并绘制了一系列用于表达化学键及其数学特性的图表。

1936 年，奥托·诺伊拉特介绍了一套系统的视觉信息标识，将其发展为信息传达的一种视觉语言。

20 世纪 30 年代，随着伦敦的地铁系统变得越来越繁密，一位叫 Henry Beck 的工程制图员，打破地图制作规范，摆脱实际空间的地理概念，运用了垂直、水平，或成 45 度角倾斜的彩色线条，构成各个车站之间的距离位置，给观者一个非常流畅、清晰，便于浏览的地铁运行车站明细图。这张地图已成为伦敦的一张城市名片。之后，许多国家的地铁导视图都将伦敦地铁图作为模板进行设计，足见它的影响力，可以说这是迄今为止最为成功的信息视觉图表之一。

a

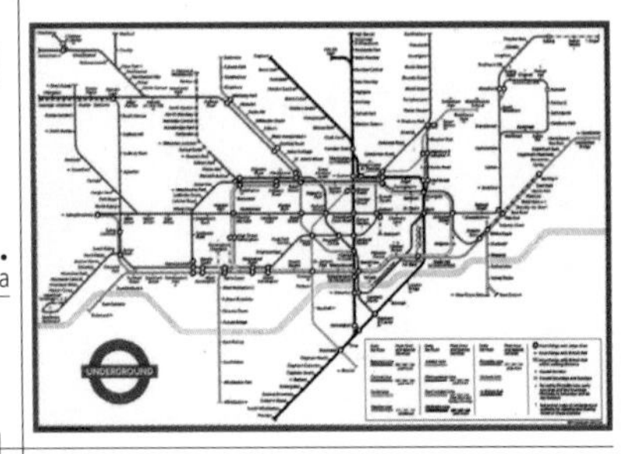

b

c

de

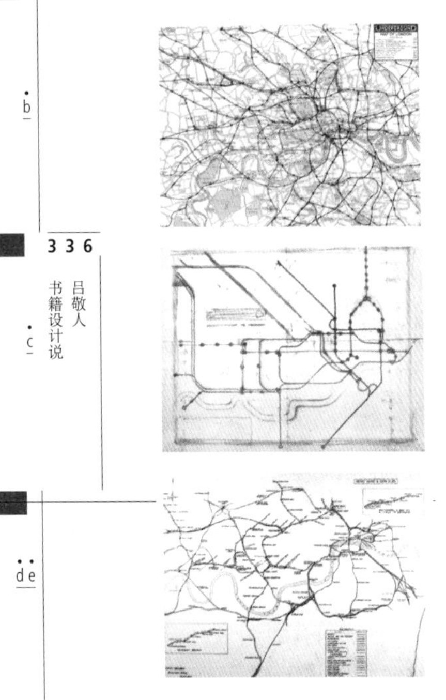

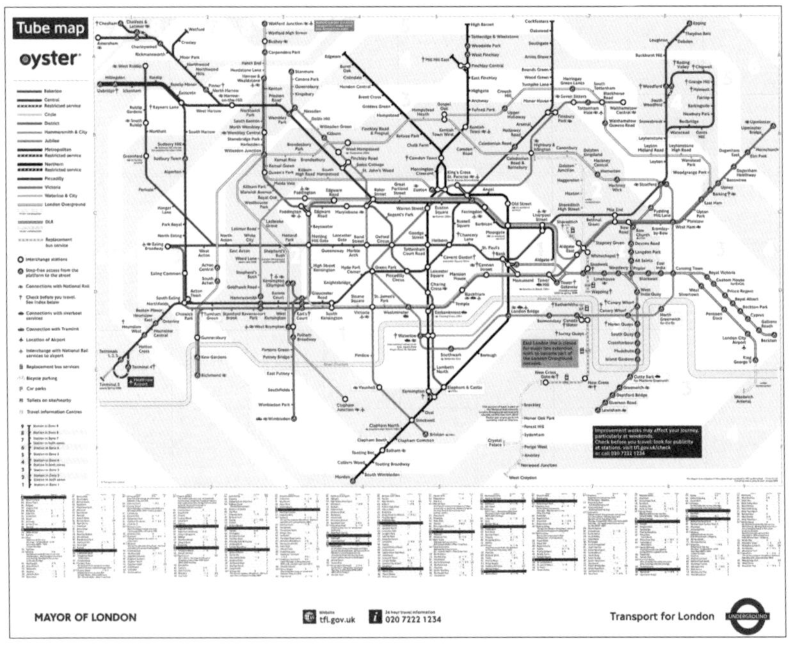

f 1972年，德国慕尼黑奥运会手册

g 视觉媒体预告指示

h 1999年至2008年全球油价变化

i 医学研究 人体器官结构图表

1972 年，在德国慕尼黑举行的奥运会上，第一次引入了全面而系统的视觉标识，当时受到各国的一致好评，流传至今。慕尼黑奥运会中使用的奥运项目二级图标——“抽象小人”，成为以后每届奥运会必做的标识系统设计。

f

现代社会随着科技的快速发展，互联网使得信息传播的速度和影响大增，印刷品、电视、网络、E-mail、手机短信、社交博客等信息传播媒介越来越多。据一项调查显示，2002 年新产生和储存的新知识有 5EB，每 EB 约等于 10 亿 GB——是美国国会图书馆藏书信息量的 3.7 万倍。正是由于受众在越来越繁复的信息侵扰下变得越来越无所适从，清晰、准确的信息显得尤为必要。将信息进行视觉化设计和具有视觉化信息特征的信息图表设计可以使庞杂的信息变得高效、易懂且有趣。

信息图表通常用于企业年度报表、产业发展报告、政府财政信息总结等涉及描述大容量数据关系的统计学报告，同时也广泛运用于新闻报道、书刊出版、交通导航、环境导示、气象预报、建筑工程、医学研究、地理勘察、软件开发、军事情报……生活中我们会时时处处与它们相遇。

信息图表是信息参数化的设计过程，是一套以逻辑关系与几何关系为基础对信息参数进行分析、解构、重组，而形成适合于信息参数合理构建与自我增值的信息组织模式。其中有数据组织模式、叙事组织模式、系统组织模式、空间组织模式、思维组织模式等。

数据组织模式，即一种描述数据信息之间数学关系的参数化方法。

叙事组织模式分为时间轴图和流程图。时间轴图，以时间信息为基础参照对象，是描述空间或事件性质变化的图；流程图，以事件参

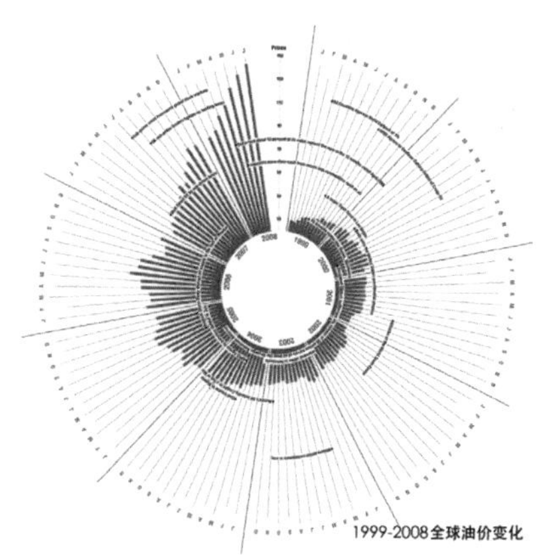

1999-2008全球油价变化

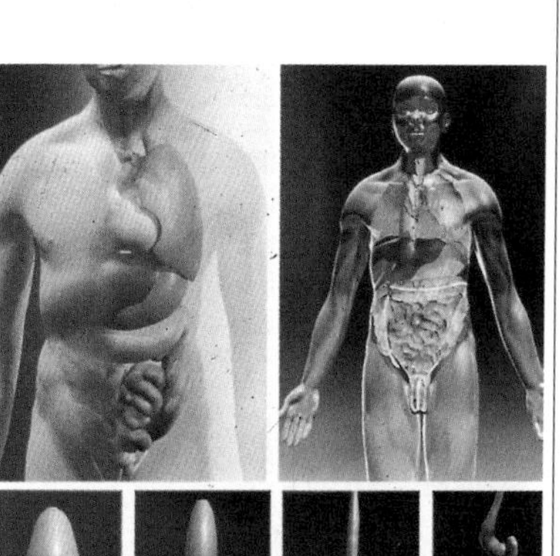

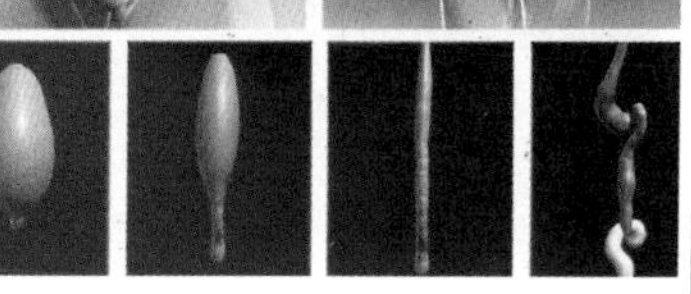

ghi

a 公共环境导示

b 香港机场环境导示

c 统计报告 世界各国肥胖度图表

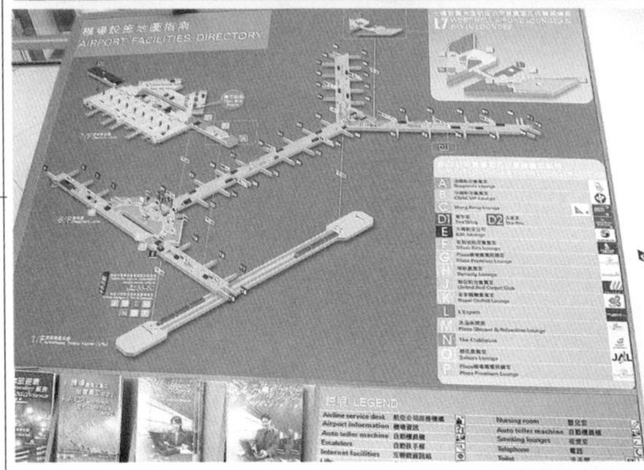

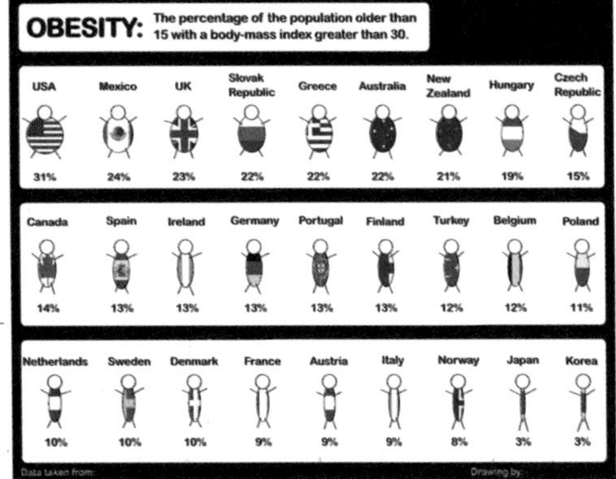

数为轴，是描述整体事件在空间中流动变化的图。

系统组织模式分为组织图、关联图、列表图。组织图，是描述信息参数间整体与部分或上级与下级的从属关系图；关联图，是描述在某一种特定关系下信息参数之间的联系图；列表图，是由图表主题为信息主体，罗列与其有从属或相关概念的信息组图。

空间组织模式是描述真实空间点位的距离、高度、比例、面积、区域、形状等抽象的位置或形态关系，分为物形图和地理图。物形图，是按照真实物质的存在方式，对其结构、比例、肌理进行抽象化表现的图；地理图，是将空间位置的距离、高度、面积、区域按照一定比例高度抽象化的空间组织模式图。

思维组织模式中的思维导图，是描述人脑放射性思维的一种思维图形，是对人的心智思路的一种记录图。思维导图由美国学者 Tony Buza 创立。他因在学习过程中遇到信息吸收、整理及记忆等困难，引发出如何正确有效使用大脑的思考，于是探索出“思维导图”这种图形工具。

视觉化信息图表设计的表现形式是多种多样的，如表达差额关系的有点状图、线形图、栅栏图、面积图、极坐标图，表示比率关系的有饼图、柱体图，显示组织关系的有树状图、列表图等，更有想象力和表现力的艺术化信息图表形式。

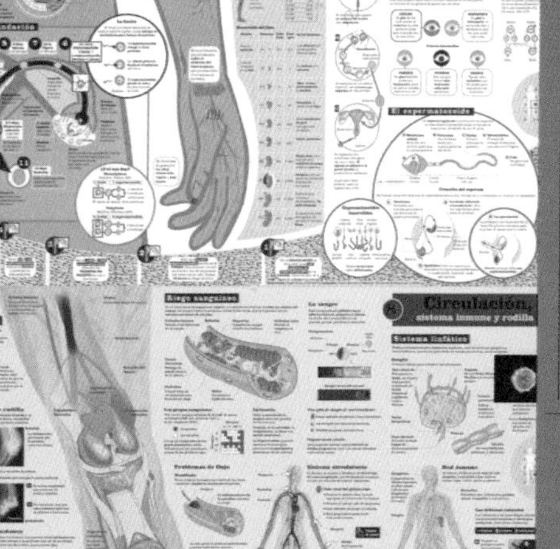
Riego sanguíneo
Circulación,
sistema inmune y rodilla

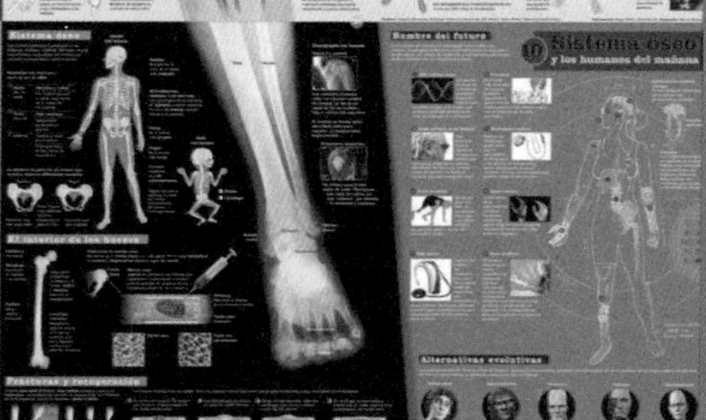
Sistema óseo
y los humanos del mañana
Hombre del futuro
Alternativas evolutivas

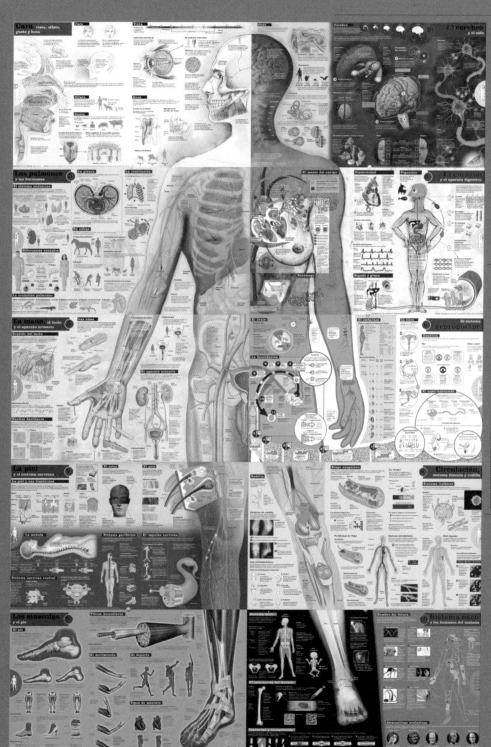

拯救江豚的三大措施

•措施• 1 维持和新建5-10个迁地保护区，可保住250-500头江豚

选址▶天鹅洲故道、黑瓦屋故道、何王庙故道、老江河故道、军山湖、长江安庆段、长江铜陵段

•措施• 2 继续加强原地保护区建设，保护了鄱阳湖就保住了450头江豚

▶保护长江鄂州至枞阳江段，可保住 230 头江豚

▶加强除鄱阳湖以外现有 6 个原地保护区保护效果，可改善 320 头江豚的处境

•措施• 3 长江禁渔十年，这既可为江豚今后放归创造条件，还可保住一个庞大的渔业种质资源库

范围▶整个长江干支流及与之相通的湖泊

湖北长江天鹅洲白鱀豚国家级自然保护区

湖北长江新螺段白鱀豚国家级自然保护区

湖南东洞庭湖豚类省级自然保护区

江西鄱阳湖豚类省级自然保护区

安徽安庆豚类市级自然保护区

安徽铜陵淡水豚国家级自然保护区

江苏镇江长江豚类省级自然保护区

2006 发现地点

2012 发现地点

污染

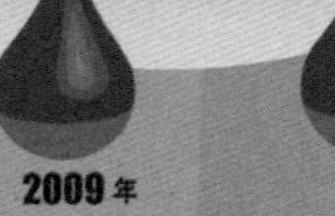

95亿吨 1979年

180亿吨 1989年

202亿吨 1999年

333亿吨 2009年

347亿吨 2012年

捕捞

挖沙

航运

4亿吨 2000年

7亿吨 2004年

12亿吨 2008年

19亿吨 2013年

湖泊变化

16687 平方千米 1971年

14142 平方千米 1988年

12990 平方千米 2000年

长江原本的生态格局

自然灾害

过度捕捞 人类活动干扰

物种灭绝漩涡

近10,000头 1961年

2,700头 1990年

1,800头 2006年

2012年江豚仅剩

1,000头

近 30 多年来，随着长江流域社会经济的迅猛发展，江豚正面临着历史上最严峻的考验，日益频繁的人类活动造成个体的不断死亡。在科学上，如果要保持大型哺乳动物在野外存活上千年，它们能够繁殖后代的个体数量应保持在 500 头以上，而现在江豚只有 1000 头，能够繁殖后代的个体已经少于 360 头，已经踏过走向灭绝的红色警戒线，这是一个极度危险的信号。

500头 灭绝警戒线

目前能够繁殖后代的个体已经少于360头

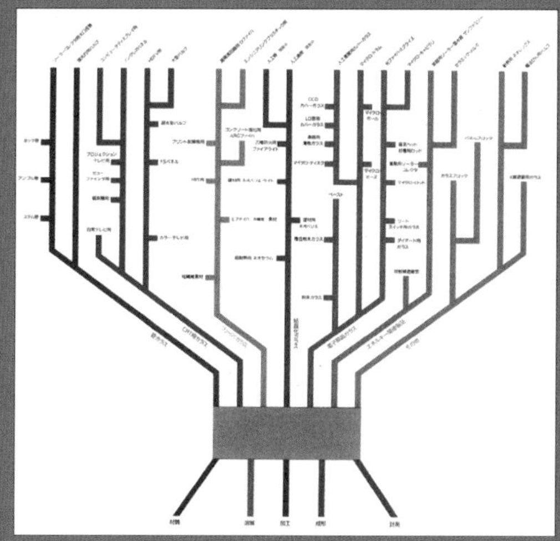

系统组织模式

▶汽车部件关联图
◀企业内部组织图

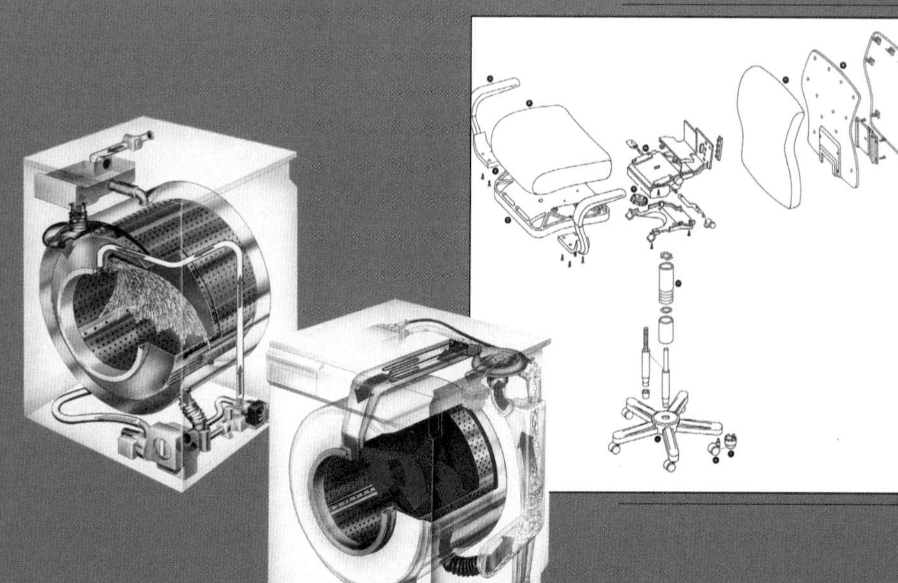

空间组织模式

▶转椅生产安装图
◀洗衣机结构关联图

数据组织模式

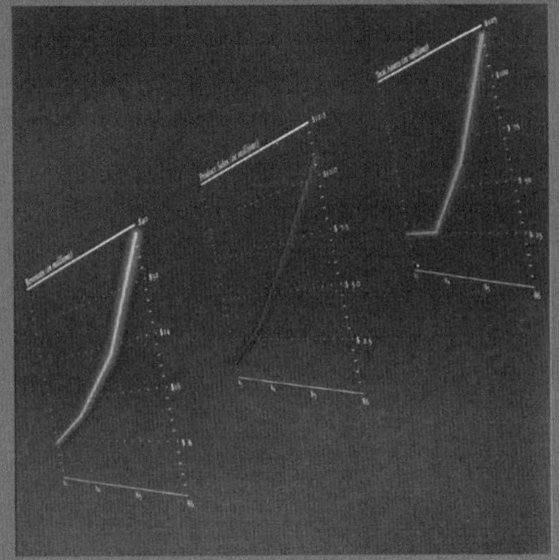

虚拟组织模式

空间组织模式

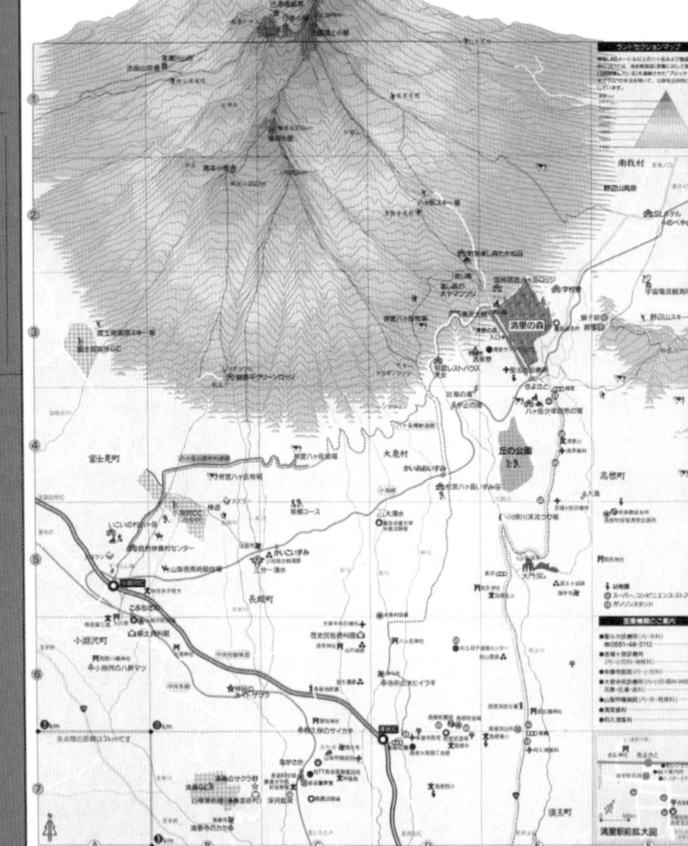

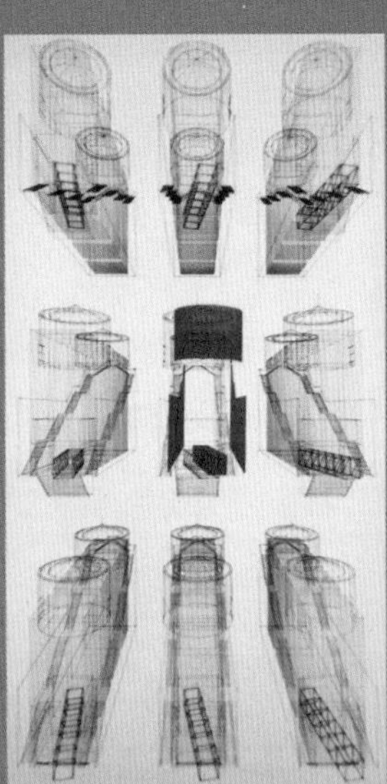

▶建筑物结构图
◀地形地理位置图

时间轴图表：生物进化图表

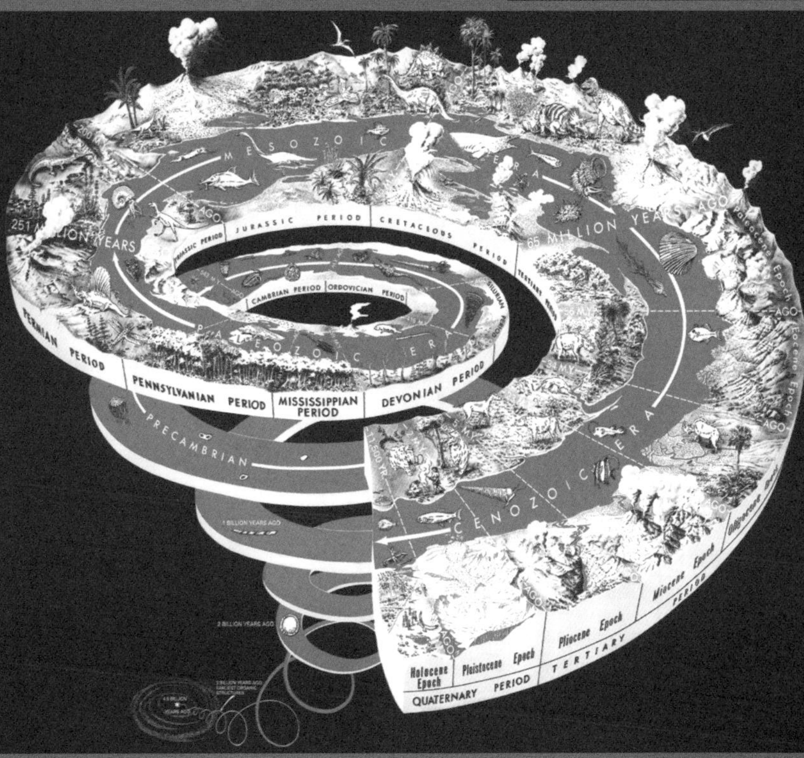

▶高山滑雪流程图
◀获奖比例图

Selected Works

Entered
1544

Grand Prix

Best Work 18

Selected
322

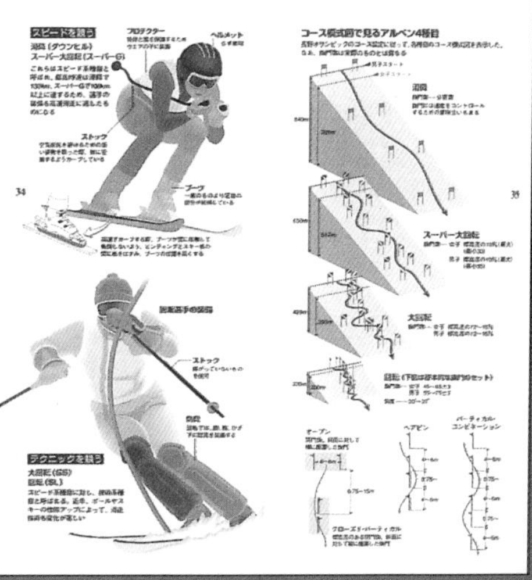

3
信息图表设计流程

(1) 确立类型：空间类、时间类、定量类或三者综合。

(2) 构成形式：合理运用图量、图状或时间轴等视觉元素表达一个连贯的信息整体。

(3) 选择手法：使用与主体相吻合的表现方式，平面静态、视频动态、网络交互。

4
信息图表的设计方法

信息视觉化与视觉化信息传达引领我们走进奇妙无比的诺亚方舟。

(1) 组织信息：收集、梳理并组织信息是呈现提案设计的第一步。

(2) 明示主题：分析信息并明确表现主题对象是图表设计最基本的素质。

(3) 建立语境：确立主题信息得以最佳传达的上下文语境表现定位。

(4) 简化原则：简化一切分散注意力的多余元素，直接明了解读信息。

(5) 展示因果：寻找、推理、分析信息本质，达到因果关系的解读。

(6) 比较对照：信息判断来自于视觉信息符号图形、线性点阵、色彩体量的准确比照应用。

(7) 多重维度：空间、时间、纬度、经度、量度……建立多维度的信息传达构架。

(8) 戏剧化整合：避免惯用程式或数字堆砌以及简单的图像注释方法，学会将信息戏剧化整合，提高陈述一个连贯、生动、有趣故事的能力。

线性图

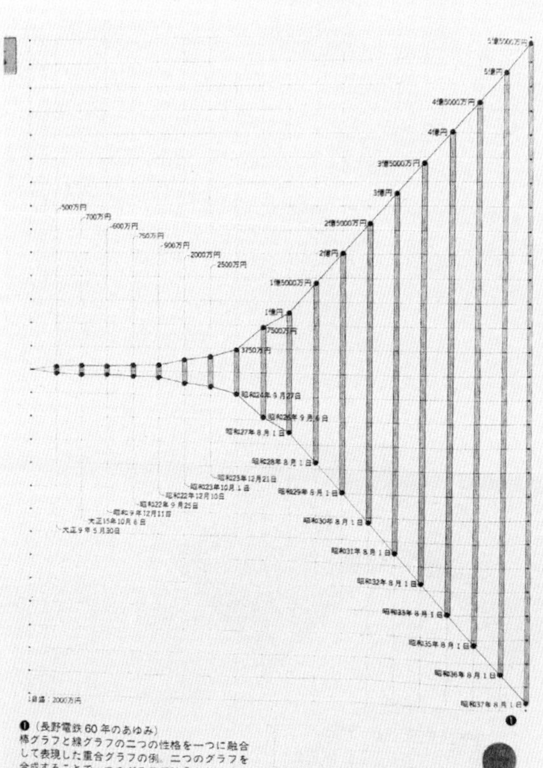

❶（長野電鉄 60 年のあゆみ）
棒グラフと線グラフの二つの性格を一つに融合して表現した重合グラフの例。二つのグラフを合成することで一つのグラフでは分かりにくかったデータを，より感覚として伝えることに成

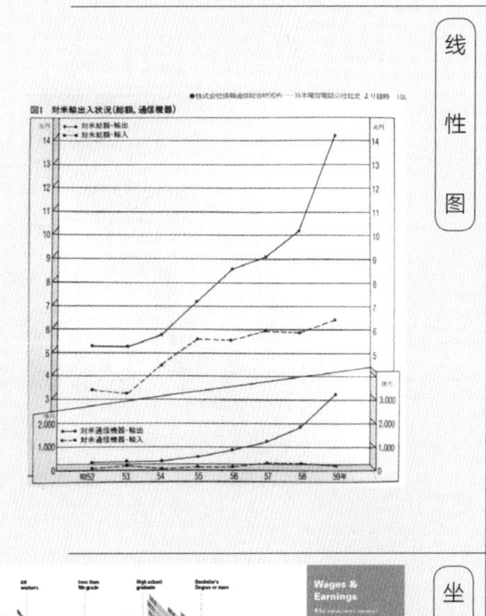

坐标图

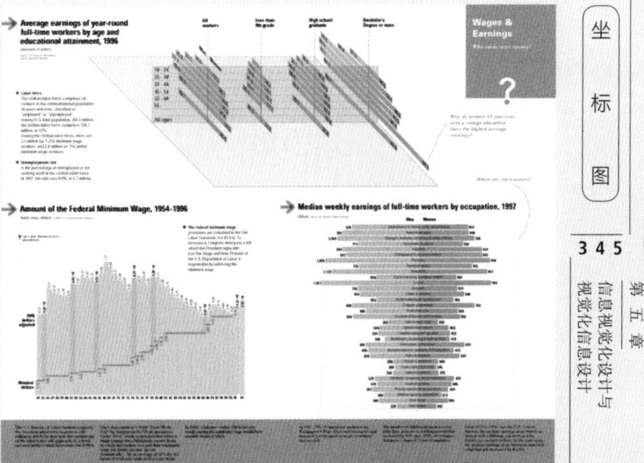

美国男女收入对比图

面积图

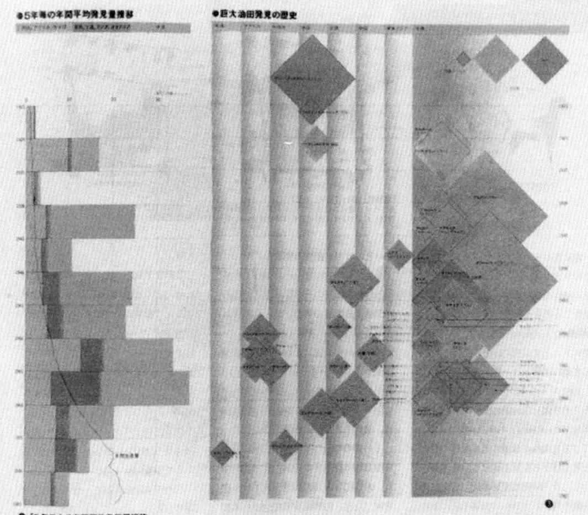

❸「5年ごとの年間平均発見量推移

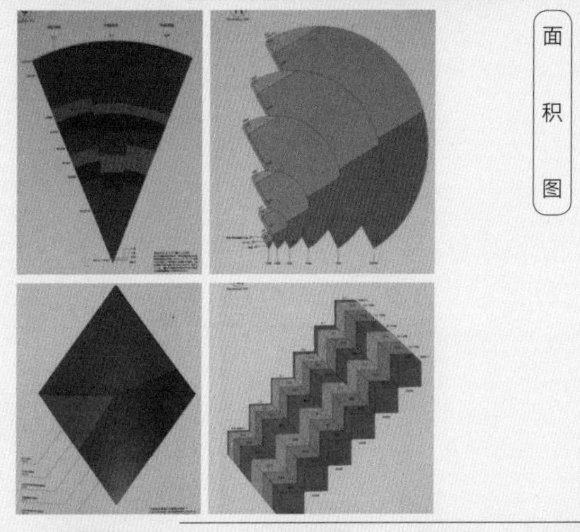

点状图

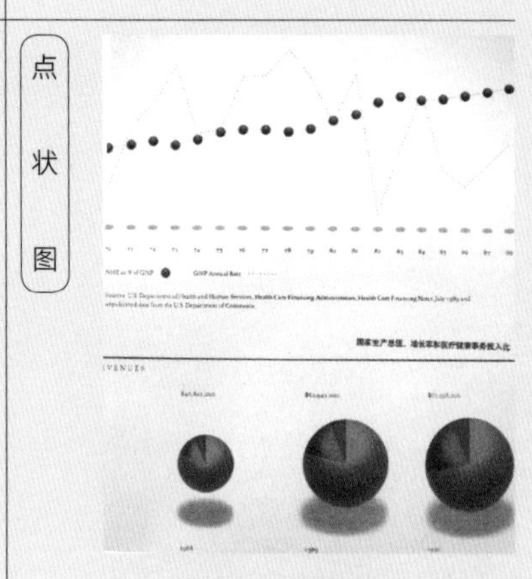

体积图

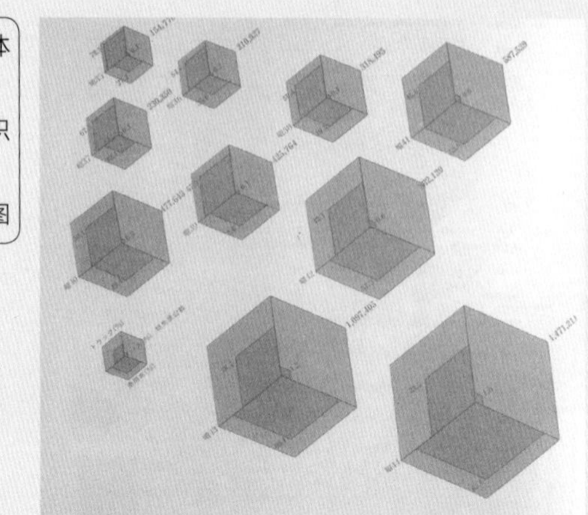

栏栅图

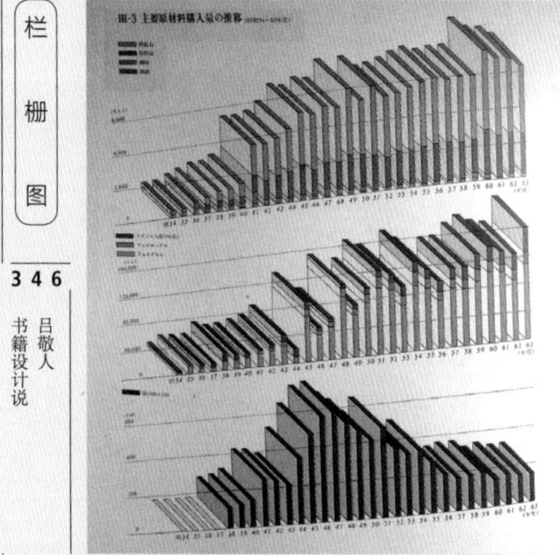

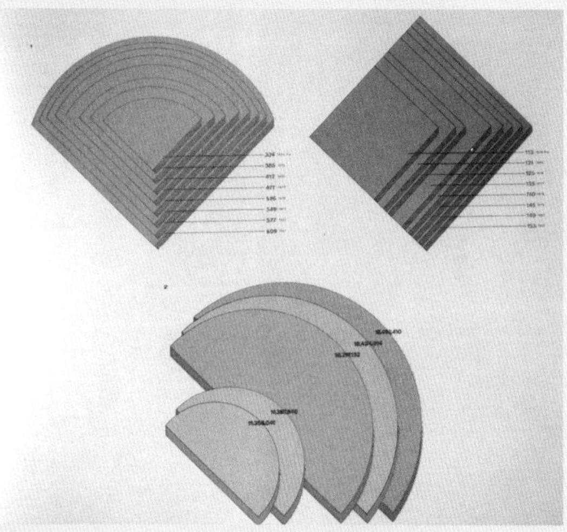

柱体图

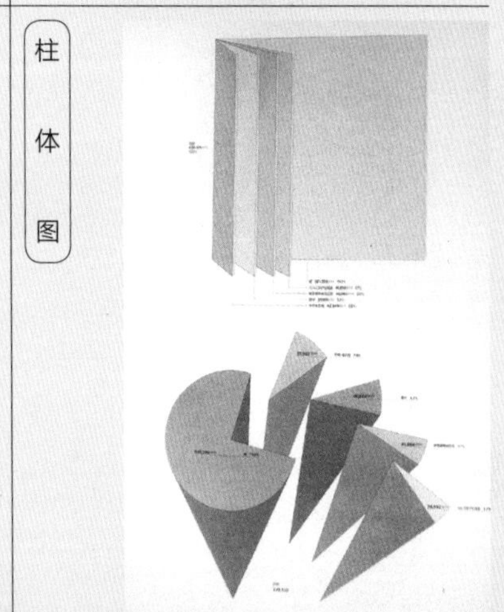

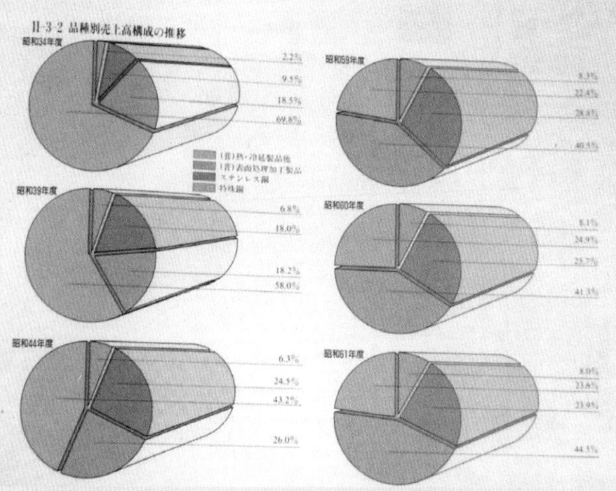

a 《登上美国总统宝座过程》图表

D 乌尔曼 美

b 《美国某大学学科分布》图表

D 乌尔曼 美

c 《美国青年人读书时间比例》图表

D 乌尔曼 美

案例分析

美国设计家乌尔曼设计的信息图表

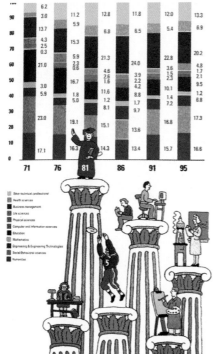

乌尔曼认为，简单明了地提供给人们便于理解、容易阅读的信息是十分有必要的，将繁复枯燥的信息进行概括梳理，以达到有趣易懂的信息传达目的。『无即是有』，这正是理解信息本质的要点。

信息设计是一种信息沟通整合的编辑过程。学会采集、分析、处理、重构信息视觉化传达新形态的方法论，以适应当今信息载体多元化设计的需求。信息设计者等同于新闻记者，具有敏锐的观察力，见多识广，富于思辨。

a

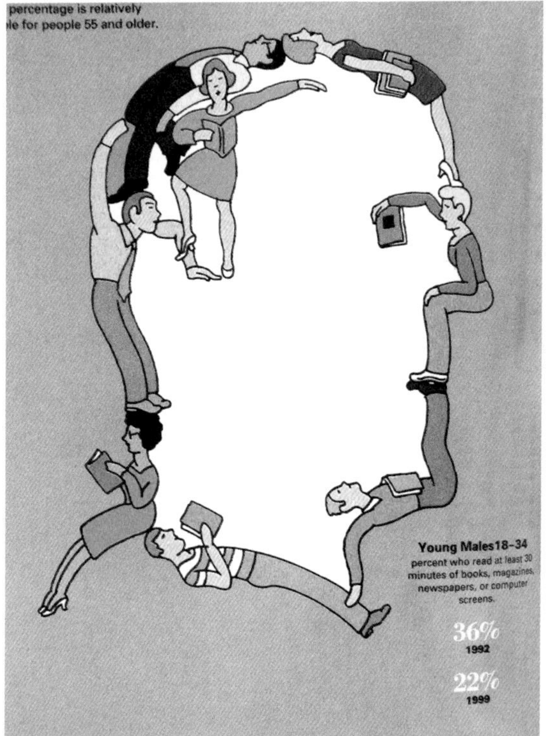

bc

1 → 对于其他如公共导示、数码电子等信息载体也一样

a 《第二届未来办公室设计大赛》图表

b 《更年期女性的感受》图表 D 吉恩·维森贝格 美

「How Women Feel About Menopause」
Jean Wisenbaugh (Magazine,U.S.A.)

视觉化图表设计是 21 世纪中国书籍设计中十分重要的新课题→1。书籍设计者要学会组织逻辑语言和多样性媒介表达方式，并且有深层次对信息剖解分析的能力。设计不只停留在视觉美感这一表层，设计应该是有深刻社会意义的文化活动 。

被誉为信息设计建筑师的杉浦康平先生 20 世纪 60 年代开始对不同学科中不可视数值、难以表现的时空概念……均通过超常想象的理性归纳、科学推理以及重新对数字内容与图像进行解释，以另一种视点剖析肉眼看不见的事物本质并透视出内在的整体关系，捕捉住事

物脉动的轨迹，形成趣味盎然、印象深刻的视觉图表，从而形成具有个性的信息视觉化传达设计理念。他的《日本时间地图》《世界四大料理图》令人叹为观止，他将最为深奥难懂的信息最大限度地视觉化、大众化，这是一种设计智慧。

信息图表设计对书籍设计师的逻辑表达和多样性媒介语言的能力是一种很好的训练。在将庞杂繁缛的信息经过深入透彻的分解、梳理、整合，最终转化为富有想象力、饶有趣味的视觉系统的设计过程中，设计师对信息进行深层次剖解的能力得到加强。依循内在的逻辑，构建起信息本身所独有的线性结构、起伏性结构，或是螺旋性结构，形成以文字、图像、色彩、符号等视觉形象为译码的时空推移，才能让受众体验到信息流动中的美妙变化。由此，设计便不只囿于满足表象的装饰，而转为从策划、分解、整理，到秩序化驾驭的创造性劳动。书籍设计在从宏观到微观、从理性到感性、从时间到空间、从连续到间断、从解体到融合的逻辑解析和思维过程中，也将还原成为具有深刻社会意义的文化活动，其设计范畴远远超过装帧的概念。

设计的本义是一个寻根追源的逻辑解析过程，对繁复的文本数据进行梳理、概括，并进行视觉化、戏剧化的有趣传达，是将信息重构且传播更具公众化的过程。信息图表设计集合了图像、符号、数字、文字的解读于一身，为读者在信息的海洋中提供了信息饕餮。

信息视觉化与视觉化信息传达引领我们走进奇妙无比的诺亚方舟。

5 杉浦康平信息图表设计

杉浦康平缜密的逻辑思维和精确的理性设计，使他全身心投入对各种事物具有象征性的图和形的研究。他是日本最早投入视觉化信息图表设计的先行者，并获得视觉信息传达设计建筑师的美誉。地图，一般是俯视状态下的图像，往往只是直观视线下的表象姿态。杉浦先生的兴趣点更关注在这个地图（地球）上人们的生存的形态、行为的始末、改变历史的过程……他的一贯理念是以另一种视点意识去捕捉世界脉动的轨迹。

为此，他作了令人眼花缭乱的视觉信息图表设计的实验。他曾研究狗在房屋四周的活动线索，以狗的视点明确无误地表明动物与生态环境的关系图式化，大胆尝试变化无穷的生命图像。除视线所及的物像外，感觉、知觉、味觉、嗅觉等那些不可视的人体感观，甚至物态、事态、心态等高度抽象的元素都被杉浦康平进行理性化的分析，并通过视觉图表的形式表达出来。他设计的味觉地图《世界四大料理图》，将日本、中国、法国、印度的饮食运用形象化的图形、色彩、符号语言，展示各民族饮食文化的差异，将不可视辨的味道可视化，不能不说是一种创举。20世纪70年代，他在平凡社《百科年鉴》中发表了大量令人耳目一新的视觉信息图表设计作品。分析行程距离耗时量化的世界上第一张可视的《日本时间地图》，全面阐述伟人一生经历的《毕加索人生地图》《毛泽东人生地图》，反映重大事件的《田中政治事件》

a 《世界四大料理图》图表
D 杉浦康平 日

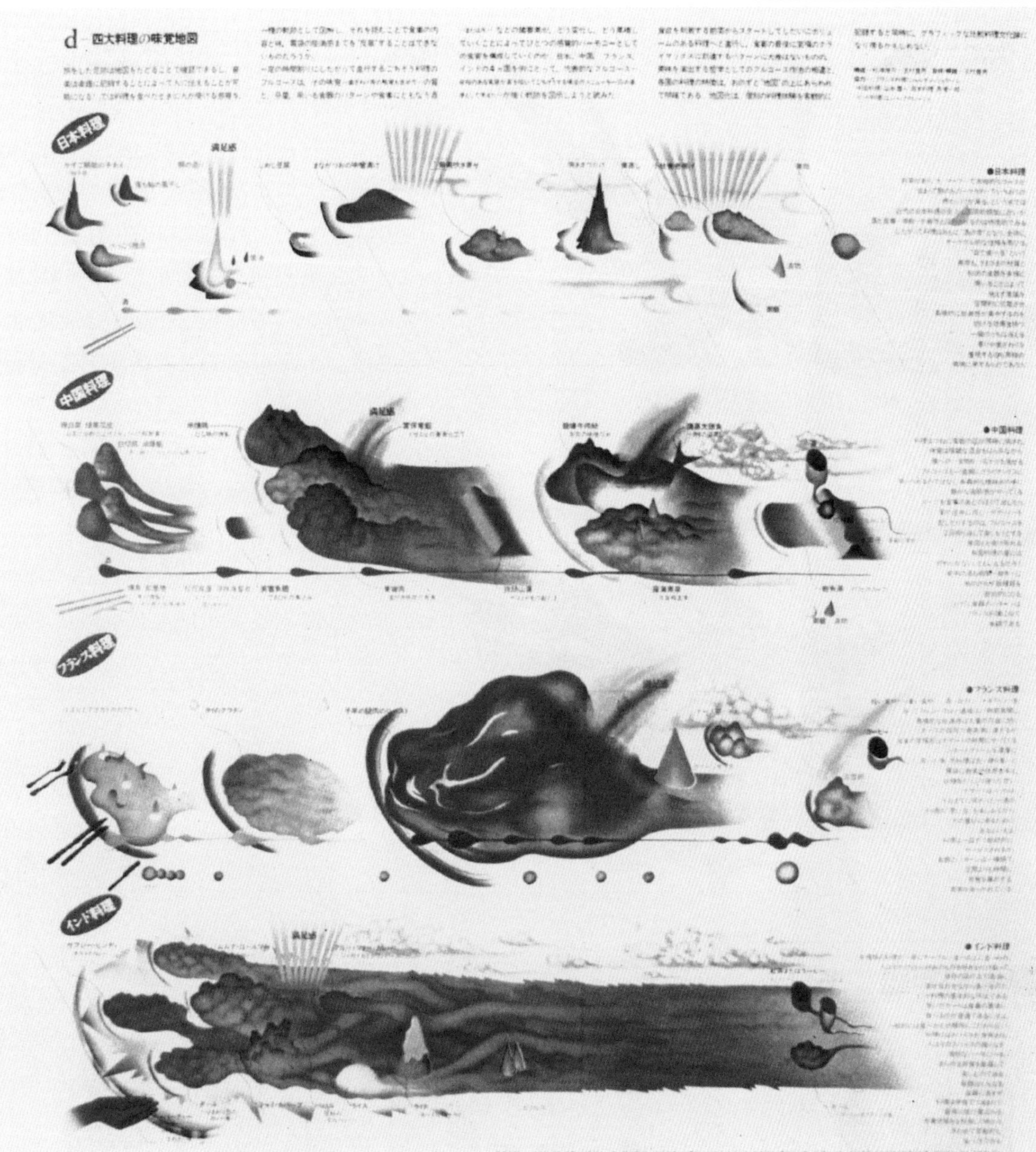

a 《日本时间地图》图表
D 杉浦康平 日

b 《百科年鉴1977》图表
D 杉浦康平 日

c 《毕加索人生地图》(局部)图表
D 杉浦康平 日

《赤军劫机事件》，还有关注民生的《地铁拥堵表情图》、《东京市民日常生活状态地图》……涉猎门类之多、之深，对不可视的各种矢量数据进行视觉化传达的超乎想象的表现力，新奇的时空传达方式，令人叹为观止，在之后的几十年一直影响亚洲众多的平面（也为数码信息载体业）设计师，并在信息视觉化设计之路上不断探索提供前瞻性的理念依据和创想启示。

a

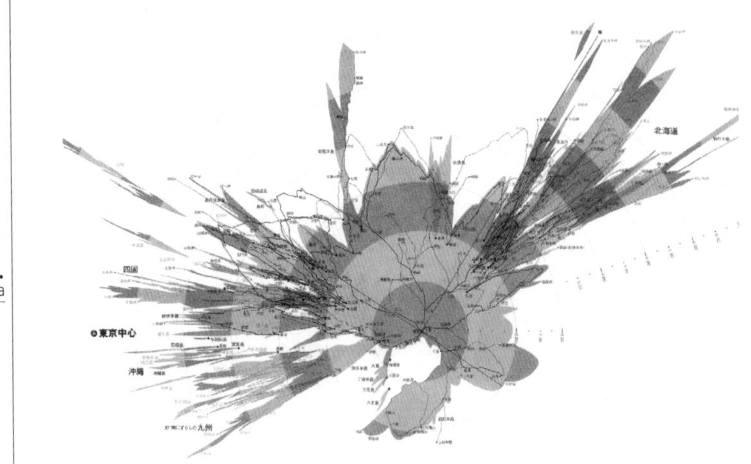

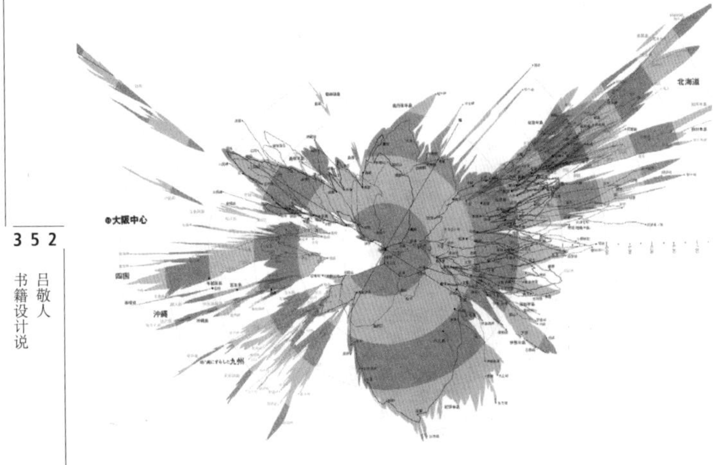

b c

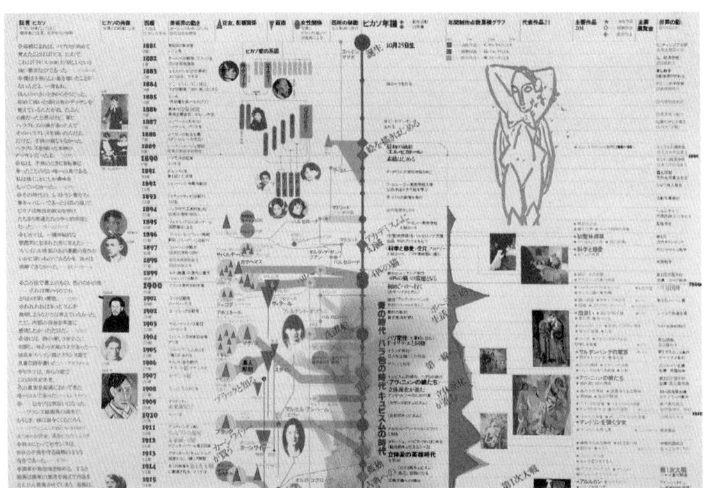

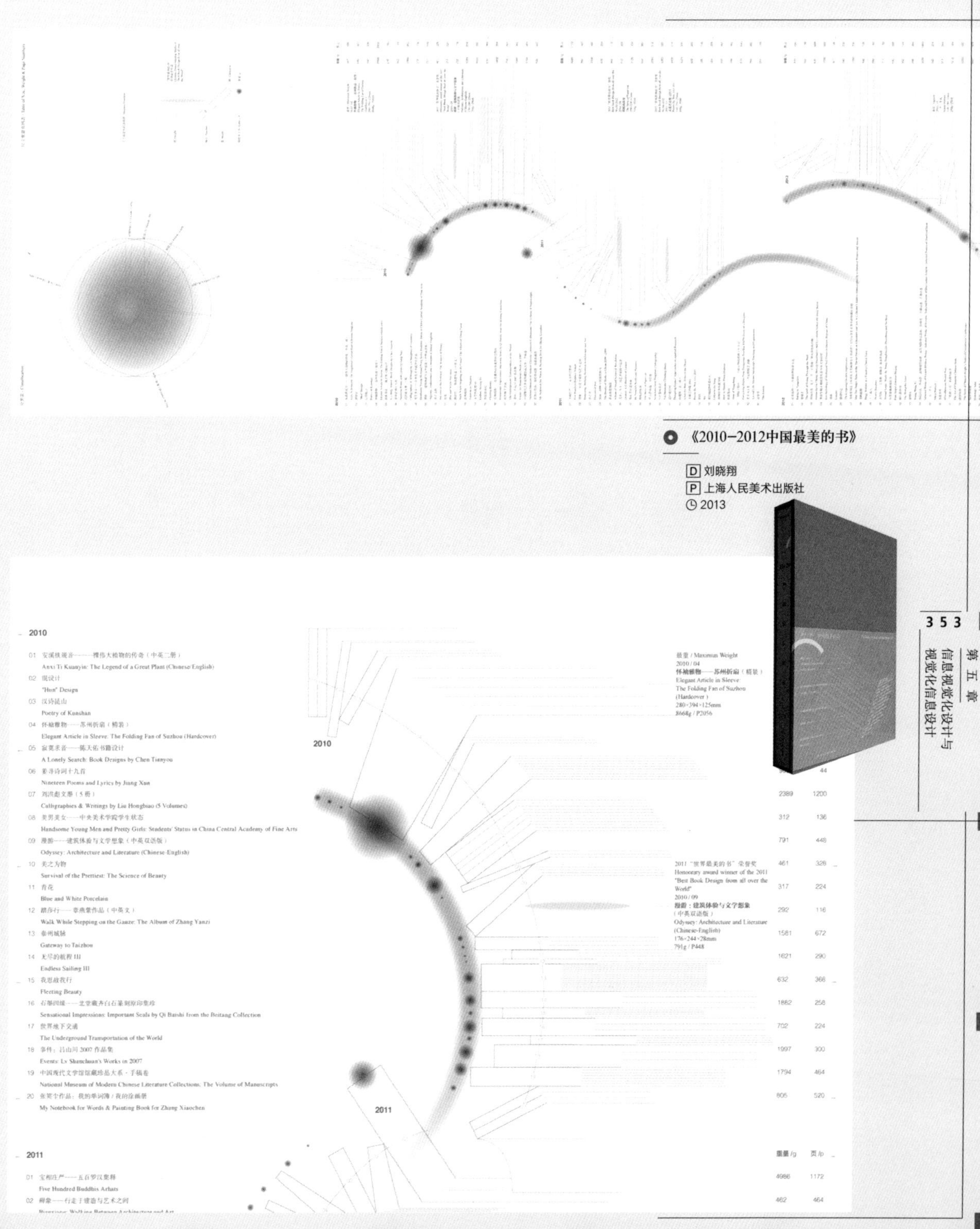

《2010−2012中国最美的书》

D 刘晓翔
P 上海人民美术出版社
2013

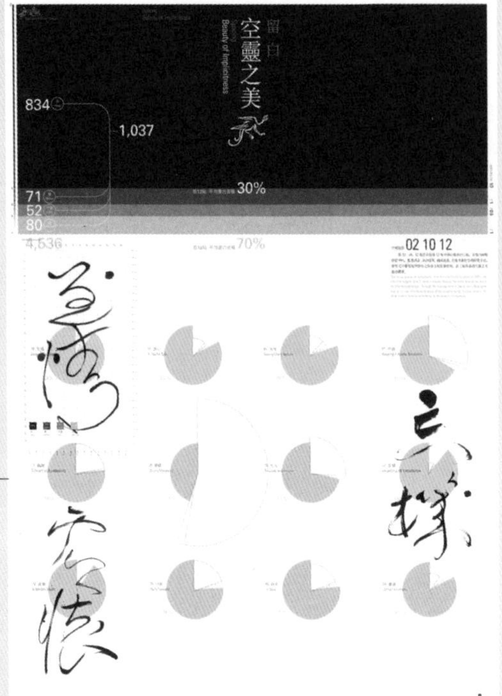

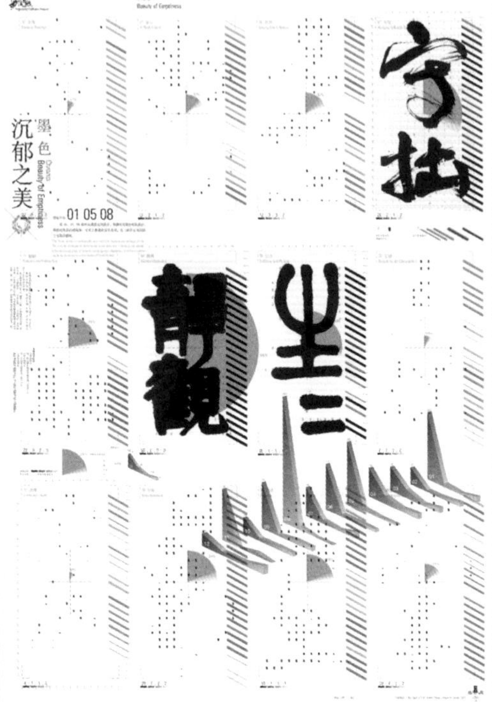

中国书法中的儒释道精神《妙法自然》

D 敬人设计工作室
P 人民美术出版社
2013

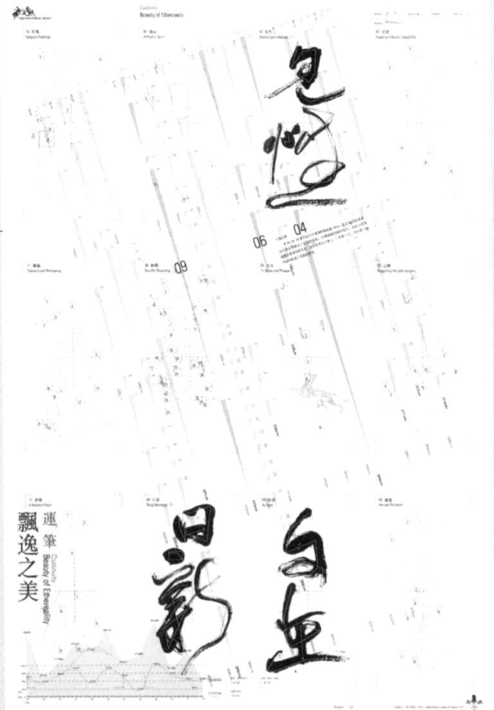

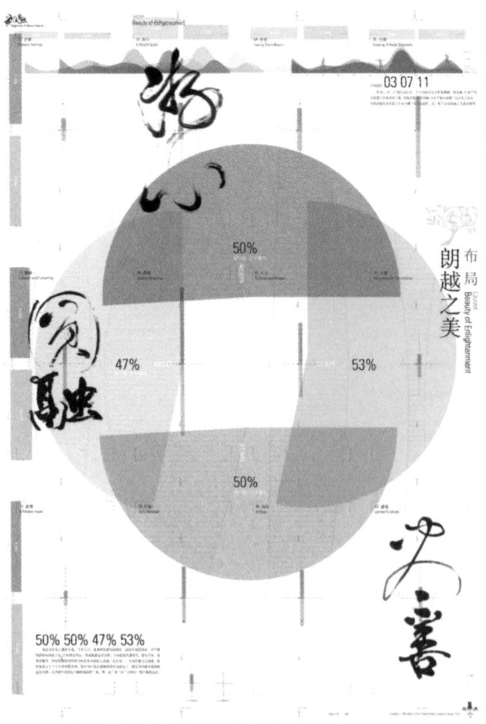

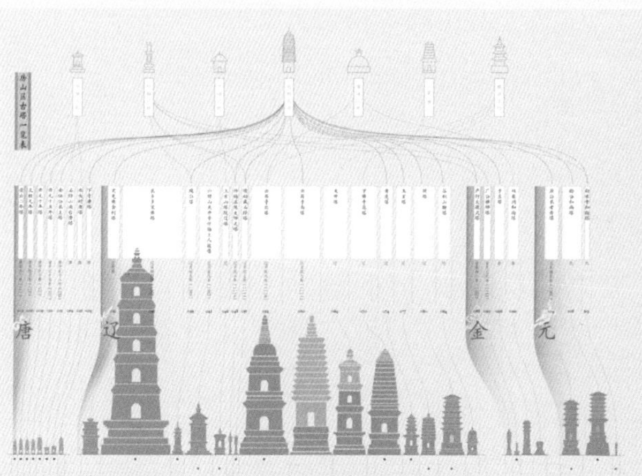

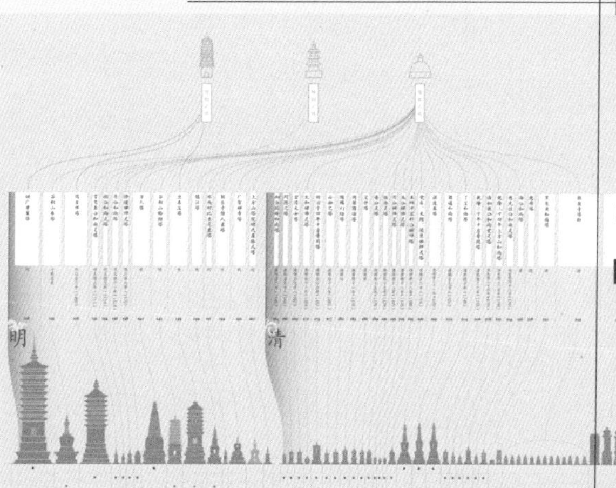

《房山古塔》

D 敬人设计工作室
P 北京联合出版社
2016

a 《中华舆图志》舆图一览表

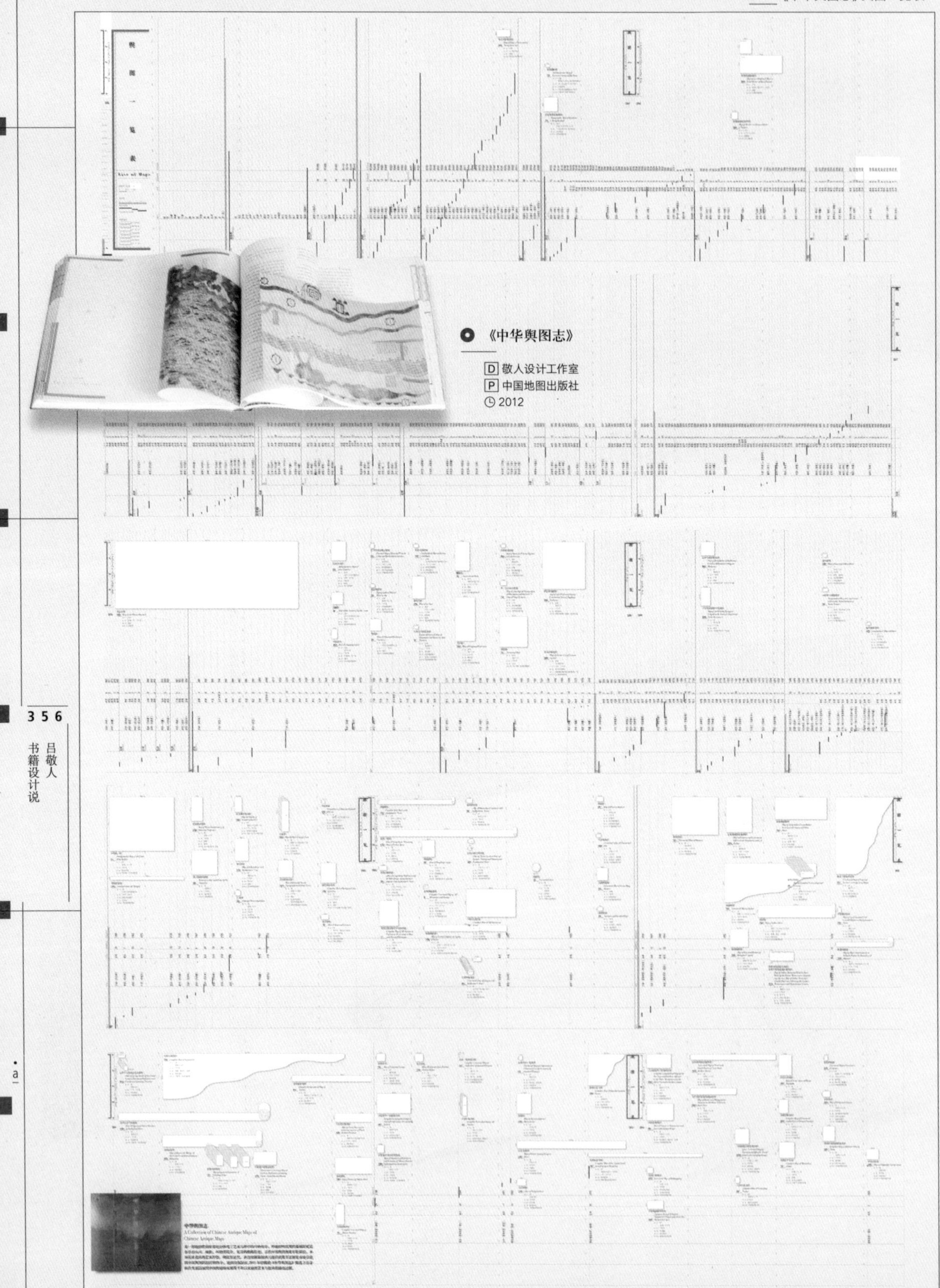

《中华舆图志》

D 敬人设计工作室
P 中国地图出版社
2012

b 《鼻窦炎、心脏病的病理解读图》图表

c 《木乃伊墓葬结构》图表

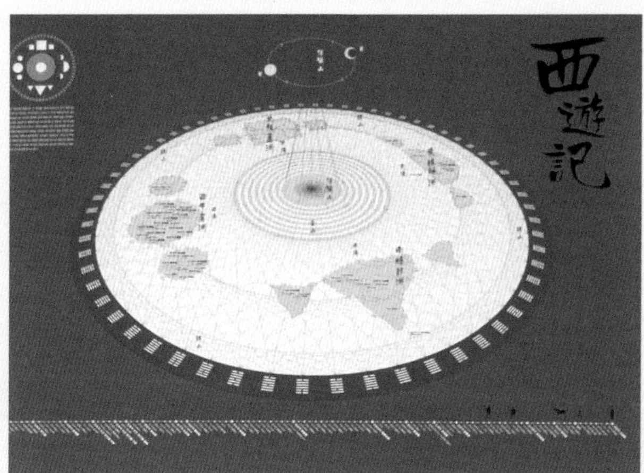

▲ 《西游记》图表

弘益大学 韩
学生作业

≡弘益大学设计系学生的作业《西游记》信息图表设计，将《西游记》小说中所涉及的所有角色与赴西天取经的唐僧师徒四人所发生的关系，通过天界、地界、水界三个层次沿着时间的线索，清晰、明了且有趣地陈述出来。使观者对该小说有一个直观的总体了解。

b

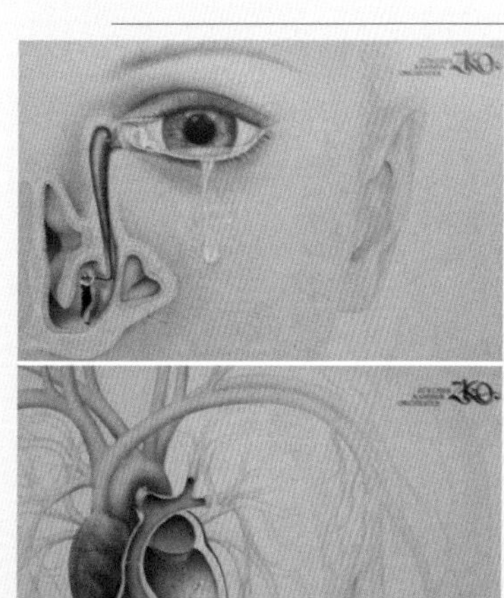

c

点评 信息设计（Information Design）是指人们有效使用信息的一种技能与实践活动。针对复杂而且未结构化的数据进行条理化、视觉化的经营，这种视觉化的表现可使其内容更清晰地传达给受众（摘自维基百科）。21世纪的今天，随着信息化时代的到来，书籍设计师（对从事其他门类的设计师也是一样）已不能满足装饰概念的书籍装帧，要学会对信息进行深层次的剖析，应用视觉语言将信息重构，使成功有效的视觉交流成为可能，这是一种具有深刻社会意义的文化活动，『信息理解是一种能量』。（乌尔曼语）

研究生叶超，专攻课题是信息视觉化设计，三年的学习研究中围绕奥运地图项目经历了：

1 收集、梳理、组织信息；

2 分析数据、明示主题；

3 深入推理，逻辑识辨，比较对照；

4 视觉维度，图形认同；

5 组织结构，戏剧化整合，信息视觉化再现。

其将深奥的矢量信息和统计数据转换成概念创意，随之转换成图形描述，并演绎生动精彩的奥运主题和全过程。该设计获得第24届国际制图大会『城市类地图』金奖。

◎ 《北京奥运场馆旅游交通图》

D 敬人设计工作室 叶超

P 中国地图出版社

2008

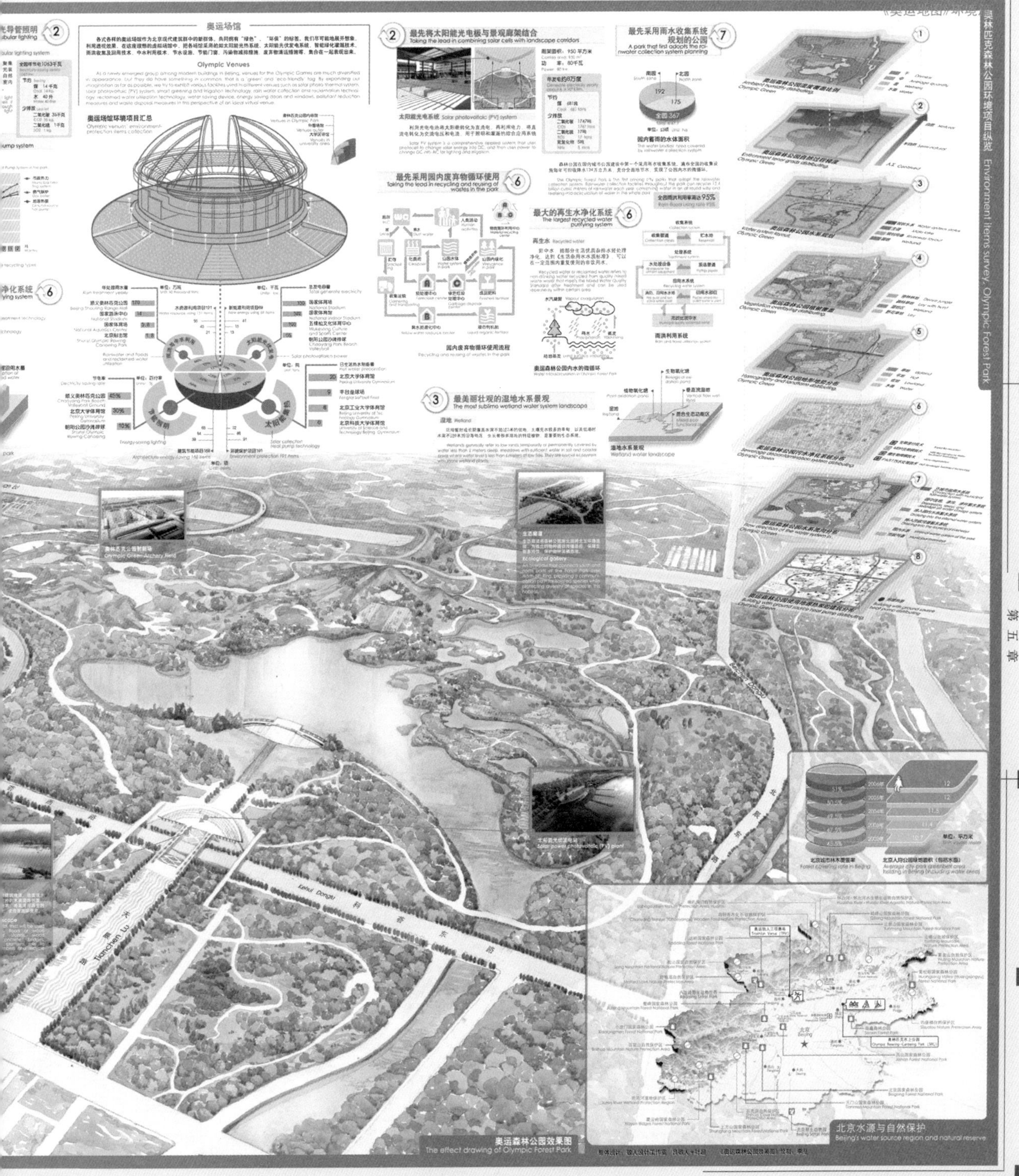
奥林匹克森林公园环境项目纵览
Environment items survey, Olympic Forest Park
奥运场馆
Olympic Venues
奥运场馆环境项目汇总
最先将太阳能光电板与景观廊架结合
Taking the lead in combining solar cells with landscape corridors
最先采用雨水收集系统规划的公园
A park that first adopts the rainwater collection system planning
国内首创的水体面积
最先采用园内废弃物循环使用
Taking the lead in recycling and reusing of wastes in the park
最大的再生水净化系统
The largest recycled water purifying system
国内废弃物循环使用流程
奥运森林公园园内水的微循环
最美丽壮观的湿地水系景观
The most sublime wetland water system landscape
湿地水系景观
Wetland water landscape
Ecological gallery
北京市林木覆盖率
Forest covering rate in Beijing
北京水源与自然保护
Beijing's water source region and natural reserve
奥运森林公园效果图
The effect drawing of Olympic Forest Park
Tianchen Lu
Kehui Donglu

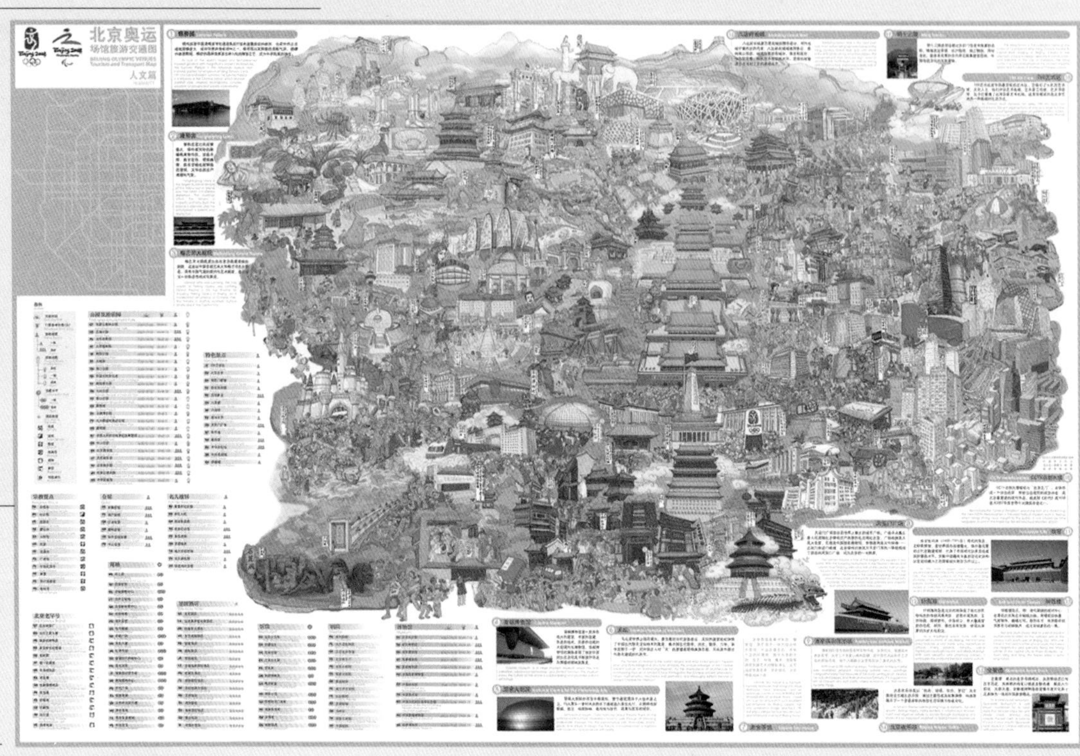

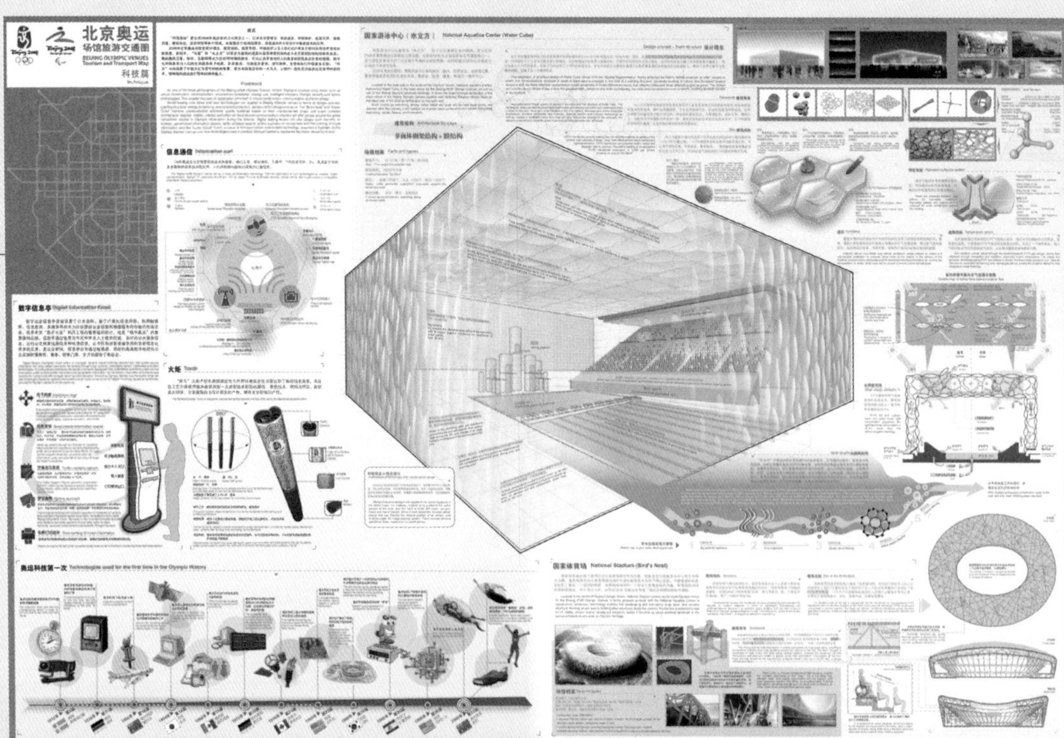

▲《奥运地图》人文篇
▼《奥运地图》科技篇

吕敬人
书籍设计说

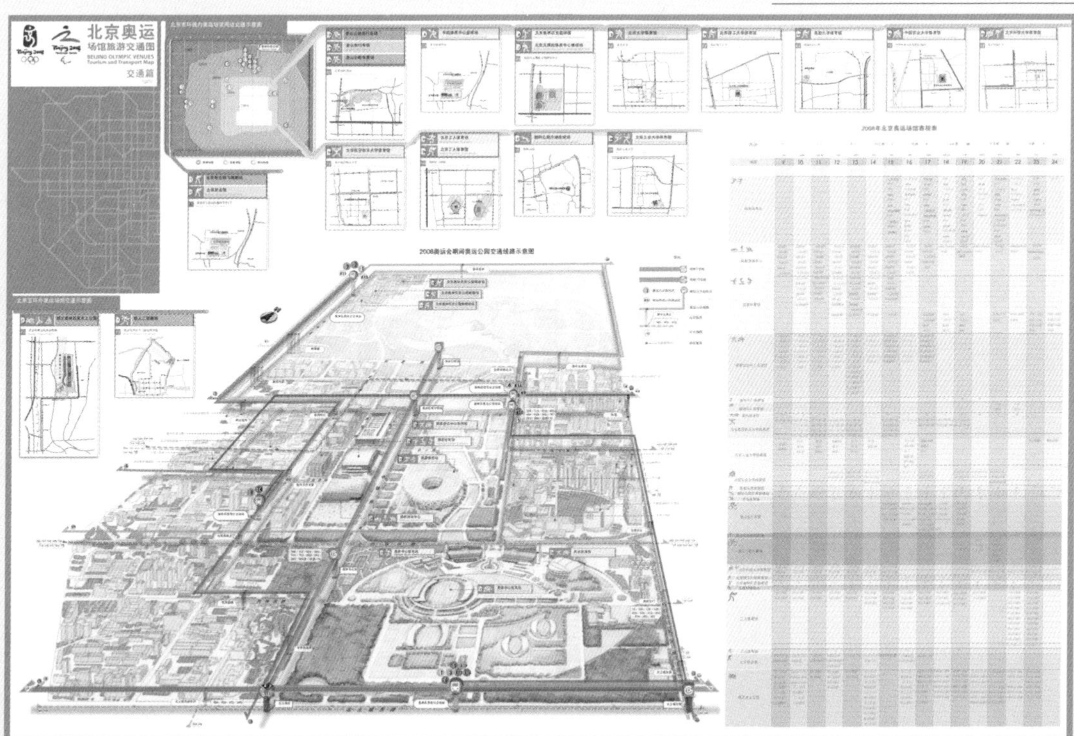

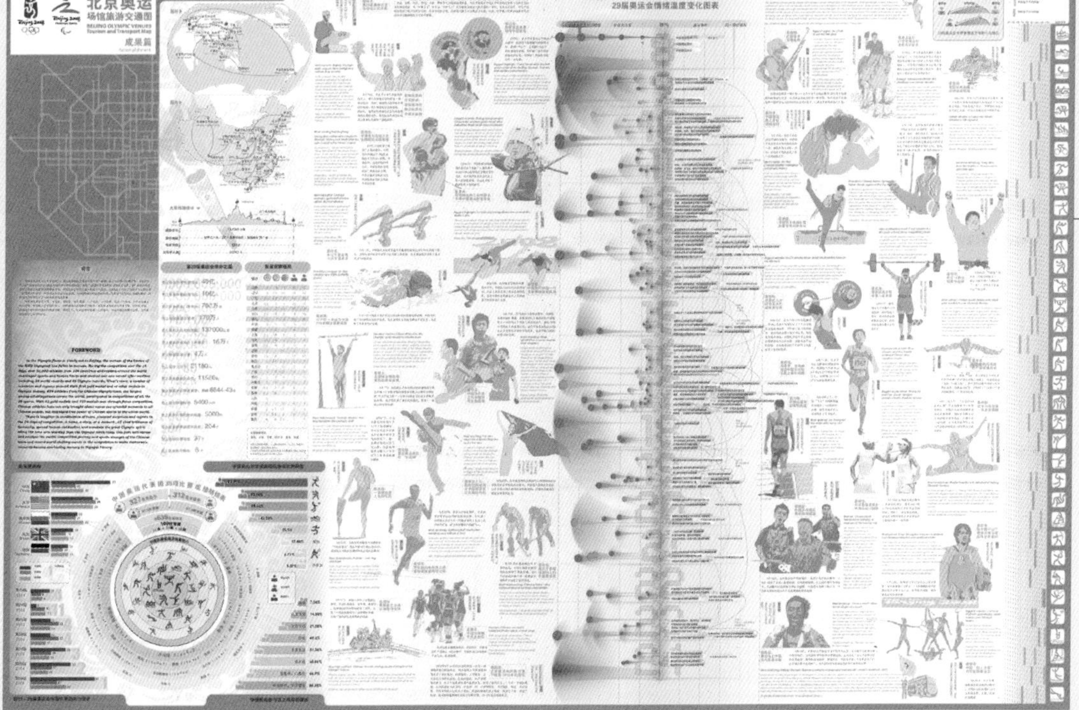

▲《奥运地图》交通篇
▼《奥运地图》成果篇

点评 面对视觉图表的设计，如何着手，怎样起步？首先是介入到信息之中，分解、明辨、梳理，寻找线索的本质，并进行横竖向的比较，排除或优选相对应的数值和数据，最大限度地逻辑化、抽象化、视觉化。概念产生于理解和想象，要具有解决眼下信息的所有矛盾，并建立在理解读者的基础上帮助人们理解你所诠释的事实的能力，最终让读者读完并解决阅读前的疑问。信息图表的目的是诱导人们走出迷宫，而不是陷入迷魂阵。

刘彦的毕业创作《北京城市青年状态调查》，使他实实在在经历了视觉图表设计的全过程，这对他今后提升对信息的全面控制能力不无裨益。

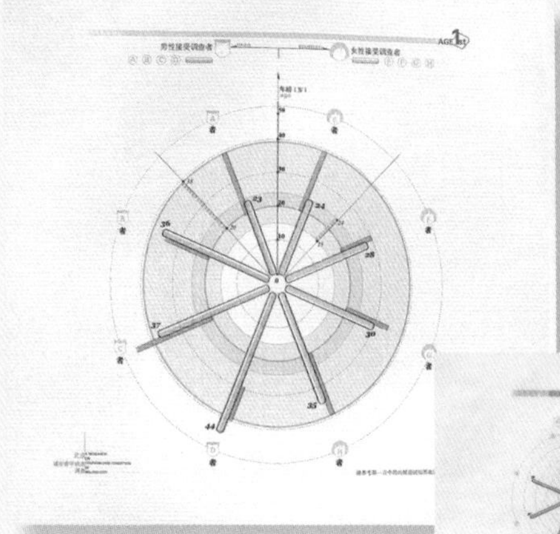

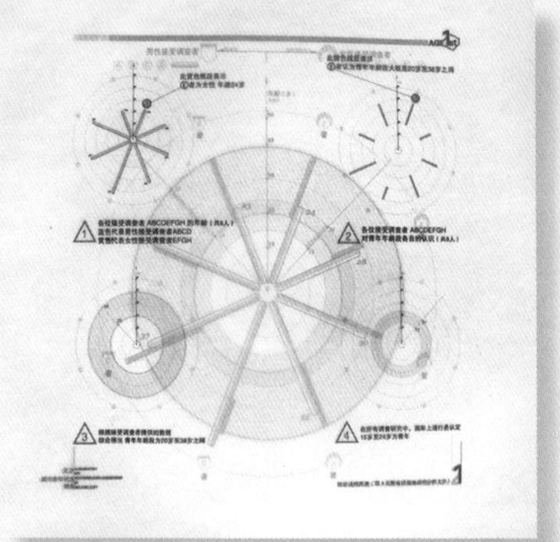

▲《北京城市青年状态调查》

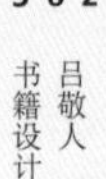
D 刘彦

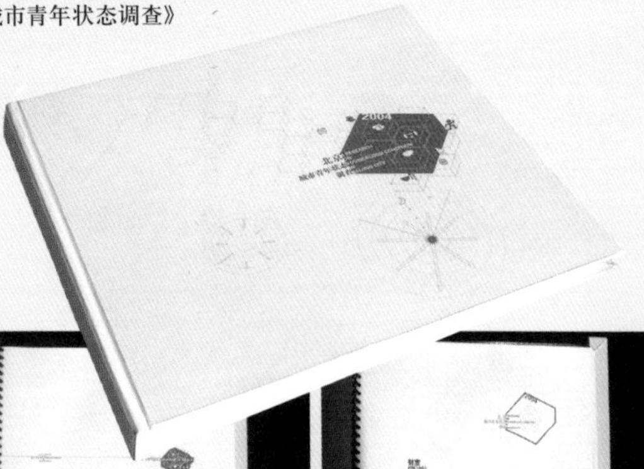

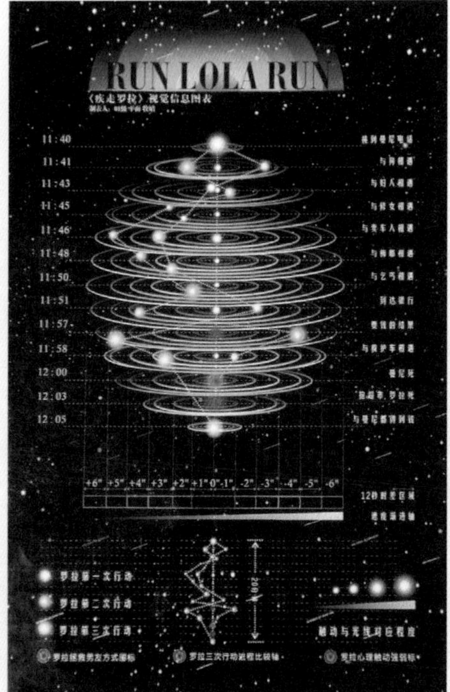

罗拉快跑

RUN LOLA RUN

Ding

BE CAREFUL

BANK

MARRY ME

OH!

PAPA

BAD DAY

CASINO

SUPER MARKET

WHAT ?

TO BE CONTINUED

▲《罗拉快跑》图表

清华大学美术学院
学生作业
◀ D 牧婧
▶ D 马云洁

电影《罗拉快跑》

导演：汤姆·提克威
主演：弗兰卡·波坦特、莫里兹·布雷多
1998

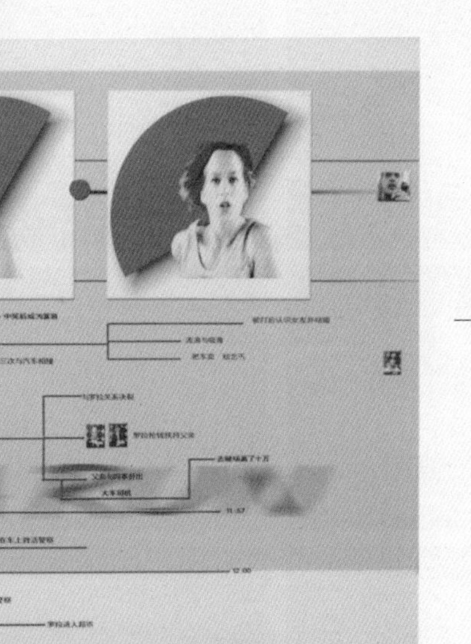

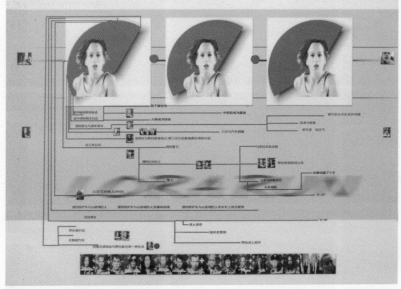

▲《罗拉快跑》图表

清华大学美术学院
学生作业
D 陶雷

点评 这是视觉信息图表设计基础的训练作业。通过观看德国先锋派电影《罗拉快跑》，进行剧情的逻辑关系的分析和解读，梳理出时间线、人物线、事件线、情绪线等相关的矢量关系，并进行视觉化的图表设计。繁复的数值、曲折的剧情，尤其是不可视的内心变化，经过抽象概括的视觉化图表设计，变成易懂有趣的信息传达。这是三种表现形式的信息图表：理性型、互动型、直观型。

点评 一个十分有趣的寻找矢量关系的试验。首先以不同的纸张克度、开本大小、纸张材质、书籍形态各制作三至四种样书。然后使用鼓风机吹向已拥有不同变量数据的样书。在不同风速、风量、出风距离、吹风时间等新的变量作用下，测试体产生或微妙或意想不到的体态变化。最终将试验结果中的信息用视觉化手段梳理再现，使得观者通过物化出的纸张表情，迅速捕捉到纸质书籍设材质运用的规律。

書瘋了 Boo k/wind

实验题目 Subject: 书疯了！WIND BOOK
指导老师 Instructor: Maria da Gandra 吕敬人
小组成员 Members: 丁辰 Ding Chen 冯昀茜 Feng Yunqian 夏辉璘 Xia Huilin 杨立国 Yang Liguo
时间 Date: 2011.12.19—2012.1.3

实验目的 选取10个量：纸张克数、书脊厚度、开本、装订方式、纸材、形状、风速、风向、风吹时间、书口到风口的距离。将风设为定量，通过改变书的某一个变量进行分组实验，来观察不同的书在风中的形态与变化过程。

Purpose According to Grams, Spine, Size, Binding, Material, Shape, Wind velocity, Wind direction, Time, Book wind distance, set the wind quantitative, then we set one of them variable to group experiment. To observe the very form of different books when the wind is blowing.

实验示意

实验定量

实验变量

Grams 55g 75g 95g
Size 185×185mm 130×130mm 60×60mm
Material Rice paper 30g Text paper 75g
Spine 15mm 30mm 60mm
Variable: Shape Square Triangle Trapezoidal-1 Trapezoidal-2
Open \ Rate

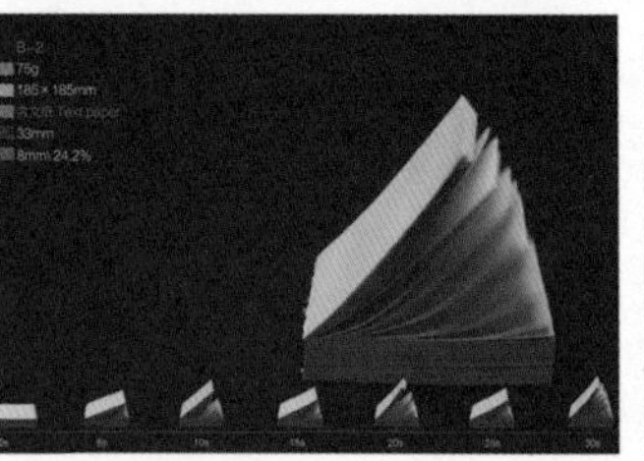
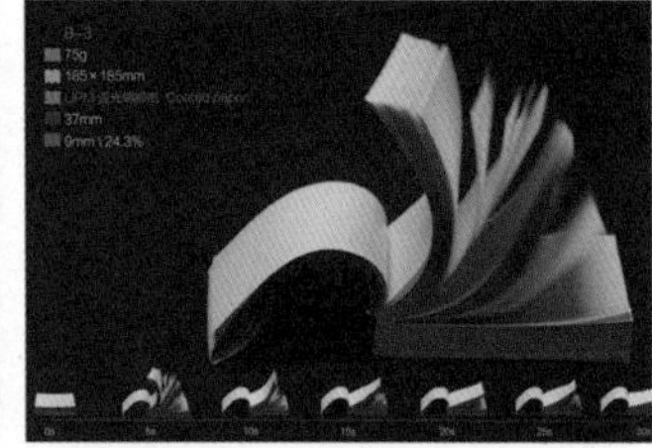

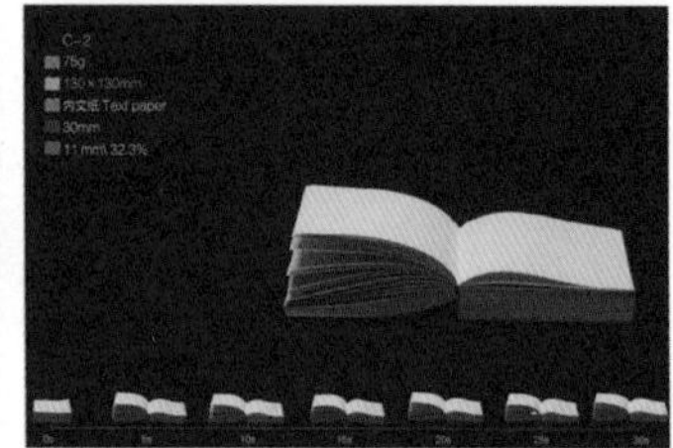

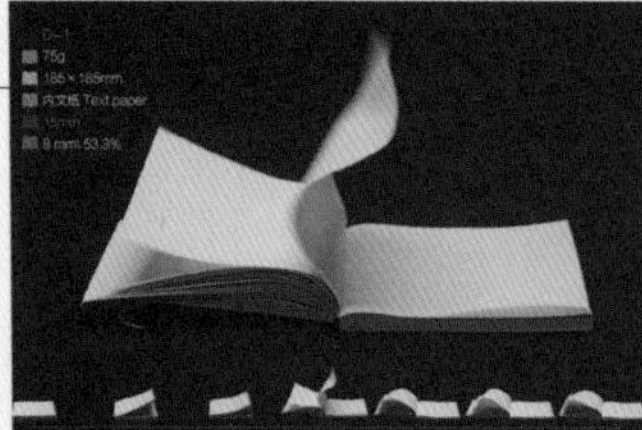
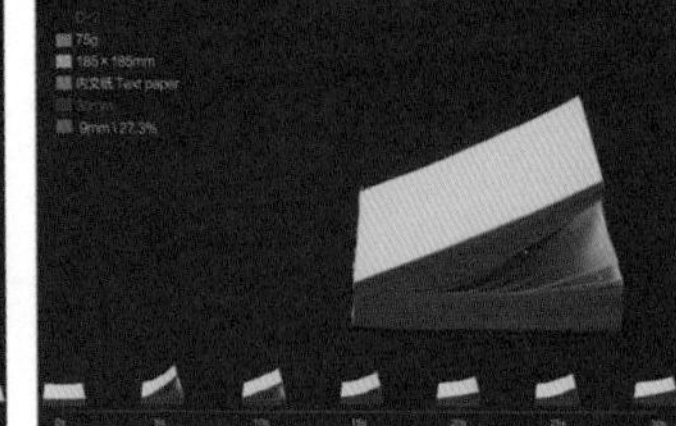
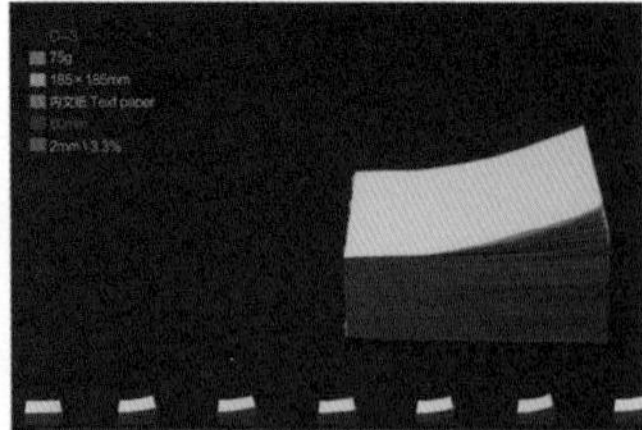

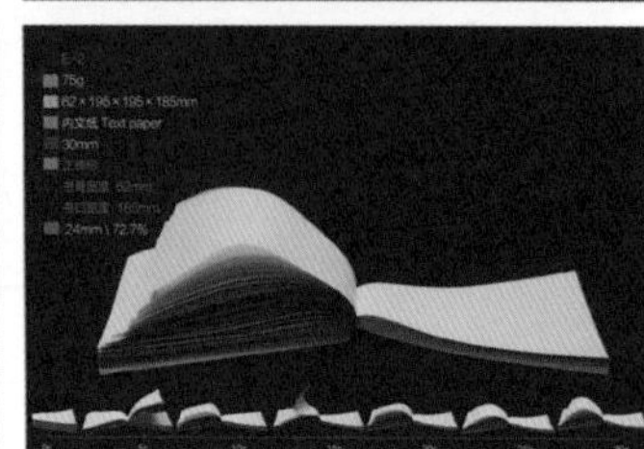
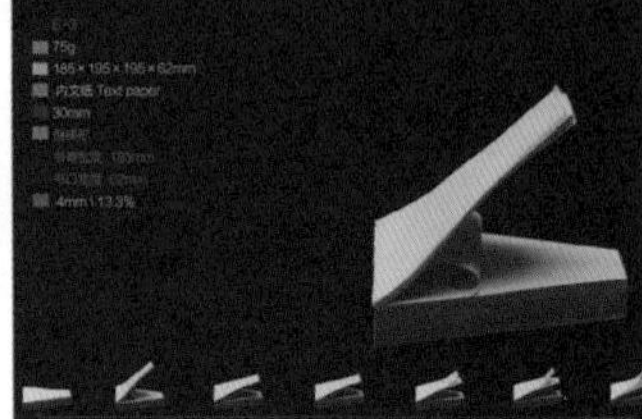

▲《书疯了》

D 丁辰、冯昀茜、夏辉璘、杨立国

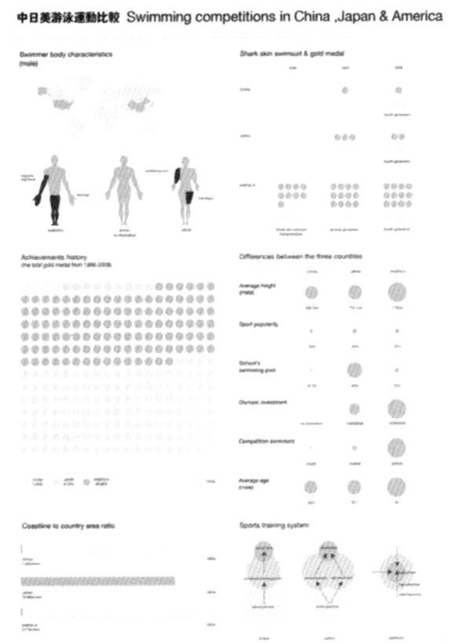

▲《中日美游泳运动比较》

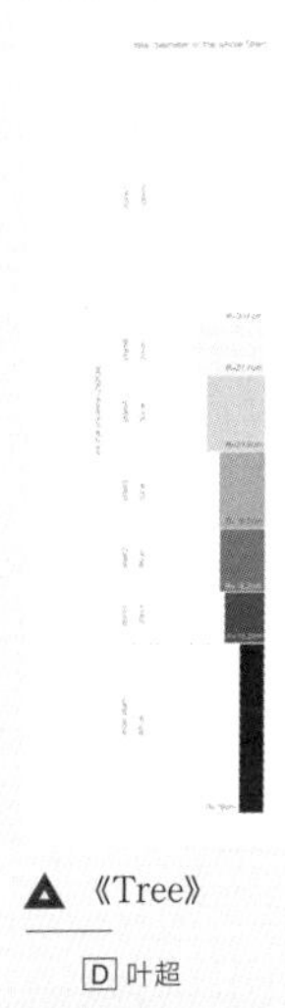

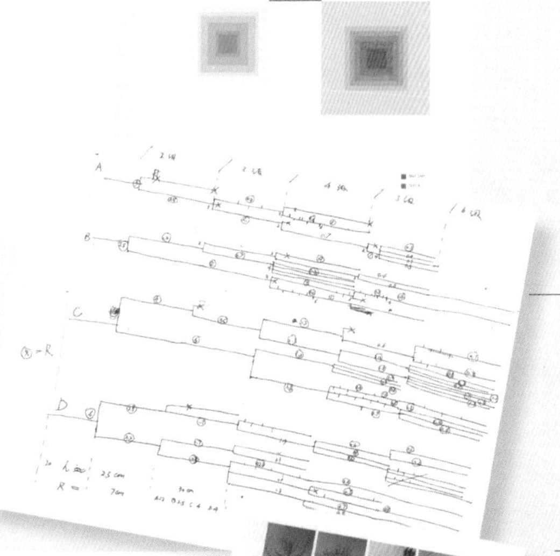

▲《Tree》

D 叶超

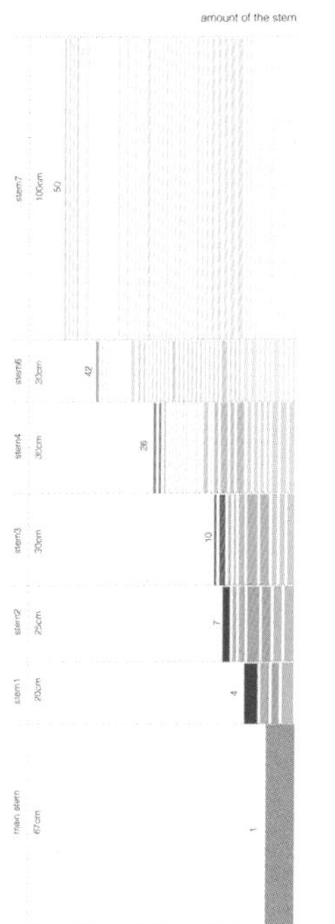

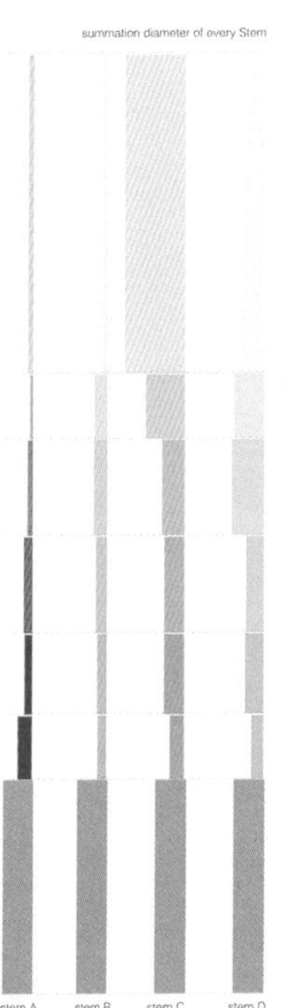

点评 每一颗行道树庞大的树冠都由单一主干不断分生而成，几何级数般的剧变蕴藏着生命的魅力。设计者通过实地测量与摄影手段划分了六段树冠剖面样本，针对样本区域对主枝、分枝采集数据，再根据方位、分枝长度、分支直径等类目重新排布数据后，树冠生长规律一目了然。这种针对多维度数据抽样分析的方法为解读复杂变量关系打下良好基础。

▲《四大文明古国绘本》

绘 D 李旻

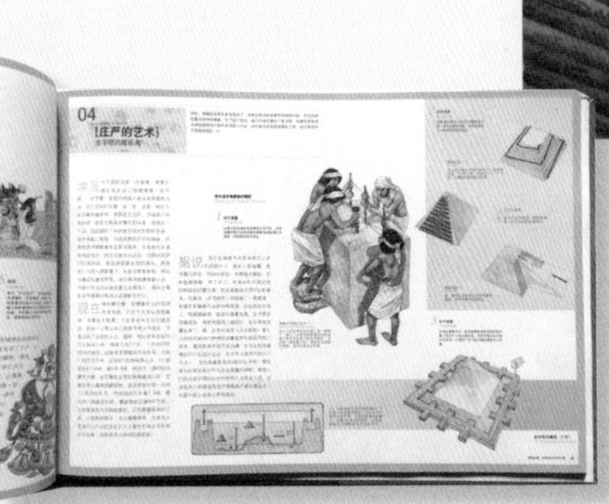

点评 绘本是信息视觉化的一种传播形式，跨越历史的时空，记载和还原遥远年代的逼真现场，是此作业令人感动的地方。

社会科学插图中人文历史插图除了可以还原至今存留的文物，还能再现文献史料中记载的人、事、物、景。那些摄影技术尚未拍摄到的久远年代所发生的故事，通过插图让读者跨越千年时空去深切领会它。插图经画家的想象力和绘画语言重现往日真实的『影像』。

研究生李旻专注非文学类插图的研究，读史料、访故地，扎扎实实积累原始素材，以严谨科学的态度，用平实再现历史的笔触，编织出埃及文明和中华文明史诗般的社科类历史普及读物，感动读者。学以致用，社会的需求是治学必须面临的问题。

思考题

Q1 什么是信息设计？

Q2 信息设计与我们的生活有怎样的关系？

Q3 为什么说信息设计对一个书籍设计师来说是必须具备的设计意识？

Q4 怎样在书籍设计中运用好信息设计概念？

第六章 概念创造书的未来

6

概念产生于一般规律并以崭新的思维和表现形态体现对象的本质内涵。中国大多数出版物的功能，仅局限于文本信息转达和教育功能，从书籍内涵的表现到书籍翻阅形态均流于一般化，出版人往往曲解创造书籍新概念的积极意义。

本章启发同学们不要被固有观念束缚而影响想象空间的萌发，要发挥最宝贵的原创力。在当今电子载体兴盛之际，更需要创造与众不同、耳目一新、独具特色的概念书籍，展示纸面载体独特的生命力。

一、概念书之概念

■ 无论是哪类设计均有其存在的必要，今天我们的出版物形态比较单一，造成书籍面貌千人一面，学术批评也易非此即彼，缺乏多元思考，显然这对书籍艺术的发展是不利的。期待中国的书籍设计领域拥有更多元的思考和创想力。

“概念是反映对象本质属性的思维方式。”(辞海) 概念产生于一般规律并以崭新的思维和表现形态体现对象的内涵。概念书即是指充分体现内涵，但与众不同、令人耳目一新、独具个性特征的新形态书籍。

在中国出版业内，概念书尚处于起步阶段，除成本原因和受众审美习惯外，业内一种固化的设计模式和八股式的设计理论观念曲解了创造书籍新概念的积极意义。

在教学过程中要求学生在尊重中国传统书籍文化的同时，还要广泛吸纳世界各民族的优秀文化元素，既以书的审美与功能为出发点，又不被固有的观念束缚，妨碍想象力空间的萌发。正如激发每一位同学最宝贵的原创力的同时也不忘引导学生们懂得为社会大众服务的责任一样，服务和创造相辅相成。

一些海外的设计学院的教学思路要求学生为未来 15 年做设计，他们认为

让学生随流跟风，只是一种廉价的复制，是一种倒退，设计教育应让学生意识到创造新概念与在普通大众审美和需求之间找到切入点的重要性。

这里选登的部分学生作品基本是概念书，倒不是轻视书籍文化意蕴和书籍设计的基本形态的转换，只是想强调概念的创造是不易的，我非常珍惜它，哪怕是一星一点的火花。我希望这些火花与其他艺术院校从事书籍设计教学的老师们所培植出来的新书籍概念的火花汇集在一起，组成一幅绮丽斑斓的未来中国书籍图景。

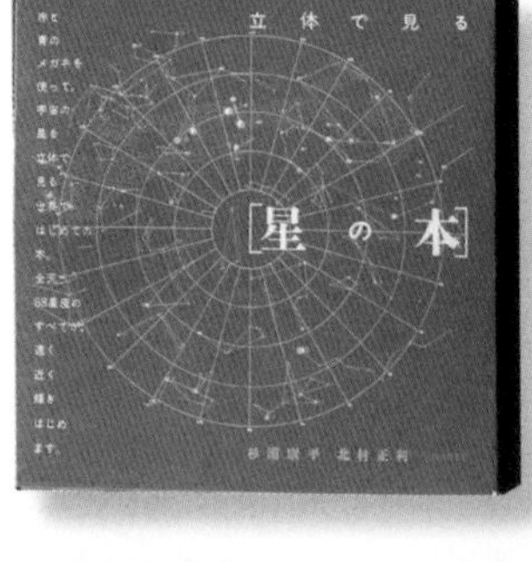

◉ 《立体看星星》

D 杉浦康平 日
P 福音馆书店
◷ 1984

≡ 与天文学家共同研究，编辑设计过程历经六年时间，用手绘精确展现宇宙银河系中各星座称谓的造型原点，通过立体视镜让读者体验置身于三维，乃至四维时间的宇宙空间的感受。在日本再版 35 次，世界各国均有翻译本，中文版于 2003 年，江西教育出版社出版。

■ 书籍艺术的想象空间很大，与古人创造的书籍艺术相比，我们的想象力还远没有发挥出来。书籍要为广大受众设计，但未必要限定在一个层面的服务，如同高雅的交响乐与通俗的二人转，均有其为受众服务的价值体现。

◉ 《Irma Boom》

D 伊玛·布 荷
◷ 2002

≡ 书分为两册，互相连接合二为一，上册以平面的视角展示 13 本书籍设计，下册以立体的视角陈述书籍内部文字、纸张、造型等关系，与众不同的叙事角度，以逻辑概念阐明设计的方方面面，一本理性与物理性相得益彰的概念书，是编辑设计的范本。

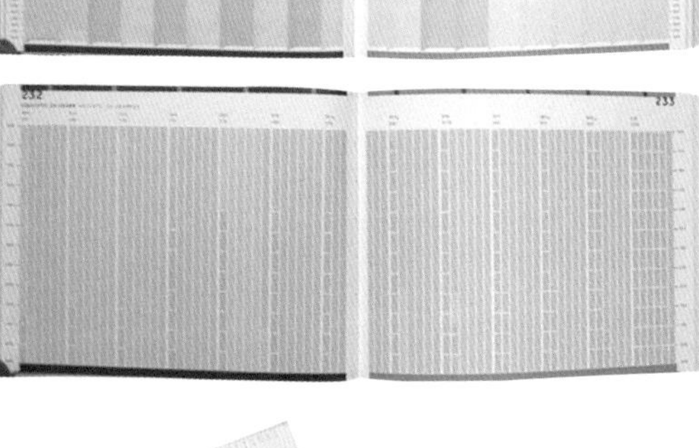

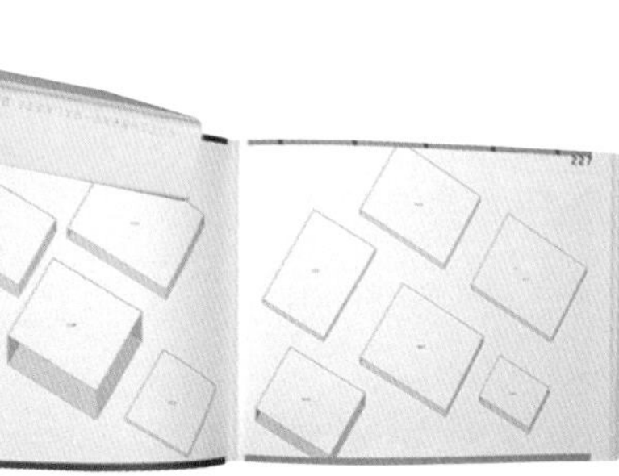

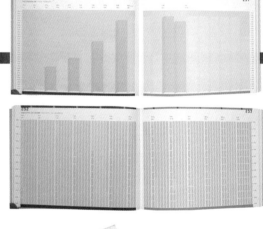

《+Rosebud No.3 无意识的文本》

著 Ralf Herms
P Die Gestalten Verlag 德
2001

≡ 书中的书，在主体结构中派生出一个副本，是从主体中衍生出来的生命体，因为小书是主体内容的延展，既独立又有关联，主体与副体相互辉映。

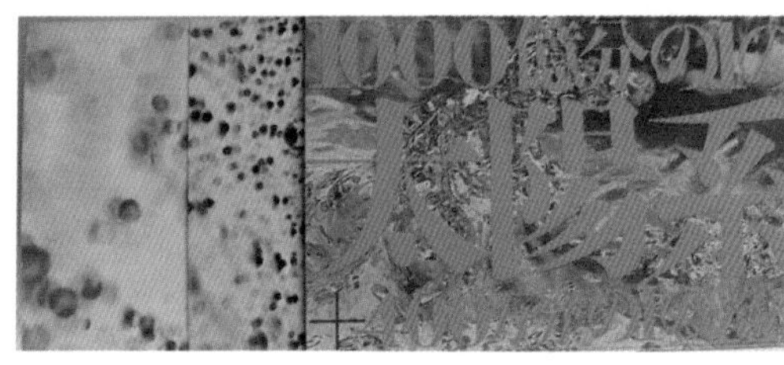

《1000亿分之一的太阳系+4000万分之一的光速》

编 D 松田行正 日
P 牛若丸
2009

≡ 一本令你头"晕"的书，不可思议的是整个围绕太阳系的群星就在你的手中捧着，矢量化的视觉信息参数经过书籍结构的巧妙编排，变成随手可查阅的有关太阳、金星、火星、水星、地球……的各种知识。这是一本十分有趣的书，需要严谨的科学态度，有逻辑思维能力和新阅读概念的创想力。

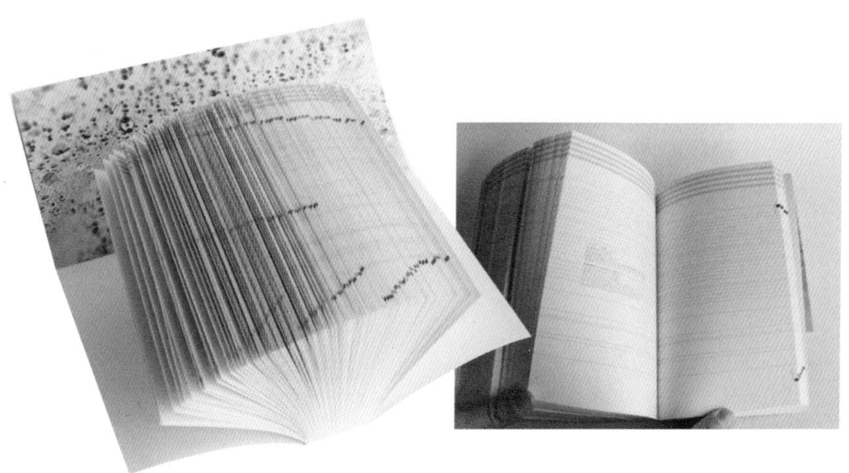

《Tree of Codes》

D Sara de Bondt 英
P Visual Editions
2010

≡ 由美国著名作家，纽约大学客座教授，乔纳森·萨佛兰·福尔以布鲁诺·舒尔茨的小说《鳄鱼街》为原始文本，经过对每一页文本的解构重组，应用挖版磨切手段，将遗漏下来的文字通过阅读重新构架成一个新的故事。该书设计由英国 Sara de Bondt 设计事务所完成，由于大量繁复的磨切装订工序，哪家印刷厂都不愿意做，最后比利时的 Die Kenre 印刷公司愿意承接，历时一年的时间完成印制。此书由比利时 Visua 出版社出版，并一鸣惊人，获得国际诸多大奖。该重构的新故事还编成芭蕾舞剧于 2015 年在纽约上演。

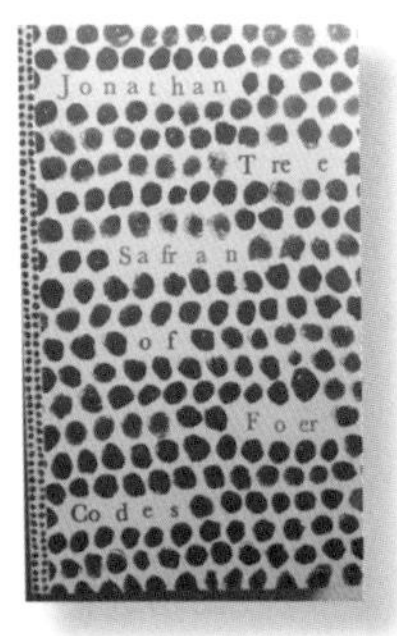

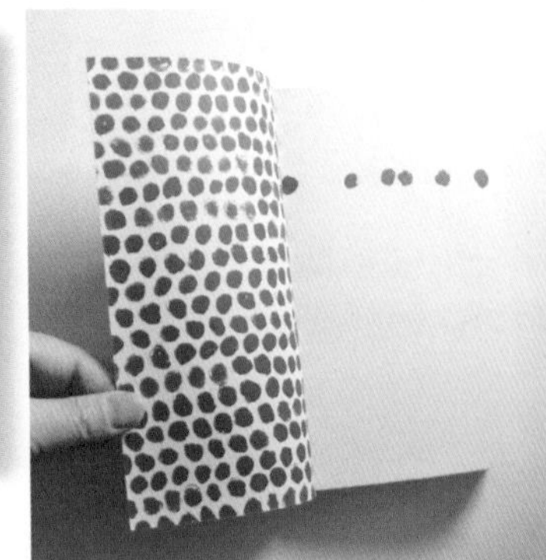

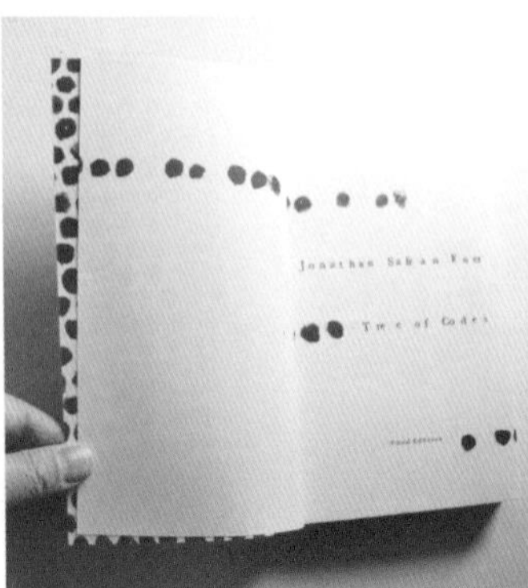

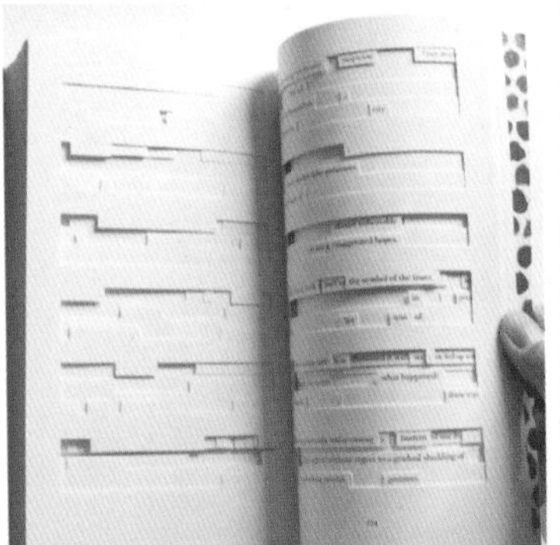

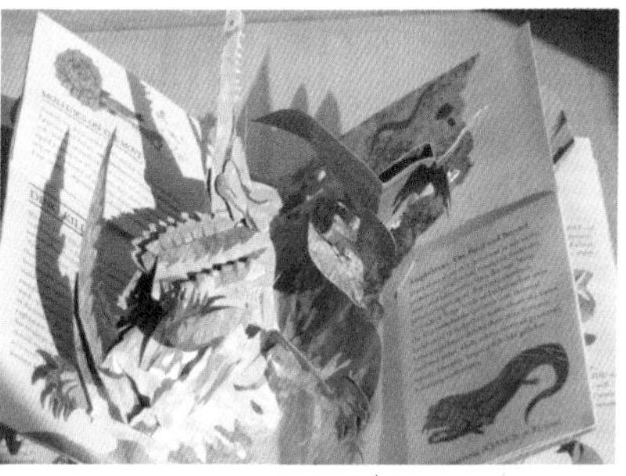

● 《鲨鱼和其他海洋怪兽》

D Robert Sabuda & Matthew Relnhart 英
P Candlewick
2006

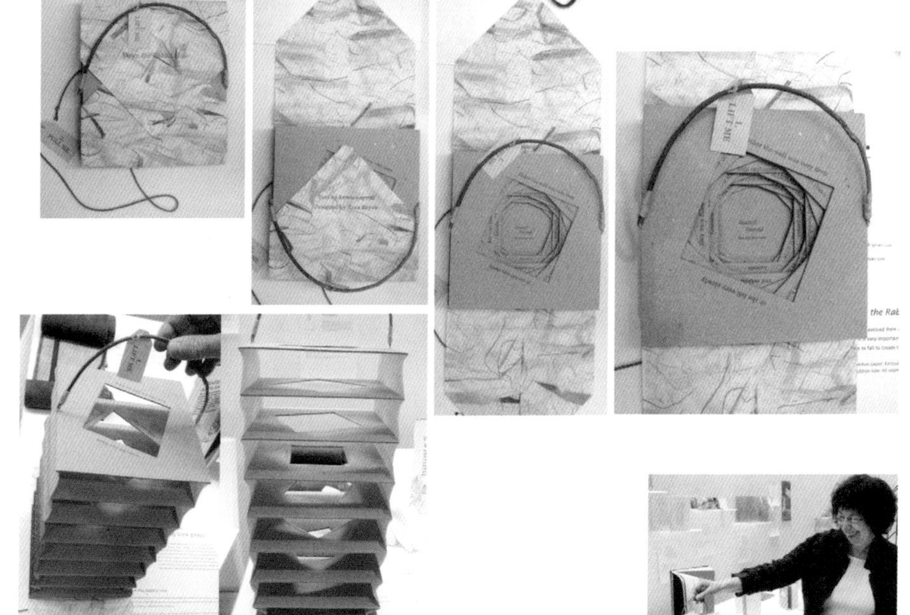

▲《Down the Rabbit Hole》

D Tara Bryan 加
P Walkerbooks
2006

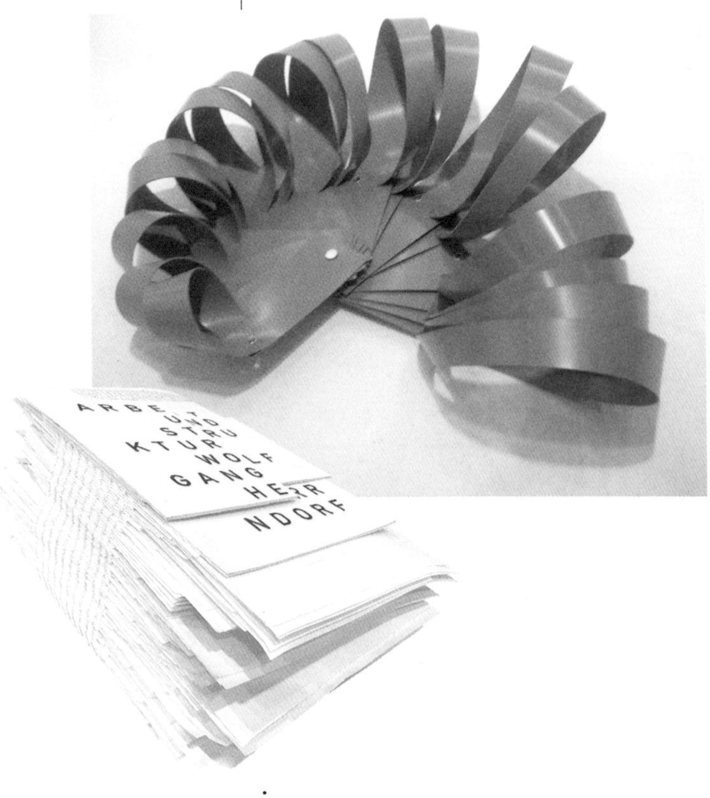

a

b c

▲《一个人的故事》

D Tablestudio 韩
P Drawingtype
◷ 2010

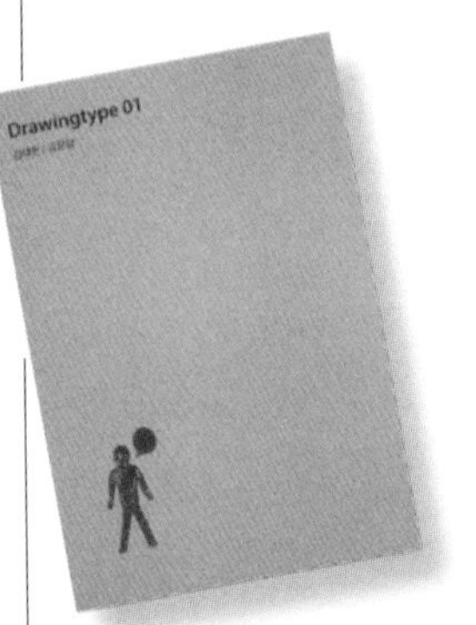

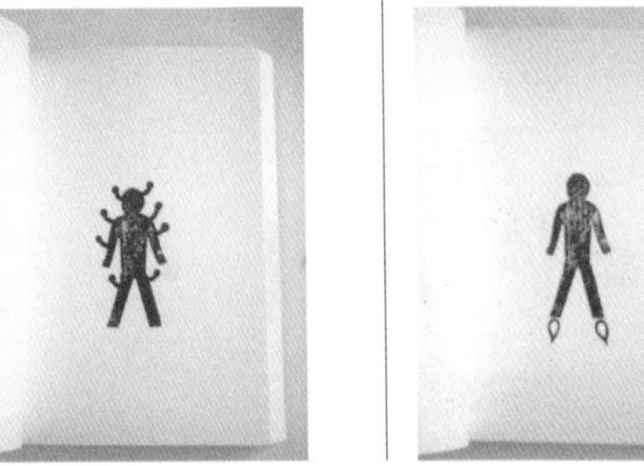

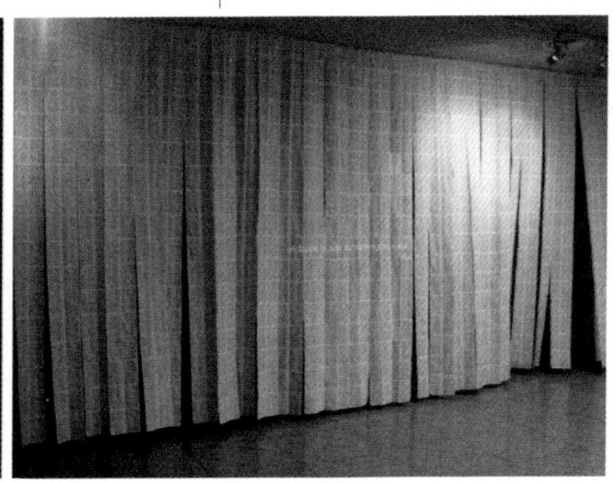

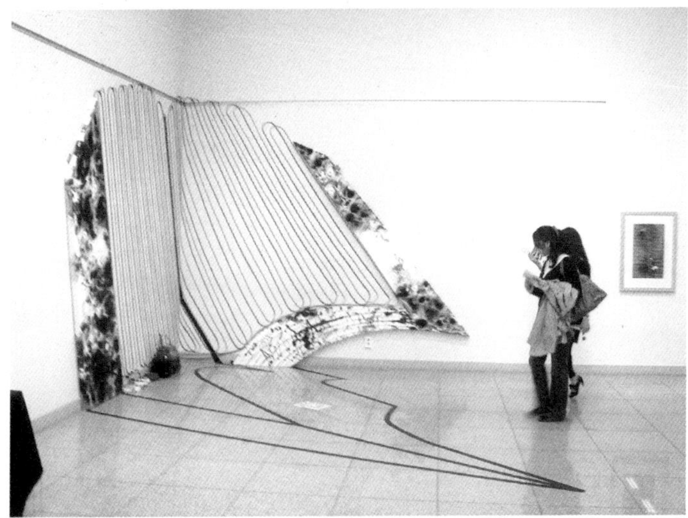

■ 设计为人民服务不是一句空话，伺候是一种服务，提供精神满足也是一种服务，启发想象力更是一种服务。创造新概念与适应大众审美需求之间要找到一个切入点。

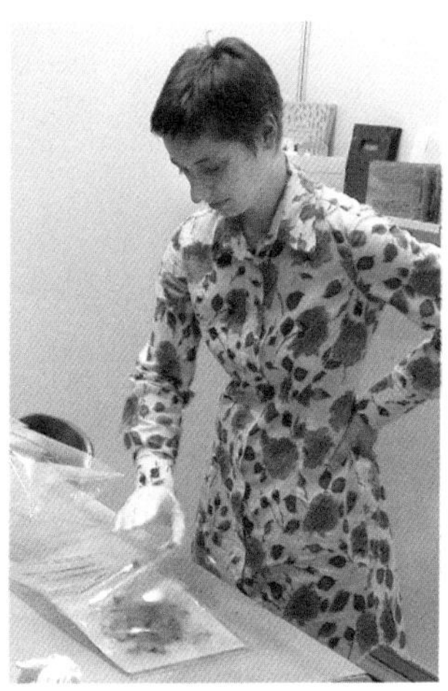

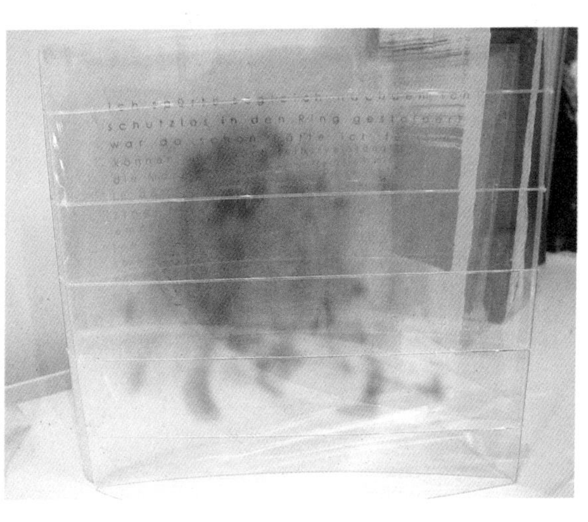

▲《裤子销售商的胜利》
Heiko Michael Hartmann:
Triumph eines Hosenverkäufers

D Veronika Schäpers 德
2001

≡ 以德国诗人 Heiko Michael Hartmann 的同名诗歌为题创作的艺术家书。内页为 PVC 材料，全部用胶绳缝合。

▲《乱日》

D 王剑鸣

≡ **点 评** 书籍语言并非只是静态的平面构成，让读者在阅读过程中参与自我意识感受的体验，“时间”为书籍设计增添了丰富表现力。封面的扎孔文字通过光线照射产生变幻无穷的反射的光斑，从而表明设计者想阐明的主题——言不由衷的语言陈述和自然的情感流露。书籍设计以三维的思考和人与书籍动态关系的编辑思路，加上工艺手段与内容的统一贴切使用，增加了阅读愉悦性和内涵的表达，并产生联想。

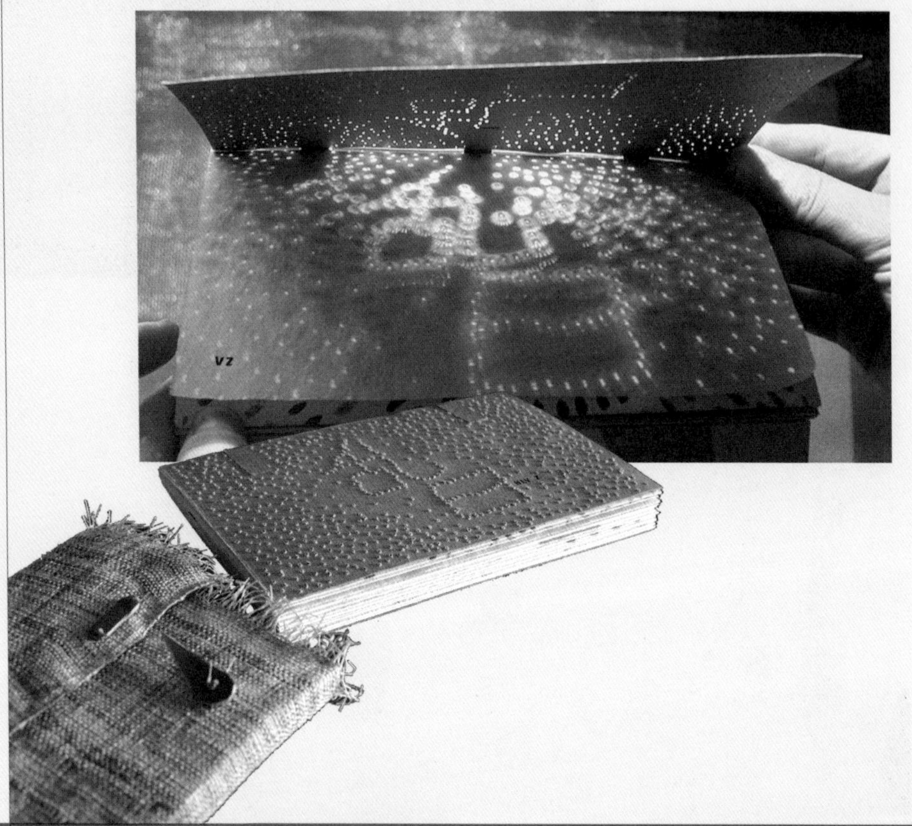

▲《空气·阳光·水与我》

D 谭奇

≡ **点 评** 书籍设计必须注入现代编辑设计的观念和手段，意在制造内容的新形式，而非止乎于表面的装帧，“一本书不是停滞在某一凝固时间静止的生命，而应该是构造和指引周围环境有生气的元素”。（杉浦康平）

≡ 在教授本课程的那一天，北京刮起了一股强烈的沙尘暴，教室窗外一片暗红色，太阳像被火神吞噬。恐怖的场景令设计者产生对空气、阳光、水和生命的渴求，这是触景生情产生的灵感。创作的意境来自于对生活的观察和体验，思考者恰恰能从中汲取并提炼出设计元素，并给以升华，产生文化的意韵。

▲《朋友》

D 沈珊珊

≡ **点 评** 艺术工学是设计的基础学科，将艺术与工学两个似乎对立的门类综合在一起成为设计活动的基本概念，其不同于纯艺术的感性创作的自由发挥，而以理性的组织和信息的逻辑运作产生设计的结果。《朋友》是设计者将同班同学的每一个具体形象（作品上段）和其性格的抽象符号（作品下段）作为视觉符号传达给受众，而在具象与抽象之间阐述了对每一位同学的理性化的文字描写。图像与文字的互补互动，在翻阅形态中多种质料载体的使用增添了阅读的兴致并使信息在阅读过程中产生时空的流动感。这是一本结合传统与时尚，充分发挥书籍形态创想和编辑设计概念、想象力丰富的书，出人意料又在情理之中。

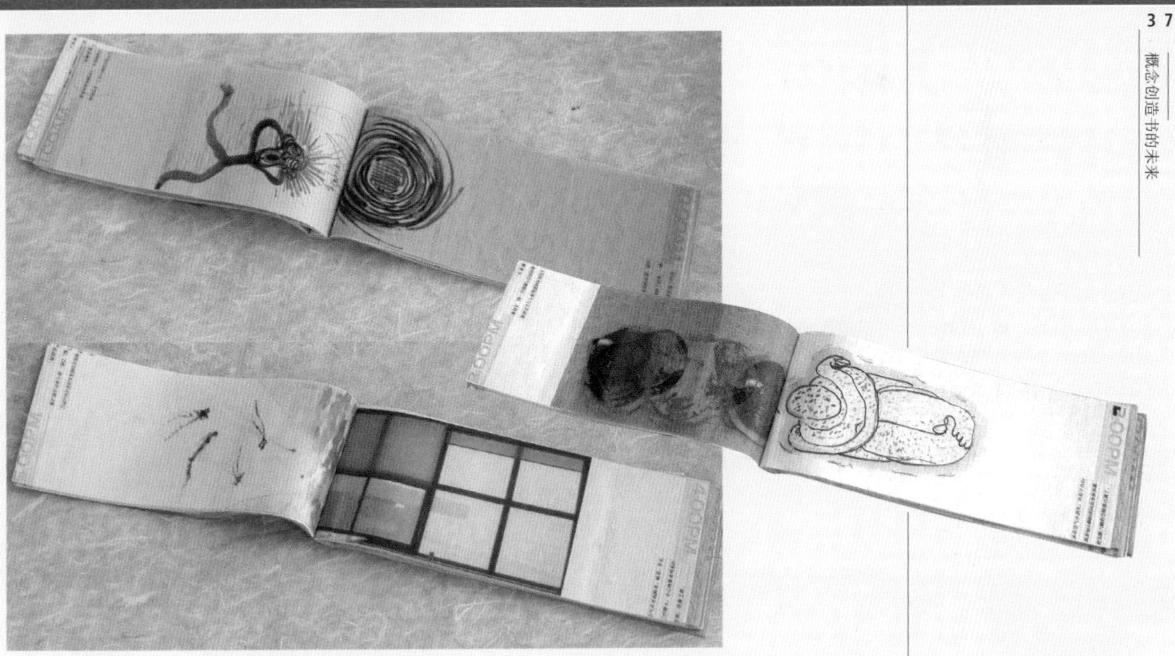

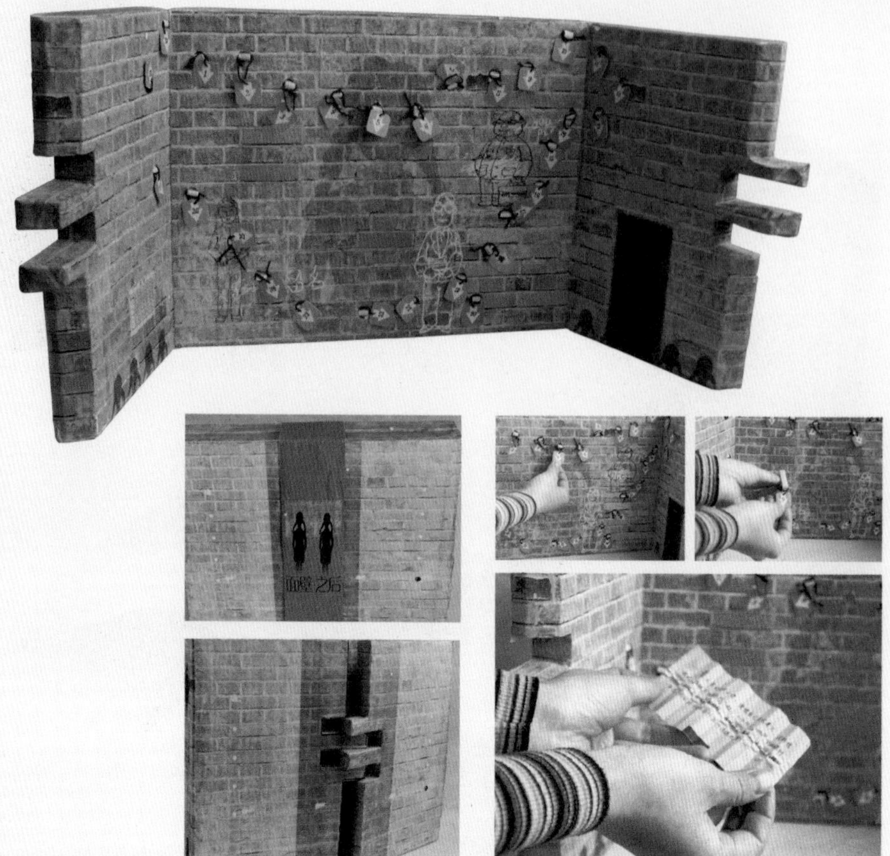

▲《面壁之后》

D 郭娟

≡ **点 评** 设计灵感的源点来自于对真实生活的关注和体悟，很难想象一个对周边生活麻木、缺乏热情的人，能用具有个性的视角去发现有趣的事物与自己的关系，那是可悲的。设计师必须具备三个条件，第一是好奇心，第二是理解力，第三是跳跃性思维。《面壁之后》的设计捕捉住幼时生活记忆中有趣的经历，以好奇的心理构想表述的每一个故事，以壁缝中每一个线索的有机整理，创造了一个最为平常却又是出其不意的书籍形态，勾起对童年美好回忆的共鸣，体现了创造性思维的最佳结果。

▲《叽》

D 张茜

≡ **点 评** 书籍的形态造型是多样的，根据文本主题、受众层次来决定造型的定位和阅读的方式。《叽》为小朋友提供趣味的阅读，其自身独特的语言和陈述的语法，均来自书籍设计造型和神态二重构造创造形态兼备生动读物的理念。

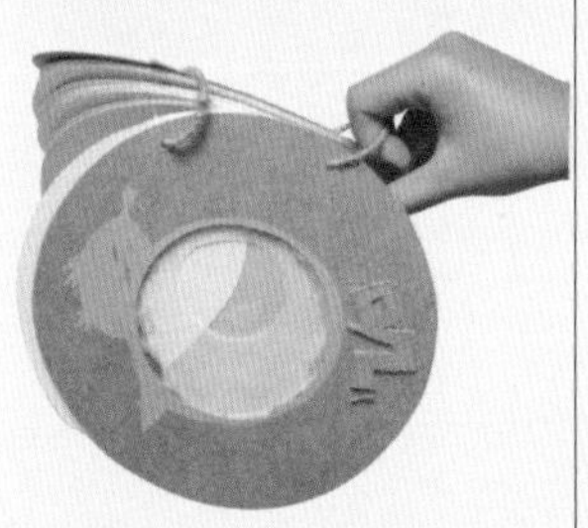

▲《风格》

D 牧婧

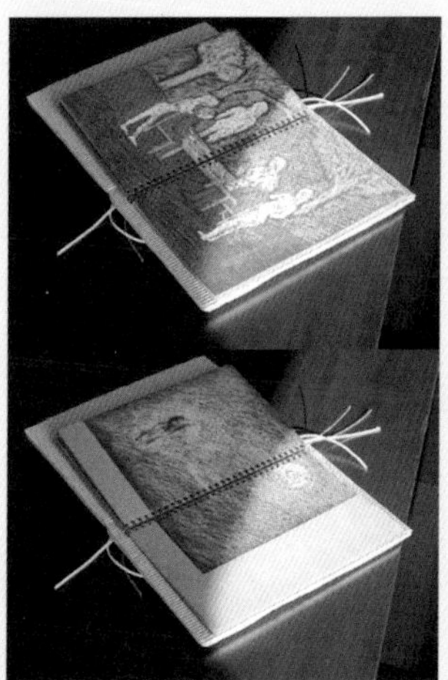

▲《杂像》

D 夏冰

≡ **点 评** 书籍语言的多元体现，为阅读过程带来无限拓展的可能性。书籍设计不仅属平面设计范畴，其实还包含了商业包装、工业设计、空间设计等领域的设计概念。书籍的存在构成三维的空间关系。书既是传播信息的媒介，也是观赏触摸实用之器，亦是心灵感受之物。

≡《杂像》的设计给人的第一感觉是震撼，用双目闭合的两张脸做封面，来表达作者对现代艺术各种流派的认知和疑惑。强烈的质感和内文细腻的插图、文字形成对比，并取得和谐的书籍美感，令读者产生种种联想。

▲《巴比伦塔》

D 王倩

≡ **点 评** 古人的文字是一种造型符号，是美的视觉图像。《巴比伦塔》的设计将文字巧妙地融入到全书的故事氛围中，并塑以生动的人物、动物、器物等造像。粗糙的草质纸上承载的印刷图像更具时代特征，强化了主题的地域性。把巴比伦人要登上灵魂天堂的强烈欲望表达得十分真切。

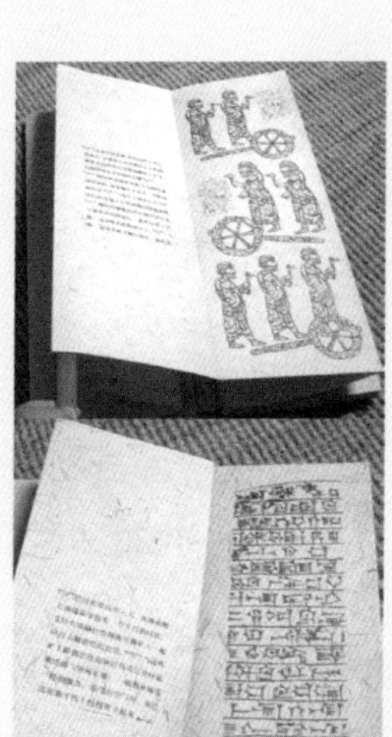

▲《能吃的书》

D 崔允祯 韩

≡ **点 评** 概念产生于一般规律，但又以崭新的思维和表现形态体现对象的本质内涵，有令人耳目一新的感受，并赋予表现对象全新的含义。

≡ 四年级留学生崔允祯以可食的材质：粉皮、海带、饼干、意大利面、茯苓饼，还有巧克力等做成一本本出人意表的书，并根据每一种材质，编写相关食用的方法和营养成分的文字叙述，让读者通过五官的视、触、听、嗅、味直接感受该书的主题内容。这是一本概念书，也许未来发明可食用的印墨，那时，书真的可以吃了。

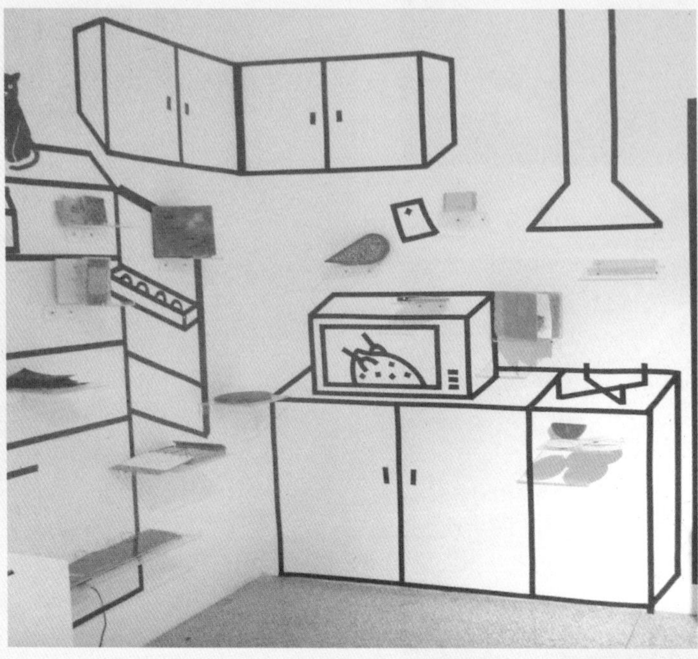

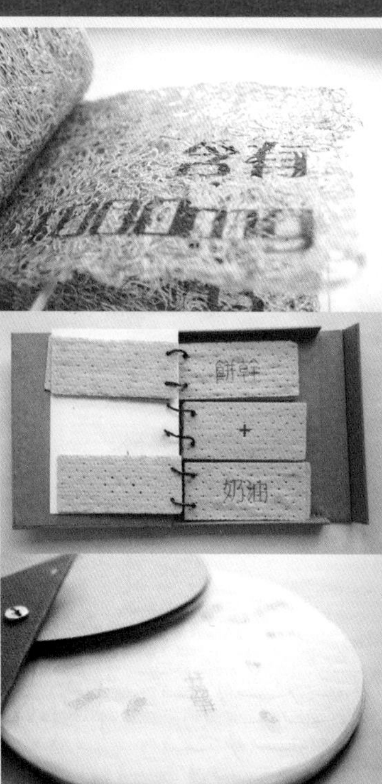

思考题

Q1 书籍设计概念由何而来?

Q2 如何把握书籍形态的定位?书籍形态包括哪两个环节?

Q3 如何在准确体现内容主题的前提下发挥创想力?

Q4 传统纸面书籍和现代电子载体的异同点是什么?

工作坊（Workshop）

教学以理论授课与实验创作课程相结合，既可在校内课堂进行，也可走出校门、走向社会。工作坊（Workshop）的设计教学要让同学们懂得做设计的前提是动手，动手能力为创意的实现提供了保障，发现生活中的美感是创意的源泉，“现场主义”精神是触发和积累创意的动力。

本节通过“中文字体设计的教与学——清华大学美术学院和香港理工大学设计学院的交流教学课程”“聆听——看得见的声音”“西式书籍装帧法训练——德国哈勒大学清华美院交流教学”“折页与编辑设计”四个工作坊的案例介绍，说明学生不单可以从书本上学到专业知识，还可以从生活中领略、从个人体验中得到灵感，并设计出真正发自内心的作品，这些具有实验性的课程给同学们提供了这样的机会。

今天出版业的分界线越来越模糊。设计师可能参与选题策划，摄影拍摄，插图、图表制作，图文的编辑和阅读编排，还要掌握多种软件的应用和工艺印制装订技能，更有跨界领域如电影戏剧手法的主动介入。设计教育也要从多个领域的知识着手，提升学生的艺术素质和设计能力。

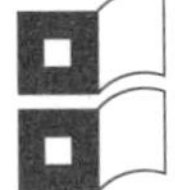

随着信息化时代的到来，书籍设计→1 受到数码媒体的挑战，设计观念面临全面更新的机会，并且产生深入研究现代设计理念的动力。设计教学也应在传统课程基础上对传授方法进行一番深入的探索实验。

教学以理论授课与实验创作工作坊（Workshop）相结合，既在校内课堂进行，也可走出校门、走向社会；既通过桌面数码运用，也进行实际现场动手，目的是让学生广开思路，更新设计思维和方法。工作坊具有启发性、灵动性、趣味性等多种教学方式，还有开发智能、激活创作意识、提升设计理念、丰富专业语言和开拓国际艺术视野等作用，是正规设计教育体系外的一个很好的补充，使学生在艺术学习和设计素质方面多了一个新的视点，以满足当今多元化信息传播载体设计人才的社会需求。

工作坊（Workshop）的设计教学要使同学们懂得做设计的前提是动手，动手能力为创意的实现提供了保障，发现生活中的美感是创意的源泉，“现场主义”精神是触发和积累创意的动力。

每一次课程中灌注的新鲜设计观念均可与已有的视觉语言积累互换，迸发出人意料的创意点，这为学生们提供新的视觉经验和实验性创作的机会，并学会包括纸面载体之外的跨界视觉信息设计规则和得到必须具有的文化品位及艺术素质培养。

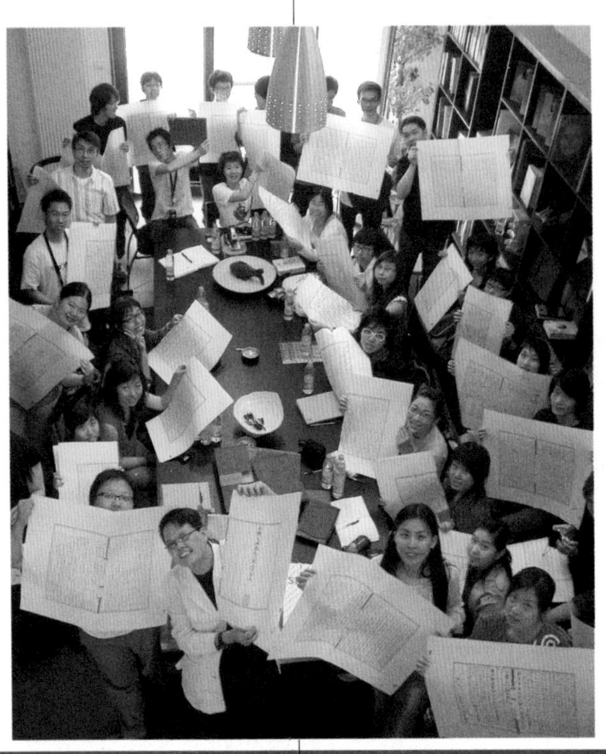

清华大学美术学院和香港理工大学设计学院的交流教学课程

指导老师：
香港理工大学设计学院/廖洁连老师，清华美院/吕敬人、赵健、王红卫、吴勇老师

1

中文字体设计的教与学

传说古时候人们对仓颉造出来的文字，十分崇敬，惜字如金，凡用过的文字完成了它的使命后便拿到"惜字亭"焚化，文字变作蝴蝶飞往天宇，回到仓颉神的身边，向他诉说芸芸众生感恩文字的动人故事。自仓颉造字至今，不管是天灾人祸，还是战争动乱，汉字像一根看不见的魔线把各个朝代联结在一起，传承至今。

从伏羲一画开天到仓颉造字，汉字的衍变由此一生二，二生三，三生万物，从象形文字开始，祖先运用指事、象形、形声、会意、转注、假借六法创造了上万个惊天地、泣鬼神，令人着迷的方块字，令世界惊叹其巨大的凝聚能量。中国人自古崇尚美，书写中自然将文字当作美的符号，并把文字当作精

a 香港理工大学设计学院廖洁连老师在指导同学们进行字体设计"Workshop"

a

■ 汉字是世界文字体系中一种富有魅力的视觉符号，汉字能够演绎出独具东方特征的书籍艺术。

神的寄托，更孕育滋乳着中华文明。为此鲁迅曾以“意美以感心，音美以感耳，形美以感目”来评赞汉字之美。

为此，清华大学美术学院和香港理工大学设计学院进行了交流教学课程。

中国人使用的汉字是世界上仅存的象形文字之一。丰富的字体使汉字有多元的面貌，呈现在我们生活的每一个角落，并拥有了众多的审美价值。数码载体的快速发展使学生自小习惯于用键盘敲击文字，而疏于书写，学校更忽略了中国文字的美学教育，同学们很难理解中国的汉字艺术得益于以象形、会意为基础的方块文字和书写文字所使用的富有弹性与变化的毛笔之独特表现力，而使汉字产生顿挫之功与飞动之势的气韵之美。

课程中让同学们用自制的大“毛笔”在大地上书写。通过在地上挥毫水书，感受文字书写笔画的连贯脉动，这种韵律节奏流淌进内心和身体的每一个部分，

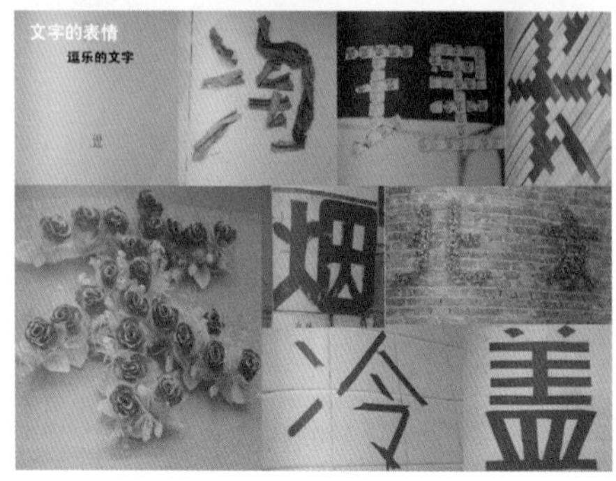

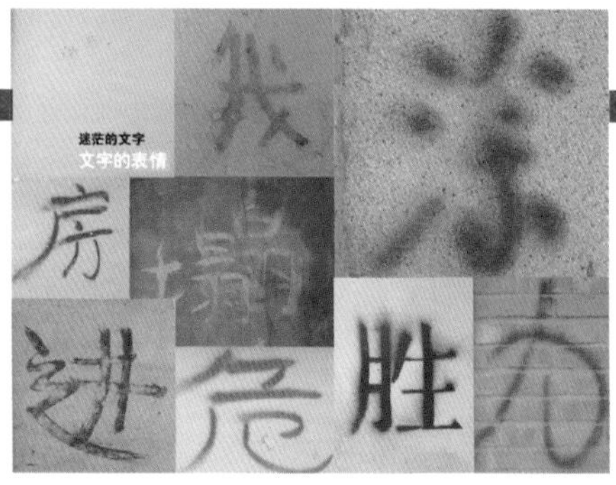

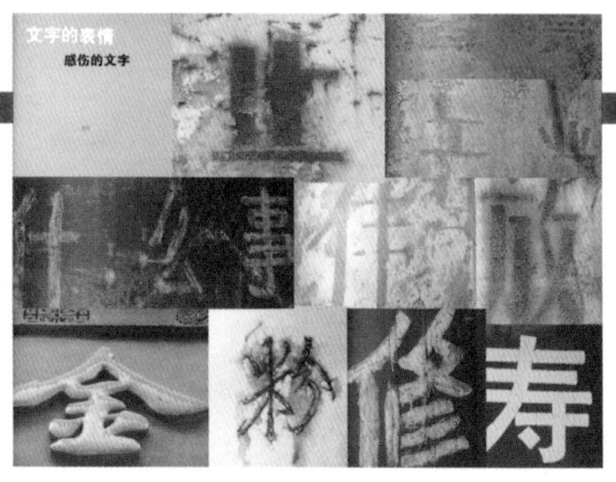

体验人与文字对话的过程，领悟出神入化的汉字书写法和汉字“神文气动”的美韵和造型。课程过程中还进行其他与文字相关的“Workshop”项目。

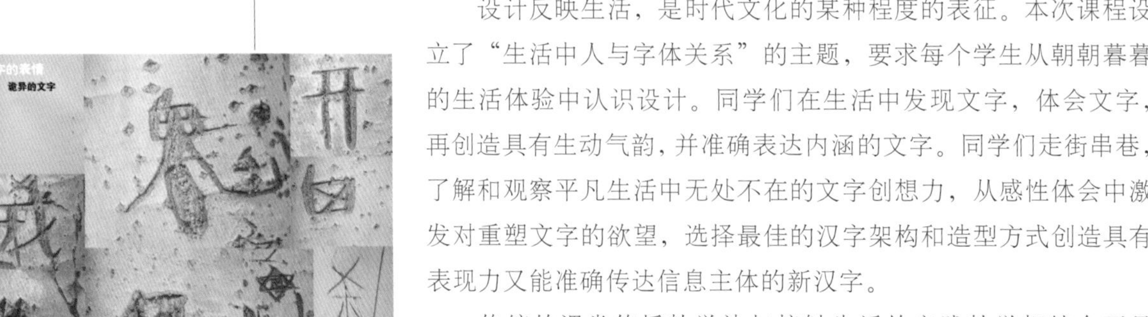

设计反映生活，是时代文化的某种程度的表征。本次课程设立了“生活中人与字体关系”的主题，要求每个学生从朝朝暮暮的生活体验中认识设计。同学们在生活中发现文字，体会文字，再创造具有生动气韵，并准确表达内涵的文字。同学们走街串巷，了解和观察平凡生活中无处不在的文字创想力，从感性体会中激发对重塑文字的欲望，选择最佳的汉字架构和造型方式创造具有表现力又能准确传达信息主体的新汉字。

传统的课堂传授教学法与接触生活的实践教学相结合正是让同学们多了一种体验不同生活环境的机会，多了一个观察社会

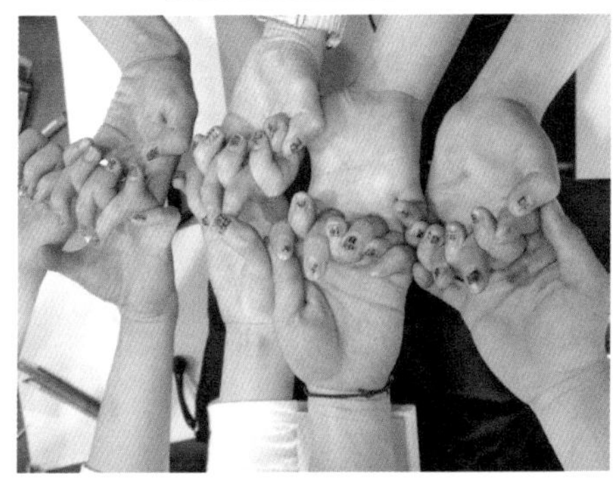

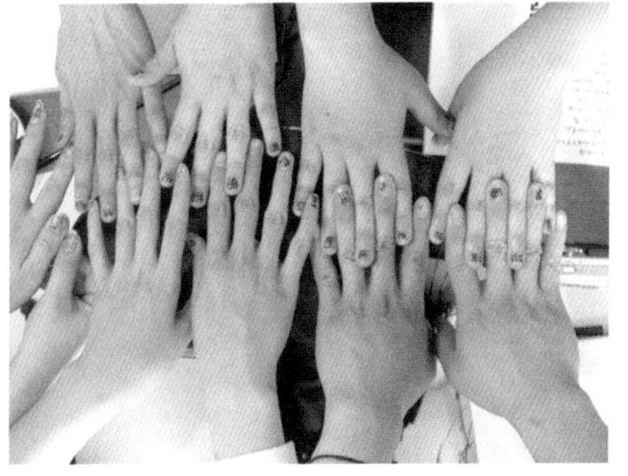

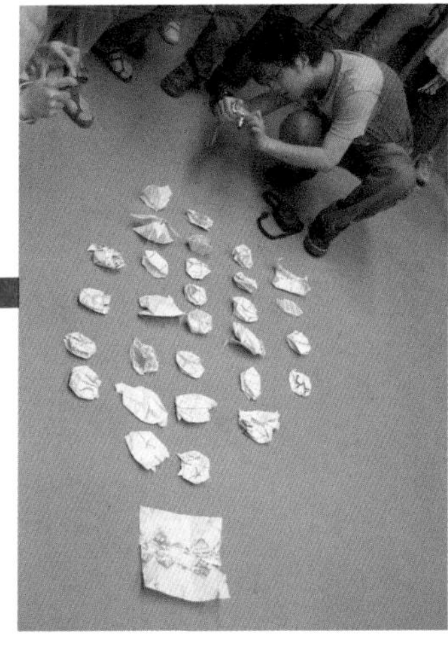

了解普通百姓的视角，多了一些对人生观与价值观的思考，更多了一次超越思维形态屏障的沟通和精神陶冶，从而重新审视何为设计，两地交流的初衷也在于此。

经历了多少个通宵达旦的努力，同学们有感而发、注入情感的文字应运而生，欣喜中含着泪花，疲惫里透出一丝满足，不同文化背景的两地同学通过交流对设计概念开始重新产生一种理解和悟彻。

清华大学美术学院的一位同学在回顾中说："通过交流教学，我发现我们获得了许多以前不曾拥有的知识与思维方式……设计灵感的来源寻常而广阔，并不单是书本和个人偏好的视觉积累。"

另一位同学说："新鲜的事物触发了你的神经，观察变得更加细致，你似乎感觉到了'生活在这里'。发现是一种行为，也是一种过程，在这个过程中，

▲《迹象》

D 朱倩倩

≡ **点 评** 生活中处处有文字，走出教室感受民间生活中玲珑鲜活的文字世界，并去观察身边的环境和人、事、物，从中寻找设计新文字的源泉和设计的灵感。

≡ 朱倩倩同学走街串巷，用镜头记下生活中常见却不引人关注的文字，在她的编织下，每个字都有了人性和表情，并可读出其内涵来。

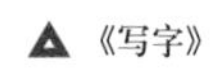

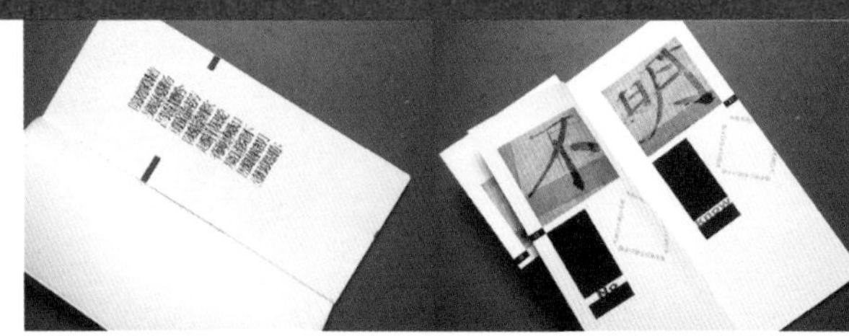

▲《写字》

D 吴昌

得到的不仅仅是结果，更重要的是学会了一种设计方式，这种方式可以指导我们做任何设计。”

香港理工大学设计学院的几位同学这样说：“汇集功课内容的过程中产生不少有趣的化学作用，对国家、对文化、对价值、对设计、对生活……设计之本在于表达与沟通，空有美术天分而缺乏文字逻辑思维，只会造成‘一条腿走路’的不健康设计气候。”“……从个人体验中得到灵感，是真正发自内心的非常个性的杰作，而不是单单从书本上或根据什么学说而得到的，从生活中领略、设计。这个课程正是提供了这样的机会。”

这是一次非常有意义的学习课程，也是具有实验性的教学经历。

節奏重疊

■ 文字（文本）的格律设计，格律泛指诗赋、词曲等关于字数、句数、对偶、平仄、押韵等方面的规则和格式。各种韵文都有特定的格律，构建起语言的结构骨架。如同汉字造字法一样，中国古代运用九宫格原理进行土木营造的网格布局，建立严密有效的营造法式，并在既定的格律中不断创新。

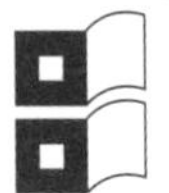

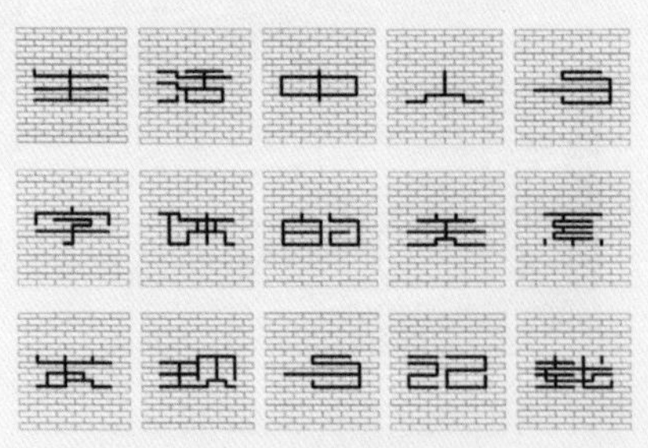

生活中人與
字體的聯系
發現與記載

《中文字体设计的教与学》

编 廖洁连、吕敬人
D 廖洁连
P 华中科技大学出版社
2010

≡ 清华大学美术学院和香港理工大学设计学院的交流教学，经过两校师生的热情投入，对于中文字体的设计和运用有了进一步的理解，对这一教学形式进行总结，并通过编辑设计正式出版了《中文字体设计的教与学》，为在校任教的教师和在学的同学提供了有益的参考。

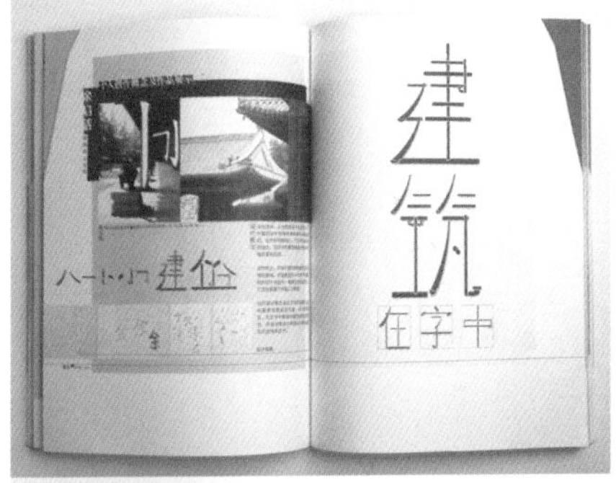

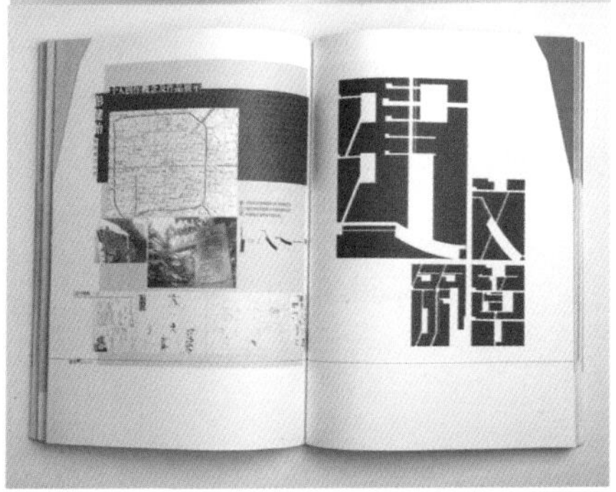

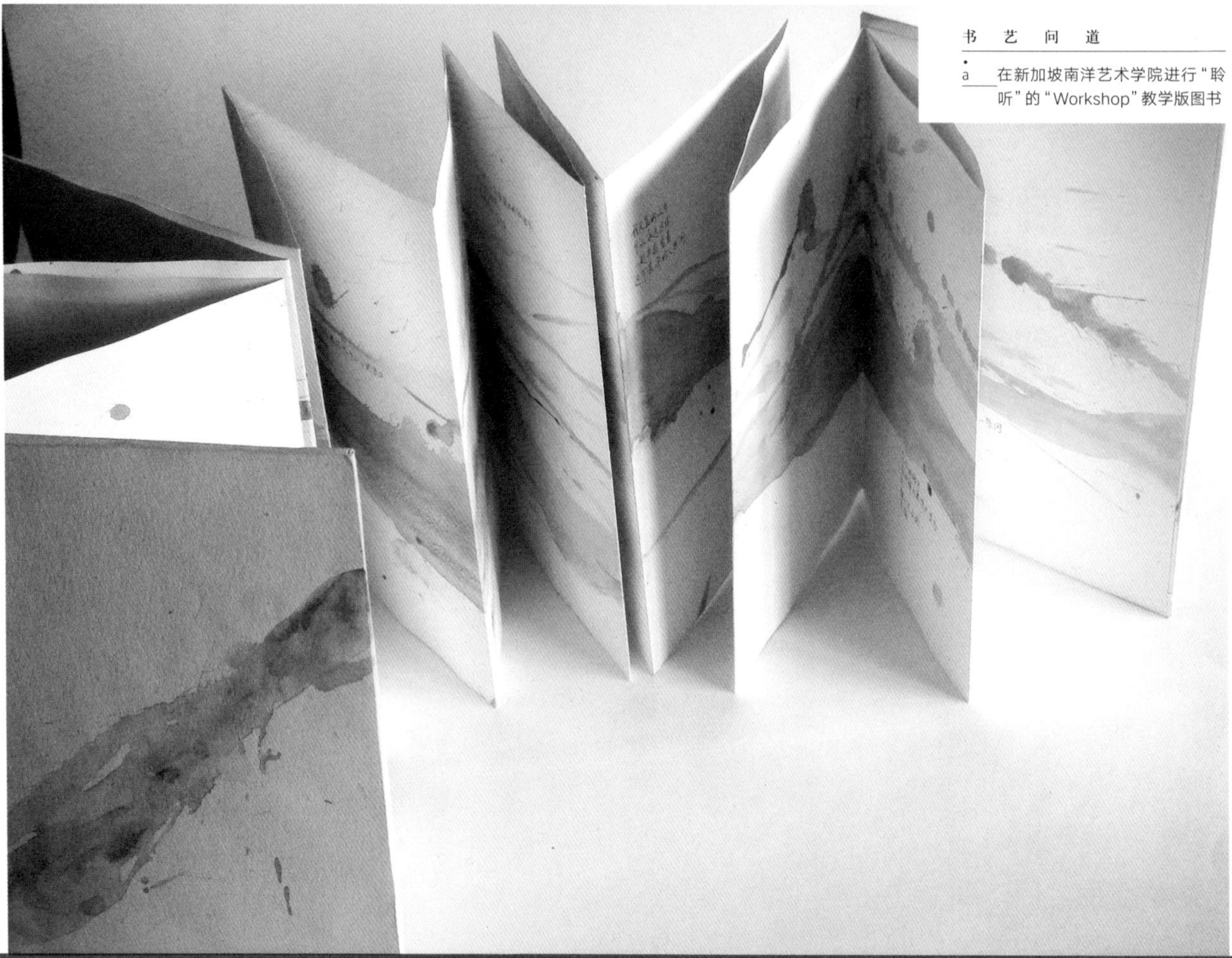

a 在新加坡南洋艺术学院进行“聆听”的“Workshop”教学版图书

清华大学美术学院课程

指导老师：吕敬人

a

2

聆听:看得见的声音

通过聆听两段不同的音乐，每位同学根据自己对音乐气氛和节奏的理解，用不同的工具在全开纸上进行描绘，将听觉音符转换成可视的点、线、面，即由声音换位成视觉图形。随后将全开纸进行多次折叠，制成16开或8开的书籍。同学们发现折叠后的每一面都产生了意想不到的视觉效果。然后，依据页面图形与空间特征注入恰如其分的文本或诗句。一本本意味不同的“声音书”诞生了。“原来声音是可以被阅读的。”

▲《墨金》

D 吕纯泉

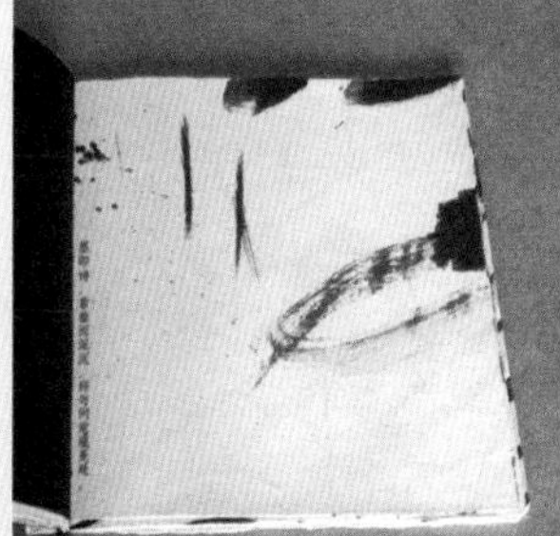

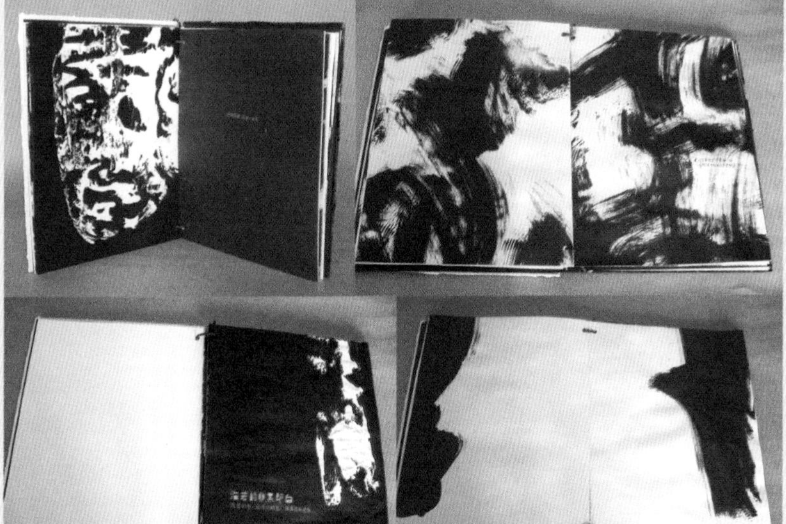

▲《Hero》

D 焦海若

▲《天安舰》

D ACA创意设计学院学员

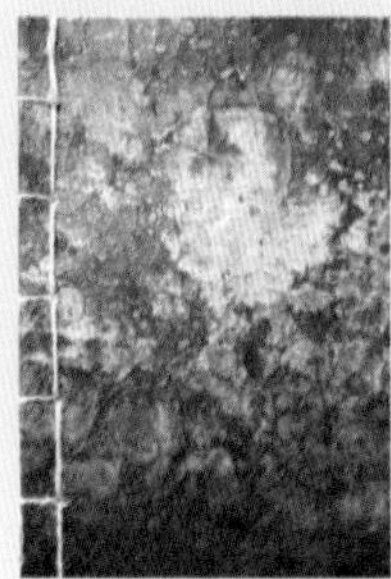

韩国ACA创意设计学院 Workshop

指导老师：吕敬人

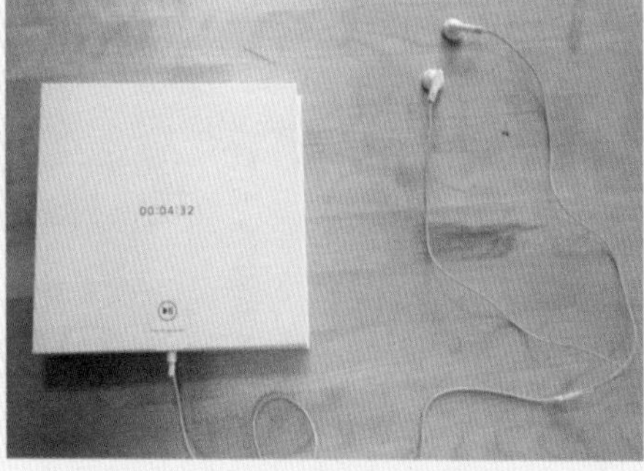

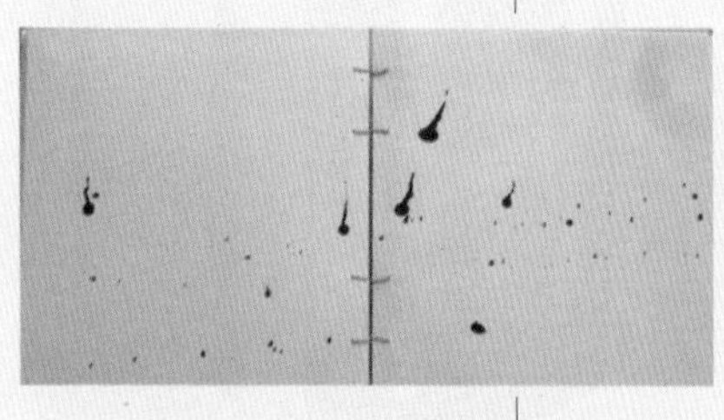

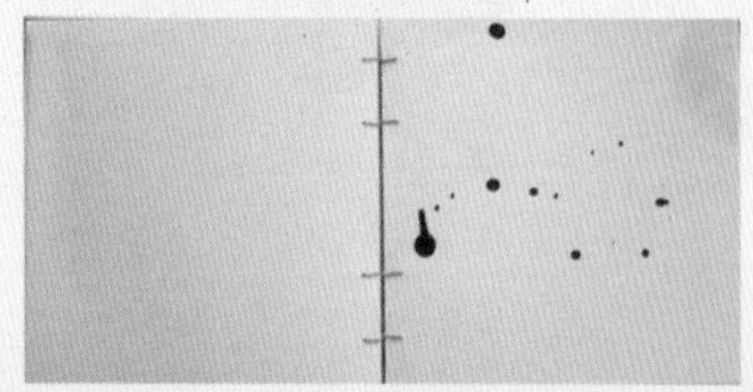

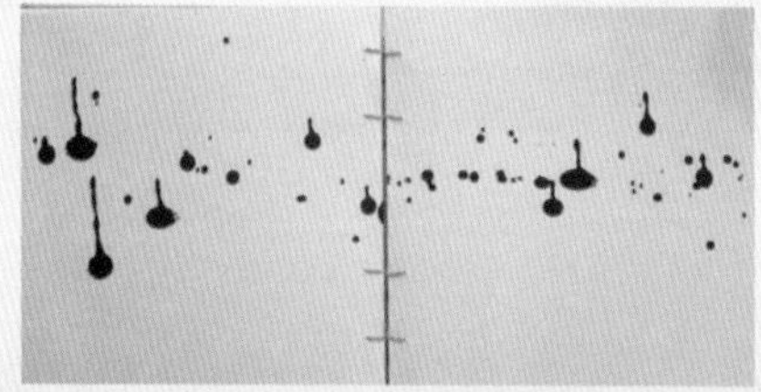

德国奥芬巴赫设计学院
Workshop

指导老师：吕敬人

3

折叠——信息再设计

在实际的印刷工艺过程中，折页规则设计是非常重要的一步，一般版式教学中只是教授二维平面概念的单双面设计，其实书页的正式印刷排列是打破单双页相依的普遍规则,不同的折页方式有不同的排列规律。通过该“Workshop”的折页训练，了解印刷工艺中对折、滚折、翻折、风琴折等折法对设计带来的影响，同时要求同学们运用编辑设计的理念和方法，在原有文本的基础上进行信息再设计，是一种原有文本从形态到内容，从阅读方式到信息传达特质的创造性设计训练。

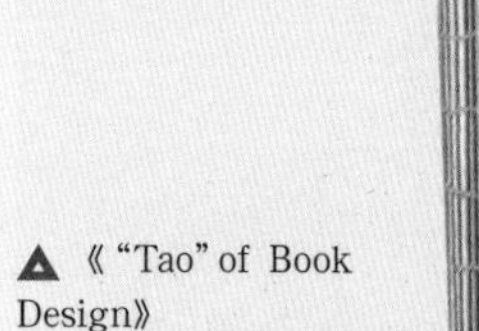

▲《"Tao" of Book Design》

D 王曼培

≡ 该作业并非埋头在形式上的制作，而是与老师交流，在对话互动中收集现场笔迹和图像，并巧妙地应用在书的编辑设计之中，使全书充满现场感和活力。该设计在满足已有的文本内容后，加进许多课外学习笔记和自己的观点，是一本非常优秀的编辑设计作业练习。

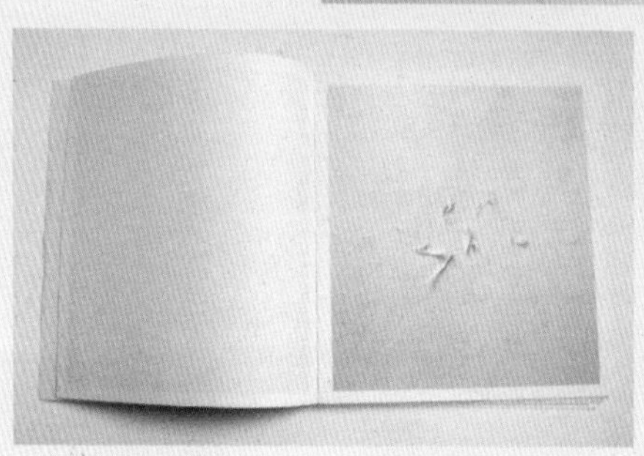

↑通过四种不同的折法完成全开纸的折手，做成64页的一册书，了解和掌握印刷工序的重要步骤。

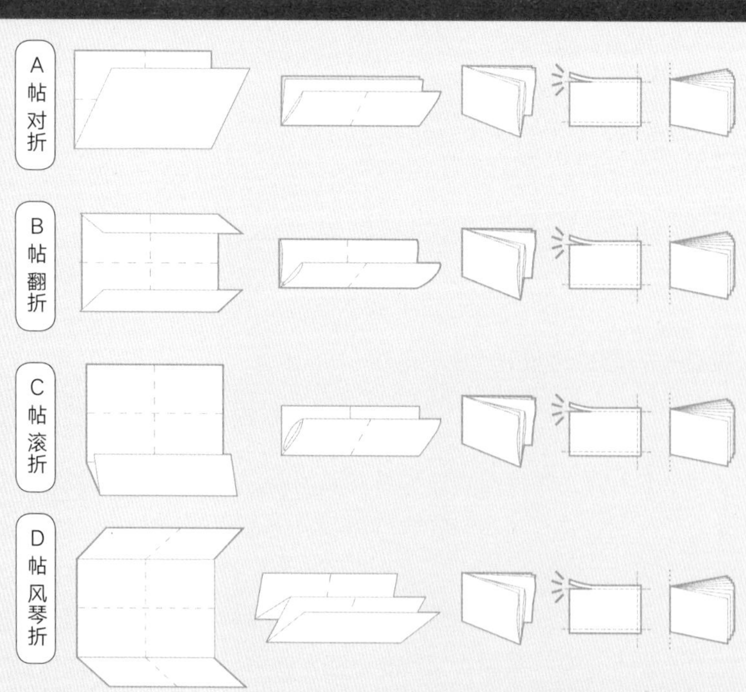

▲《书缘·情道》

D 胡惠君

≡ 该同学在完成教材折页后，对课堂教学全过程进行了梳理，将教材以外的相关资料进行收集、

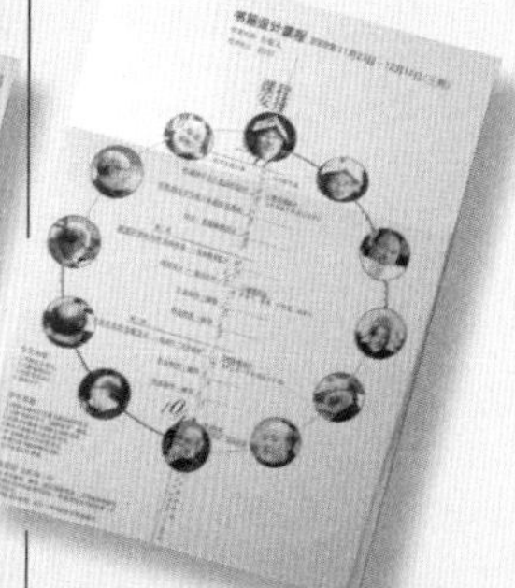

编辑、整理，并对老师进行了多次采访和现场拍摄。依据原教材文本的顺序重新组合新的内容和同学本人的看法，较好地将书籍编辑设计概念应用于本次"Workshop"工作坊实际过程中，最终得到理想的学习结果。

▲《书艺问道》"Workshop"作业

D 宋晨

▲《书艺问道》"Workshop"作业

D 齐昕宇

▲《书艺问道》"Workshop"作业

D 范晔文

吕敬人书籍设计课程教案

清华大学美术学院的一次书籍设计课程教案（四周）

课程教学概念

1．书籍设计

艺术感觉是灵感萌发的温床，是创作活动重要的必不可少的一步。而设计则相对来说更侧重于理性（逻辑学、编辑学、心理学、文学……）过程去体现有条理的秩序之美，还要相应地运用人体工学（建筑学、结构学、材料学、印艺学……）概念去调度与完善阅读构想，像一位建筑师那样去调动一切合理的数据与建造手段，为人创造舒适的居住空间。对于书籍设计师来说，则要为读者提供诗意阅读的信息传递空间，具有感染力的书籍形态一定涵盖视、触、听、嗅、味之五感的一切有效因素，从而提升原有信息文本的增值效应和阅读魅力。

书籍是时间的雕塑，书籍是信息栖息的建筑，书籍是诗意阅读的时空剧场。建筑设计是让人们拥有“居住的欲望”，书籍设计则是赋予读者得到“阅读的动力”。

不同的领域都可视为不同的“世界”，然而其间是一个休戚相关、密不可分的结构链。以往将装帧、插图、书衣……进行孤立地运作方式的观念，已远远脱离信息传媒时代的需求，各类跨界知识的交互渗透，必然改变该领域的知识结构，并会延展创意的广度与深度。学会分析、处理、构建视觉化信息传达新形态的理念和方法论，以适应当今信息载体多元化设计的需求。

书是文本在流动中最适宜停留的场所，书籍空间中又拥有时间的含义，这是新设计论拥有的核心概念，反思不求进取的书衣套路和花哨装帧的商业索求，书籍设计师该做些什么了！面对电子载体唱衰传统阅读的状况，应以全新的思考点去面对书籍的未来，并充满活力和理想期待着这个奇妙无比的书籍世界。

书籍为这个世界增添了一些美好的东西！

2．视觉信息设计

作为书籍设计重要的一环，信息设计概念改变了二维的装帧设计思考，是书籍设计必须掌握的设计思维和设计语言，也是必须拥有的信息时空传达的编辑意识。信息设计的方法论和立场，国际信息体系中强调信息设计是建立在数据的构成之上，构建于科学的客观性基础上进行形象化的数据逻辑排列，是按自己调查掌握的现实去控制信息设计在编辑设计中呈现信息的完整性和正确性。

信息设计是把繁复的信息变得易懂，是设计师抱有既定的目的，表明对数据的立场，将图像、文字、数据进行组织、分类、排列，把握信息的准则和手段，给予信息以形式，进而促进信息的有效传播。美国著名信息设计师乌尔曼指出："成功的视觉信息设计将被定义为被铸造的成功建筑、被凝固的音乐，信息理解是一种能量。"

视觉化图表设计是21世纪中国书籍设计中十分重要的新课题（出版界、设计界至今并未意识到这一点，对于其他如公共导示、数码电子等信息载体也一样）。书籍设计者要学会组织逻辑语言和多样性媒介表达方式，并且有深层次地对信息进行剖解分析的能力。设计不只停留在视觉美感这一表层，设计应该是一种有深刻社会意义的文化活动 。

课程达到目的

1.

本课程希望学生掌握信息阅读新概念的书籍设计思维方法，了解包括纸面载体以外的信息传达规则，领会书籍设计者必须具备的文化素质及艺术审美品位，以适应当今信息传播载体设计的社会需求。

通过本课程的学习，让同学们对书籍设计与物化的纸面书籍有一个新的认识，理解书籍阅读与设计的关系是解决信息的有效、有益、有趣传达的根本目的。对于书籍设计中"编辑设计"概念，理解其设计法则亦可应用于其他信息载体（包括数码载体）这一认知。

2.

掌握信息设计的原则：

① 清楚

② 易于理解

③ 忠于事实

信息图表设计的思维与方法：

① 什么叫“信息”？

一定是被诠释过的数据，是有关数据的分析、梳理和呈现。经过理解和整理过的数据被赋予含义后，数据才有其意义。

② 什么是“数据”？

A. 可以量化，如长短、面积、容量、时间……

B. 定性数据，仅供观察，不能量化……

C. 数据本身没有意义，可以赋予含义……

③ 怎样“理解”？

宇宙自然的不断变化给世间万物造成瞬息万变的差异，人类是在宇宙规律中演化诞生，任何一个差异又会衍生出另一个差异，参数制造差异，差异制造记忆。参数化设计是书籍中一个隐形的秩序舞台，它有助于设计师在秩序中捕捉变化，在变化设计元素中发现规则。文字、图像、符号、色彩在纸张的翻阅中形成一个流动的空间结构；而彼此间的节奏、前后、长短、高低、明暗、虚实、粗细、冷暖或加强减弱、聚合分离、隐显淡出在时间流动过程中建立书籍信息传递系统，为读者提供秩序阅读的通路。

周遭的一切都存在信息，获取的信息通过阅读过程和分析理解后注入你的看法，将数据转化成知识而成为智慧的表达。

课程概念关键词：

书籍设计 · Book Design

装帧 · Book Binding

编排设计 · Typography Design

编辑设计 · Editorial Design

书筑 · Book Architecture

信息视觉化设计 · Infographic Design

信息图表设计 · Diagram Design

矢量 · Vector

参数化设计 · Parametric Design

“Workshop” 作业：

① 探讨运用纸质媒介设计信息的方法论，达到通过阅读让信息与读者欣然沟通的目的。课程着重进行书籍视觉信息传播控制方面的教学和编辑设计理念的授课，并通过信息的解构重组，完成文本再造过程。以《查令十字

街 84 号》为文本，通过电影的观赏，原著的阅读，分析解读后重新编写全书内容体例及信息构架，拍摄图像资料，或配制插图，确立全新的编辑设计思路，寻找该书的最佳视觉传达语言和书籍结构，完成一册《查令十字街 84 号》的全新版本的书籍作品。

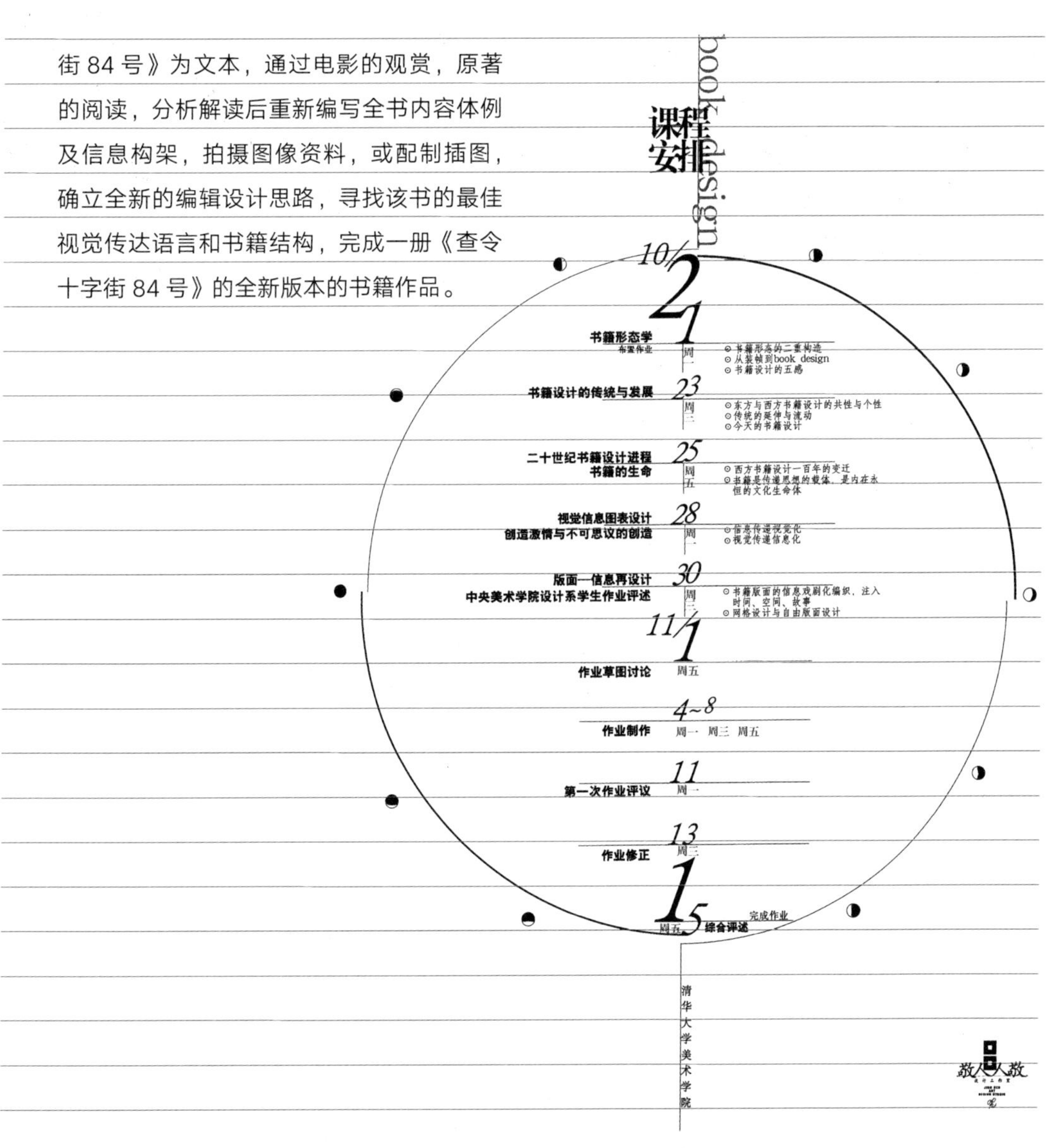

book design
课程安排
10/21
书籍形态学
布置作业
周一
书籍形态的二重构造
从装帧到book design
书籍设计的五感
书籍设计的传统与发展
23
周三
东方与西方书籍设计的共性与个性
传统的延伸与流动
今天的书籍设计
二十世纪书籍设计进程
书籍的生命
25
周五
西方书籍设计一百年的变迁
书籍是传递思想的载体，是内在永恒的文化生命体
视觉信息图表设计
创造激情与不可思议的创造
28
周一
信息传递视觉化
视觉传递信息化
版面—信息再设计
中央美术学院设计系学生作业评述
30
周三
书籍版面的信息戏剧化编织，注入时间、空间、故事
网格设计与自由版面设计
11/1
作业草图讨论
周五
4~8
作业制作
周一 周三 周五
11
第一次作业评议
周一
13
作业修正
周三
15
周五
综合评述
完成作业
清华大学美术学院

② 完成一幅信息图表设计《印象的视觉化表达》

A. 选择主题

一个地点、一件物品、一宗事件、一位朋友、一个小生命……

请找到你的兴趣点，并通过空间加时间的思考，将你的构想用一张图表的形式呈现出来。

B. 深入调研

采集环境、建筑、特质、颜色、气味、声音、动静、过程、家人、同学、老师、邻里、事件等调研对象的数据、矢量关系，并寻找变化趋势或不同之处，最终找到你的“看法”。

C. 图表设计

尽可能多地搜集文图信息资料，从其中找到一种特殊的“语法”逻辑关系，用合适的、有趣的表达方式，将你的发现转化为一张信息图表。观察的角度可以来自于个人，也可以自创一个虚构的角色，一切由你决定。

教材与参考书目

《造型的诞生》杉浦康平著 中国青年出版社 1999

《书艺问道》吕敬人著 中国青年出版社 2005

《亚洲的书籍、文字与设计》杉浦康平 安尚秀 柯蒂 吕敬人等著 三联书店 2006

《书戏——中国当代书籍设计家 40 人》吕敬人编 南方日报出版社 2007

《书境——第七届全国书籍设计艺术展作品集 》中国版协书籍装帧艺委会编 中国书籍出版社 2009

《第七届全国书籍设计艺术展优秀论文集》中国版协书籍装帧艺委会编 中国书籍出版社 2009

《中文字体设计的教与学》廖洁连 吕敬人编 华中科技大学出版社 2010

《电影诗学》大维·波得维尔著 广西师范大学出版社 2010

《书籍设计基础》吕敬人著 高等教育出版社 2011

《范式革命》赵健著 人民美术出版社 2012

《字体传奇》拉斯·缪勒等著 李德庚译 重庆大学出版社 2012

《设计并不重要》曹琦 李晓斌著 重庆出版社 2013

《书籍设计》丛书 第 1 期—第 17 期 吕敬人主编 中国青年出版社 2011—2016

《旋——杉浦康平的设计世界》臼田捷治著 吕立人 吕敬人译 北京三联书店 2013

《西文字体——字体的背景知识和使用方法》小林章著 刘庆译 中信出版社 2014

《装订道场——28 位设计师的〈我是猫〉》Graphic 编著 上海人民美术出版社 2014

吕敬人书籍设计课程教案2

敬人书籍设计研究班第一期课程（两周）

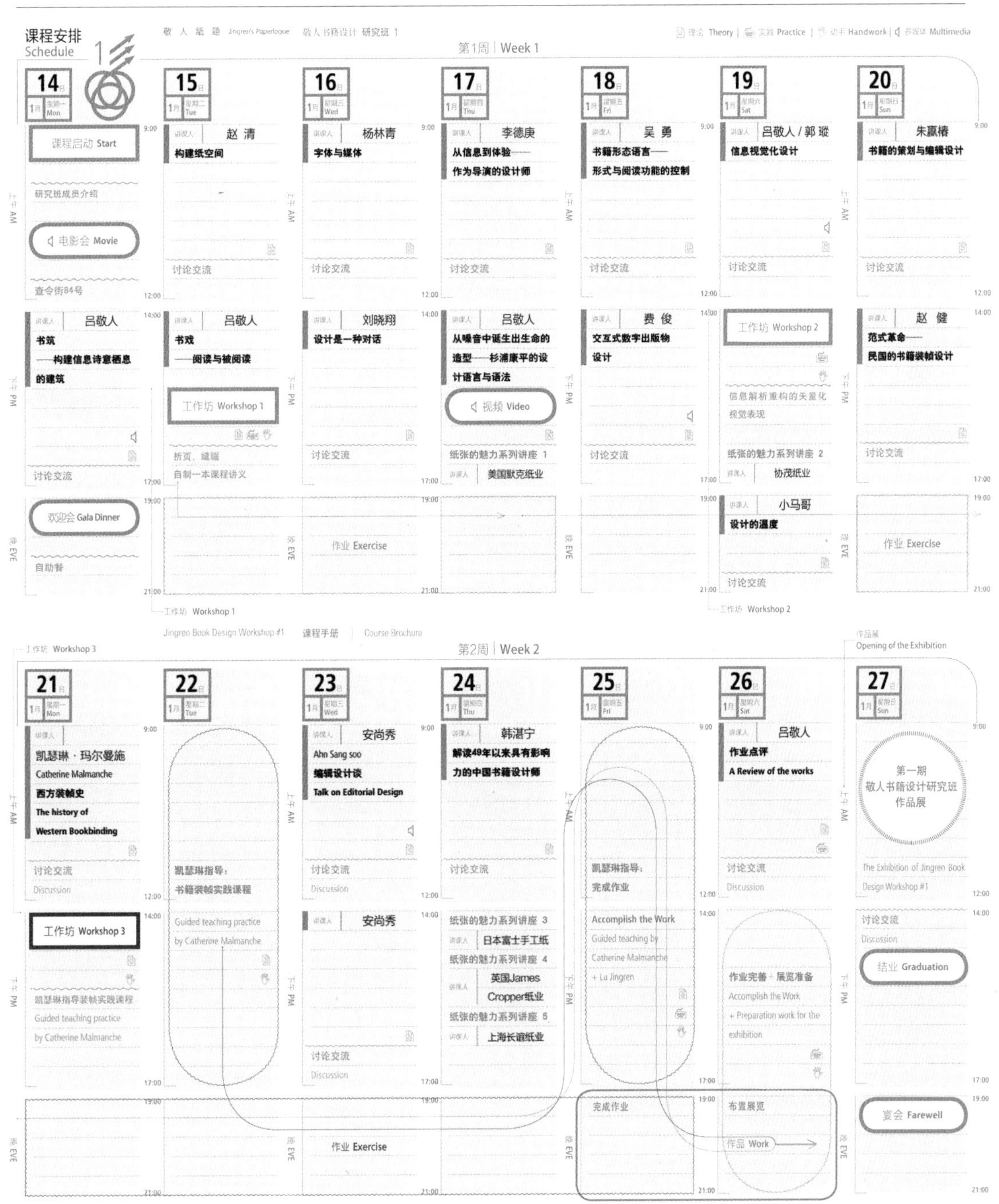

附录I 书籍设计小常识

印刷纸张规格与用途

纸张的形式

纸张根据印刷用途的不同分为平板纸和卷筒纸，平板纸适用于一般印刷机，卷筒纸一般用于高速转轮印刷机。

纸张规格

设计一本书时，首先要确定开本。原则上要选用适合内容题材的纸张种类，而且以最经济合理的计算来裁切。其次还要充分考虑印刷机工作和切割所需的余量。常用纸的整开尺寸：正度纸 787mm×1092mm、大度纸 889mm×1194mm 。

随着技术的进步，各种规格的特种纸层出不穷，以满足各种设计与印刷新工艺的需求。印刷纸张尺寸在应用上分为纸张基本尺寸及印刷完成尺寸两种。行业中，印刷完成尺寸又称“切光尺寸”。

纸张的定量

定量是指纸张单位面积的质量关系，用 g/m^2 表示。如 150g 的纸是指该种纸每平方米的单张重量为 150g。凡重量在 $200g/m^2$ 以下（含 $200g/m^2$）的纸张称为“纸”，超过 $200g/m^2$ 的纸则称为“纸板”。

印刷纸的计量单位有令、方、件、吨。所谓令重，就是一令（500 张）纸的实际质量，单位是 kg，一彩令是一令纸印一种颜色的统称。

令重（kg）= 定量（g/m^2）× 纸的长度（m）× 宽度（m）×500/1000

纸张的开切方法

在一般情况下，纸张的开切均采用几何级数开法。全张纸对折切成两张为对开纸，再对折切成两张为 4 开纸，以此类推，有 8、16、32、64、128 开等。还有其他不同的开法，如 3、6、12、20、24 开等。书籍装订将印张折叠成一叠，每叠的页数大多以 4 为基数，数叠合订而成。

印 张

印张是书籍出版术语。通过印张的数量可以计算一本书需要多少纸张，是印刷用纸的计量单位。同时，也可以通过印张来计算印刷的印版量。一张全开的纸有两个印刷面，即正面和反面。印张规定一张全开的纸的一个印刷面为一印张。一张全开的纸两面印刷后就是两个印张。计算一本书的印张可以利用以下方法：

总页数 ÷ 开数 = 印张

如果一本书的页数为 320 页，开数为 16 开，用 320÷16 = 20，书则为 20 个印张。

开本设计

开本是书籍开数幅面的简称。一张全开纸可切成多个幅面相等的张数，这个张数就是开数的量数。如 16 开本为 185mm×260mm，即全开纸（787mm×1092mm）切割为相等的 16 页。

常用几种开本

开本		宽×高（mm）	未裁切纸张尺寸
64开	64开	95×126	787×1092
16开	16开	185×260	787×1092
	大16开	210×285	850×1168
	国际16开	210×295	880×1230
32开	流行32开	111×178	787×1092
	小32开	130×184	787×1092
	小长32开	115×184	787×1092
	大长32开	130×203	850×1168
	中32开	125×184	787×1092
	大32开A	140×203	850×1168
	大32开B	145×213	880×1230
24开	24开	170×186	787×1092
20开	20开	125×140	787×1092
8开	8开	260×370	787×1092
	小8开	230×300	700×1000
	大8开	299×450	635×965
6开	6开	380×350	787×1092

纸张的纹理鉴别方法

方法一·手撕

从撕开的裂口方向判断纹理走向。

方法二·沾水

将纸放在水面上或在纸上涂水，鉴别纹理走向。

方法三·悬垂

水平手持纸条，根据是否易垂可鉴别纹理走向。

纸张的开切方法

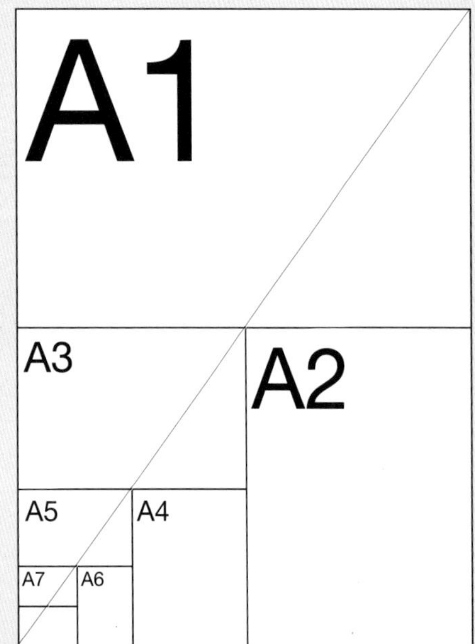

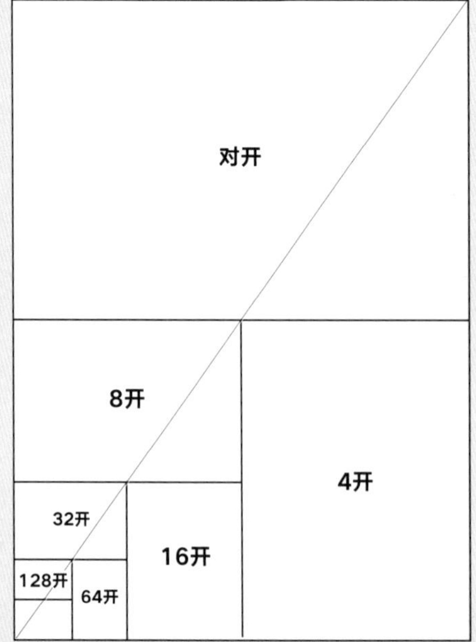

印刷完成尺寸

印刷完成尺寸是指将纸张基本尺寸扣除印刷机咬口及折叠裁修后所得尺寸，如 ISO 纸度的 A、B、C 系列。

国际标准组织（International Standards Organization）制定的国际标准纸张尺寸是一个精密而有系统的纸张尺寸纸度，又称 ISO 纸度。此项纸度将纸张尺寸分为 A、B、C 三种国际纸度：

A 类纸度用于印刷书刊、杂志、事务用品、简介型录、一般印刷品及出版品。

B 类纸度用于印刷海报、地图、商业广告及艺术复制品。

C 类纸度用于印刷专为 A 类纸度印刷制作的信封套及文件夹。

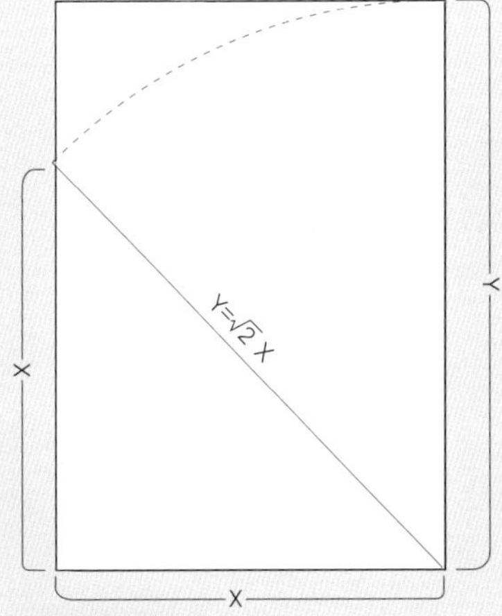

国际标准纸度

横边X与竖边Y的比为1: $\sqrt{2}$（1: 1.414）
以面积1m^2 计算

折页机折法

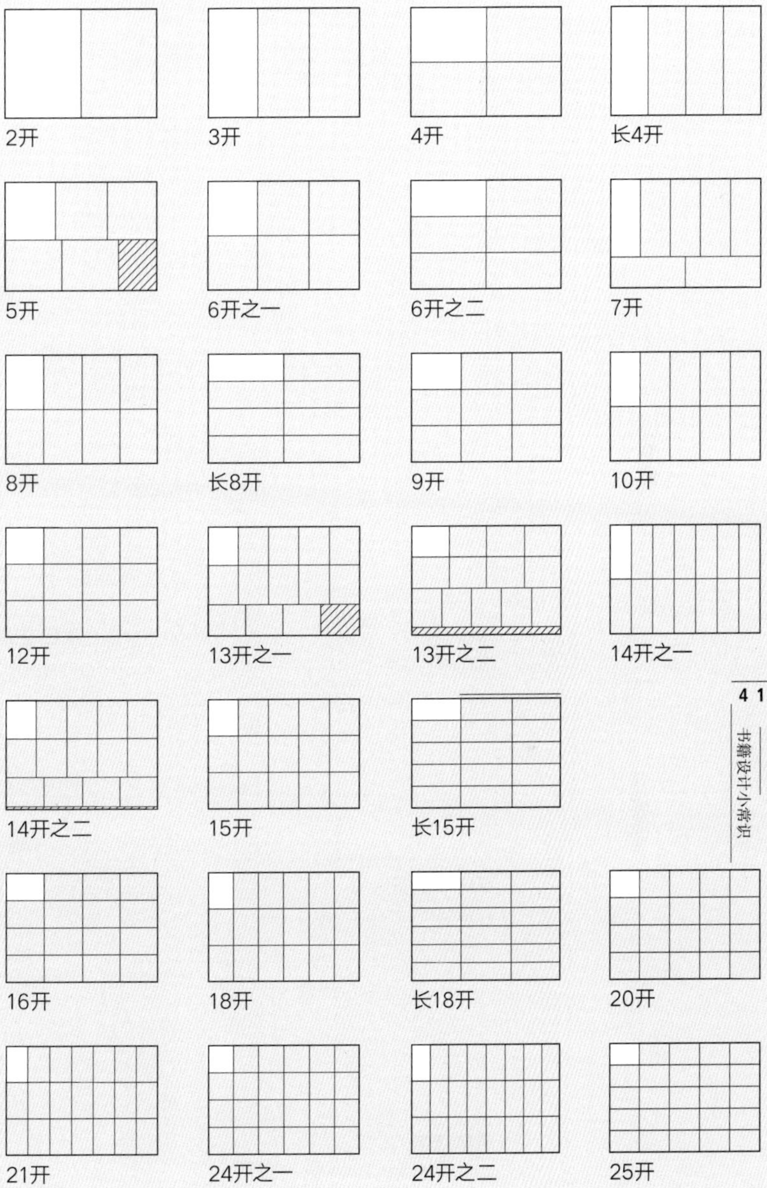

2开
3开
4开
长4开
5开
6开之一
6开之二
7开
8开
长8开
9开
10开
12开
13开之一
13开之二
14开之一
14开之二
15开
长15开
16开
18开
长18开
20开
21开
24开之一
24开之二
25开

折手

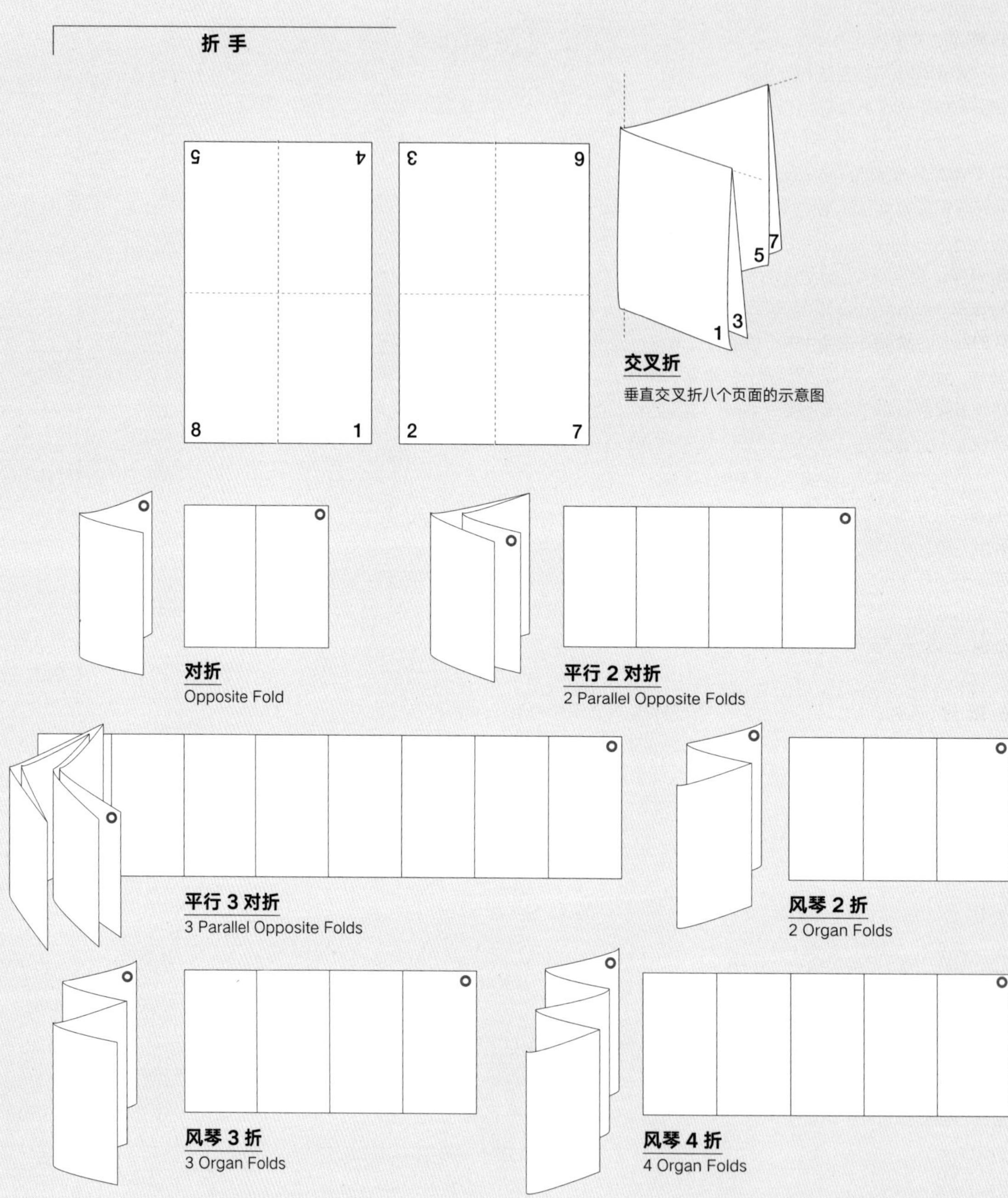

交叉折

垂直交叉折八个页面的示意图

对折

Opposite Fold

平行 2 对折

2 Parallel Opposite Folds

平行 3 对折

3 Parallel Opposite Folds

风琴 2 折

2 Organ Folds

风琴 3 折

3 Organ Folds

风琴 4 折

4 Organ Folds

1. 封 面 为保护书芯，附加在外侧的厚纸或薄板。一般用布面或较结实的纸附着体现主题内涵和商品宣传的装饰设计。封面包括前封和后封（封底），也称为封一和封四。

2. 护 封 也称之为包封或护书纸，指包在封面外的另一张封面，起到保护封面和装饰的功能。精装、平装均有采用。

3. 书 脊 是书刊的背脊部分，亦称之为厚度，其连接书的封面和封底（包括护封）。书脊是与读者见面机会最多，展示时间最久的部分，故是封面设计中不可忽略的要素。书脊上一般包含书名、册次（卷、集）、著作者、出版者等信息，以便架上查阅。单本书和系列套书的设计定位有所不同，后者强调连贯性和系统性，并可视为可切割或组合的舞台来进行整体设计。

4. 勒 口 也称之为飘口，指封面、封底书口部分延展折进去的部分。精装、平装均有采用。除审美功能外，可承载图文信息，亦使书体更为平整。设定勒口尽可能与封面、封底画面色彩有一定的延续，以免书脊厚度出现尺寸变化时，封面与勒口交接处出现误差，而留有余地。

5. 腰 封 也称之为腰带，一般为该书作辅助性宣传说明之用，也有点缀装饰封面的功能。数本系列套书，用腰封拢合，以方便携带，也能起到保护书籍的作用。

6. 订 口 指装订处到版心之间订缀的部分。

7. 切 口 指书芯三面裁切的部分，分为上切口（书顶）、下切口（书根）、外切口（裁口）。

8. 环 衬 为保持书籍的平整，在书芯前后再附加一页纸，也是精装本封面内侧与书体（书芯）之间不可缺少的部分，分别称之为上环衬（前环）和下环衬（后环）。环衬要有与封面的格调相统一的设计。环衬用纸用色非常考究，要取得与全书体裁的协调关系。

9. 脏 页 封面与扉页之间的数张空白页，为防止阅书人因手不净污秽书的正页而采取的预防措施。如今的出版物为节省成本，认为这是一种浪费，故早已被取消。但有心的出版人和设计师会不失时机继续使用。

10. 扉 页 俗称是书的第二道封面，是封面与内页的连接点，是封面内容的重复，并非复制，但特别强调格调与程式的统一性、延续性。

11. 辑 封 指在书的正文各主要分类部分的首页，如文中部、篇、章前面的插页，也有称之为篇章页、隔页。一般用在单页，并进行与全书风格相一致的装饰设计，亦有用不同质感的书纸以示区隔。

12. 书 眉 一般印在版心以外空白处的书名、篇章名等，但依据不同设计的需求，也有打破这一规则的。普遍规律都是单页码排篇名，双页码排书名。

13. 插 页 指夹印在正文中或正文文字不相连贯的订口一侧的独立书页。一般为插图、摄影作品、图表、题字等，用纸往往与正文纸不同。有时插页面积超越开本可采取单折页或多折页形式插入，也称之为拉页。

14. 版 式 指书籍正文的基本格式，包括版心网格的设立，正文、标题等一系列体例，字体、字号、行距、字距、段式、空白的确立，以及书眉、页码等的设定，都是版面经营的系统性方案的设计。

15. 版权页 也称之为 CIP 数据页，作为正式书籍出版物，属国家审批准许数据专页，并为读者提供该书的相关信息。通常在扉页之后或在书芯倒数第二页。

书籍各部分称谓

①……封面
②……封底
③……堵头布（脊背衬）
④……书脊文字
⑤……起脊
⑥……书脊
⑦……封面出边
⑧……书耳
⑨……书角
⑩……书冠（封面书名）
⑪……书槽
⑫……包封（护封）
⑬……内封（封面）
⑭……环衬
⑮……夹衬
⑯……前扉
⑰……扉页
⑱……订口
⑲……勒口
⑳……腰封
㉑……切口（上切口）
㉒……切口（外切口）
㉓……切口（下切口）
㉔……书签带

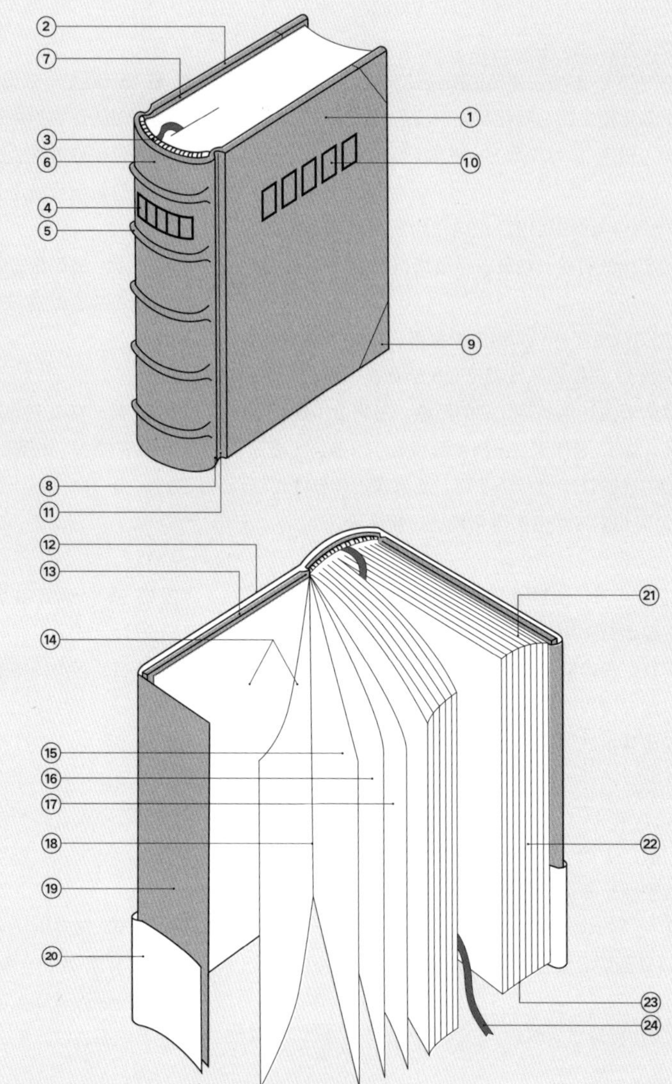

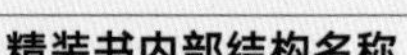

精装书内部结构名称

①……书帖
②……环衬
③……书背材料（纱布）
④……堵头布
⑤……书芯脊
⑥……中径
⑦……硬纸板
⑧……包边
⑨……中径纸

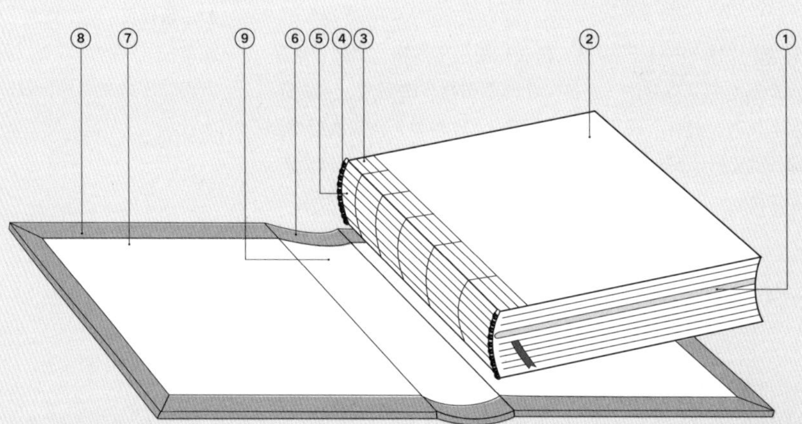

精装书装订称谓

1. 堵 头 书页线合到一起时上下显现的窄线条，一般会为它配上合适的纹理和彩色堵头布，以呈现精致的装订效果。

2. 折 口 书籍卷首、卷尾的空白页与环衬和扉页之间的折叠处。

3. 头护边 图书顶部的护边。封面和封底的纸板比书芯大出 3mm 而形成的护边。

4. 切口护边 由封面和封底纸板形成的保护图书的 3mm 护边。

5. 尾护边 图书底部小护边。

6. 包 边 书籍的一种包装形式，封面的纸张或者布料从外面折到里面。

7. 书 角 图书的底部。

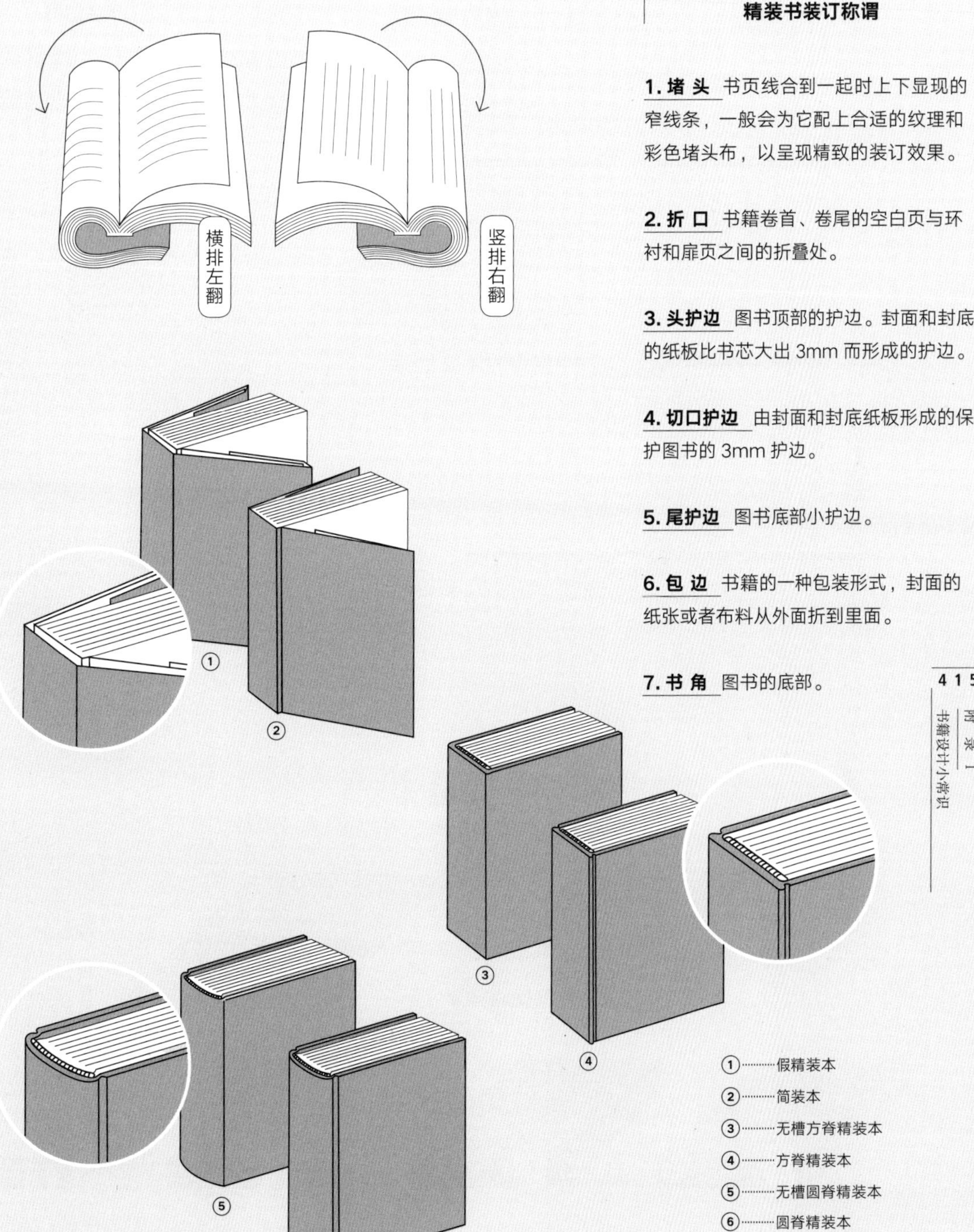

①……假精装本
②……简装本
③……无槽方脊精装本
④……方脊精装本
⑤……无槽圆脊精装本
⑥……圆脊精装本

书籍装订方法

精装图书

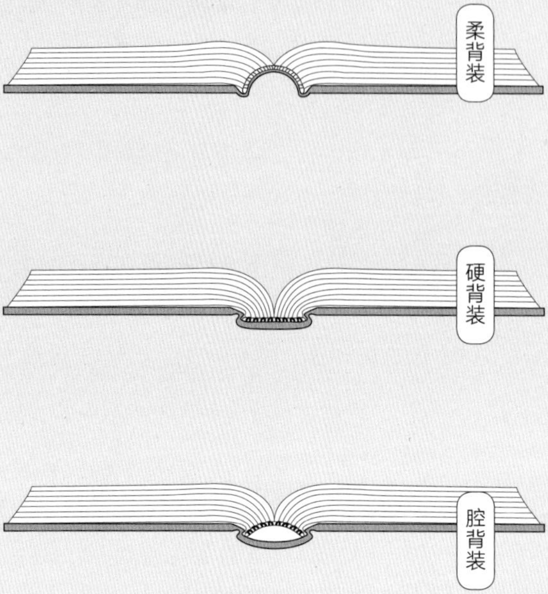

柔背装

硬背装

腔背装

平装图书

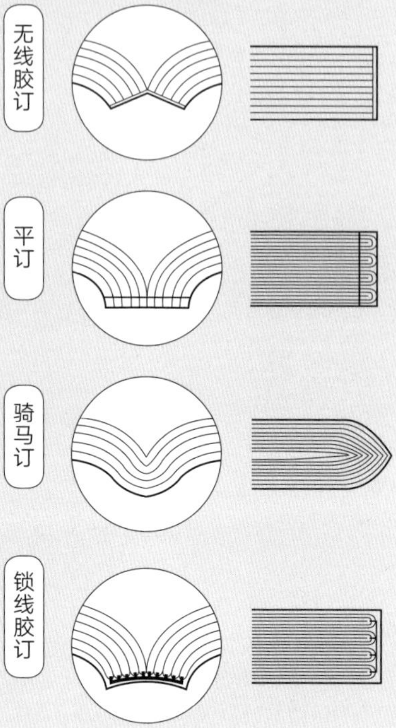

无线胶订

平订

骑马订

锁线胶订

其他形式

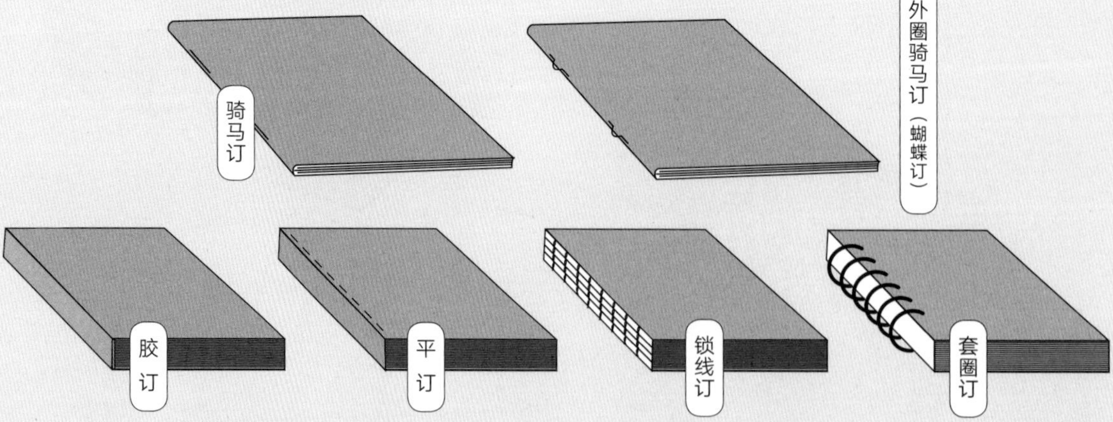

骑马订

外圈骑马订（蝴蝶订）

胶订

平订

锁线订

套圈订

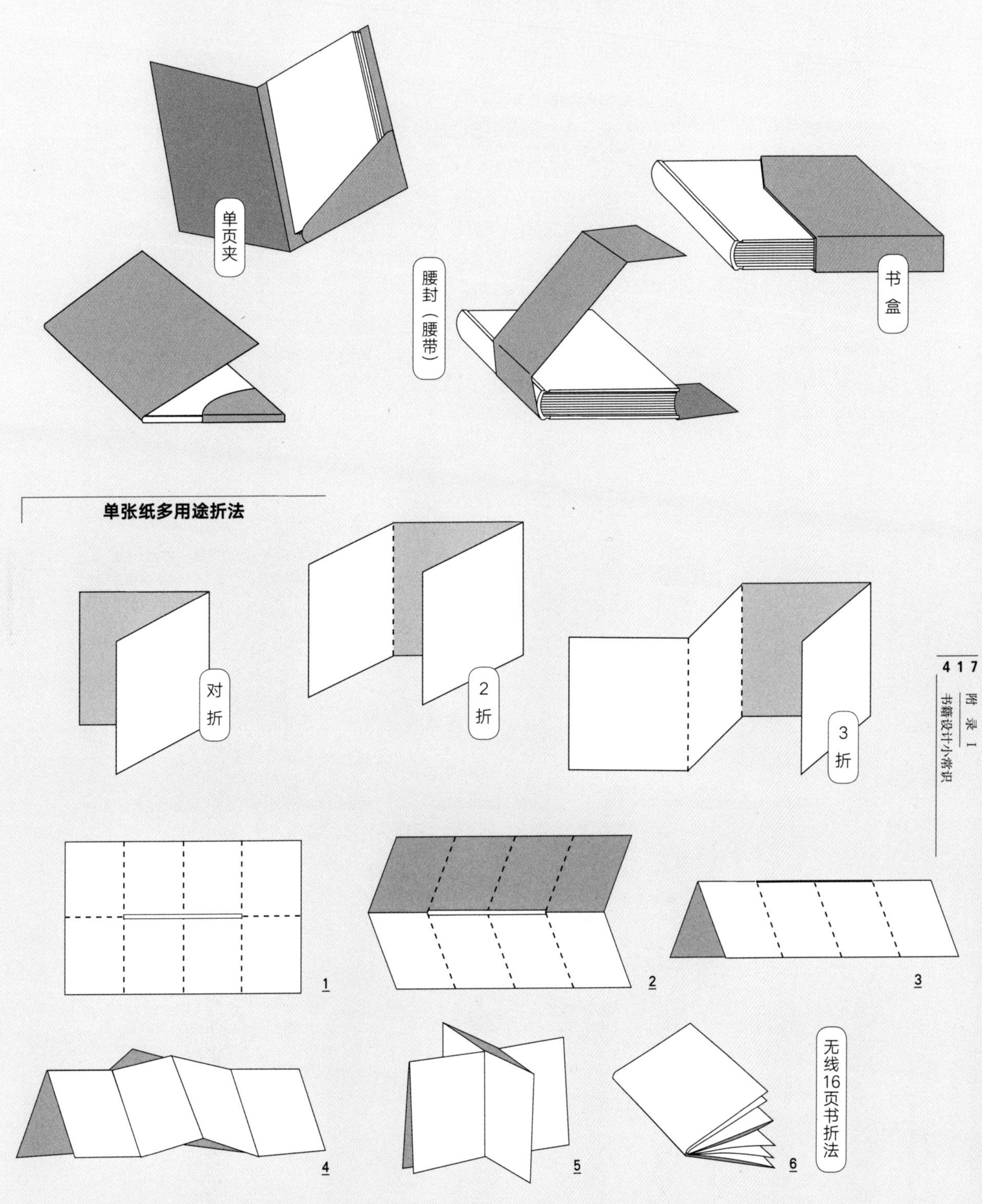

单页夹
腰封（腰带）
书盒
单张纸多用途折法
对折
2折
3折
1
2
3
4
5
6
无线16页书折法

锁线方法

中式锁线方法 六眼订

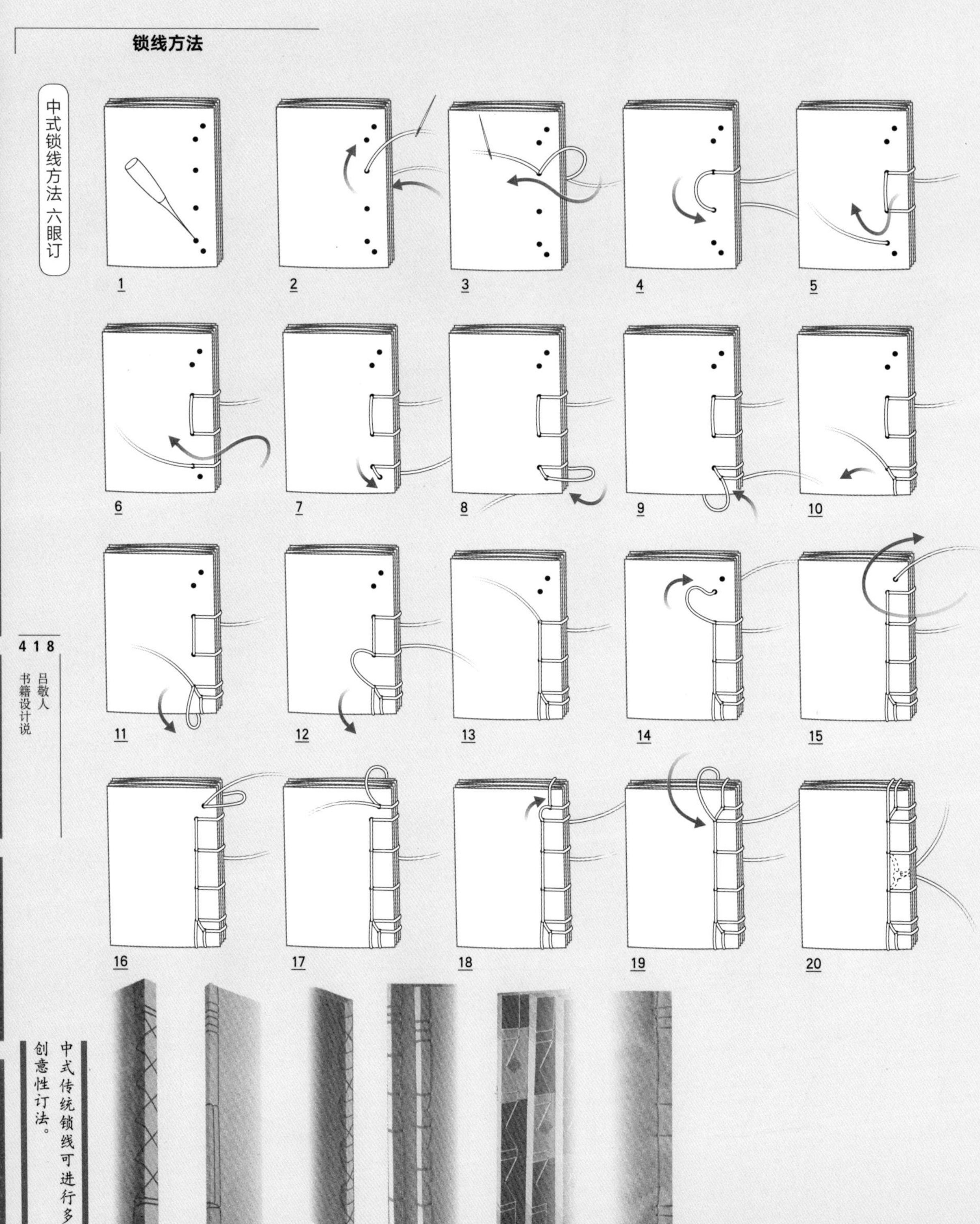

中式传统锁线可进行多种创意性订法。

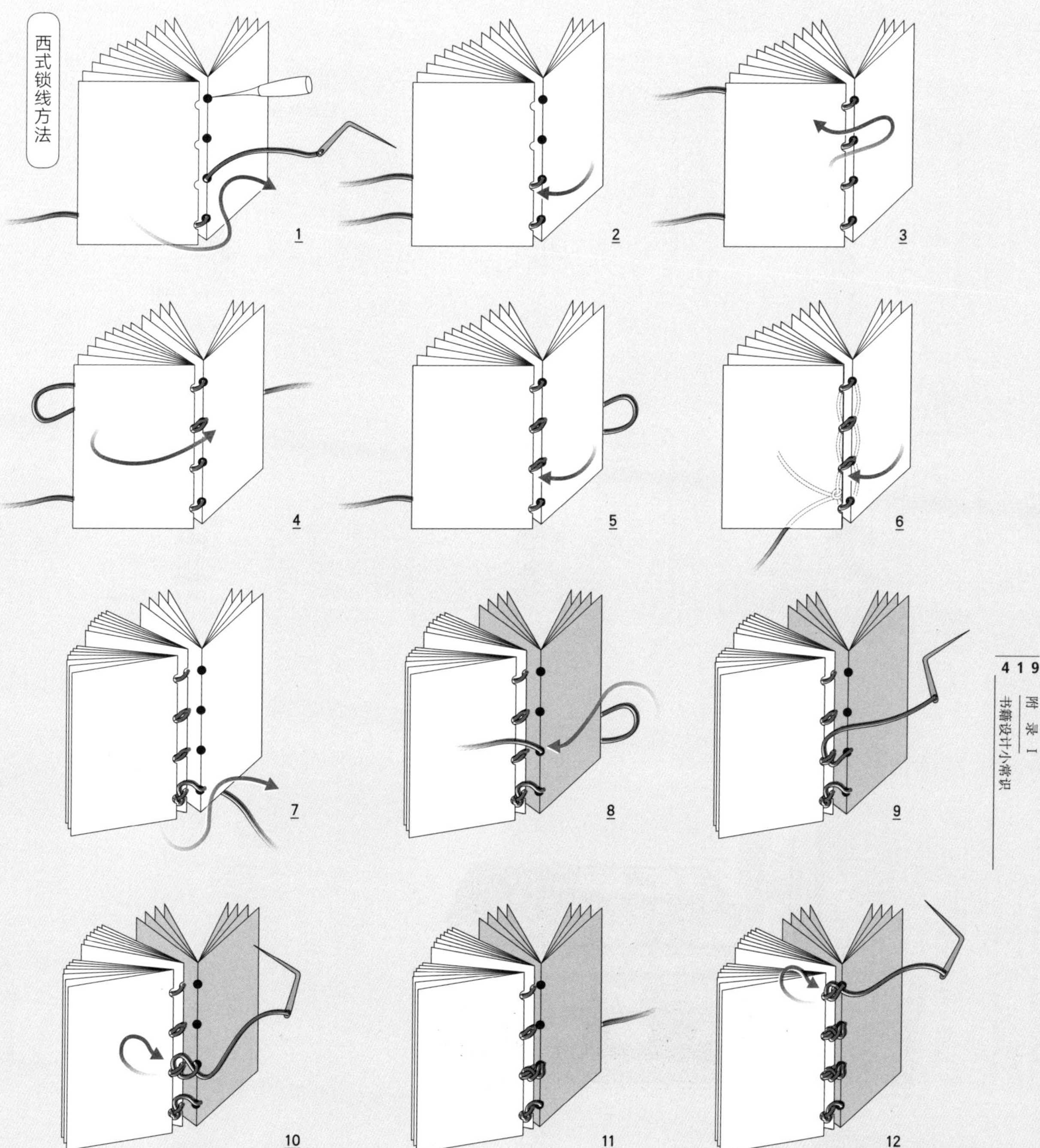
西式锁线方法
1
2
3
4
5
6
7
8
9
10
11
12

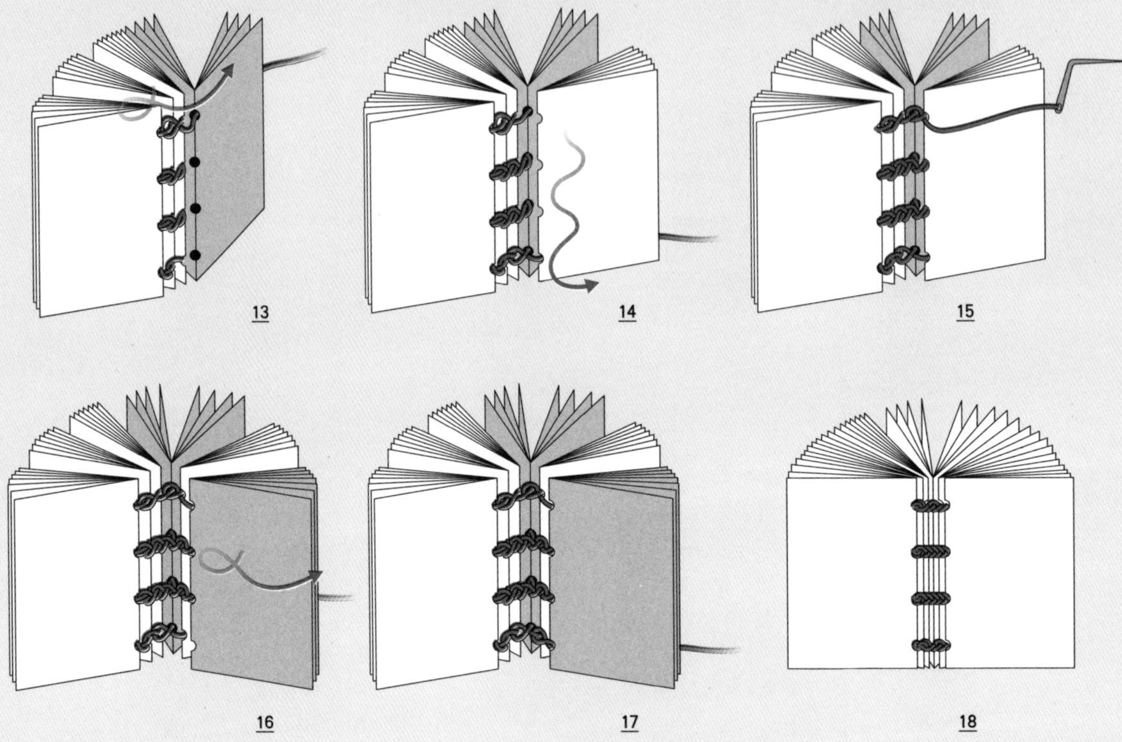

各式各样的西式锁线。

装帧常用工具

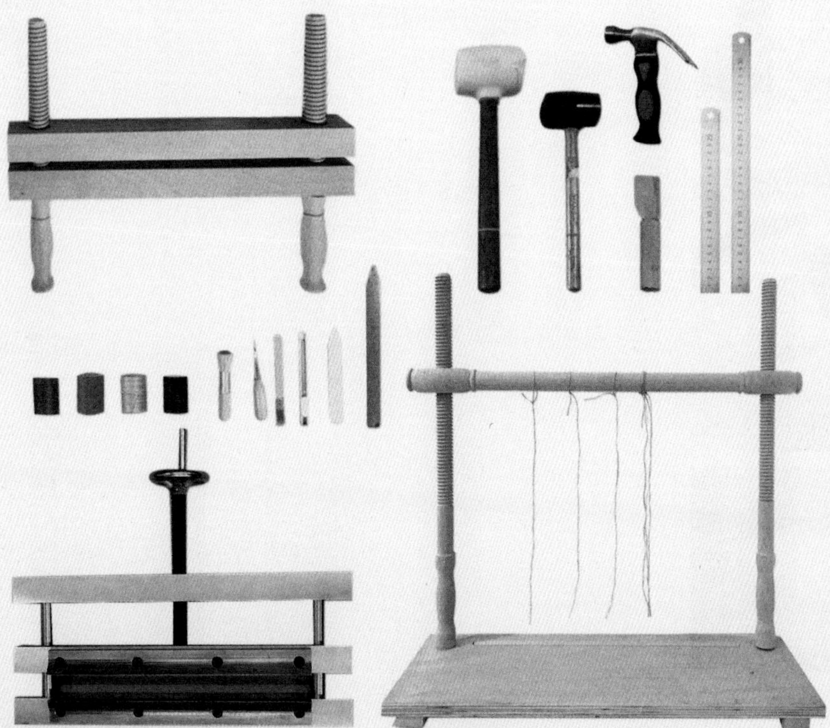

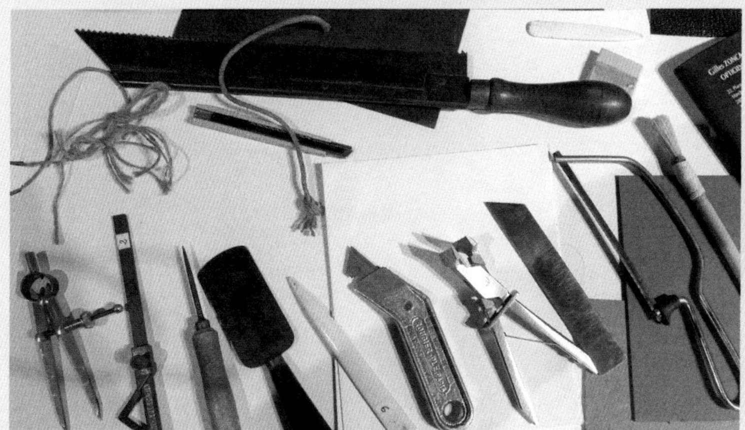

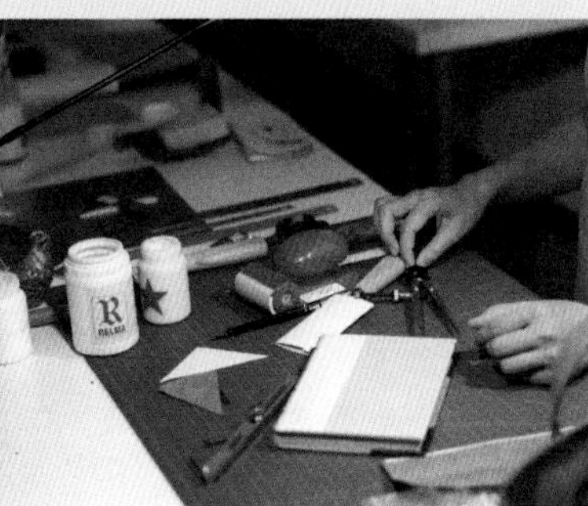

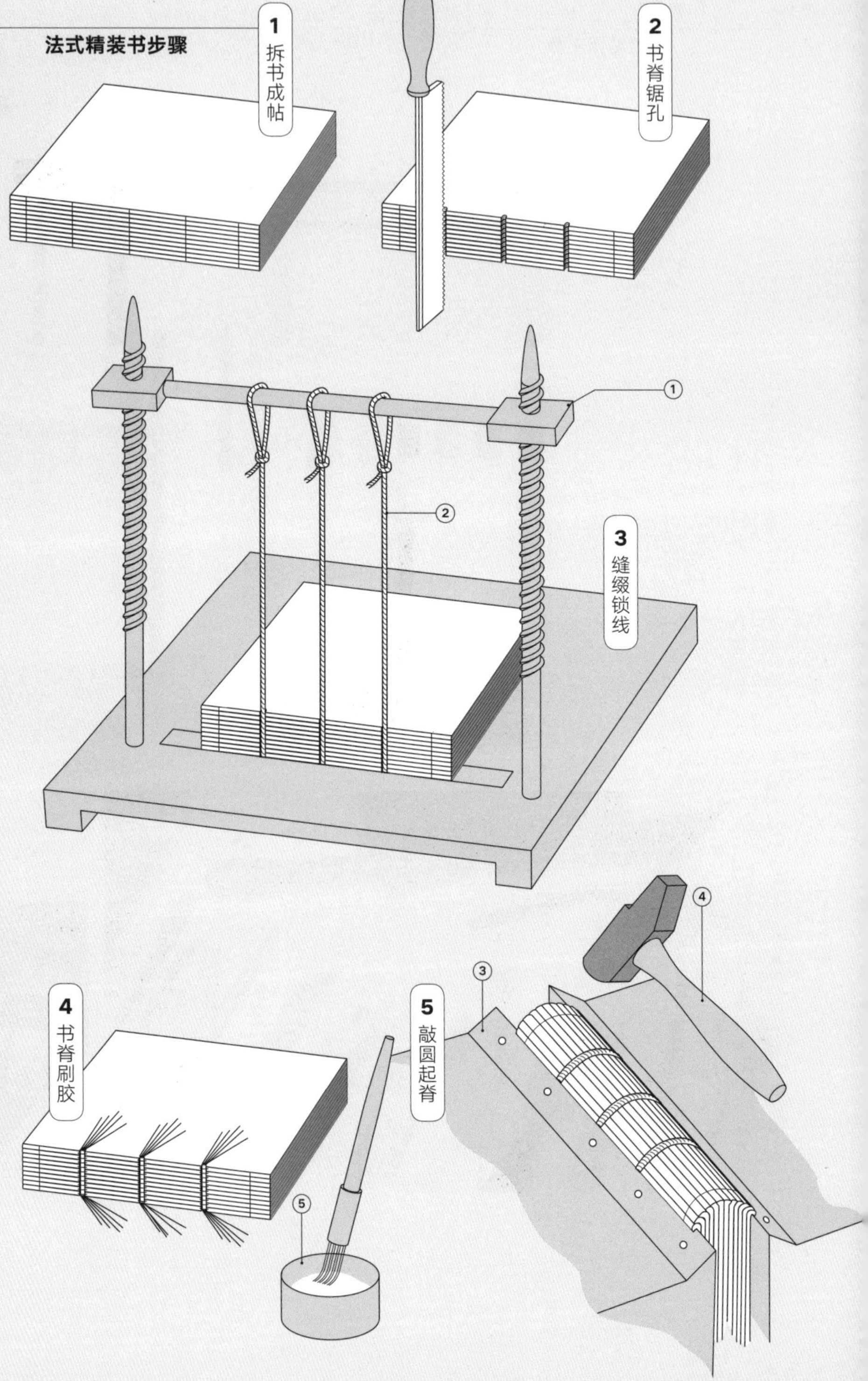

①……缝书架
②……麻绳
③……起脊机
④……装帧锤
⑤……白乳胶

法式精装书步骤

1 拆书成帖

2 书脊锯孔

3 缝缀锁线

4 书脊刷胶

5 敲圆起脊

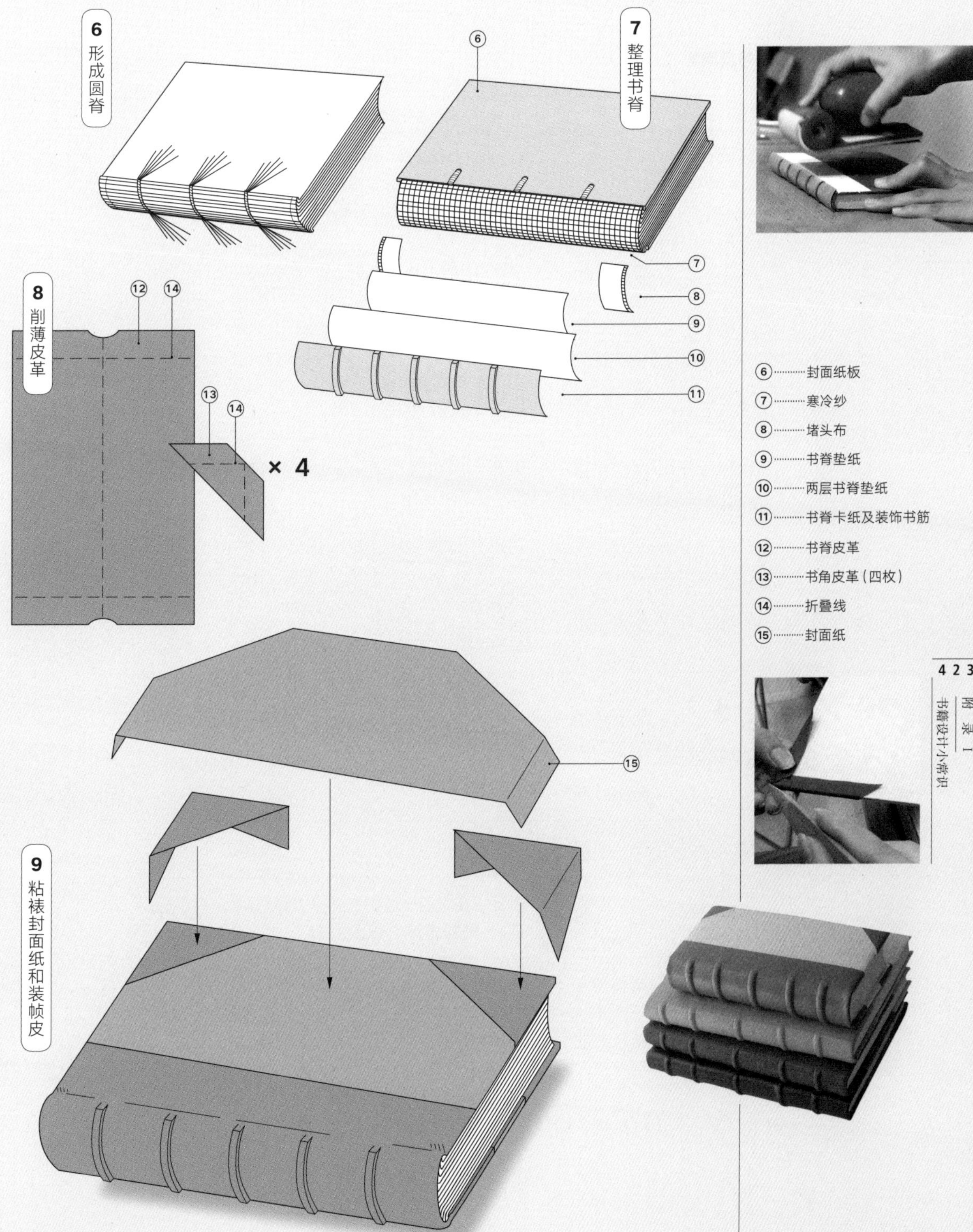

⑥……封面纸板

⑦……寒冷纱

⑧……堵头布

⑨……书脊垫纸

⑩……两层书脊垫纸

⑪……书脊卡纸及装饰书筋

⑫……书脊皮革

⑬……书角皮革（四枚）

⑭……折叠线

⑮……封面纸

校对符号及用法

编号	符号	作用	用法示例
1		改 正	提前中国书籍设计水平。高
2		删 除	要处理解决好不同纸张的问题。
3		增 补	书籍设计是书籍表面的化装。并非
4		对 调	更新观念设计。
5		转 移	文字好了，它会笔具体的形象 更具有表现力处理。
6		接 排	绘画之感性， 设计之理性
7		另 起 段	达到了完美的效果。读书……
8	∨ ＞	加大空距	书籍形态 新的书籍形态的构成 是感性和理性的创造过程。
9	∧ ＜	缩小空距	既要继承民族的文化， 也要借鉴外来 的优 秀文化。
10		分 开	BookDesign
11	△	保 留	说说设计
12	○＝	代 替	设计书籍有四个重要组成：一各是文字，一各是图像，一各是素材，一各是色彩。○＝个
13		换损污字	书籍设计能够深化书的内涵
14		转 正	一本书就是一个生命体。

条码

一般将条码印制在图书封底（或护封）的左下角，距切口和封底下边缘的距离均为1cm，条码的方向与书脊平行（或垂直），也可根据需要将条码印刷在图书封二的左上角。

书脊在右时，一般应将条码印刷在图书封底（或护封）的右下角，条码的方向与书脊平行（或垂直），也可根据需要将条码印刷在图书封二的右上角。

期刊条码的印刷位置为期刊封面（不是封底）的左下角，距书脊和封面下边缘的距离均为1cm。

书脊计算方法

书脊的一般计算方式为：

纸厚度 × 页数 ÷ 2 + 0.5mm（或1mm）= 书脊厚度

纸厚度 × 页数 ÷2，然后在所得数的后面加0.5mm至1mm的厚度。增加厚度是因为印刷工艺过程中油墨、喷粉以及书脊背上的胶水会增加书脊的厚度。

书脊厚度 + 封面纸板厚度 + 封底纸板厚度 + 0.5mm（或1mm）= 精装护封书脊厚度

条码印刷位置

下图引自中华人民共和国国家标准、中国标准书号（ISBN部分）条码GB12906-91

（单位：mm）

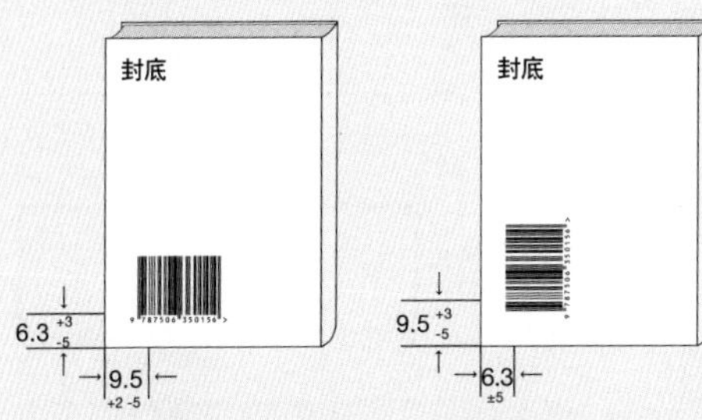

条码位于封底左下角，条码的方向与书脊平行。

条码位于封底左下角，条码的方向与书脊垂直。

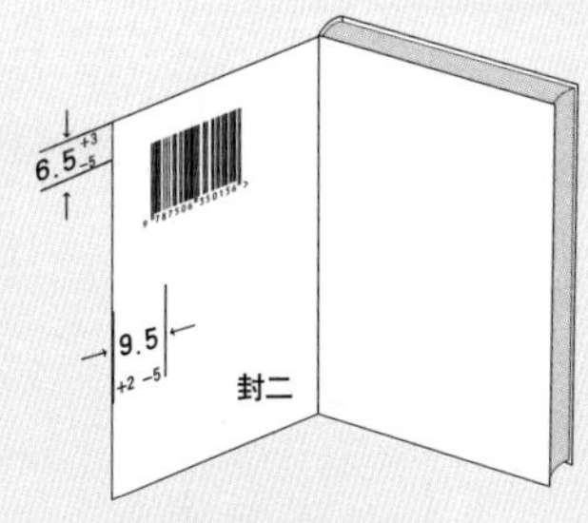

条码位于封二左上角，条码的方向与订口平行。

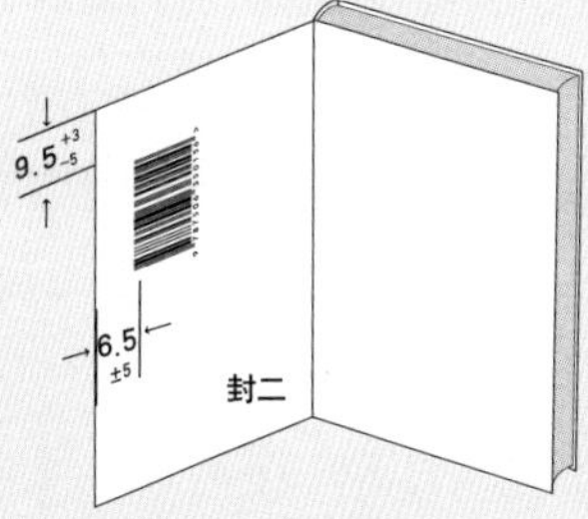

条码位于封二左上角，条码的方向与订口垂直。

精装护封尺寸基本计算方法

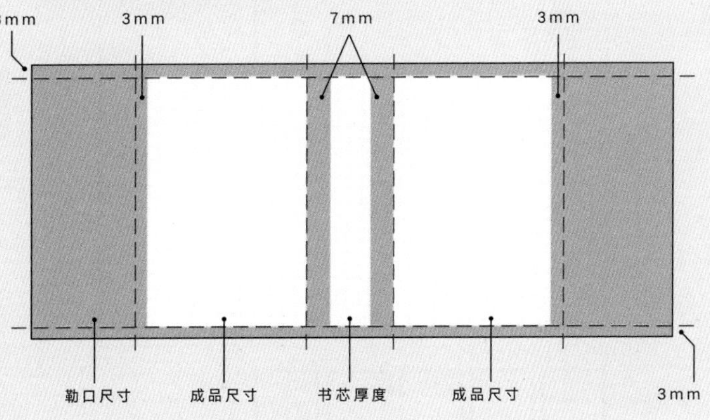

印刷排字级数表、印刷线条粗细表

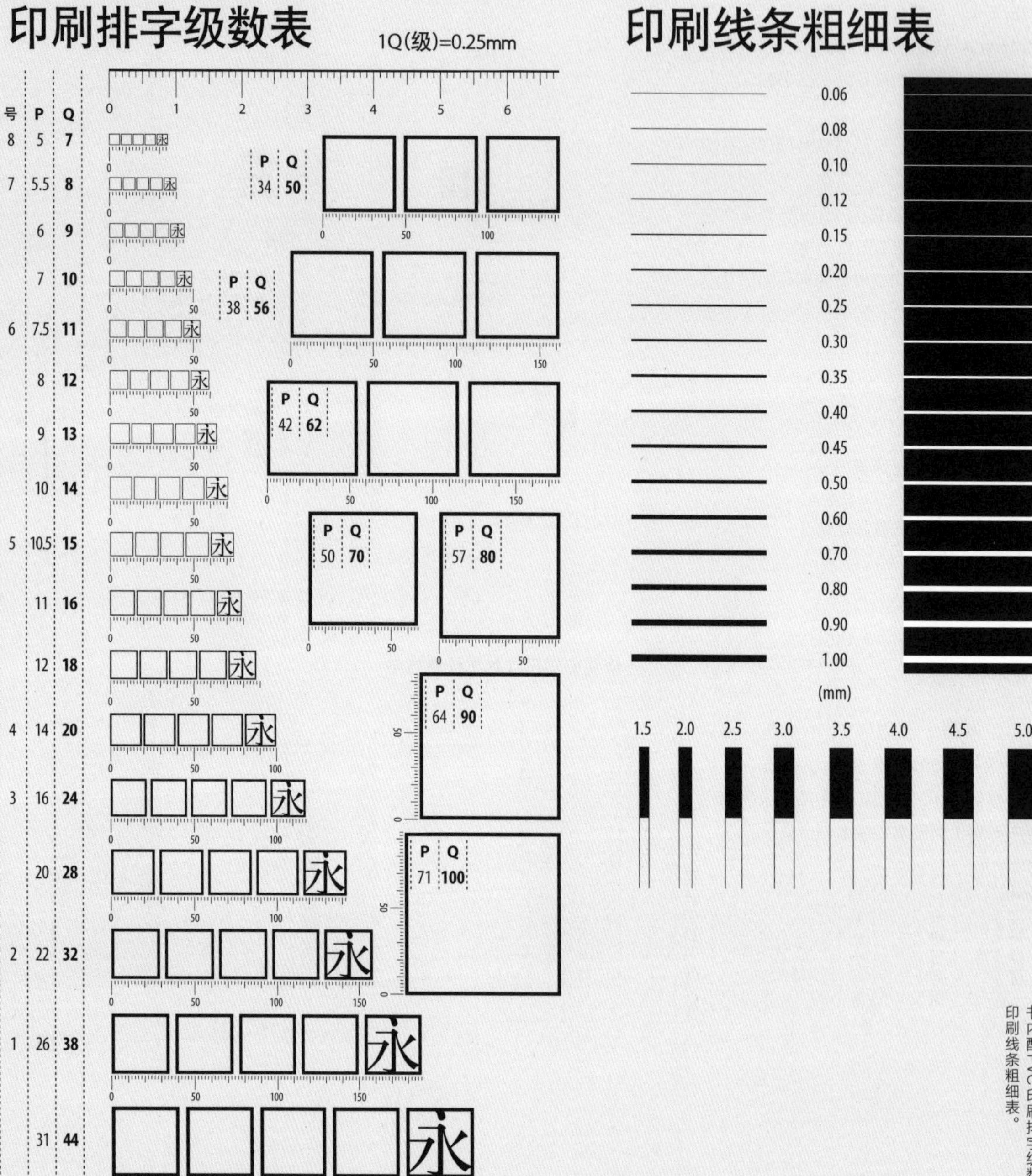

书内配 PVC 印刷排字级数表、印刷线条粗细表。

附录II 本书案例书目

039
子夜
D 吕敬人
P 中国青年出版社
1996
ISBN 7500622465

039
尚书
D 敬人设计工作室
P 国家图书馆出版社
2002

040
食物本草
D 敬人设计工作室
P 北京图书馆出版社
2001
ISBN 7501318514

042
中国大史记传世邮币珍藏
D 敬人设计工作室
P 文物出版社
2006
ISBN 9787501010875

043
赵氏孤儿
D 敬人设计工作室
P 北京图书馆出版社
2001
ISBN 7501317968

044
茶经、酒经
D 敬人设计工作室
P 北京图书馆出版社
2001
ISBN 7501318476

046
忘忧清乐集
D 敬人设计工作室
P 北京图书馆出版社
2003
ISBN 9787501325078

048
证严法师佛典系列
D 敬人设计工作室
P 北京图书馆出版社
2001

049/312
北京民间生活百图
D 敬人设计工作室
P 北京图书馆出版社
2003
ISBN 9787501318520

050
朱熹榜书千字文
D 敬人设计工作室
P 北京图书馆出版社
2001
ISBN 9787500642336

052
刘宇廉的艺术世界
D 敬人设计工作室
P 黑龙江美术出版社
2005
ISBN 9787531811961

053
中国水书
D 敬人设计工作室
P 巴蜀出版社、四川民族出版社
2012

053
杂碎集
——贺友直的另一条艺术轨迹
D 敬人设计工作室
P 上海人民出版社
2006
ISBN 9787208063822

054
最后的皇朝
——故宫珍藏世纪旧影
D 敬人设计工作室
P 紫禁城出版公司
2011
ISBN 9787513400091

056
绘图五百罗汉详解
D 敬人设计工作室
P 国家图书馆出版社
2010
ISBN 9787501344284

056
三十二篆体金刚般若波罗蜜经
龙鳞装
D 张晓栋
P 文物出版社
2012
ISBN 9787501042524

057/315
西域考古图记
D 敬人设计工作室
P 广西师范大学出版社
1998
ISBN 9787563321735

058
红楼梦烟标精华
D 吴勇
P 北京图书馆出版社
2002
ISBN 7501319251

058
金中都遗珍
D 吴勇
P 北京燕山出版社
2003
ISBN 7540215577

058
中国古籍插图精鉴
D 吴勇
P 中国青年出版社
2006
ISBN 9787500665120

059
逍遥游
D 韩济平
P 北京市蓄银格文化发展有限公司
2006

059
徐悲鸿
D 卢浩
P 江苏美术出版社
2005
ISBN 9787534420283

059
百家姓
D 韩济平
P 北京市蓄银格文化发展有限公司
2006

059
孔子
D 符晓迪
P 昆仑出版社
2005

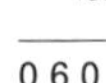

060
宝相庄严 五百罗汉集释
D 袁银昌
P 上海文化出版社
2011
ISBN 9787807406013

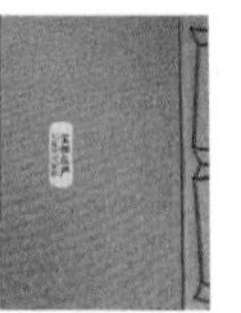

060
梅兰芳藏戏曲史料图画集
封面函套 D 张志伟
版式 D 蠹鱼阁（申少君）、高绍红
P 河北教育出版社
2002
ISBN 9787543444362

060
曹雪芹风筝艺术
D 赵健
P 北京工艺美术出版社
2004
ISBN 7543444364

061
物以神聚
——范扬国画展作品集
D 张志伟
P 中国国家画院
2014

061
凿枘工巧 中国古卧具
D 林存真
P 文物出版社
2012

061
湘西南木雕
D 王子源
P 天津人民出版社
2004
ISBN 720104782

163
怀袖雅物
D 敬人设计工作室
P 上海书画出版社
2010
ISBN 9787547900888

168
我，诞生了！
D 駒形克己 日
P ONE STROKE
1995

170
无边无际——船之书
D 乌塔·施奈德＋乌尔里克·施图尔茨 德
P Nexus+Unica T
2002

177
历史的"场"
D 敬人设计工作室
P 中国建筑工业出版社
2016
ISBN 9787112169078

177
介入
D 吴勇
P 中国建筑工业出版社
2016
ISBN 9787112199167

177
容
D 小马哥＋橙子
P 中国建筑工业出版社
2016
ISBN 9787112199150

177
离合
D 赵清
P 中国建筑工业出版社
2016
ISBN 9787112170876

177
时间·遗迹·鱼
D 秋田宽 日
P 中国建筑工业出版社
2016
ISBN 9787112172368

177
森林之书 存在之书
D 原研哉 日
P 中国建筑工业出版社
2016
ISBN 9787112180769

177
犬岛，"家"计划
D 日高惠理香 日
P 中国建筑工业出版社
2016
ISBN 9787112194780

177
空
D 三木健 日
P 中国建筑工业出版社
2016
ISBN 9787112198658

177
土地，我们永远的"房子"
D 李那美 韩
P 中国建筑工业出版社
2016
ISBN 9787112172351

177
失念场
D 安智美 韩
P 中国建筑工业出版社
2016
ISBN 9787112169900

177
可见之石 隐没之石
D 崔晓洙 韩
P 中国建筑工业出版社
2016
ISBN 9787112170098

177
某用空间
D 洪童元 韩
P 中国建筑工业出版社
2016
ISBN 9787112199235

184
宇宙论入门
D 杉浦康平 日
P 工作舍
1975

185
小侦探
D 马仕睿
P 同济大学出版社
2015
ISBN 9787560857336

185
蒲公英
D 戴胤
2012

188
一直和大家在一起
D 刘晓翔
2001

189
囊括万殊 裁成一相：
中国汉字"六体书"艺术
D 刘晓翔
P 高等教育出版社
2014
ISBN 9787040379051

189/300
无尽的航程
D 吴勇
2008

190
剪纸的故事
D 敬人设计工作室
P 人民美术出版社
2011
ISBN 9787102054018

198
书戏
——当代中国书籍设计家40人
编 吕敬人 D 敬人设计工作室
P 南方日报出版社
2007
ISBN 9787806526514

200
黑与白
D 吕敬人
P 中国青年出版社
1995
ISBN 9787500617570

201
翻开
当代中国书籍设计
D 敬人设计工作室
P 电子工业出版社
2002
ISBN 9787302091233

202
狱中杂记
D 蕾娜特·斯蒂凡 德

203
灵韵天成、蕴芳涵香、闲情雅质
D 敬人设计工作室
P 中国轻工业出版社
2007
ISBN 9787501958894
ISBN 9787501958887
ISBN 9787501958870

204
北京跑酷
D 陆智昌 中·港
P 三联书店
2009
ISBN 9787108030863

205
梅兰芳全传
D 敬人设计工作室
P 中国青年出版社
1996
ISBN 9787500643319

206
怀珠雅集
D 敬人设计工作室
P 河北教育出版社
2013
ISBN 9787543449190

210
美莱特·欧普海姆：
恶毒字母包装之下难出美言
D Bonbon, Valeria Bonin, Diego Bontognali 瑞士
P Scheidegger & Spiess
ISBN 9783858813756

210
1979–1997超长家事清单
D Christian Lange、München
P Spector Books
2012
ISBN 9783940064516

211
Andrzej Wirth Flucht
Nach Vorn
D Julia Born、Nina Paim
P Spector Books
2013
ISBN 9783940064059

217
查令十字街84号
著 Helene Hanff 美
P Andre Deutsch Limited
1971
ISBN 9780670290734

226
贝之火
著 宫泽贤治 日
D 杉浦康平 日

227
坂本龙一的生活样本
D 中岛英树 日
1999

231
学而不厌
D 曲闵民
P 河北教育出版社
2015
ISBN 9787534497179

232
艺众——设计以访谈的名义
D 安尚秀及中央美术学院团队
P 河北教育出版社
2003
ISBN 9787543450165

233/289
真知 0号
D 杉浦康平 日
P 朝日出版社
1984
ISBN 978-4255840598

233/289
真知 1号
D 杉浦康平 日
P 朝日出版社
1985

236/283/308
范曾谈艺录
D 敬人设计工作室
P 中国青年出版社
2004
ISBN 9787500650119

237
走进新景观
D 敬人设计工作室
P 广东科技出版社
2005
ISBN 9787535938862

237
地藏菩萨本原经
D 敬人设计工作室
2008

237
嘉业堂志
D 敬人设计工作室
P 国家图书馆出版社
2008
ISBN 9787501337750

238
家
D 敬人设计工作室
P 讲谈社
1990

239
十谈十写
D 马仕睿
P 同济大学出版社
2016
ISBN 9787560859965

239
1根筋
D 小马哥+橙子
P 星空间画廊
2010
ISBN 9789881803467

239
意象死生
D 小马哥+橙子
P 唐人画廊

242
未建成/反建筑史
D 陆智昌 中·港
P 中国建筑工业出版社
2004
ISBN 9787112067862

243
一九四九年后中国字体设计人：
一字一生
编 著 廖洁连 中·港
P MCCM Creations
2009
ISBN 9789889984304

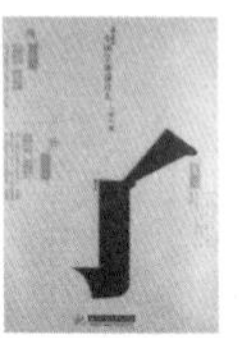

243
音乐节手册
D 张国伟 中·澳

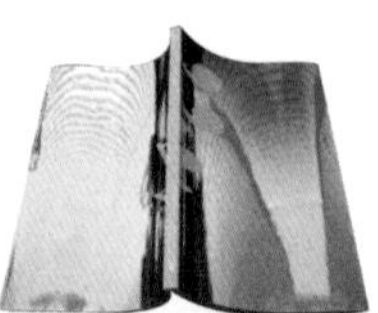

244
游刃集——荃猷刻纸
D 宁成春
P 生活·读书·新知三联书店
2002
ISBN 9787108017277

244
消解设计的界限
D 朱锷
P 广西师范大学出版社
2010
ISBN 9787563397372

244
苏州水八仙之莼菜
D 汉声
P 上海锦绣文章出版社
2012
ISBN 9787545211818

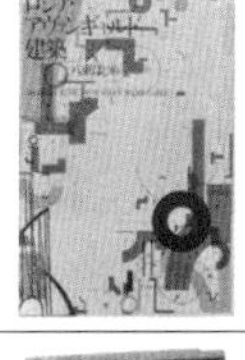

245
蘑菇文学名作选
D 祖父江慎 日
P 港的人
2010
ISBN 9784896292305

245
流行通信杂志
D 服部一成 日
P INFAS PUBLICATIONS
2013

246
俄罗斯先锋派建筑
D 铃木一志 日
P INAX
1993

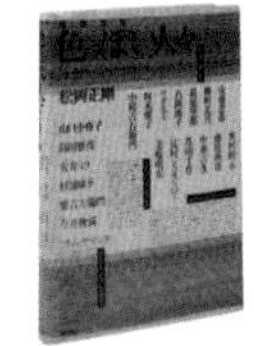

246
悲歌が生まれるまで
P 思潮社
2004

247
排版原论

247
多彩的人们
E 松冈正刚 日

248
诗集·谷川俊太郎
D 菊地信义 日
P 思潮社

249
This Goofy Life of Constant Mourning
D Jim Dine 美
P Steidl
2004
ISBN 9783882439670

249
Die Panne. Eine Noch Mögliche Geschichte
P Schumacher Gebler
2003

249
Typographie
D Emil Ruder 瑞士
P Hastings House
1967

250
Wir Spielen (We Play)
D Vela Arbutina 瑞士
P Neue Gesellschaft Für Bildende Kunst e.V.
2013
ISBN 9783938515556

250
Geschichten am Fluss. Geschichte im Fluss von Stefan Sippell
D Vit Steinberger 德
P August Dreesbach Verlag
2012

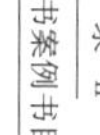

251
New New Testament
D Kloepfer-Ramsey Studio 美
P Laurenz Foundation, Schaulager,Badlands Unlimited
2014
ISBN 9783952397152

252
Miklós Klaus Rózsa
D Christof Nüssli、Christoph Oeschger 瑞士
P Spector Books
2014
ISBN 9783944669427

253
J'ai Perdu Ma Tete
D Peter Granser

253
Intuition
D Dopl.-Des.Eva Schirdewahn 瑞士
P Wilhelm Fink
2012
ISBN 9783770547456

253
Katherine Mansfield
D Joe Villion 德
P Edition Buechergilde Gmbh
2012
ISBN 9783864060205

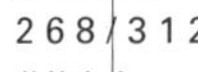

264
园林植物景观设计与营造
D 敬人设计工作室
P 中国城市出版社
2003
ISBN 9787507412994

266
老父百岁
D 敬人设计工作室
2007

267/285
大视野文库"语言奥秘丛书"
D 敬人设计工作室
P 中国青年出版社
2001
ISBN 9787500639985

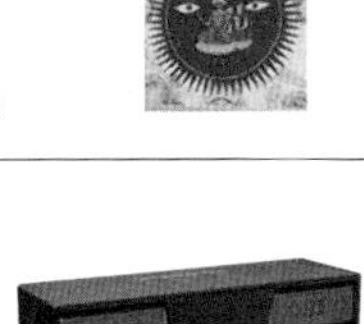
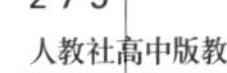

268/312
装饰杂志
D 敬人设计工作室
P 清华大学出版社
2006~2007

272
气候
D 刘晓翔+刘晓翔工作室
P 北京大学出版社
2016
ISBN 9787301184790

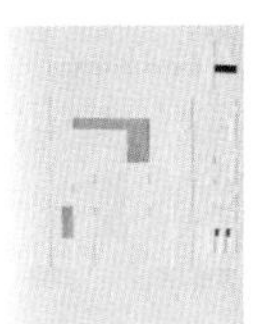

274/295
藏文珍稀文献丛刊
D 敬人设计工作室
P 四川民族出版社 +光明日报出版社
2015
ISBN 9787540959746

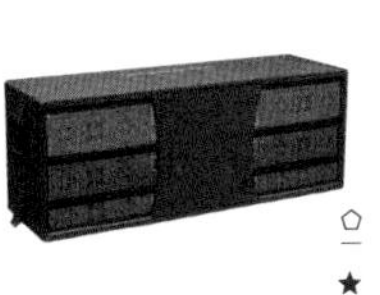

275
人教社高中版教材
D 敬人设计工作室
P 人民教育出版社
2017

275
红旗飘飘
——20世纪主题绘画创作研究
D 敬人设计工作室
P 人民美术出版社
2013
ISBN 9787102055848

279
对影丛书
D 敬人设计工作室
P 河北教育出版社
2002
ISBN 9787543448933

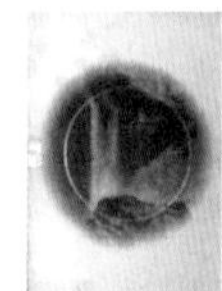

279
敦煌石窟全集
D 敬人设计工作室
P 商务印书馆（香港）有限公司
2002~2005
ISBN 9789620752964

281
敬人书籍设计
D 敬人设计工作室
P 吉林美术出版社
2000
ISBN 9787538609998

281
外交十记
D 敬人设计工作室
P 世界知识出版社
2003
ISBN 9787501221103

281
远去的旭光
D 敬人设计工作室
P 北京大学出版社
2006

281/308
诗韵华魂
D 敬人设计工作室
P 陕西师范大学出版社
2009
ISBN 9787561346341

281
王式廓 1911–1973
D 敬人设计工作室
P 中国青年出版社
2011
ISBN 9787500698784

281
中国2010年上海世博会官方图册
D 敬人设计工作室
P 中国出版集团东方出版中心
2010
ISBN 9787547301555

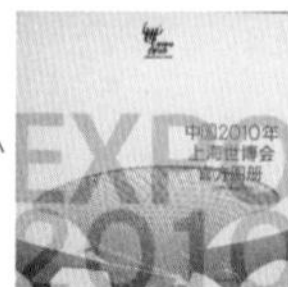

282
奇迹天工
D 敬人设计工作室
P 文物出版社
2008
ISBN 9787501025503

282
熊十力全集
D 敬人设计工作室
P 湖北教育出版社
2001
ISBN 9787535129697

282
雪山下的村庄、
雪山下的朝圣
D 敬人设计工作室
P 中国青年出版社
2004
ISBN 9787500659105

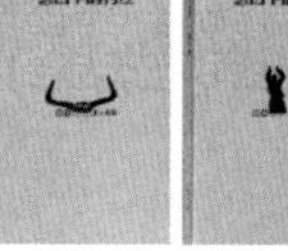

282
浪漫与美丽
D 敬人设计工作室
P 中国戏剧出版社
2008
ISBN 9787104027188

282
烟斗随笔
D 敬人设计工作室
P 国际文化出版公司
2006
ISBN 9787801733542

282
毛泽东箴言
D 敬人设计工作室
P 人民出版社
2009
ISBN 9787010083117

283
吕敬人书籍设计教程
D 敬人设计工作室
P 湖北美术出版社
2005
ISBN 9787539450254

283
传承与修行
D 敬人设计工作室
P 吉林美术出版社
2009

283
澳门志略、澳门记略
D 敬人设计工作室
P 国家图书馆出版社
2010
ISBN 9787501344130

283
国际新闻摄影比赛（华赛）2006
D 敬人设计工作室
P 新华出版社
2007
ISBN 9787501184156

283
夏天的诺言
D 敬人设计工作室
P 当代世界出版社
2006
ISBN 9787509001622

283
西方现代派美术
D 敬人设计工作室
P 中国建筑工业出版社
2009
ISBN 9787112112678

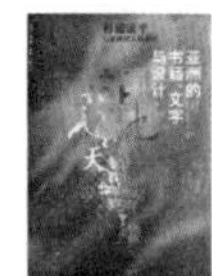

284
亚洲的书籍、文字与设计
D 敬人设计工作室
P 三联书店
2006
ISBN 9787108025807

284
向大师学绘画
D 敬人设计工作室
P 中国青年出版社
2000
ISBN 9787500636939

284
旋——杉浦康平的设计世界
D 敬人设计工作室
P 三联书店
2013
ISBN 9787108045027

284
中国广告图史
D 敬人设计工作室
P 南方日报出版社
2006
ISBN 9787806525319

284
珍邮记忆——孙中山与辛亥革命（精装）
D 敬人设计工作室
P 中央文献出版社
2010
ISBN 9787507330977

284
国际安徒生获奖作家书系
D 敬人设计工作室
P 河北少儿出版社
2000
ISBN 9787537620031

284
设计专业创新系列教材
D 敬人设计工作室
P 高等教育出版社
2007
ISBN 9787040262148

285
经济学原理
D 敬人设计工作室
P 北京大学出版社
2006
ISBN 9787301106631

285
经济科学译丛
D 敬人设计工作室
P 中国人民大学出版社
1997
ISBN 300023983

285
文明的中介 汉译亚欧文化名著
D 敬人设计工作室
P 中国人民大学出版社
2005
ISBN 9787300063058

287
黎昌第四届青年中国画年展作品集
D 敬人设计工作室
P 中国文联出版社
2006

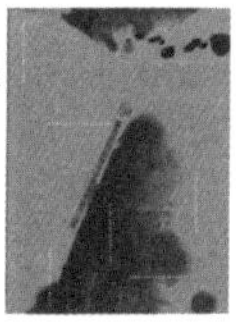

289
全宇宙志
E 松冈正刚+杉浦康平
D 杉浦康平 日
P 工作舍
1979
ISBN 9787010312439

289
与四位设计师的对话
D 杉浦康平 日
P 新建筑社
1975

290
中国民间美术全集
D 敬人设计工作室
P 山东教育出版社、山东友谊书社
1994
ISBN 9787532821488

290
国学备览
D 敬人设计工作室
P 首都师范大学出版
2007
ISBN 9787810648929

290
中国现代陶瓷艺术
D 敬人设计工作室
P 江西美术出版社
1998
ISBN 9787805805207

291
中华文化通志
D 吕敬人
P 上海人民出版社
1998
ISBN 9787208022539

291/308
天一流芳（绘画卷）
D 敬人设计工作室
P 国家图书馆出版社
2016
ISBN 9787501357598

291/308
天一流芳（书法卷）
D 敬人设计工作室
P 国家图书馆出版社
2016
ISBN 9787501357611

291/308
天一流芳（扇面卷）
D 敬人设计工作室
P 国家图书馆出版社
2016
ISBN 9787501357628

291/308
天一流芳（碑帖卷）
D 敬人设计工作室
P 国家图书馆出版社
2016
ISBN 9787501357635

291
中国美术全集
D 敬人设计工作室
P 人民美术出版社
2006
ISBN 9787102005935

292
第六届全国书籍装帧艺术展览优秀作品选
D 吴勇、符晓笛
P 中国农业出版社
2004
ISBN 9787109095076

292
守望三峡
D 小马哥+橙子
P 中国青年出版社
2004
ISBN 9787500656111

292
朱叶青杂说系列
D 何君
P 中国友谊出版公司
2004
ISBN 9787505719910

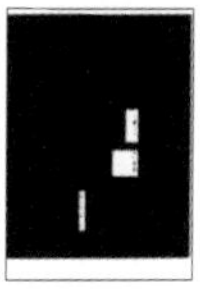

292
深圳平面设计03展
D 韩家英
P 海天出版社
2003

292/314
不裁
D 朱赢椿
P 江苏文艺出版社
2006
ISBN 9787539915883

292
重读南京
D 速泰熙
P 南京出版社
2011
ISBN 9787807186861

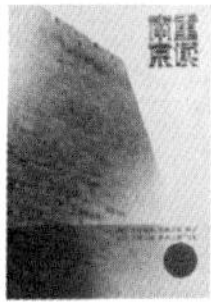

293/314
中国装帧艺术年鉴:2005历史卷
D 敬人设计工作室
P 中国统计出版社
2005
ISBN 9787503743900

293/356
中华舆图志
D 敬人设计工作室
P 中国地图出版社
2012
ISBN 9787503162633

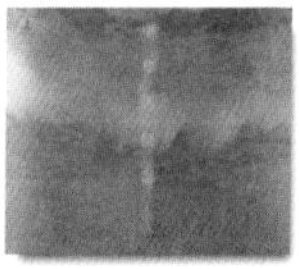

294/395
中文字体设计的教与学
编 廖洁连、吕敬人
D 廖洁连 中·港
P 华中科技大学出版社
2010
ISBN 9787560961583

294
锦绣文章：中国传统织绣纹样
D 袁银昌
P 上海书画出版社
2005
ISBN 9787806729250

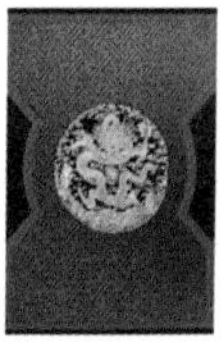

294
追踪1789法国大革命、追踪进化论
D 杨林青
P 三联书店
2008
ISBN 9787108029423

294
靖江方言词典
D 速泰熙
P 江苏人民出版社
2009
ISBN 9787214052209

296
众相设计
D 伊玛·布 荷
P Hatje Cantz
2009
ISBN 9783775723312

297
敬人书籍设计"2号"
D 敬人设计工作室
P 电子工业出版社
2002
ISBN 9787900100412

299
书籍设计四人说
D 吕敬人+宁成春+吴勇+朱虹
P 中国青年出版社
1996
ISBN 9787500623007

300
色谱佳信达印刷参照标
D 吴 勇
2005

300
中国印
D 吴 勇
2004

300
蚁呓
D 朱赢椿
P 江苏文艺出版社
2007
ISBN 9787549531158

301
30219天
D 何 明
2016

301
正泰集团简介
D 王粤飞

301
G*—国际平面设计杂志
D 韩湛宁
2005

301
物质非物质
D 小马哥+橙子
P 英国总领事馆文化教育处
2007

301
聆听
D 韩湛宁
2002

306
奏鸣曲——为小提琴独奏而作
D 敬人设计工作室
P 国家图书馆出版社
2002
ISBN 9787501318643

307
中国记忆——五千年记忆瑰宝
D 敬人设计工作室
P 文物出版社
2008
ISBN 9787501025428

308
小二黑结婚（五绘本）
D 敬人设计工作室
P 上海人民美术出版社
2017
ISBN 9787558601903

308
中国学术史
D 敬人设计工作室
P 江苏教育出版社
2001
ISBN 9787539234908

309
无处不在红白蓝
D 黄炳培 中·港

309
枕边书香
D 敬人设计工作室
P 北方红星文化艺术公司
2006

309
徒步大漠
D 敬人设计工作室
P 中国青年出版社
2004
ISBN 9787500657699

309
李冰冰
D 敬人设计工作室
P 青岛出版社
2009
ISBN 9787543650459

312
牛津当代百科大辞典
D 敬人设计工作室
P 中国人民大学出版社
2006
ISBN 9787300030388

312
2008造型艺术新人展作品集
D 敬人设计工作室
P 中国文联出版社
2008
ISBN 9787505961951

313
斯妤作品精华系列
小说卷 浴室
D 敬人设计工作室
P 中国青年出版社
2004
ISBN 9787500651048

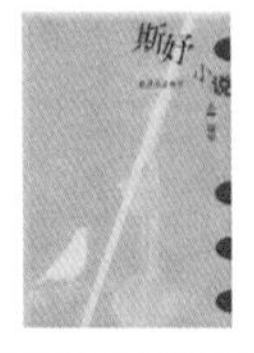

313
华夏意匠
——中国古典建筑设计原理分析
D 敬人设计工作室
P 天津大学出版社
2005
ISBN 9787561819029

313
邵华将军舞蹈摄影艺术
D 敬人设计工作室
P 中国摄影出版社
2006
ISBN 9787800076671

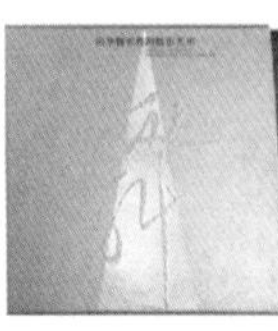

313
世界人文简史：文化与价值
D 敬人设计工作室
P 中国青年出版社
2005
ISBN 9787500665755

313
萧红全集
D 敬人设计工作室
P 黑龙江大学出版社
2011
ISBN 9787811293975

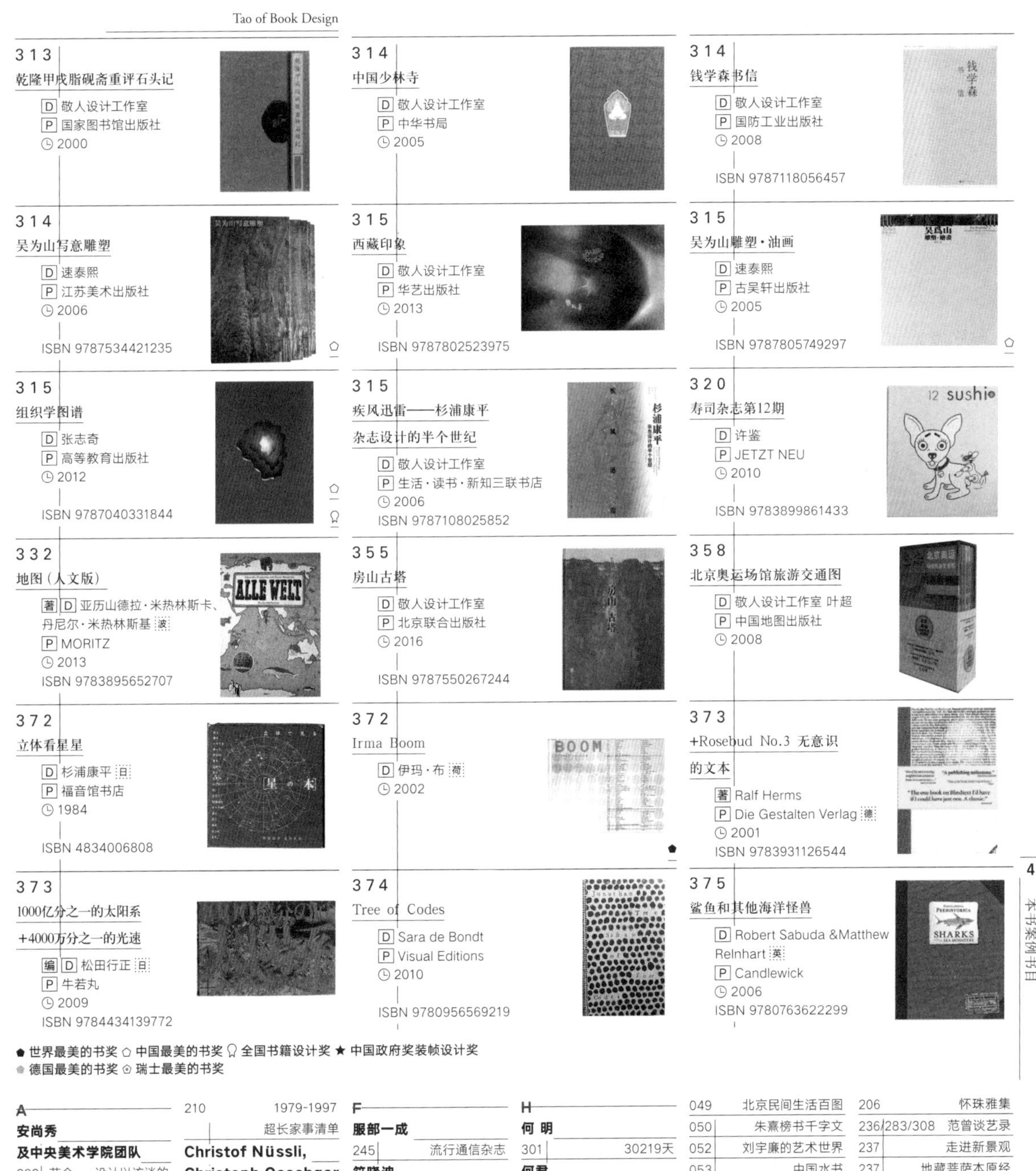

313
乾隆甲戌脂砚斋重评石头记
D 敬人设计工作室
P 国家图书馆出版社
2000

314
中国少林寺
D 敬人设计工作室
P 中华书局
2005

314
钱学森书信
D 敬人设计工作室
P 国防工业出版社
2008
ISBN 9787118056457

314
吴为山写意雕塑
D 速泰熙
P 江苏美术出版社
2006
ISBN 9787534421235

315
西藏印象
D 敬人设计工作室
P 华艺出版社
2013
ISBN 9787802523975

315
吴为山雕塑·油画
D 速泰熙
P 古吴轩出版社
2005
ISBN 9787805749297

315
组织学图谱
D 张志奇
P 高等教育出版社
2012
ISBN 9787040331844

315
疾风迅雷——杉浦康平杂志设计的半个世纪
D 敬人设计工作室
P 生活·读书·新知三联书店
2006
ISBN 9787108025852

320
寿司杂志第12期
D 许鉴
P JETZT NEU
2010
ISBN 9783899861433

332
地图（人文版）
著 D 亚历山德拉·米热林斯卡、丹尼尔·米热林斯基 波
P MORITZ
2013
ISBN 9783895652707

355
房山古塔
D 敬人设计工作室
P 北京联合出版社
2016
ISBN 9787550267244

358
北京奥运场馆旅游交通图
D 敬人设计工作室 叶超
P 中国地图出版社
2008

372
立体看星星
D 杉浦康平 日
P 福音馆书店
1984
ISBN 4834006808

372
Irma Boom
D 伊玛·布 荷
2002

373
+Rosebud No.3 无意识的文本
著 Ralf Herms
P Die Gestalten Verlag 德
2001
ISBN 9783931126544

373
1000亿分之一的太阳系+4000万分之一的光速
编 D 松田行正 日
P 牛若丸
2009
ISBN 9784434139772

374
Tree of Codes
D Sara de Bondt
P Visual Editions
2010
ISBN 9780956569219

375
鲨鱼和其他海洋怪兽
D Robert Sabuda &Matthew Reinhart 英
P Candlewick
2006
ISBN 9780763622299

● 世界最美的书奖 ○ 中国最美的书奖 全国书籍设计奖 ★ 中国政府奖装帧设计奖
● 德国最美的书奖 ◎ 瑞士最美的书奖

后记

美书 留住阅读

2014年2月初，我受邀担任2014年度“世界最美的书”国际评委，这是1989年经历了东西德国合并，原东德莱比锡国际书籍艺术奖与原西德法兰克福世界最美的书奖合二为一成“莱比锡世界最美的书”评比赛事后，首次邀请中国大陆的设计师担任该活动的评委工作。近年来，中国的书籍设计在国际出版领域中得到关注，尤其是设计师将“装帧”向“书籍设计”观念的范式转移，给中国的书籍艺术带来了全新的面貌，这一进步在世界同行中得到认可。自2004年，上海新闻出版局组织“中国最美的书”参加这一国际赛事以来，至2017年已有17本中国的书籍设计获得“世界最美的书”称号，我想这是组委会邀请我代表中国来担任评委的重要原因，作为中国书籍设计师的我甚感荣幸。

本次赛事有30多个国家的567本书参评，均为各国2013年评选出来的本国最美的书。经评委两天近20个小时的紧张评审，9个国家的14本书摘取2014年度“世界最美的书”的桂冠。欣慰的是中国有两本图书获此殊荣，由小马哥+橙子设计的《刘小东在和田&新疆新观察》和刘晓翔设计的《2010—2012中国最美的书》分别荣获铜奖和荣誉奖。我顿感这和一个体育健儿参加奥运会或一部电影参评奥斯卡获奖一样，为国家争得荣誉，是值得自豪的事，如果因此有更多的人拿起书来品读书卷之美的话，我们的工作就是有价值的。

我担当过多次国内外赛事的评委工作，但这次评选经历仍给我留下深刻的印象。最大的感受是对“世界最美的书”的评选标准有了更深入的理解，其次了解体验了整个评选机制与评审全过程。

经过组委会的要求和国外评委之间的交流，关于“世界最美的书”评选标准我归纳为以下十点：

1 判断一本书的良莠，不在表象，而是由内向外散发出来的完整性，一种整体的美；

2 页面的编排设计给阅读带来纯净的流畅感；

3 设计师对文本有准确的判断和态度，编辑设计为文本增添阅读价值；

4 字体应用的合适度对文本内容的理解产生有效的感染作用；

5 严格把握图像的还原度，色彩的饱和度，油墨的渗透度；

6 纯图像的应用要赋予创想，让美在读书人的眼里得到感悟；

7 纸张语言的准确使用，感受五感翻阅的愉悦度；

8 关注装订每一个环节的质量和细节，印制工艺的精密度直接影响翻阅的感受度；

9 异他性，富有个性的创意，出人意料的叙述语法；

10 巨型或豪华的书并不是美书的评选标准，“大”要从作品的感染力中体现，要保留质朴。

坦白讲评出的获奖率不到3%的14本“世界最美的书”的外在并不那么“光彩夺目”，说得不好听，都有点“灰头土脸”(没亮丽的色彩)。评委们坚持认为书籍审美不是单一的装帧好坏，外在是否漂亮并不是主要选择，标准应是书的整体判断，特别强调一本书内容呈现的传达结构创意、图文层次经营、节奏空间章法、字体应用得当、文本编排合理、材质印质精良、阅读舒朗愉悦，其中最看重编辑设计思路与文本结构传递的出人意表，以及内容与形式的整体表现。

自中国的书籍设计参加“莱比锡世界最美的书”评比十余年，虽然成绩不菲，观念上与时俱进，但还能看到很多不足。比如大多数设计注重形式，文本叙述结构单一，阅读设计创想平庸，编辑语法欠缺设计，视觉语言程式化、简单化，文字体例应用粗糙，印制只看大效果不注重细节质量，最典型的是过于注重外在表皮而缺乏内在力量的投入……装帧与书籍设计两者是折射时代阅读文化的一面镜子。

摆在中国做书人面前的路还很长，不骄不躁，不浮不馁，设计师应该逐渐从书籍的外在书衣打扮中走出来，能与著作者、编辑人、工艺者共同制作一本具有最佳阅读传达效果的书，而装帧所涉及不到的编辑设计和信息视觉化设计给书籍设计师提出了更严格的素质要求和更高的跨入门槛。不空谈形而上之大美、不小觑形而下之“小技”，传统与现代、艺术与技术均不可独舍一端，这样才能产生出更具内涵的艺术张力，从而达到中国传统书卷文化的继承拓展和对书籍艺术美学当代书韵的崇高追求。做好书是一种责任，也是一件善事，做人的底线是知耻，做书的底线是良知。

感谢电子时代，为书籍设计者提供沉静下来做书的机缘，展现“书之美”旨在推动做书人为读者提供“读来有趣、受之有益”的读物，重新提升全民阅读习惯的温度。此书献给爱书或爱做书的同道们和在艺术院校教授或学习书籍设计的师生们，不当之处，敬请指正为盼。

好书，与众不同，

美书，留住阅读。

吕敬人

2017 年 4 月

图书在版编目（CIP）数据

书艺问道：吕敬人书籍设计说 / 吕敬人著.— 上海：上海人民美术出版社, 2017.8（2023.1 重印）
ISBN 978-7-5586-0172-9

Ⅰ.①书… Ⅱ.①吕… Ⅲ.①书籍装帧 - 设计 - 教材 Ⅳ.①TS881

中国版本图书馆CIP数据核字[2017]第010398号

书艺问道
吕敬人书籍设计说

著　　者……吕敬人
出 品 人……顾　伟
责任编辑……张　璎
技术编辑……王　泓
书籍设计……敬人书籍设计 吕　旻+杜晓燕+黄晓飞+李顺
出版发行……上海人民美术出版社
（上海市闵行区号景路 159 弄 A座 7F）
印　　刷……北京盛通印刷股份有限公司
版　　次……2017年8月 第1版
印　　次……2023年1月 第4次印刷
开　　本……880mm×1230mm 1/16
印　　张……28.75
字　　数……140千字
图　　幅……2027
印　　数……11501 - 13720册
ISBN 978-7-5586-0172-9
定　　价……248.00元